载人航天出版工程
总主编：周建平
总策划：邓宁丰

"十三五"国家重点出版物出版规划项目

哈勃太空望远镜
从概念到成功

The Hubble Space Telescope: From Concept to Success

[英] 戴维·J. 谢勒 (David J. Shayler)
[英] 戴维·M. 哈兰 (David M. Harland) 著
李伟杰 柴洪友 余 快 石文静 许焕宾 译

中国宇航出版社
·北京·

图书在版编目（CIP）数据

哈勃太空望远镜：从概念到成功 /（英）戴维·J. 谢勒（David J. Shayler），（英）戴维·M. 哈兰（David M. Harland）著；李伟杰等译. -- 北京：中国宇航出版社，2018. 12

书名原文：The Hubble Space Telescope：From Concept to Success

ISBN 978-7-5159-1545-6

Ⅰ. ①哈…　Ⅱ. ①戴…　②戴…　③李…　Ⅲ. ①哈勃望远镜－研究　Ⅳ. ①V476

中国版本图书馆 CIP 数据核字（2018）第 258752 号

责任编辑　彭晨光　　**封面设计**　宇星文化

出　版
发　行　中国宇航出版社

社　址　北京市阜成路 8 号　　**邮　编**　100830
(010)60286808　　(010)68768548
网　址　www.caphbook.com
经　销　新华书店
发行部　(010)60286888　　(010)68371900
(010)60286887　　(010)60286804(传真)
零售店　读者服务部
(010)68371105
承　印　河北画中画印刷科技有限公司
版　次　2018 年 12 月第 1 版　　2018 年 12 月第 1 次印刷
规　格　880×1230　　**开　本**　1/32
印　张　17.25　　**字　数**　496 千字
书　号　ISBN 978-7-5159-1545-6
定　价　168.00 元

本书如有印装质量问题，可与发行部联系调换

《载人航天出版工程》总序

中国载人航天工程自1992年立项以来，已经走过了20多年的发展历程。经过载人航天工程全体研制人员的锐意创新、刻苦攻关、顽强拼搏，共发射了10艘神舟飞船和1个目标飞行器，完成了从无人飞行到载人飞行、从一人一天到多人多天、从舱内实验到出舱活动、从自动交会对接到人控交会对接、从单船飞行到组合体飞行等一系列技术跨越，拥有了可靠的载人天地往返运输的能力，实现了中华民族的千年飞天梦想，使中国成为世界上第三个独立掌握载人航天技术的国家。我国载人航天工程作为高科技领域最具代表性的科技实践活动之一，承载了中国人民期盼国家富强、民族复兴的伟大梦想，彰显了中华民族探索未知世界、发现科学真理的不懈追求，体现了不畏艰辛、大力协同的精神风貌。航天梦是中国梦的重要组成部分，载人航天事业的成就，充分展示了伟大的中国道路、中国精神、中国力量，坚定了全国各族人民实现中华民族伟大复兴中国梦的决心和信心。

载人航天工程是十分复杂的大系统工程，既有赖于国家的整体科学技术发展水平，也起到了影响、促进和推动着科学技术进步的重要作用。载人航天技术的发展，涉及系统工程管理，自动控制技术，计算机技术，动力技术，材料和结构技术，环控生保技术，通信、遥感及测控技术，以及天文学、物理学、化学、生命科学、力学、地球科学和空间科学等诸多科学技术领域。在我国综合国力不断增强的今天，载人航天工程对促进中国科学技术的发展起到了积极的推动作用，是中国建设创新型国家的标志性工程之一。

我国航天事业已经进入了承前启后、继往开来、加速发展的关键时期。我国载人航天工程已经完成了三步走战略的第一步和第二步第一阶段的研制和飞行任务，突破了载人天地往返、空间出舱和空间交会对接技术，建立了比较完善的载人航天研发技术体系，形成了完整配套的研制、生产、试验能力。现在，我们正在进行空间站工程的研制工作。2020 年前后，我国将建造由 20 吨级舱段为基本模块构成的空间站，这将使我国载人航天工程进入一个新的发展阶段。建造具有中国特色和时代特征的中国空间站，和平开发和利用太空，为人类文明发展和进步做出新的贡献，是我们航天人肩负的责任和历史使命。要实现这一宏伟目标，无论是在科学技术方面，还是在工程组织方面，都对我们提出了新的挑战。

以图书为代表的文献资料既是载人航天工程的经验总结，也是后续任务研发的重要支撑。为了顺利实施这项国家重大科技工程，实现我国载人航天三步走的战略目标，我们必须充分总结实践成果，并充分借鉴国际同行的经验，形成具有系统性、前瞻性和实用性的，具有中国特色的理论与实践相结合的载人航天工程知识文献体系。

《载人航天出版工程》的编辑和出版就是要致力于建设这样的知识文献体系。书目的选择是在广泛听取参与我国载人航天工程的各专业领域的专家意见和建议的基础上确定的，其中专著内容涉及我国载人航天科研生产的最新技术成果，译著源于世界著名的出版机构，力图反映载人航天工程相关技术领域的当前水平和发展方向。

《载人航天出版工程》凝结了国内外载人航天专家学者的智慧和成果，具有较强的工程实用性和技术前瞻性，既可作为从事载人航天工程科研、生产、试验工作的参考用书，亦可供相关专业领域人员学习借鉴。期望这套丛书有助于载人航天工程的顺利实施，有利于中国航天事业的进一步发展，有益于航天科技领域的人才培养，为促进航天科技发展、建设创新型国家做出贡献。

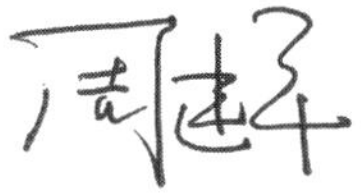

2013 年 10 月

译者序

人类对于浩瀚星空的向往可追溯至1609年，当时的“追星人”是意大利科学家伽利略，他用自制的简易装置首次尝试去揭开宇宙的神秘面纱。

1923年，科学家埃尔曼·奥伯特首次提出在太空建立天文观测站，原因是没有地球大气层的影响可确保“外面世界的星星不闪烁”。

1946年，天文学家莱曼·斯皮策提出在太空建造15米口径太空望远镜的概念。

1968年，NASA首个太空望远镜项目正式启动。

1983年，太空望远镜项目正式以美国天文学家埃德温·鲍威尔·哈勃的名字命名。

1990年，哈勃太空望远镜通过发现号航天飞机发射升空。

1993年，哈勃太空望远镜通过奋进号航天飞机完成首次在轨服务，成功修复主镜缺陷。NASA认为这次任务是可以与阿波罗11号登月飞行相媲美的巨大成功。

从概念到成功，所代表的不仅是从哈勃太空望远镜项目工程研制到望远镜成功在轨飞行，更是人类从认知太空、构建设想、迭代概念，到确定系统边界并最终工程实现的一系列艰苦卓绝的不懈探索。哈勃太空望远镜是在轨服务航天器的杰出代表，它对该领域的技术发展与工程研制的指导价值体现在诸多方面，且影响深远。值得一提的是，《2016中国的航天》白皮书中明确“启动空间飞行器在轨服务与维护系统建设”，因此，我国的在轨服务定将不再遥远。

《哈勃太空望远镜系统设计与在轨服务丛书》共包括两册，分别为《哈勃太空望远镜：从概念到成功》、《功能升级 & 拓展视野：哈勃太空望远镜在轨服务》。本书详细介绍了哈勃太空望远镜从概念提出到最终工程实现的全过程，包括望远镜概念论证与演进、系统设计、在轨服务工具开发、地面模拟训练系统开发等。同时，由于哈勃太空望远镜入轨不久即发现主镜存在球面像差的严重缺陷，因此，本书把针对修复主镜缺陷所实施的第一次在轨服务任务也纳入其中，包括服务任务的详细规划与具体实施等。此外，本书还介绍了哈勃太空望远镜通过发现号航天飞机在轨部署的详细过程，以及整个任务背后的强大支撑体系，包括项目组织架构、各航天中心配套分工等。

中国空间技术研究院总体部李伟杰组织了本书的翻译、统稿及审校工作。全书由李伟杰、柴洪友进行统稿和审校。第 1 章由李伟杰翻译，第 2、3、6 章由余快翻译，第 4、5 章由石文静翻译，第 7、8 章由许焕宾翻译，前言、致谢、序、结束语等由李伟杰翻译。

本书在翻译过程中得到了军委科技委吕跃广院士、中国空间技术研究院张柏楠总师，以及李大明、王永富、范含林、张加迅、程大义、陈新龙、谭春林、从强、杨建中、肖涛等领导和资深专家的指导，特别是吕跃广院士和张柏楠总师在百忙中为本书申请航天科技图书出版基金提出了宝贵的推荐意见。在编校及出版过程中，得到了中国宇航出版社的帮助。在本书出版过程中，总体部科技委梁晓珩和梁秀娟等领导和同事，总体室高振良和何宗波等领导，机械系统事业部李潇、唐自新、高峰、罗成、袁宝峰、潘博、成志忠、王光远、梁东平等领导和刘华伟、王菡等同事给予了具体指导。在相关文献调研以辅助翻译过程中，得到了崔慧永、张鹏、黄天翔、刘国青等同行好友的悉心帮助。同时，本书出版恰逢研究团队撰写的 5.3 万字长篇综述研究论文“On - orbit service (OOS) of spacecraft: A review of engineering developments”顺利通过国际航天领域知名期刊 *Progress in Aerospace Sciences* 第二轮审稿，借此，谨对长期以来关心、支持和帮助我们开展在轨服务航天器相关技术研究的各位领导和专家致以诚挚的感谢，同时也感谢家人及亲友在背后的默默支持和辛苦付出。最后，感谢在德国亚琛工业大学的访学经历，译者在此期间调研到原著，并萌生了翻译出版的愿望。

本书所有的翻译、译校、统稿工作，均是在繁重的航天科研工作之余完成的。由于译者水平有限，翻译过程中疏漏在所难免，如有给读者带来不便之处，敬请批评指正，欢迎对我们的研究工作提出宝贵意见。

李伟杰

2018年11月于北京航天城

前　言

把各种想法形成一本本的书，这总是令我着迷，这些想法有时会回溯几年甚至几十年。在20世纪60年代末期，我和许多同时代的人一样，着迷于太空探索和登月竞赛。年少的我在“太空时代”第二个十年开始的时候，就全身心迷恋其中。早在阿波罗任务到达月球之初，我就对相关事物越发感兴趣：航天员将在月面做什么？使用什么样的设备以及采用何种方法能够让航天员们冒险穿越那个异域世界？黑白电视机里的粗糙图像，关于月球研究基地的艺术想象，还有对遥远未来（20世纪80年代）的预测，以及激动人心的火星远征，我想那个时候给我的感觉就是奇妙和不可思议。

记忆中也正是在这一时期，我开始对舱外活动（EVA，即太空行走）产生浓厚的兴趣。除了追随登月计划的进展，我在1969年年初开始关注苏联的航天飞行（进行了从联盟5号向联盟4号转移的舱外活动），随后当然就是阿波罗的首次EVA了。此时，据媒体预测，20世纪后续太空计划将有大量的舱外活动，还有航天飞机的新型航天器、大型空间站，以及对卫星在轨实施维修与服务等。哇，未来太空探险值得期待！

关注太空计划之后，我很快学会了一件事：耐心和乐观——耐心地等待事情发生，并乐观地相信它们会成为现实。最终，在更深入地研究EVA的同时，我逐渐了解了阿波罗的宏伟计划、空间站的舱外活动技术，以及航天飞机如何支持航天员对各种有效载荷和卫星的维修和维护，包括被称为大型太空望远镜的在轨天文台。在接下来的20年里，我进一步了解了航天飞机的EVA以及由航天员借此重访望远镜这一早已期待的事情。1971—1981年期间，我对舱外活动的认识发生了许多变化，从年少时的兴奋到真正了解太空计划的复杂性及高风险性。航天飞机研制计划遭遇了诸多挑战，比如计划不断被推迟，其上的有效载荷也遭遇了诸多挑战，包括大型太空望远镜，该望远镜直到1983年才正式以著名天文学家埃德温·哈勃的名字命名。

到了20世纪80年代中期，关于航天飞机计划和太空望远镜的研制细节已经有了更多的报道，包括关于航天员如何维护和服务望远镜等，尤其是将望远镜维修工作由地面搬到了在轨飞行的过程中——这引起了我的注意！我问自己，没有人执行过舱外活动，那么维修哈勃的任务如何实现？实际上，美国人在Skylab（天空实验室）任务以来并未实施舱外活动，也就是说在航天飞机之前并没有航天员EVA的经验，但目前航天员团队将要开展“太空时代在轨小家的改造升级”，并以5英里/秒的速度在地球上方几百英里的高度上持续飞行，这显然需要进行更多的研究。所以，研究开始于如何实现对哈勃太空望远镜实施在轨服务，这也正是本书的起源。

在接下来的30年中，我的研究伴随着许多与此相关的轨道计划。同时，我也很快意识到，人类要利用航天飞机对望远镜开展有效的在轨维修和服务，特别是穿着笨重的压力服和非常厚实但十分不便的操作手套，虽然改善或修复的是望远镜中很小的一部分，但却要求对整个望远镜所实现的科学探索任务不产生负面影响，这些都需要巨大的基础设施和技术进步来予以支持。

这台望远镜首先需要成功发射，而且需要确定其存在的问题甚至缺陷，当然这并不是说望远镜要带着问题上天（与随后出现的问题并无关联），而是要通过在轨服务对其不断进行维护与升级。在研究如何具体实施服务任务时，必须进行大量的研究工作，从而在系统设计角度把每一次舱外活动联系在一起。然而这不仅仅涉及舱外活动，在实施舱外活动之前，需充分准备和测试具体进行更换的项目，确定航天员所需要的操作工具，以及为实现这些目标应对航天员进行哪些特殊训练。这些研究也让我逐渐进入其他技术领域，包括在维修望远镜时如何拆装设备，如何在任何情况下确保航天员、硬件和其他设备的安全，如何组织地面团队协同工作，还包括把握望远镜飞行环境与飞行状态以确定航天员工作时机等。同时，关于舱外活动的研究也使得我不断接触以下专业领域，包括材料科学、人因工程学、飞行控制动力学、在轨操作以及系统工程等。

我很快就决定不打算成为一名天文学家，而且会将哈勃望远镜纯科学研究留给其他人。此外，多年来有许多关于哈勃从产生想法到实现的书籍出版，包括其相关的政策、管理等多个方面。当我决定执笔时，虽然我知道也会涉及上述话题，但我不会深入研究，因为关于哈勃在轨服务实施过程中的犹如网络般的诸多细节需要我进行整理总结。这些诸多细节并未一一涵盖在此书中，但它们对于最终实施在轨服务任务必不可少，例如，在地面上所进行的长达数百小时的准备工作，每一位参与者的付出、奉献、信念和百折不挠的精神，包括组装最小零部件的工人，以及准备和测试硬件的团队，如发射团队、飞行控制团队、管理者、科学家、工程师、技术人员，此外还有航天员团队。据统计，有数千人参与了哈勃研制、发射及其后续在轨服务任务实施的全过程，尽管其中有很多人并没有直接参与，但是他们中的每一个人都在自己的岗位上努力工作，确保哈勃太空望远镜在轨正常飞行，他们应该自豪于自己所承担的伟大工作。所以关于哈勃的故事，我想讲述的并不仅仅是航天员及其在轨操作这些事。

这就是我准备讲述的故事，它不仅仅是哈勃发射和在轨服务及其涉及六架航天飞机的详细历程，同时也是每一位参与其中的科研人员的努力过程。我希望通过材料整理，努力讲述望远镜从研制到发射，再到在轨服务任务实施所涉及的主要情况，因为正是每一项具体任务的完成，才最终确保哈勃为我们工作了 25 年。正是因为哈勃太空望远镜，改变了我们看待宇宙的方式，同时也加深了我们对宇宙的理解，并重新审视作为无垠宇宙中极小部分的人类自己。

这个故事包括两大部分，分别在两部专著中讲述。《哈勃太空望远镜：从概念到成功》一书，从1990年4月通过航天飞机STS-31飞行任务部署哈勃开始，详细回顾了哈勃在轨部署过程，逐步展开了哈勃故事的背景，讲述了从卫星在轨服务概念的提出到实现的详细过程，特别是针对哈勃所实现的各种在轨服务操作，涵盖技术开发和工具研制，以及支撑如此宏伟工程所需的地面基础研究。这本书的结尾描述了哈勃首次在轨维修任务的巨大成功，其观测能力得到恢复。

第二部专著——《功能升级&拓展视野：哈勃太空望远镜在轨服务》，讲述了为确保哈勃正常在轨飞行、升级各种设备以提升哈勃观测能力所成功实施的其余四次在轨服务任务，同时也带我们回顾了哈勃首次飞行的故障以及航天飞机第二次失事的悲剧。本书以关注哈勃观测成果及其分析研究为结尾，同时也祝贺哈勃成功在轨飞行25周年。

尽管著书涉及的各种整理和编撰工作十分复杂，但我依然很享受这个过程，同时我也将继续迷恋于哈勃研制及其在轨服务任务的每一项工作。我想后续我还会以著书的形式将这些新的想法诉诸于世，因为这个特殊旅程对我的诱惑实在无法抵挡。

戴维·J. 谢勒，FBIS
天文信息服务有限公司主任
www. astroinfoservice. co. uk
英国西米德兰兹郡哈利素文市
2015年5月

致　谢

这是一个周期漫长的项目，归功于许多人的支持与共同努力，他们的名字会和哈勃太空望远镜一道铭记于历史。

首先，我必须向所有为这两本书的编撰提供帮助和支持的人表示感谢，有些人提供了资料或贡献了他们的回忆和经历，有些人则为我指明了正确的方向。此外，还要感谢那些在图书出版方面不知疲倦地工作的人，因为出版图书也不是一件容易的事。

我要感谢很多航天员同仁，他们尽心地提供了在哈勃太空望远镜任务过程中一些非常珍贵的个人回忆，以及他们对一名航天员“真实”工作的深刻见解，以及成为航天员所需具备的一切。特别是哈勃任务，我要感谢史蒂夫·霍利，他除了为“成为一名机械臂操作师”做出了有价值的诠释之外，还为本书撰写了序。霍利与布鲁斯·麦坎德利斯一起，还共同追忆了哈勃部署任务的全过程。在STS－61航天员乘组中，我要感谢迪克·科维、汤姆·埃克斯、杰夫·奥夫曼和斯托里·马斯格雷夫，对于STS－82飞行梯队成员，我要感谢史蒂夫·史密斯、乔·坦纳和史蒂夫·霍利，他们对于我的各种咨询都给予了耐心细致的答复。此外，迈克·福尔和欧空局航天员让-弗朗索瓦·克莱瓦（昵称比利·鲍勃）提供了慷慨的支持。来自STS－109航天员团队的吉姆·纽曼和卡赖（昵称迪热）对他们在第三次和第四次哈勃在轨服务任务中的角色和经验提供了独到的见解。还要感谢斯托里·马斯格雷夫，他在百忙中为本书撰写了后记。

在我所参与的各项研究中，鲍勃·克里平和乔治·纳尔逊等航天员给予了我宝贵的帮助，包括介绍了早期航天飞机在对太阳峰年卫星实施服务过程中的详细对接及服务实施情况，而这次在轨服务任务给予了哈勃望远镜最为宝贵的借鉴。还要感谢保罗·理查兹，他介绍了他在为哈勃研发工具的工作中发挥的作用，此后他成为了一名航天员，并于2001年在ISS上使用了相同的工具。

还有来自马里兰州的戈达德航天飞行中心公共事务部门所给予的重要支持，特别是苏珊·亨德里克斯、林恩·钱德勒和阿德里安娜·亚历山德罗。另外，我要感谢几位同样来自戈达德航天飞行中心提供哈勃望远镜在轨服务背景的同仁，他们是普雷斯顿·伯奇、乔伊斯·金、本·里德、艾德·雷扎克、阿尔·韦尔纳基亚和拉斯·韦内特。

在约翰逊航天中心，我要感谢罗伯特·特维诺，他详细介绍了舱外活动支持团队的工作情况。前飞行主任和哈勃任务主任查克·肖则非常详细地介绍了在休斯敦的飞行控制工作经历，以及他们在哈勃在轨服务任务中发挥的作用。

我同样要感谢约翰逊航天中心公共事务部门的工作人员以及曾在历史办公室的各位同仁，另外还有克利尔莱克大学、Rice大学收藏馆、位于得州沃斯堡的国家档案与文件管理局（NARA），以及肯尼迪航天中心图片摄影资料室和声像资料室、约翰逊航天中心媒体服务中心等，感谢大家一直以来对我研究工作的支持与帮助，他们分别是艾琳·霍利、芭芭拉·施瓦茨、戴夫·波特里、格伦·斯旺森、杰夫·卡尔、詹姆斯·哈茨菲尔德、珍妮特·科瓦塞维奇、乔伊·佩尔兰、琼·费里、玛格丽特·伯辛格、莉萨·巴斯克斯、戴安娜·奥姆斯比、乔迪·罗素、迈克·金特里和凯·格林特。感谢艾德·亨格费尔德提供的相关补充说明。此外，我要感谢NASA历史办公室的李·赛格斯尔、罗杰·劳尼厄斯和比尔·巴里多年来对我工作的支持。

感谢洛克希德公司的安德烈亚·格里纳、巴迪·纳尔逊和罗恩·谢菲尔德。感谢欧洲空间局（ESA）的卡尔·沃克和拉瑟·格拉克，以及克劳德·尼科尔。我还要感谢BAe系统公司的约翰·戴维斯，他在轨道天文观测领域提供了大量帮助。我得再次感谢苏珊·帕里和英国伦敦星际协会的工作人员，使我能够查阅他们图书馆的档案。我还要向 Spacefacts. de 网站的乔基姆·贝克尔和 Astronautix. com 网站的马克·韦德表示感谢，是他们允许我使用网站上的相关图片。除非另有说明，本书中所有图片均由 NASA 和 AIS 负责收集整理。

在图书出版方面，我要感谢英国 Praxis 出版社的克莱夫·霍伍德以及纽约斯普林格（Springer）出版社的诺拉·罗恩和莫里·所罗门，以及项目编辑戴维·M. 哈兰所给予的专业指导，尤其是出版过程中的耐心帮助。这些工作皆非易事。我也必须感谢吉姆·威尔基，他将我关于封面的设计想法变成了现实。

感谢我亲爱的妻子，谢谢她很努力地记录大量采访音频和扫描大量的书籍。我还要感谢我的母亲，读完了整本书并提供了宝贵的建议来改进手稿。我还必须向她们两位致以诚挚的歉意，在数星期内，她们为了我的工作而放弃了房子装修、外出游玩和家庭聚餐等活动。最后，还要跟我们可爱的牧羊犬詹纳说声抱歉，因为我错过了好多次跟它出去散步的机会。

对于所有帮助过我的人，在此由衷表示感谢！

序

哈勃太空望远镜无疑是有史以来最重要的科学仪器。天文学家知道，空间轨道上的大型望远镜将从根本上改变我们对宇宙的认识。然而，在过去20年间，伴随着快速发展的地面望远镜技术，哈勃已经发起了一场自伽利略时代以来人类对于宇宙疯狂的认知革命。举例来说，天文学家已经知道此前对于宇宙年龄的认识仅仅是其真实年龄的百分之几，同时也确定了黑洞的存在。在哈勃超远距离观测过程中，发现了大量不同类型且具有不同年龄的星系，其中一些星系的年龄显然在大爆炸后仅仅不到10亿年。此外，哈勃观测结果证明了“暗物质”和“暗能量”的存在，它们共同构成了大约96%的宇宙空间。可以说，哈勃帮助我们认识了几乎所有的宇宙特征。正如一位智者曾经指出的那样，在哈勃的帮助下，虽然如今我们仍然困惑，但至少是困惑于一个更为复杂的层面。

哈勃成功至关重要的一点是，整个望远镜系统从一开始设计就设想未来将在轨道上对望远镜进行修复和升级，即系统最初设计就具备了可接受在轨服务的功能，这是与常规航天器的最大区别。航天飞机和航天员则通过系统复杂的机器人和舱外活动技术帮助哈勃实现了这种能力。1993年第一次服务任务是当时最复杂的航天飞行任务，可能是阿波罗11号以来最重要的航天任务。当时的危机不仅仅关系到哈勃的未来，同时也影响着NASA在全世界的声誉。第一次在轨服务任务的内容主要是更换原来的太阳电池阵，从而消除其对系统指向稳定性的影响，同时针对主镜缺陷安装了相关硬件设备，从而可以对主镜缺陷所产生的球面像差进行有效补偿，获得满足最初设计要求的成像灵敏度和空间分辨率。此后，通过航天飞机先后完成了四次更有挑战性但都逐一成功的哈勃在轨服务任务，更换了部分失效的设备，同时也升级了部分科学仪器。

哈勃除了对空间探测及科学的影响外，我认为其在研制过程中所采用的各种设计方法值得后来人学习，特别是通过在轨服务任务的成功实施，在载荷在轨部署、具体服务操作等方面，为后来国际空间站在轨组装构建提供了宝贵的经验——这很可能是有史以来最伟大的工程成就。例如，在1990年我们借助航天飞机通过机械臂进行哈勃部署任务时的经验与教训，已直接应用于依靠航天飞机机械臂系统来处理大型有效载荷的相关工作，可以说哈勃任务的实施对舱外活动技术发展起到了重要的促进作用。不仅可以提高舱外活动（包括维修和装配）的工作效率，帮助航天员提升设备捕获对接以及在轨操作过程中的态势感知能力，也可为整合机器人系统和航天员舱外活动设计更为行之有效的地面训练。

关于哈勃观测数据不为人所知的是，它们被详细整理并且最终服务于世界上可能最普通的研究群体。可以说，哈勃观测数据通过分析、研究，其贡献远大于其原始数据，因为先进的计算机处理技术可以帮助我们揭示当前宇宙中更多未知的领域。例如，通过增强数据处理技术和改进后稳定的哈勃数据图像，可以直接分析得出某行星绕着某恒星运行。目前已知通过哈勃新观测的数据发表的论文数量，显著低于利用前期存档数据处理、分析及研究所发表的论文。因此科学家预测，当有一天哈勃使命结束后，其科学遗产将继续为人类奉献长达几十年。

在我的航天员生涯中，我遇到了许多人，他们普遍认为航天飞机是从休斯敦发射升空，并且会飞往月球。相比而言，他们中的绝大多数人都能翔实地表述哈勃太空望远镜，并对哈勃获得的图像感到惊讶不已。如今，哈勃空间观测的各种图片在普通课堂上都能看得到，它鼓舞了新一代的科学家、工程师和航天探险家。我很荣幸成为两次在轨开展与哈勃相关工作的航天员，同时也有机会使用哈勃观测结果开展研究。我能够同时作为航天员和天文学家完全归功于哈勃太空望远镜。尽管现在航天飞机和我都陆续“退役”，但在相当长时间内我们终将被记住的最重要的成就，一定是哈勃太空望远镜以及它带给我们的珍贵的空间观测成果。

史蒂夫·霍利博士

堪萨斯大学天文学和空间物理学教授、航天工程学副教授

工程物理系主任

NASA 航天员（曾参加过航天飞机第 STS 41－D，61－C，－31，－82 及－93 次飞行任务）

序图-1 NASA 航天员史蒂夫·霍利博士（航天员任职时间：1978—2008 年）

序图-2　轨道上的哈勃太空望远镜

谨以此书献给所有关注哈勃太空望远镜的人。同时也借此书重温当年工作人员为哈勃而忘我工作、钻研的奉献精神，无论是在地面的工作人员还是在轨服务的工作人员。最后更要献给我们所有哈勃人背后的亲属和朋友，正是因为你们，在背后默默地承受了本应该由我们承担的太多的东西。

谨以此书纪念安德鲁·萨蒙（1961—2013年）。

献给热爱这项课题的同行作家和业余天文爱好者，以及那些提供大量建议和指导、为后续专著提供帮助的朋友们。

目　录

概述 …………………………………………………… 1

第 1 章　部署 ………………………………………… 6

1.1　在轨部署一个望远镜 ………………………… 7

1.1.1　规避磕碰和多余动作 ……………………… 7

1.1.2　机械臂上的哈勃 …………………………… 9

1.1.3　太阳电池阵和高增益天线 ………………… 11

1.2　天文学家部署哈勃 …………………………… 15

1.2.1　绝美画面 …………………………………… 19

1.2.2　最低部署高度 ……………………………… 20

1.3　准备飞行 ……………………………………… 22

1.3.1　任命航天员 ………………………………… 22

1.3.2　更换指令长 ………………………………… 24

1.3.3　地面训练 …………………………………… 28

1.3.4　制定 EVA 计划 …………………………… 32

1.3.5　黑色记事本 ………………………………… 35

1.3.6　适应计划推迟 ……………………………… 36

1.4　搭建发射组合体 ……………………………… 37

1.4.1　发射定于 1990 年 ………………………… 37

1.4.2　逐步准备发射 ……………………………… 38

1.4.3　又是螺母 …………………………………… 40

1.4.4　系统漏洞 …………………………………… 43

1.4.5　哈勃装载至航天飞机 ……………………… 44

1.4.6 4月10日/第一次发射尝试…… 45
1.4.7 电池保持充电状态 …… 45
1.4.8 4月24日/最后倒计时…… 46
1.4.9 哈勃到达太空 …… 47
1.5 部署哈勃 …… 49
1.5.1 4月24日/做好准备…… 49
1.5.2 4月25日/实施部署…… 53
1.5.3 哈勃停泊于顶部 …… 54
1.5.4 气闸舱内随时待命 …… 58
1.6 轨道高度并不够高 …… 59
1.6.1 高轨道飞行风险 …… 62
1.6.2 4月26—28日/在轨待命…… 65
1.6.3 4月29日/返回地球…… 67
1.6.4 发现号航天飞机返回佛罗里达 …… 67
1.7 哈勃的麻烦 …… 68
1.7.1 球面像差缺陷 …… 69
1.7.2 航天员的新角色 …… 72
1.7.3 重回轨道的漫长道路 …… 73
参考文献 …… 74
第2章 梦想 …… 76
2.1 去星星不闪烁的地方 …… 76
2.1.1 太空望远镜的起源 …… 77
2.1.2 莱曼·斯皮策和太空观测站 …… 78
2.2 同温层观测镜：通往太空的一小步 …… 79
2.2.1 太空时代的黎明 …… 81
2.2.2 人造卫星、加加林和月球 …… 81
2.3 哈勃之前的空间天文学 …… 82
2.3.1 天文学领域 …… 82
2.3.2 空间探索法案和组织 …… 82

2.3.3 建立天文学研究计划 …… 84
2.3.4 搭建平台 …… 84
2.4 在轨天文学观测站 …… 85
2.4.1 是否推进 OAO 项目 …… 85
2.5 基础工作 …… 88
2.5.1 在轨天文学观测站 …… 88
2.5.2 标准“有轨电车” …… 89
2.5.3 探索号系列卫星 …… 90
2.5.4 高能太空观测站 …… 91
2.5.5 伍兹霍尔的建议 …… 92
2.6 在轨载人天文望远镜 …… 93
2.6.1 MORL 望远镜 …… 93
2.6.2 阿波罗望远镜 …… 94
2.6.3 MOT 研制费用 …… 95
2.6.4 MOT 应用展望 …… 99
2.6.5 解决保障问题 …… 100
2.6.6 MOT 及其有人服务 …… 100
2.6.7 立项难点 …… 101
2.7 大型太空望远镜诞生 …… 102
2.8 在轨服务卫星 Nimbus …… 103
2.8.1 为什么是 Nimbus …… 103
2.8.2 为在轨服务而设计 …… 105
2.9 小结 …… 106
2.10 天文学任务委员会报告 …… 108
2.10.1 人类与空间天文学 …… 109
2.10.2 航天员的多重角色 …… 111
2.10.3 未来发展重点 …… 112
参考文献 …… 114

第3章 梦想成真 …… 116
3.1 登月之后 …… 117
3.1.1 大型太空望远镜组织实施 …… 118
3.2 漫长的“拼图”过程 …… 119
3.2.1 经费保障 …… 119
3.2.2 源自南希·罗曼的驱动力 …… 120
3.3 任务起步 …… 121
3.3.1 运载火箭 …… 122
3.3.2 战斗部落 …… 122
3.3.3 早期的服务计划 …… 123
3.3.4 谈判专家奥德尔博士 …… 126
3.3.5 望远镜正式命名 …… 132
3.4 碎片任务拼接 …… 134
3.5 航天飞机系统 …… 135
3.5.1 载荷舱尺寸确定 …… 138
3.6 远程操作系统 …… 141
3.7 太空相会 …… 145
3.7.1 规划 …… 145
3.7.2 从发射平台到入轨 …… 147
3.7.3 交会阶段 …… 148
3.7.4 接近目标 …… 149
3.7.5 航天飞机技术的发展 …… 149
3.7.6 飞行履历 …… 149
3.7.7 哈勃的经历 …… 151
3.7.8 应急接近 …… 152
3.7.9 标准接近 …… 152
3.7.10 Low-Z 模式 …… 153
3.8 哈勃的管理 …… 155
3.8.1 跟踪与数据中继卫星系统（TDRSS） …… 157

3.9　一个欧洲的合作伙伴 …… 160
3.9.1　英国的加入 …… 162
3.9.2　英国/欧洲的哈勃望远镜 …… 164
3.10　污染防护 …… 165
3.10.1　运行环境的考虑 …… 166
3.10.2　自然工作环境 …… 166
3.10.3　确保安全性和完整性 …… 168
3.10.4　航天飞机载荷安全性 …… 168
3.11　广泛而深入的发展 …… 169
3.11.1　一个几乎完整的拼图 …… 170
参考文献 …… 172

第 4 章　任务演进 …… 174
4.1　1972 年的大型太空望远镜（LST）设计研究 …… 174
4.1.1　任务描述 …… 175
4.1.2　轨道选择 …… 176
4.1.3　运载能力分析 …… 178
4.1.4　系统配套和设计 …… 179
4.1.5　科学仪器模块 …… 179
4.1.6　系统支持模块 …… 180
4.1.7　污染控制 …… 181
4.1.8　系统可靠性 …… 181
4.1.9　系统维护 …… 181
4.1.10　小结 …… 184
4.2　A 阶段设计完善 …… 186
4.2.1　维护级别 …… 186
4.2.2　与 A 阶段相比的关键变化 …… 187
4.2.3　地面维护 …… 188
4.2.4　小型在轨载人出舱维护 …… 188
4.2.5　小型在轨远程操作系统维护 …… 188

4.2.6 阶段A后的主要更改 …… 189
4.2.7 机械臂的约束 …… 189
4.2.8 设计要素 …… 189
4.2.9 联合布局 …… 190
4.2.10 可操作性 …… 190
4.3 可维护性 …… 192
4.3.1 返回地球问题 …… 193
4.3.2 在轨问题 …… 194
4.3.3 设计问题 …… 194
4.3.4 结构 …… 195
4.3.5 热控 …… 196
4.3.6 电源 …… 197
4.3.7 控制和数据处理 …… 197
4.3.8 姿态控制 …… 197
4.3.9 分系统可靠性 …… 197
4.3.10 污染物控制 …… 198
4.3.11 最新研究得出的关键结论 …… 198
4.4 LST载人舱外活动 …… 200
4.4.1 LST演变为ST …… 201
4.5 哈勃状态概述 …… 202
4.5.1 大型观测站 …… 204
4.5.2 纪录创造者 …… 205
4.5.3 太空中的哈勃 …… 205
4.5.4 主要组成 …… 206
4.5.5 结构与机构 …… 208
4.5.6 仪表和通信 …… 213
4.5.7 数据管理 …… 214
4.5.8 指向控制 …… 215
4.5.9 电源 …… 218

4.5.10 热控 …… 226
4.5.11 安全应急系统 …… 227
4.5.12 光学系统 …… 229
4.6 从 LOT 到 HST …… 237
参考文献 …… 246

第 5 章 模拟服务 …… 247
5.1 创造一个概念 …… 248
5.1.1 弗兰克·切波利纳 …… 249
5.1.2 在轨服务 …… 251
5.1.3 多任务模块化航天器 …… 252
5.2 建立指南 …… 253
5.2.1 关键设计和操作问题 …… 254
5.2.2 航天员系统基本需求 …… 254
5.2.3 小结 …… 256
5.3 航天员办公室的参与 …… 257
5.3.1 团队工作 …… 260
5.4 EVA 服务支持设备 …… 260
5.4.1 飞行支持结构 …… 261
5.4.2 在轨可更换单元装载系统 …… 262
5.4.3 第二轴向装载系统 …… 263
5.5 航天员辅助工具 …… 263
5.5.1 从航天飞机开展太空行走 …… 263
5.6 基线设备 …… 265
5.6.1 舱外移动单元 …… 265
5.6.2 气闸舱 …… 267
5.6.3 EVA 设备 …… 267
5.6.4 专属工具 …… 268
5.7 EVA 任务剖面 …… 268
5.8 地面支持系统 …… 269

5.9 EVA 培训 …… 270
5.9.1 EVA 潜力 …… 272
5.10 水下哈勃 …… 276
5.10.1 关注细节 …… 278
5.11 渐进系统分析 …… 279
5.11.1 关键测试结果 …… 280
5.11.2 模拟程序 …… 281
5.12 中性浮力模拟器 …… 282
5.12.1 样机和支持设备 …… 287
5.13 全尺寸模拟试验 …… 291
5.13.1 分系统开发 …… 291
5.13.2 轴向科学仪器 …… 292
5.13.3 径向科学仪器 …… 294
5.13.4 精细导星敏感器 …… 294
5.13.5 固定头部星敏感器/速率传感器单元 …… 294
5.13.6 系统支持模块设备 …… 295
5.13.7 光学望远镜组件 …… 295
5.13.8 太阳电池阵 …… 295
5.13.9 操作工具 …… 296
5.13.10 高增益天线 …… 297
5.13.11 光圈盖 …… 298
5.13.12 便携式足部限位器 …… 298
5.13.13 扶手 …… 301
5.13.14 舱门锁紧设计 …… 301
5.13.15 紧固件 …… 302
5.13.16 RMS 及相关活动 …… 302
5.13.17 早期 NBS 测试结论 …… 303
5.14 1983—1990 年的 NBS 测试 …… 305
5.15 升级的 NBS 训练设施 …… 305

5.15.1 水下试验项目(1984—1988) …… 306
5.15.2 试验成果 …… 308
5.15.3 附加 NBS 试验 …… 309
5.16 EVA 经验积累 …… 310
5.17 DTO-1210 …… 312
5.17.1 STS-125 任务后记 …… 316
参考文献 …… 318

第 6 章 配套工具设施 …… 320
6.1 引言 …… 320
6.1.1 罗伯特·特维诺 …… 321
6.1.2 罗恩·谢菲尔德 …… 323
6.1.3 设计标准 …… 325
6.1.4 特殊工具 …… 326
6.2 在轨服务工具包 …… 326
6.2.1 电动工具 …… 331
6.2.2 工具存放 …… 332
6.3 罗素·韦内斯及其工具管理 …… 336
6.3.1 反复测试 …… 336
6.3.2 团队协作 …… 338
6.3.3 保留团队 …… 339
6.4 机械工程师保罗·理查德 …… 343
6.4.1 新人的处境 …… 345
6.4.2 机械工程师成为“沙丁鱼” …… 348
6.5 未配置 MMU …… 350
6.6 操作工具 …… 354
参考文献 …… 357

第 7 章 幕后 …… 358
7.1 飞行乘组训练 …… 359

7.1.1 乘组角色 …… 359
7.1.2 从课堂到毕业 …… 362
7.1.3 训练与支持相结合 …… 365
7.2 地面团队 …… 367
7.3 哈勃项目办公室 …… 367
7.3.1 项目经理普雷斯顿·伯奇 …… 368
7.3.2 运营和系统经理阿尔·维纳基奥 …… 375
7.3.3 异常响应团队 …… 378
7.3.4 乔伊斯·金的管理工程 …… 379
7.3.5 系统管理地面测试 …… 383
7.4 在轨服务任务支持团队 …… 385
7.4.1 NASA 总部 …… 386
7.4.2 马歇尔航天飞行中心 …… 387
7.4.3 戈达德航天飞行中心 …… 389
7.4.4 太空望远镜操作控制中心 …… 393
7.4.5 欧洲空间局（ESA） …… 398
7.4.6 肯尼迪航天中心 …… 399
7.4.7 航天飞机运营副主任克里平 …… 401
7.5 航天员办公室支持 …… 402
7.6 任务控制 …… 405
7.6.1 多用途支持室 …… 416
7.7 哈勃飞行主任与任务主任 …… 417
7.7.1 “牵牛星”飞行任务主任——查尔斯·肖 …… 417
7.7.2 任务指导和管理 …… 420
7.7.3 结构化团队与职责 …… 421
7.7.4 飞行操控师训练 …… 423
7.7.5 奇妙的在轨服务 …… 425
参考文献 …… 426

第 8 章 第一次在轨服务任务 …… 427
8.1 哈勃维修计划 …… 427
8.1.1 哈勃的幽默 …… 427
8.1.2 学会应对新闻界 …… 428
8.1.3 挑选航天员 …… 430
8.1.4 家人的理解 …… 432
8.1.5 主要任务 …… 434
8.1.6 哈勃的眼镜 …… 436
8.1.7 源自牙医镜和淋浴头的灵感 …… 436
8.1.8 航天员训练 …… 438
8.1.9 交叉训练 …… 440
8.1.10 手指冻伤 …… 441
8.1.11 图纸再次错误 …… 443
8.1.12 虚拟现实训练 …… 444
8.2 任务规划 …… 446
8.2.1 概述 …… 448
8.2.2 进展中的里程碑节点 …… 449
8.2.3 1993 年 12 月 1 日/试图发射 …… 456
8.2.4 12 月 2 日/发射 …… 457
8.3 哈勃第一次回归 …… 457
8.3.1 12 月 2—3 日/逐步接近哈勃 …… 457
8.3.2 细微光点逐渐变亮 …… 458
8.3.3 12 月 3—4 日/捕获与第 1 次 EVA …… 458
8.3.4 12 月 5 日/第 2 次 EVA …… 465
8.3.5 12 月 6 日/第 3 次 EVA …… 472
8.3.6 12 月 7 日/第 4 次 EVA …… 475
8.3.7 12 月 8 日/第 5 次 EVA …… 480
8.3.8 高难度的螺钉操作 …… 482
8.3.9 12 月 9 日/释放哈勃 …… 484

8.3.10 12月9—11日/准备返回（暴风雨后的平静）…… 486
8.3.11 12月12日/返回地面 …… 487
8.4 接力棒传递 …… 487
8.4.1 工作间隙 …… 488
8.4.2 任务成功 …… 488
8.4.3 回归日常 …… 490
参考文献 …… 493
结束语 …… 495
参考文献 …… 500
后记 …… 501
缩略语 …… 504
关于作者 …… 517

概　述

2009 年是值得纪念的一年。因为在 400 年前，人类第一次使用望远镜观望天空，当时意大利物理学家和天文学家伽利略使用简单工具来绘制月面山脉和环形山等各种形态以及夜空中闪耀着光芒的带状空间——现在早已广为人知的“银河”。为了庆祝这一事件，早在 2003 年国际天文学联盟（IAU）和联合国教科文组织（UNESCO）就设立了“国际天文年”，通过太空望远镜昼夜观测并在全球范围共享成果，从而在全球范围内吸引并鼓励更多的人来重新认识宇宙空间、认识人类自己。“国际天文年”活动最终得到联合国和国际科学理事会（ICSU）的高度认可。

当项目最终报告公布后，至少有来自 148 个国家近 8 亿人参与了这个全球最大的科学项目。天文学能够处于新闻报道的热点，很大程度源自于天文望远镜，这里特指不是在地球上的望远镜，而是在距离地球约 380 英里（612 千米）高度轨道上运行的哈勃太空望远镜。哈勃太空望远镜深深推动了世界天文学的发展，我们对宇宙的理解远远超出了伽利略当初所设想的任何事物。在过去的 4 个世纪里，望远镜技术的发展以及我们对科学的逐步了解，确保我们能够进一步深入观察和理解太空并拓展至时空维度。然而人们很快就认识到，自身大气的扭曲效应限制了地面望远镜提供的图像清晰度，因此很快就决定需要将望远镜放在绕地轨道上以确保置于地球大气层之上。因哈勃在观测宇宙、提供美妙的图片以及对宇宙本质的令人着迷的见解等方面确实让人震撼，这些年关于哈勃的故事一直在编写出版，详细介绍其成功的故事以及遭遇到的各种问题。有人说哈勃并没有提供突破性的科学成果，而只是利用观测成果证实了我们曾经的怀疑，也有人说如此描述定性是荒谬的。我想这些都不是本书的目的，本书只是尽可能表达哈勃给我们所呈现出的客观事实。

本书并不属于哈勃太空望远镜专著的典型，因为它并非只专注于哈勃所产生的技术进步及空间科学发展。事实上，这本书详细介绍了为保障哈勃太空望远镜正常飞行而建立的庞大技术体系以及各种努力，以及如何将各种各样的技术汇集在一起，包括地面研制、发射、在轨维修和维护，以研究哈勃这一复杂系统何以在轨飞行并且能够长期保持正常运行，从而为人类奉献无数令人惊叹的宇宙图像。

我原本打算将我的想法作为一部专著来进行深入研究和开展广泛合作，而且这些想法完全源自于我个人参与哈勃项目的深刻体会。在斯普林格出版社建议下，我将这个故事划分为两大部分。第一部分的重点是哈勃太空望远镜概念的发展和实现，以及在轨服务所应具备的能力，以确保哈勃能够长期在轨正常观测，包括通过特殊设计的工具以及飞行任务程序实现对哈勃的在轨服务，这恰恰与40年来如何将大型光学望远镜搬上天的想法不谋而合。

本书内容开始于1990年4月，由STS-31飞行任务实施哈勃太空望远镜在轨部署。将望远镜搬上天无疑是其技术发展的里程碑，尽管这样的设施将对天文学和空间科学有很大的帮助，但在这一设想延续数十年后，有关如何实现这一貌似不可能完成的任务仍在激烈辩论中。然而，哈勃太空望远镜横空出世，使得天文学家热情高涨，但遗憾的是在轨部署完成仅仅几个星期后，令人震惊的问题出现了——哈勃光学系统不如预期那么精确，因为其无法进行正确对焦。

由于望远镜运行在轨道上，当前故障面临的挑战不仅仅是要提出解决措施，因为只要是关于仪器设备被建议维修和维护，都会引出如何实现在轨维修以及会产生什么样的新问题。幸运的是，在接下来的20年里有5架航天飞机逐一解决了上述问题，并且使得哈勃太空望远镜可以将其最初设计的15年科学观测和图像记录寿命整整延长1倍，也就是说哈勃将会在轨度过它的30岁生日，同时能够继续为地面带来最壮观的空间观测图片。本书概述部分的其余内容将在STS-31飞行任务中更详细地介绍，包括最终将哈勃成功送入预定轨道。

第2章从时间维度回顾了太空望远镜设想的发展历程。首先描述了关于太空望远镜的最初设想，随后不断发展成为美国早期太空计划里更广泛的天文观测计划。本章也同时回顾了早期的卫星服务计划，调研了关于在轨天文平台的建设建议以及早期关于航天员在太空开展天文学研究所需承担的任务等。

第3章总结了20世纪70年代和80年代初的激荡岁月，描述了当时在技术和飞行程序设计领域的关键进展，同时也很快证明其对于后来所实施的在轨服务任务至关重要。这些进展包括决定发射航天飞机从而发展轨道服务能力，确定航天飞机有效载荷舱的尺寸以适应美国空军的要求（美国空军负责发射国家开发的各类卫星），开发远程操作系统以及各种交会对接技术。本章还总结了哈勃太空望远镜项目的管理情况，伴随着航天投入资金的连续争夺，由此也引发了影响望远镜维护的一些重大决策。最后，调研了项目实施过程中欧洲伙伴的参与方案，以及在轨服务任务所需要的在轨实施环境及条件。

接下来的两章回顾了哈勃计划的前身——“大型太空望远镜”项目，以及其如何发展为“太空望远镜”直至“哈勃太空望远镜”项目，这些章节介绍了1990年发射的哈勃太空望远镜的设计状态，这些都与后续哈勃在轨服务的章节形成良好的呼应。第4章对于哈勃装载的科学仪器进行了介绍，其中相关的空间科学探索与研究计划也只是简要表述，因为重点仍然是通过整理哈勃适应在轨维修的技术状态，从而更顺畅地去理解后续章节中有关哈勃在轨维修的设计与任务实现，即表述重点不是航天飞机服务前后的科学应用。同时，为哈勃太空望远镜研制配套的水下舱外活动模拟技术是掌握和实现在轨服务技术的关键。这些大型水池模拟研究始于20世纪70

年代后期，而针对哈勃在轨服务的水下模拟研究仅仅是在2009年哈勃最后一次在轨维修任务实施的前几个星期才宣告结束。本书第5章介绍了哈勃舱外在轨服务操作的演变过程，以及如何开发水下模拟操作技术来为实现哈勃在轨维护和维修做铺垫，当然，在仿真模型以及其他“1-g”模拟系统中也可以进行操作练习。

第6章介绍了为实现在轨服务任务目标而开发的支持设备。与在地球上的任何专业工匠一样，航天员实施在轨操作同样需要各种操作工具。对于开发这些操作工具的研究人员来说，与其他技术研究及产品开发类似，同样需要适应各种使用需求，且能够体现各类前沿技术的开发与集成应用。

航天飞机服务任务，在公众看来就是航天员在轨进行各种操作。实际在地面上，同时会有多个团队在背后工作，为航天飞机任务实施提供极为关键的支持与保障，包括工程师团队、飞行控制团队以及科学家团队。第7章介绍了支持团队的基本组成及其在每个任务中所发挥的作用，当航天员即将执行任务时，典型的任务团队包括在休斯敦的飞行控制团队、戈达德航天飞行中心的哈勃研制团队以及肯尼迪航天中心的发射任务团队，这些共同组成哈勃任务团队。

最终，哈勃太空望远镜顺利在轨飞行，但观测设备却带有缺陷，此后发生了至今令人印象深刻的在轨操作——第8章回顾了哈勃第1次在轨服务任务。1993年12月，STS-61从灾难的深渊拯救出哈勃和NASA。通过5次舱外活动顺利安装了光学校正设备，成功恢复哈勃的最初愿景，同时也对其他相关设备完成升级。可以说这是自阿波罗11号首次登月以后NASA最为重要的任务，并可与天空实验室任务或者20年前阿波罗13号任务相媲美。

这个故事的第一部分是从概念产生到其持续论证许多年、计划推迟、对任务的沮丧和最终迎来希望直至发射，然后再到入轨工作后因望远镜缺陷而产生更大失望。最终，在面临在轨维修这个巨大挑战面前，哈勃的第1次在轨服务计划成功实施。

如前所述，这并不是哈勃故事的最后结局。在哈勃完成第1次在轨服务且开始正常运行后，更多的严峻挑战源自于对任务和技术升级的渴望——对哈勃实施各类仪器和硬件的改进和扩展，远超当初设计时的在轨服务任务规划。可以说，哈勃的设计与接受服务的潜力远超想象，这也给不断拓宽宇宙观测视野带来可能。为了支持哈勃能够长期观测的科学计划，任务规划、技术准备和地面配套基础设施建立的工作陆续开展。至此，为哈勃拓展视野的工作应运而生。这些关于哈勃的故事在本书的姊妹篇——《功能升级 & 拓展视野：哈勃太空望远镜在轨服务》中进行了详细论述，包括接下来的 4 次在轨维修任务，共持续了将近 15 年时间，在这个过程中也经历航天飞机的第 2 次灾难性事故，即哥伦比亚号失事。为纪念哈勃太空望远镜发射 25 周年，我们详细回顾了哈勃在实施维修任务时的具体细节，共同体验哈勃作为国家级财富的各种不寻常的经历。

第1章　部　署

我全身心地投入，只为做得更好。

——史蒂夫·霍利［航天飞机STS-31飞行任务远程操作系统（RMS）操作师］

1990年4月25日，透过距离地球上方380英里（约612千米）的发现号航天飞机轨道舱后侧舷窗，天文学家、NASA航天员和STS-31任务专家史蒂夫·霍利正在专注于他通过机械臂所控制的大型有效载荷，在他左边是本次飞行任务的指令长洛伦·施赖弗，他负责控制航天飞机飞行。位于轨道舱中部的是任务专家布鲁斯·麦坎德利斯和凯瑟琳·沙利文，此外还有在舱内来回穿梭的航天员查尔斯·博尔登，与前两位一起组成航天飞机第35次飞行任务的航天员团队。此时，布鲁斯·麦坎德利斯和凯瑟琳·沙利文正在准备随时可能实施的太空行走，以应对有效载荷出现的问题。航天员查尔斯·博尔登则做好准备随时辅助上述两组航天员。现在正是一个紧张的时刻。

对于史蒂夫·霍利来说，在接下来的几分钟，他将所有注意力都专注于他的操作。同时他还需要监控舱内的小电视屏幕，上面显示了有效载荷（哈勃太空望远镜）即将在轨部署的状态。将期待已久的“伟大天文台”部署至轨道的责任应该由专业天文学家承担，这似乎是恰当的。事实上对于从事这个项目的许多人来说，哈勃已经占据了他们整个职业生涯，同时哈勃也承载了所有人的希望与梦想，包括不计其数的一线设计师、工程师、科学家、项目承包商、项目主管、经理人、政治家，此外甚至还包括广大的普通民众。

1.1　在轨部署一个望远镜

哈勃下一步行动的责任并没有落在霍利身上。“我记得在整个过程中，特别是在部署当天，时刻想着这些年所有人为任务实施这一刻所付出的努力。在某种程度上，我代表所有承载关于斯皮策望远镜梦想的科学家和工程师，并将此付诸现实。所以我需要努力做好这件事，特别是作为一名专业的天文学家，此刻的任务对我意味着太多，因为科学家和工程师们已经完成了所有的工作，最后这一步需要由我来完成。”

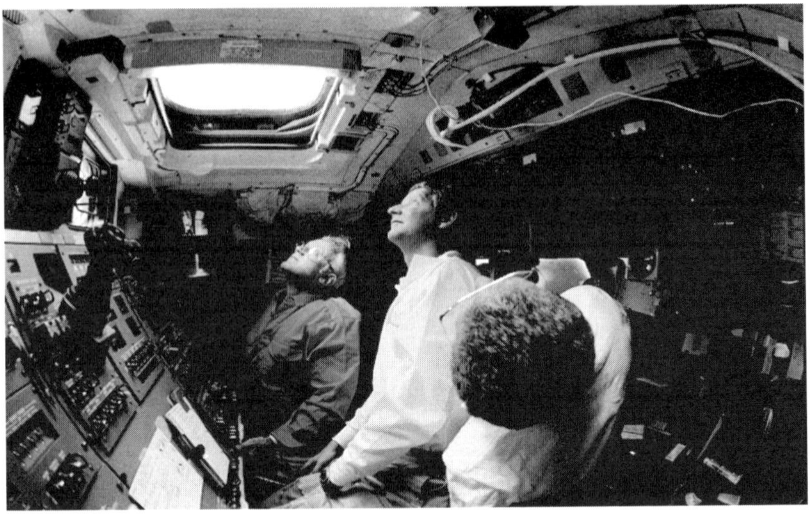

图1-1　透过航天飞机后舱舷窗观察哈勃部署情况
（从左至右依次为布鲁斯·麦坎德利斯、史蒂夫·霍利、洛伦·施赖弗）

1.1.1　规避磕碰和多余动作

对于航天员霍利来说，从业已经12年，这是他第三次进入太空，可以说他能够完全熟练操控RMS系统。尽管他在地面模拟系统上操作过 RMS，并已从其他同事那里获得过丰富经验，但事实上他的确还没有在太空中真正操作过机械臂。因此，这项任务对他来说显然是十分艰巨的。因为哈勃望远镜是 RMS 到目前为止需要操作的最大质量的载荷，对精度要求高，需要操作人员及时识别操作进程，并能够快速做出反应。

霍利解释道："这可能是你遇到的最糟糕的担忧，当你试图通过 RMS 分离并释放哈勃望远镜的时候，它非常接近航天飞机轨道器主体结构，使得两者极易发生碰撞。因此当心中首次出现准备释放哈勃的想法的时候，潜意识里随即会出现对任务完成的担忧。由于没有可用的避碰软件，所以避免碰撞的唯一解决办法是和 RMS 协同工作，共同识别哈勃的具体位置并评估合适的释放时机。显然，当哈勃与舱体非常接近的时候，你会担心需要花费更长的时间来避免这种碰撞，而相对来说，允许你用于评估哈勃位置及其释放时机的时间则要短得多，因此，需要航天员快速反应、快速评估以及快速决断。幸运的是，为了避免哈勃与舱体发生碰撞，工程师们通过软件设计可以限制电机工作进程，一旦出现紧急情况则电机关闭并进入缓慢后驱动状态，以尽可能避免发生意外的磕碰事故。"

这就是 STS-31 飞行计划的内容，霍利可以通过软件控制 RMS 移动速度或操控速度，当他准备释放哈勃时，软件负载将会发生突变，比如当他将有效载荷提升到足够高的时候，更大的电流会输送到驱动电机，此时移动速度降低，然而这一切都是理论分析的状态。在轨道上的实际情况是，负载信号在 RMS 系统的"噪声"中消失了，霍利从控制器发送到机械臂的信号并不比"噪声"强多少——系统噪声及操控信号对于驱动系统来说表现为一个个操控指令。因此，RMS 驱动电机的状态变得混乱，而这也是之前在地面模拟系统中没有遇到过的。在霍利部署哈勃望远镜之前，他们并没有注意到这种影响。正如霍利所说："实际情况是，我发出向上运动的纯粹指令反馈到驱动电机后，它却不完全按命令移动，它会在理论位置点进行徘徊。我记得那时真的很混乱，它完全不是在地面模拟系统中的状态，最终导致部署任务的时间延长了约50%。我们不断中止指令，不断删除未请求的指令，并不断调整运动方向。”

“当我们结束STS-31飞行任务回到地面之后，”霍利继续说道，“我们立刻对航天飞机地面模拟系统进行了升级，通过设计模拟在轨‘噪声’环境，清晰再现了我们在轨部署哈勃过程中所面临的情景。最终，我们采取的措施是升级RMS控制模式，并称之为POHS（发音‘POHS’）定位控制子模式。在轨部署过程中，一旦出现噪声环境，则可以启动该模式，然后在轨道舱Z轴方向有效实施，最终将哈勃垂直提升直至远离舱体。由于对部署过程进行了升级设计，控制模式只需通过软件设计实现Z轴调整。通过上述控制模式设计，可以抵消类似在STS-31部署过程中遭遇的系统噪声环境，无论是在俯仰或偏航方向旋转哈勃，都可以发出正确指令，保证在轨部署载荷顺利实施。”

1.1.2 机械臂上的哈勃

在执行飞行任务之前，航天员团队完成了多种应急和备份模式下的操作训练，包括在备份方案以及RMS完全失效这两种应急场景中部署哈勃。其中若轨道舱A总线或机械臂控制接口单元（MCIU）发生故障，则可能导致通过软件实现的各种控制模式全部失效。在此情况下，工程师通过有效设计，可以在系统管理计算机出现故障时，由导航和控制计算机替代工作，以支持RMS工作。必要情况下，可以通过更换备份的MCIU，进而确保无论是计算机系统本身还是MCIU发生故障均可以使RMS正常工作。关于MCIU的在轨更换，航天员专门接受过相应的训练。尽管在MCIU故障应急模式下，计算机仍然能够实现配置数个单关节电机以正常工作，但在应急模式下无法获得设计状态时计算机系统的100%支持，比如显示系统不会提供操作信息支持，即此时只能完全依赖于航天员操控RMS并进行观察判断，进而完成部署。霍利曾在2014年专门总结此类故障及其预案设计，认为此时最好的方案是延迟载荷部署，直至

MCIU 备份单元完成安装，即等待计算机及其配套软件系统均能正常工作。

虽然在 1985 年由于成本和可能对哈勃造成风险的原因，我们放弃了航天飞机返回姿态下的在轨服务模式，但还是进行过多次关于航天飞机在飞行高度不足情况下的应急在轨服务及其应急返回程序的研讨。坚持应急服务观点的一方认为应通过设置合理的应急返回程序，确保在飞行高度不足甚至 RMS 失效的情况下仍可有效部署哈勃望远镜，这种模式后来被称为“后向部署”。此时，航天飞机将调转 180°进行后向飞行，即舱位朝向太阳，确保在部署过程中哈勃上的太阳敏感器能够持续捕获太阳。完成部署后，哈勃与航天飞机的传输线缆最终将收拢在舱内的载荷固定组件周围。一旦完成部署，航天飞机即从哈勃底部进行快速机动，进入返回模式。在 1989 年的飞行技术大会上，STS－31 飞行程序再次经过详细的研讨，并制定了关于应急模式下的各种飞行预案，同时也指出，当哈勃完成部署后若出现太阳电池阵或高增益天线展开等故障时，航天飞机上的航天员在不借助 RMS 情况下基本无能为力。2014 年霍利曾提及，尽管在地面针对航天员开展过多项独立操控训练，但实际上对于上述情况下的哈勃处置也几乎是毫无办法。最终，后向部署程序被完整配置到 STS－31 飞行任务中，幸运的是这项应急预案未能得到应用。

在部署哈勃的过程中，霍利意识到从窗口视角辅助观察并没有帮助，因为一旦哈勃处在舱体上方比较高的位置时，由于遮光罩刚好挡住后窗，并且反光很明显，此时只能借助其他位置摄像头反馈到舱内显示屏上的信息。他本以为这样能够得到一个相对不错的观察视角，“我记得机械臂末端的相机并不起作用，可以说这个细节的设计和实施是个败笔。一旦哈勃在部署过程中不可控，则很可能导致严重后果，因此只能再次尝试新的办法。我的结论是，哈勃表面无法处理的铝表面反光严重影响了任务实施。后来，我提议将该阶段的任务放到晚上，这样即可避免阳光造成的影响。”最终，任务顺利实施。

霍利接下来的任务是完成哈勃望远镜太阳电池阵的部署，在此之前要将整个哈勃倾斜在航天飞机轨道舱的顶部，遮光罩则指向有效载荷舱的后部——有点像“一只离开茧的蝴蝶”，此时舱体尾部载荷连接分离系统解锁，哈勃即将成为自由飞行的新卫星。在太阳电池阵展开的过程中，霍利发现其与舱体内包络、哈勃太阳电池阵撑杆以及航天飞机推力器等有干涉风险。对此，随着航天飞机的自由漂移飞行，与哈勃之间产生的相对运动使得其间距不断增大，因此干涉和碰撞风险不断降低。为确保发现号航天飞机始终处于预定姿态，施赖弗通过姿态控制，给航天飞机施加了一个很小的滚动加速度。

在观察哈勃两侧约4分钟之后，霍利再次确认哈勃与舱体之间的距离，并确认太阳电池阵撑杆位置没有任何变化，这引起了航天员的担心。此时处于拥挤舱体中的麦坎德利斯也意识到，一旦太阳电池阵开始展开，每块电池阵则会缓慢移动，但不会如此缓慢，麦坎德利斯于是询问任务控制中心是否通过遥测监测到了撑杆的任何移动。然而，在操纵开始10分钟后，地面反馈并没有数据证明太阳电池阵已经展开且锁定到位。这个消息进一步加剧了航天员以及太空望远镜操控中心（STOCC）的紧张局势。通过分析，大家一致认为需要为哈勃发出新的指令以解决当前太阳电池阵部署的问题。同时，麦坎德利斯和沙利文接到指令需要继续准备应急方案，保留在绕地球飞行第20圈时重新部署的备份方案。事实上，对太阳电池阵撑杆手动解锁，实现太阳电池阵展开和高增益天线的部署都是航天员在地面培训的主要内容之一。然而，当他们返回气闸舱后不久，STOCC收到确认信息，太阳电池阵撑杆在当前位置被卡住了。

1.1.3　太阳电池阵和高增益天线

下一步工作就是展开太阳电池阵。部署工作比原计划晚了近30分钟，但解决方案仍然不能确定。通过与地面控制中心协商，决定推迟太阳电池阵部署工作，并提前启动高增益天线的部署，以尽可能弥补一些耽搁的时间。

图 1-2　哈勃太空望远镜由航天员实施部署，图中可见折叠式太阳电池阵以及收拢状态的高增益天线

任务确定后，霍利将正在准备展开第一组电池阵的操作中止，EVA 机组人员等决定留在舱体外侧，准备为下一步操作提供帮助。实际上，几位航天员对于电池阵的部署任务都非常熟悉，但在任务实施时互有分工。当第一组电池阵从其收拢状态开始展开时，状态显示并无异常，但是控制指令输出要求展开运动中止时，展开监测

数据同样暂停，本来可以利用这些数据确认电池阵是否已被锁定在完全展开的位置，但部署工作暂停了。麦坎德利斯和沙利文被告知，他们应该在舱体上继续他们的后续舱外活动准备，因为第二组电池阵展开也临时暂停，需要对相关状态进行检查。在电池阵展开暂停时，阵列上的张力往往超过 10 磅（4.54 千克），因此需要确认安全设计是否足以保证其不受影响，且需要确认后续手动展开的处理时机与注意事项。

此时，接到指令的麦坎德利斯和沙利文重新在气闸舱内穿上压力服，并确认气闸舱处于封闭状态，然后站在舱口附近准备实施减压。在等待的过程中，沙利文确认了她的袖带检查表，且在脑海中不断思考电池阵的手动部署过程。她认为这似乎并不是一个机械问题，因为没有任何东西被卡住或破坏。这很可能是一个软件问题，如果他们继续通过 EVA 并且使用手动工具操作，应该能解决问题。与此同时，指令舱内的航天员仔细检查了部分展开的阵列，并报告说没有发现问题。紧接着，电池阵操作继续进行。在完成第一次尝试约 30 分钟后，第二组阵列按要求继续展开，但展开过程很快再次暂停，这次是由于张力监视系统报警所致。众所周知，依据原计划两组电池阵将顺利展开并锁定，为哈勃提供太阳能供电，使哈勃上的各类设备可以按需工作，而当前阵列的太阳能供给状态，无法满足哈勃仪器设备正常工作的需要。

EVA 准备工作已经到了令人窒息的紧张程度，因为需要保持足够快速的响应时间来支持 EVA。如果太阳电池阵的第三次展开尝试不成功，按照操作程序，气闸舱将不会等到任务完成而提前进入充压模式，此时麦坎德利斯和沙利文将保留在舱内，一旦需要则随时准备打开外舱门并进入有效载荷舱手动展开太阳电池阵。随着时间推移，轨道上的黑暗正在不断逼近。电池阵部署任务受光照的影响，不仅有供电功率限制，还有温度约束，以确保哈勃可以在舱外环境中正常生存。时间在消逝，但航天员的紧张情绪丝毫未能得到缓解，因为地面培训及飞行程序准备时都已获知，为了确保哈勃望远镜的生存，最重要的是要有太阳电池阵。但展开过程的意外，不断给轨道上的航天员及地面控制中心施加压力。

与此同时，高增益天线也在同步进行展开，并被确认锁定到位。航天员在对太阳电池阵拍摄的图像中注意到，第 2 号天线上靠近反射器的线缆已经偏出正常位置，并处于悬挂断开状态。经常有人批评在空间计划最简单的设备上花费大量资金，但这正是为了确保在轨的每一个细节都能顺利完成，比如对于天线展开程序，地面工程师们曾设计模拟哈勃的类似儿童玩具的模型来观察天线展开时的动态包络。实际上，最终是在航天员返回地面后的 4 月 30 日，天线反射器才完全展开到位。然而天线摆动仍将会受到限制，因为有再次发生线缆偏移甚至出现线缆缠绕的风险。

几周前完成的处置方案在多次模拟之后，航天员仍不敢直视所面对的问题。麦坎德利斯坚持认为电池阵部署异常中止的原因是来自于电池阵张力监测模块，因为一旦电池阵支撑结构受力过度，则展开会自动停止。因此，麦坎德利斯建议由航天员出舱通过手动将张力监测模块拆除。博尔登则担心这个提前未考虑的操作会有意外风险，因为他有责任确保两名 EVA 航天员在轨安全，并且在执行任何操作前都确认已经过训练，并已携带操作所需的相应配套装备。博尔登知道每一位航天员都训练有素，且飞行装备准备充分、操作程序健全，但目前舱外活动方案真的让他担忧。

此时在地面上，戈达德航天飞行中心的工程师们仍在继续思考问题的来源，因为数据显示电池阵展开过程中支撑结构正常，不可能会有额外受力导致监测模块进入故障模式，因此，工程师们怀疑是张力传感器出了问题。最终地面控制中心决定再次尝试进行电池阵展开。这个决定很简单，但授权这个决定的文件签署工作需要经历更长的时间。最后，该命令传递到哈勃。此时航天员和地面控制中心都不想浪费更多的时间来等待下一个完整日出，控制器开始工作，命令电池阵在黑暗中启动展开驱动电机，几台机载摄像机实时监控展开过程。这次展开果然顺利，张力传感器正常工作，整个电池阵展开到最大设计包络状态。最终，通过1天6小时30分钟的实施，两组太阳电池阵展开到位并完成锁定。这次全过程由麦坎德利斯和沙利文见证，他俩身着完备的压力服以准备应急出舱，由于经历时间较长，压力服已接近泄压状态，两人已漂浮于气闸舱。如麦坎德利斯之前所分析的，他知道这个尝试很可能会奏效，但他更感到失望，因为他和沙利文训练了多年却错过了这次EVA。

1.2 天文学家部署哈勃

一系列异常问题导致本应该在绕地球飞行第19圈时完成的哈勃部署任务延迟，从当时情况来看，哈勃部署程序预案——在第20圈飞行时完成部署的备份方案看起来相对可行。在部署窗口开启仅15分钟后，最终释放哈勃的时间点迅速接近，此时已经没有太多的时间来定位哈勃的释放姿态。霍利曾回忆起当时的情况，当太阳电池阵展开的意外故障导致飞行程序临时更改时，尤其是时间上的消耗，使得我们最终释放哈勃的时间变得相当紧凑。在此过程中，施赖弗和博尔登做了大量的辅助工作。最终，当哈勃释放时，由于飞行程序的时间越来越紧张，霍利不得不迅速移开机械臂并匆忙地结束部署任务。

根据地面近一年的在轨操作模拟培训以及飞行程序学习，每位航天员在轨飞行时都有自己的具体职责。在最终释放哈勃时，由于时间紧凑，加上为了预防其他意外情况发生，舱外的三位航天员几乎都没有想到利用相机抓拍记录。这个时候，交叉训练机组人员的优势体现出来，霍利向博尔登指出，目前在气闸舱中的麦坎德利斯和沙利文都是拍摄静止图像和IMAX图像的最佳人选。2004年博尔登曾回忆说，最后释放哈勃的时刻是如此紧张，但也是每一位航天员无论是地面模拟还是在轨飞行都应该充分面对和从容应对的。在地面训练中，所有航天员都训练过如何使用IMAX设备，包括庞大

图 1-3　发现号航天飞机的远程操作系统（RMS）处于哈勃望远镜附近，哈勃上的操作扶手、足部固定点和热控多层等清晰可见

的舱内操作单元和安装在有效载荷舱中较为轻便的IMAX设备，同时还包括其他摄影设备。“我们事先进行过多项模拟操作培训，因此有信心完成任何需要我们在轨操作的任务。实际情况是，在部署过程中由岗位职责所确定的两位摄影操作员恰好在舱外。”霍利仍在专注于操纵手臂，施赖弗在舱内进行飞行操控，而博尔登正在支持他们。应该说大家最后也都想到了摄影记录，包括哈勃的状态，以及每一位航天员的状态，甚至拍摄一些日后看起来绝对壮观的图片或视频记录。博尔登确实设法让他的同事们用IMAX进行舱内拍摄，因为具备操作状态的航天员都忙碌于气闸舱外，并且飞行控制单元没有自动模式，它的所有设置都是手动进行输入的。随着时间推移，博尔登惊奇地发现在舱外中部的飞行部署状态非常壮观，应该说从正在进行飞行操控的施赖弗视角也能观察到。从外观看，在拍摄过程中哈勃望远镜始终是焦点。在记录下如此壮观时刻的24年后，博尔登也承认：“大家都说这是绝对惊人的图像，这是因为其他航天员都忙碌于在轨操作，由于我辅助支持的岗位在当时刚好有时间观察舱外，不忙碌于手头上的事情，使得我有了这份运气。”

距离最终释放只剩下几分钟的时候，航天员们就已经有了迫不及待释放的想法，因为哈勃望远镜等待这一时刻确实太久了。直到最后一声“释放”，哈勃最终完成部署。从RMS发出释放信号，到航天飞机飞行控制系统反馈部署状态以及地面控制中心确认部署有效，最后的时间节点显示比原计划晚了一分钟。此时航天飞机在太平洋上空飞过了美国南部的厄瓜多尔，最终，哈勃这架望远镜在地球轨道上开始单独飞行。

霍利后来回忆说，在最终释放哈勃时，他目测到机械臂和哈勃上的一个太阳电池阵之间的间隙小得惊人，应该说小于之前模拟的结果。“但是，机械臂的控制非常精确，”他指出，“分离时航天飞机的控制非常精确。我们没有关于太阳电池阵与机械臂接触的担忧，但施赖弗和我始终密切关注哈勃的部署状态。”

通过两个分离环节的正常工作，最终完成航天飞机与哈勃望远

图 1-4　在太阳电池阵展开过程中 RMS 保持固定

镜顺利分离的任务。在此过程中，麦坎德利斯和沙利文一直在气闸舱中待命，因为要预防最终分离过程以及 RMS 收拢过程中的意外情况，直到霍利完成分离操作并开始收拢 RMS。这是自 1985 年 12 月 STS-61B 飞行任务以来，EVA 航天员第一次在气闸舱内身穿压力服进行特定状态下飞行数据测试——当然，实际是两名航天员错过了哈勃望远镜最终部署的见证机会。

1.2.1　绝美画面

施赖弗认为从舱内观察哈勃最终的分离状态是最佳选择，因为所有系统部件看起来状态都很不错。“令人印象深刻的是，尽管我们为这些训练花费了数年时间，然而当你真正看到它在轨完成操作时，却总是担忧会出现一些操作意外或分离不到位，以及其他意想不到的情况。”的确如此，即使看到过同样的太阳电池阵在英格兰生产车间内完成展开，当你目视它在地球上方330英里（531千米）的巨型望远镜两侧逐渐伸展开来时，体会也完全不同，“所幸当时拍了很多照片。”施赖弗回忆说。

对于沙利文来说，由于在气闸舱内待命，因此没有看到最终释放分离的状态，确实令人失望，但她早已不再纠结于此。因为需要为飞行过程中的诸多不确定性做好充分准备，所以相比较而言，地面训练时尽管会准备各种模拟工况，但真实在轨飞行过程实在是非常简单。虽然沙利文距离舱外操作仅仅8英尺（2.44米），但却错过了释放哈勃这一刻。她曾回忆在气闸舱里的观察视角“视野极差”，而且还感受不到（关闭无线通话系统时）舱外航天员的兴奋。博尔登在2004年曾回忆道：“当看到哈勃分离时我们不停地点头和呐喊，而布鲁斯和凯瑟琳则快疯掉了，有可能是惊讶于哈勃完成最终分离的任务，也有可能是因为他们没有参加EVA而错过了在舱外见证这一刻的机会。”

对于有着“天文学家+航天员”双重身份的史蒂夫·霍利来说，通过RMS控制完成哈勃望远镜在轨部署操作，应该是他职业生涯中一个非常重要的时刻。“此时主镜前盖还处于关闭状态，未来48小时内我们仍需要随时待命以防前盖打开时发生故障，所以我并没有感到放松，直到两天后我们接到通知说前盖正常打开，那时我们才可以说哈勃开始正常工作。”

图 1-5　在这个 IMAX 静态图像中，太阳电池阵的顺利展开确保了哈勃正常飞行，此时主镜的前盖仍然处于关闭状态

1.2.2　最低部署高度

在 STS-31 计划中最重要的一个问题是哈勃的部署高度。由于哈勃没有配置轨控推进系统，它被设计为依靠航天飞机来提高轨道高度，以防止过早发生轨道衰减。对哈勃的关注点不在于何时重返大气层，因为按照计划航天飞机每 3～3.5 年就会对哈勃进行维修和必要的轨道提升。正如史蒂夫·霍利在 2014 年写道："当哈勃飞行轨道不断降低，所处环境的大气密度也逐步增大，这就给反作用轮

等控制执行部件带来更多的姿控阻力。”最终结果将是，哈勃无法精确控制飞行方向，进而影响到其空间观测效果。如果要保障哈勃始终处于任务轨道，则需要更多次数的航天飞机发射来执行更多的维修任务，可见哈勃系统的研制成本非常高。

到1990年，航天飞机已经飞行了近9年，通常它的轨道高度是在172～231英里（277～372千米），因此将哈勃部署到380英里（612千米）飞行高度对航天飞机来说是一个挑战。在轨部署哈勃的轨道高度取决于一系列因素，包括初始分离高度以及相对于发射时间的太阳周期及其强度，因此对于哈勃计划的15年寿命周期来说，最初发射时间及部署高度对后续航天飞机的维修维护成本影响巨大。

1985年4月，马歇尔航天飞行中心对计划在1986年利用STS-61J飞行任务部署哈勃望远镜做了详细评估。研究表明，如果哈勃太空望远镜的初始部署轨道最低点在264.67～307.25英里（425.94～494.47千米），那么在完成部署后的8个月内就需要进行首次轨道维护，到1992年中期需要先后再增加6次。另一方面，如果哈勃太空望远镜的初始轨道高度为362.49～368.24英里（583.37～592.62千米），则首次轨道维护可在完成部署后的4.25年进行，此后到1992年中期需要增加3次维护。1986年由于挑战者号失事，迫使哈勃任务推迟，并随着太阳活动周期的变化而需要重新评估轨道状态。1987年的轨道评估显示，若哈勃初始轨道高度为310.71英里（500千米），需要增加两次轨道维护，而高度增至362.49英里（583.37千米）时只需增加一次轨道维护。1987年11月10日，飞行运行小组会议审议哈勃部署发射任务并确定利用航天飞机STS-31任务进行哈勃部署，并建议于1989年6月1日发射，部署高度在345.23英里（555.6千米）。此后，飞行评估数据被多次进行修订，但部署轨道高度没有受到影响，即使实际发射时间比1987年会议上的计划晚了11个月。

史蒂夫·霍利后来回忆道：“当时针对哈勃部署的最低高度有一

项专门的评估，因为选定最低部署高度，则意味着放弃低轨道航天飞机在应急状态与哈勃进行快速对接，从而实施轨道抬高的任务策略。是否选择最低部署高度，将直接影响到发现号航天飞机以及更大发射质量的哥伦比亚号航天飞机之间的任务选定。”

1.3 准备飞行

从 20 世纪 40 年代第一个较为现实的建议开始——放置一个光学望远镜到太空中，其间经过无数的讨论、研究和关于预算的争议，该项目直至 20 世纪 70 年代末最终获批，再经历 13 年的等待后终于迎来发射，在轨部署过程中因故障几次导致部署延迟。最不能忘记的是 1986 年 1 月挑战者号航天飞机失事，7 名航天员丧生，此时距哈勃计划发射的时间不到 9 个月。此后，航天飞机于 1988 年重新开始飞行，航天各领域工程师异常兴奋，这是对航天飞机能够再次飞行的兴奋，同时也是对航天飞机中止发射期间所积压的发射任务能重新迎来光明感到期待，尤其是哈勃太空望远镜任务。

1.3.1 任命航天员

在 20 世纪 70 年代至 80 年代初，几位航天员被选定担任哈勃任务的技术岗位，主要涉及实施舱外活动以及具体的在轨维修。1985 年 4 月 5 日，布鲁斯·麦坎德利斯、史蒂夫·霍利和凯瑟琳·沙利文正式成为哈勃太空望远镜发射任务的第一批航天员，后来被任命为 STS-61J 次发射任务航天员，该任务计划于 1986 年第三季度发射。这三位都是特别选定的专家级航天员，麦坎德利斯和沙利文将培训定为应急情况下的舱外活动的方案和具体计划，以便调整部署哈勃或在有问题的情况下在有效载荷舱内重新装载哈勃。史蒂夫·霍利将作为 RMS 操控的主要负责人，负责将哈勃部署至预定轨道。他还将作为在航天飞机发射和返回过程中的飞行工程师，专门负责协助指令长和飞行操控师。

布鲁斯·麦坎德利斯是航天员办公室的一位技术人员，曾在太空望远镜舱外部署领域研究超过6年，当时他也被任命为哈勃航天员并参与在轨部署任务。1983年2月，他被任命为STS-41B飞行任务航天员，后来在1984年2月，他还协助发起和研究关于太阳峰年卫星于1984年4月实施的在轨维修任务具体实施方案。

在哈勃任务公开发布前不久，麦坎德利斯接到通知前往位于休斯敦的约翰逊航天中心航天员管理办公室。在时任主任乔治·阿比的办公室，麦坎德利斯被问及是否有兴趣参加哈勃望远镜飞行任务。乔治·阿比详细介绍到，飞行程序设计了一项可能在发射第二天实施的临时舱外活动计划，作为哈勃部署出现问题的飞行预案。这对哈勃部署任务来说是一个非常重要的考虑，乔治·阿比指出，航天员团队将被安排多项集中训练，以便最大程度地利用他们在训练和飞行中的经验。另一个选择因素是这些航天员以前没有表现出对空间自适应综合征（一种空间病，简称为SAS）的任何敏感性。这一点很重要，因为大多数航天员会在飞行48小时内发生这种情况，SAS可能会对航天员身体造成不适，使得航天员在第2天甚至第3天才能适应失重环境。相比较而言，并非所有航天员都会遇到这样的情况。由于没有办法预测谁易于发生SAS，所以决定招募已经被证明有过在轨“免疫”经历的航天员。当时麦坎德利斯对阿比说，他渴望参加任务，并向阿比保证，如果需要他可以负责实施部署哈勃的EVA。在此之前，麦坎德利斯并不清楚哈勃任务中具体飞行部署的任务细节。他在2006年回忆说：“整个航天员团队的具体任务分工似乎是被抛在黑暗中，透明度并不高。”但他也注意到，阿比似乎相信只要麦坎德利斯和其他航天员能把以前的飞行任务完成得很好，那就具备可执行哈勃飞行任务并扮演好各自在其中的角色的能力。

在哈勃任务公布的时候，霍利正在接受STS-61C飞行任务的地面模拟训练。同一位航天员同时被安排两次飞行任务，这不敢说是前所未有，但至少是很不常见的。霍利首次参加的是STS-41D

飞行任务，且全体航天员均被陆续召集到乔治·阿比的办公室，并被告之关于哈勃的飞行任务。但对于哈勃任务，霍利回忆说："自己被叫到阿比的办公室。他刚才打电话给我，并说：'我们要把你安排至哈勃飞行任务'，我应该是回答说'太好了'，然后我说：'还有谁去执行任务?'阿比反问到：'这很重要吗?'我很快就说：'不。'"霍利很清楚，如果他说不希望与某些航天员一起飞行，阿比还是会再次考虑安排给他。当时霍利很高兴得到了另一项飞行任务，并有时间为它训练。后来他解释说："坦白地说，这并不是因为你受过训练，而是你作为一个真正的航天员能够胜任各种各样的任务。哈勃显然是一项很大的任务。我认为阿比也希望有一位相对专业的航天员能够与哈勃科学家团队进行空间观测领域的各种交流与研讨。多年以后我再次回忆此事，认为一人同时安排两项发射任务并不重要，关键在于是否能胜任当前的发射任务，无论是在技术层面，还是在飞行经验方面——让航天员在适当时机参与合适的飞行任务。"

1.3.2 更换指令长

直到 9 月 19 日，NASA 正式公开哈勃飞行任务的航天员梯队，由五位经验丰富的航天飞机航天员组成，其中约翰·扬作为指令长，查尔斯·博尔登为飞行员。扬从 1962 年开始担任 NASA 航天员（当时是第二组成员），自 1974 年以来一直担任航天员办公室负责人，他是迄今为止最有经验的航天员，参加过两次双子座和两次阿波罗飞行任务，其中包括第一次登月。另外，扬作为指令长参加了 1981 年 4 月航天飞机的第一次飞行任务，同样还作为指令长参加了 1983 年 12 月执行的空间实验室飞行任务。

布鲁斯·麦坎德利斯（1966 年，第 5 组）作为航天员的职业生涯几乎与被选中的扬一样长，但执行任务不多。他曾参加阿波罗 14 号任务保障队伍和天空实验室 2 号的航天员后备团队。麦坎德利斯的优势在于，他多年来为航天飞机特别是在轨载人机动单元开发 EVA 技术和支持设备，并参与开发用于维修哈勃的 EVA 方法。作为1984年的STS-41B的飞行梯队成员，他成为第一个在没有连接保障情况下实施EVA的航天员，同时也让载人机动单元飞行至距离挑战者号航天飞机达328英尺（100米）的高度。

团队的其他航天员都是1978年（第8组）第一批次航天飞机的选拔成员。史蒂夫·霍利在1984年参加了发现号航天飞机的首飞任务（STS-41D），此后还参加了STS-61C飞行任务（最终延迟到1986年1月发射）。沙利文此前曾参加了STS-41G飞行任务，也是在1984年，成为第一位参加EVA的美国女性，这种经历也突出了她在哈勃望远镜部署任务中的地位。

查尔斯·博尔登于1980年入选NASA航天员，当时是作为第9组成员。他入选参加哈勃部署任务时，并没有飞行任务经历，当时他正在与霍利一起参加STS-61C飞行任务的地面训练。博尔登在入选后非常高兴，不仅因为要参加部署哈勃的飞行任务，而且还因为他将有机会与传奇人物——约翰·扬一同执行飞行任务。

STS-61C于1986年1月18日结束飞行返回地面，而接下来的几天里，博尔登和霍利需要适应地面环境，并准备参加正式的STS-61C任务结束发布会。同时，他俩也提前入选STS-61J航天员队伍，准备参加将于1986年8月18日发射的亚特兰蒂斯号航天飞机飞行任务，此后不久，由于1月28号挑战者号航天飞机在执行第STS-51L飞行任务时发射失事，导致STS-61J任务终止。所有入选STS-61J任务的航天员都被通知进入常规训练计划，同时等待新的飞行任务安排。与此同时，有经验的航天员还都加入了挑战者号航天飞机事故调查和审查委员会的专家组，参与分析并研究事故原因，同时为航天飞机重新发射计划提出相关建议。

在大多数情况下，入选哈勃飞行任务的航天员将工作在一起，参加提前制定的通用及特定任务的准备工作，但实际上当时并没有进行相关培训。挑战者号航天飞机失事一年后情况开始发生变化，1987年4月15日，报道说丹·布兰登施泰因将接任航天员管理办公室主任，而扬则调整至专门的管理岗位。然后在1988年3月17日，

NASA 发布消息，最新哈勃任务将安排为 STS－31 飞行任务，由洛伦·施赖弗代替扬担任指令长，团队中其他航天员没有变化，分别是飞行员查尔斯·博尔登以及布鲁斯·麦坎德利斯、史蒂夫·霍利和凯瑟琳·沙利文等操作人员。据霍利介绍，STS－31 任务的航天员正式培训直到 1989 年 7 月才开始。

图 1－6　航天员在航天飞机舱内骄傲地展示任务标志，航天员从左到右依次为洛伦·施赖弗、查尔斯·博尔登、凯瑟琳·沙利文、布鲁斯·麦坎德利斯以及手拿哈勃模型的史蒂夫·霍利

2002 年，洛伦·施赖弗接受了约翰逊航天中心口述历史项目的采访，并提到他被约翰·扬询问是否有兴趣参加 STS－31 飞行任务的指挥。“我当时正在加拿大参加一项有关 IMAX 的开幕活动，约翰想知道我是否感兴趣，我说我很感兴趣。除了飞行任务 STS－31 代码以外，我没有得到太多的信息，当然最重要的是，这是关于部署

哈勃的任务。事实上打来电话的是扬，而不是布兰登施泰因，扬在电话中提到由我替换他成为飞行梯队成员，这可能反映了扬愿意亲自调整他的最后一个指令长机会，因为现在他正在向更多的管理和行政角色过渡。”虽然这位航天员老将在他特有地位上保持了好多年，但是这第七次任务非常与众不同。出乎意料的是，从扬到施赖弗的指令长人选转移并没有在2012年约翰·扬与詹姆斯·汉森一起撰写的《约翰·扬传记》中提及。应该说作为哈勃部署任务指令长来结束航天员生涯将是约翰·扬一生中值得铭记的辉煌事件，但实际情况往往出人意料。

相比于施赖弗于1985年第一次执行飞行任务，STS-31飞行任务则与之形成鲜明对照。航天员首次执行飞行任务通常会引起媒体的强烈关注，但是对于施赖弗和另一位新秀同事来说，他们的第一次任务源自国防部的一项保密任务STS-51C，施赖弗甚至不能告诉他的家人这项任务。因此，当施赖弗被入选执行哈勃部署任务时，有很多媒体关注。

“如果有两个任务在公众关注方面完全相反，那就是我的第一次和第二次任务。”施赖弗在2002年回忆说，这足以反映哈勃任务引起的媒体关注，不仅仅是部署任务，同时也包括即将到来的在轨服务任务。如此突出的关注将航天员们推到聚光灯下，关注的背后实际则是哈勃飞行任务，可以说这突显出哈勃任务在公共宣传方面的巨大成功。

多年以后发现，在3年内保持哈勃航天员队伍稳定是一项艰巨的任务，因为这是首次针对同一项飞行任务制定如此长时间的训练规划。当哈勃由STS-61J飞行任务调整为STS-31飞行任务时，他们并不确定自己仍是飞行成员。史蒂夫·霍利回顾了在1986年年底或1987年年初的一份备忘录，称当时以为此前配置的航天员队伍都解散了，因此在面临哈勃团队重组时，他认为自己并不会成为其中一员。尽管如此，他认为将队伍核心人员聚集在一起始终是合理的，其中当然包括麦坎德利斯和沙利文，以便跟踪哈勃研制状况并持续进行操作接口规范和EVA具体程序制定等相关工作。1987年，霍利成为丹·布兰登施泰因的副手，从而在航天飞机时代，航天员办公室形成一个传统，即办公室副主任会担任飞行任务专家执飞。虽然他的新工作涉及很多与哈勃并无关联的工作，但霍利总能保持他在 RMS 方面的优秀技能，因为学习时间对他来说从来不是问题。

1.3.3 地面训练

当哈勃部署任务新的航天员团队正式公布时，包括马克·李、乔治·纳尔逊和布鲁斯·麦坎德利斯在内的多名航天员一直忙碌于各种 EVA 问题，主要涉及工具界面开发，以及针对载荷供应商的设备仪器或飞行控制系统开发的设备操作程序进行有效性评估，因为载荷供应商和飞行控制系统之间往往会因为程序设计导致一些差异。依据特定任务开发的软件程序往往可以引导航天员选定某一具体任务实施的最佳途径，但这往往与人为考虑的结果存在较大差异。因此，尤其是在项目实施初期，通过安排后续直接参与任务的航天员来进行软件效果审查，将对软件开发的正确性以及具体实施的可行性有着更为全面的评估。正如史蒂夫·霍利所说："我认为这就是阿比所想到的，要让那些直接参与任务的人加入专家队伍，从而无论是在方法还是具体实现上都具有较高的话语权，而且能够保证评估效果更加贴近实际应用。"

挑战者号航天飞机失事后，1987 年 4 月霍利被任命为航天员办公室副主任，因此不断深入参与各项行政任务。与许多同事一样，1986 年和 1987 年，霍利也都把大部分时间花在事故调查上。因此，尽管机器人与机械臂的相关技术在 STS－61J 飞行任务上具有新技术地位，但霍利确实没能将较多的精力花费在哈勃相关的培训或研讨会上，不过他也确实在努力整理与哈勃部署任务有关的一些事情，包括使用基于笔记本电脑的 RMS 模拟器等。该 RMS 模拟器是特别针对哈勃任务开发的，并且可以与双手控制器进行连接。"在白天只要有一小时的空闲，我都会下楼去拿起模拟器操作。这种方式很不错，可以让我多次运行程序从而不断熟悉，但相比而言，还是我们特别安排的培训师的培训效果更好。”

麦坎德利斯并没有记录他对于STS-31飞行任务的针对性EVA训练，由于当时他还需要参加STS-61J任务长达12～18个月的相关培训，因此对于STS-31飞行任务来说，他很难投入大量的训练时间。随着霍利被分配到STS-61C飞行任务，麦坎德利斯和沙利文都进行了一些基本的模拟训练，并对自己的操作方式进行了一些改进。正如麦坎德利斯解释说：“在最近的几次飞行任务中，我们其中大部分航天员都有参与，因此可以说，我们当时的训练任务非常繁重，对于各项操作的训练也非常有效。关于哈勃任务的应急EVA方案，沙利文和我在亨茨维尔水池中开展了大量的培训。当我们在休斯敦迎来哈勃模型时，对于接下来的模拟训练我们已经迫不及待。尽管水池模拟系统主管提前答应根据哈勃任务对系统进行改造，但最终哈勃模型还是不得不横卧在水池底部，同时航天飞机模拟器的一部分前舱同样没于水中。由于水池系统条件有限，我们无法真正模拟在轨部署过程中的航天飞机与哈勃的相对位置关系，为了兼顾任务模拟实施，在实际模拟训练时，太阳电池阵和高增益天线只能先后进行，模拟器设计时配置了标准化的电连接器等接口。”根据以往卫星在轨服务实施经验，针对飞行状态构型无法在地面模拟的情况，麦坎德利斯和沙利文设法使用在哈勃总装测试期间获得的数据，对操作工具进行全面熟悉，尤其是把握其在轨操作精度，同时再次确定了每个工具操作时所需的扭矩，以确保它们为所有在轨操作做好充分准备。对于这两名航天员来说，大部分通用的EVA训练都集中在如何固定有效载荷以及如何使用铰链和绳索关闭有效载荷舱门等相关操作上，但是对于与太阳电池阵相关的操作，则需要更多的专业培训，因为它的展开部署过程要复杂得多。

为适应太阳电池阵的设计要求，太阳电池阵制造商曾专门长途往返三次来当面协调。“让在英国布里斯托尔的英国航空航天公司同意每个太阳电池阵的马蒙（Marmon）压紧设计成为可逆，我们付出了相当大的努力，这意味着它不仅可以释放和抛弃太阳电池阵，而且可以用于安装新阵列。更规范地说是释放、抛弃或拆除，对于当前电池阵来说好像和安装并没有什么关系。对于这些新的需求，制造商显然不会轻言放弃。通过各种努力，我们最终在位于桑尼维尔的洛克希德·马丁公司洁净间中证明可以满足上述任务需求。这是非常必要的，因为我们将要进行两次在轨更换太阳电池阵，所以如果我们的太阳电池阵不具备这种能力，哈勃将很快失去价值。”麦坎德利斯解释说。

当施赖弗在 1988 年被任命为飞行指令长时，已经有 4 名航天员在理论上具备了 3 年的航天员职业生涯。事实上，针对哈勃在轨部署的问题，麦坎德利斯和施赖弗投入的时间可能大于 3 年，而这段时间里，他们也并非在反复进行与任务相关的各种培训。相隔这么长的时间重新加入航天员队伍，应该说是一个不小的挑战，但事后施赖弗回想起当初并没有觉得存在任何问题。“我认为加入航天员队伍非常好，”他补充道，“我并没有注意到我们训练中有任何波折，队伍只有我们 5 个人，每个人都觉得这是一个非常有趣的工作，只要按要求参加各项模拟训练，在轨飞行时一切都将会很顺利。”

在 2004 年的 NASA 口述历史中，博尔登提到，这次哈勃部署任务的有效培训完全得益于 3 位熟知哈勃任务的航天员，分别是麦坎德利斯、沙利文和斯托里·马斯格雷夫（作为地面通信系统团队成员之一）。结合当前哈勃任务、哈勃工作原理、EVA 程序和过去的飞行经验，“他们清楚一切该熟知的东西。”同时他也表示，他们时刻准备着“遭遇意外情况”，而麦坎德利斯和沙利文则需要重点关注如何评估和克服这些意外情况。

6 个月后，航天员们开始了常规培训，当时最为急迫的是使他们能够尽快找回两年前中断的培训感觉，同时根据计划安排逐渐加快培训，并在相关领域有针对性地进行理论知识培训。最终，使航天员团队恢复了以往的训练状态。在发射前的最后 6 个月，他们与地面控制系统的指挥控制小组进行了联合培训。这一阶段的培训重点，是将任务控制团队、航天员团队和飞行计划之间紧密联系在一起。

根据飞行方案规划，上述飞行计划涵盖了常规飞行状态中的各种常规操作，同时也包括各种非常规飞行计划，旨在应对飞行过程中各种突发事件。博尔登回忆说："我总是会告诉参加培训的航天员，我们专门设计有'针对灾难性事故的模拟训练'，从而引导航天员反复进入模拟器进行训练。当然，实际飞行程序的制定是尽量保证各项操作都按常规进行，最希望看到的是针对意外故障所进行的培训永远不会派上用场，但该准备的仍然要准备充分。因此，准备地面培训是一件要求极高的事情，在保证模拟场景尽可能贴近真实情况的同时，还必须保证考虑了一切可能出错的情况，并且在训练中将这种情况至少暴露一次。"

为了熟悉具体操作，航天员特地访问了位于加利福尼亚的洛克希德·马丁公司，以实地查看产品最终装配过程和系统检验程序，此外他们还去了英国航空航天公司，了解了第一套太阳电池阵部署过程中的实时监测手段，当然如果需要，航天员可以在EVA期间手动进行相关操作。正如施赖弗所观察到的，"这些培训和学习——了解太阳电池阵的外观和工作机制以及如何同时在两个方向展开，普遍被认为非常关键，而且后来事实也证明如此。我很高兴回顾部署任务，因为我们有机会去将培训内容付诸实施。"

博尔登还曾回顾到，他们最终的综合模拟训练是针对一组故障电池阵进行操作及程序验证，此时要求麦坎德利斯和沙利文出舱，手动展开太阳电池阵。由于故障预案的提前制定与训练，从常规角度来说，航天员完成此故障模式下的电池阵展开将不成问题，但仍有一个疑问，那就是在EVA初期，哈勃按照正常程序以自动模式由舱内向舱外进行转移，此时，由于电池阵故障，哈勃并不能适时反馈其自身状态。特别是，当电池阵在故障模式下手动仍然不能展开时，则情况会变得更加糟糕，因为太阳电池阵故障将直接导致哈勃系统无法正常工作，使得更换安装太阳电池阵工作可能不得不提前实施。对这种连续故障的担忧，主要是源自初始部署任务和下一阶段的维修任务的过渡期间，无法确保哈勃系统是否可以一直在轨保持良好的状态，使下一阶段维修具有可实施性。一旦哈勃部署在太空中，就要为每一件可能发生的事情做准备，这对整个任务团队来说都是令人紧张的经历。

当飞行梯队访问英国航空航天公司并检查太阳电池阵时，该公司的工程师们已经提前设计了一个能够长时间放置于模拟水池中的训练模型，可以在太阳电池阵展开过程中随时暂停。对此，每个飞行梯队成员都有机会针对当前电池阵的展开状态进行仔细研究，从而为制定应急处置方案奠定基础。幸运的是，麦坎德利斯和沙利文无论是在地面训练还是在轨部署中都能完全胜任。

由于该任务专注于哈勃的部署，所以麦坎德利斯和沙利文的大部分培训都聚焦在 EVA 具体程序。他们不断为即将到来的哈勃发射任务加快准备，详细制定将哈勃从有效载荷舱转移出并最终完成在轨部署的具体方案以及应急程序。霍利作为 RMS 操控师的主要职责是确定哈勃在轨部署的实际空间位置并进行相应部署操作。此外，除了轨道舱内的飞行任务外，施赖弗和博尔登在指挥哈勃部署方面也发挥了至关重要的作用。正如施赖弗在 2002 年回忆说："我们对哈勃系统的详细状态并没有深入了解，我们的主要职责在于管理各种按钮并完成各种指令的输入和输出，但是我们能够操作并控制部署哈勃及其太阳电池阵的相关软件，因此我们能够为哈勃部署提供帮助，但这些不需要在地面完成。"

1.3.4 制定 EVA 计划

尽管哈勃任务只是常规的在轨部署，但由于挑战者号航天飞机失事造成的发射推迟，也使得任务团队有更多的时间来重新评估在轨服务程序，并对应急计划重新进行规划。在此期间，也特别参考了包括凯瑟琳·沙利文在内的航天员团队的一些建议，比如将低增益天线的安装支架进行修改，以便于在轨进行更换。航天员还建议，哈勃表面的多处红色和黄色反射组件群应安装在哈勃的后舱段，以便在后续实施在轨服务前为顺利实施交会对接提供帮助。

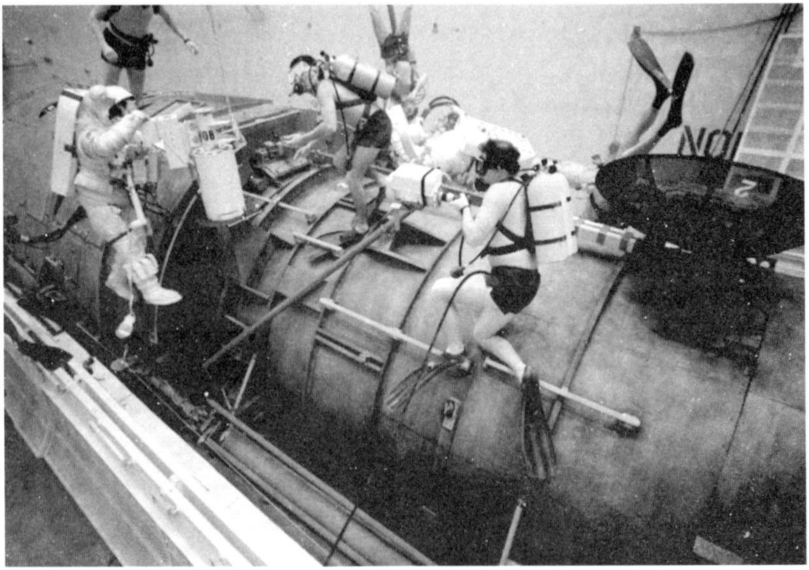

图 1-7 利用位于阿拉巴马州亨茨维尔的马歇尔航天飞行中心的中性浮力模拟器（NBS），凯瑟琳·沙利文和布鲁斯·麦坎德利斯在水下进行哈勃应急模式下的各种 EVA 操作

在 1988 年航天飞机恢复飞行之前，麦坎德利斯和沙利文所承担的舱外操作任务实施方式不断发生变化。直到 1986 年，飞行规则完成修改，允许每次飞行任务只包括两个预定的 EVA 和一个应急 EVA，并且每个 EVA 持续时间不超过 6 小时。事实上，上述规则并没有对其规定时间内所能实施的在轨维修进行评估，即实际飞行中可能并没有足够的时间来完成相应的 EVA 工作。尽管麦坎德利斯和沙利文只负责实施与 STS-31 部署哈勃有关的应急任务，但他们参与了哈勃首个在轨维修任务的初步规划。规划的直接结果是，在第一个维修任务阶段允许最多有四个各长达 7 小时的 EVA 工作，并且相应修改了飞行程序、时间表以及舱内消耗品配置。

另外一个 EVA 研究课题是在何时安排应急 EVA 航天员活动计划（CAP），旨在实际飞行中拥有快速响应的 EVA 能力，针对哈勃

图 1-8　1990 年 3 月 20 日，在肯尼迪航天中心高 195 英尺的 LC 39B 平台开展的发射倒计时状态下的紧急逃生演习

望远镜该计划是安排在 FD2（飞行零时刻开始计时的第 2 天）任务中，主要考虑的是针对哈勃电源系统故障下的应急 EVA 处置。与常规有效载荷的安全设计相同，哈勃望远镜通过特殊线缆（俗称“脐缆”）与航天飞机相连接，并接收后者提供的能源供给，但实施在轨部署期间，这组线缆必须在太阳电池阵展开之前断开，此时哈勃将依靠自身携带的电池进行电源供给，直到太阳电池阵最终完成展开锁定并对准太阳。如果电池阵无法完成自动展开，自身电池设计

状态只能保证6～8个小时的电源供给，对此，需要航天员提前预留出舱实施EVA的准备工作时间，包括进出气闸舱、手动展开电池阵的相关准备等。因此，最终决定在航天飞机进入轨道后立即开始EVA准备工作，以便在哈勃部署时，航天员随时可以实施EVA操作。

根据1988年航天飞机恢复飞行之前提出的新规则，决定在FD4之前不安排EVA，并且需要确保在FD3之前不会存在与有效载荷相关的任何应急EVA需求。这些规则更改是为了使航天员完全适应空间飞行条件，包括空间环境影响综合征等。正如史蒂夫·霍利后来写道："针对是否对哈勃部署任务施加新规则约束进行了大量的研讨。"在1989年7月18日的哈勃有效载荷工作组会议期间，相关人员针对性地讨论了在正常飞行程序要求下，EVA航天员在进入气闸舱之前要完成的相关规定准备工作。最后，针对哈勃任务的特殊性，正如乔治·阿比安排的关于麦坎德利斯的任务那样，决定STS－61J部署任务的飞行程序应在新规则之前完成制定，同时在FD2阶段制定快速响应EVA程序。正是因为麦坎德利斯和沙利文的飞行与EVA经历以及对于哈勃任务实施的全方位理解，最终促成上述关于在FD2即安排EVA的决定。后来霍利写道："STS－31飞行任务是唯一一次在FD2即安排EVA的航天飞机任务，一切都只是为了顺利部署哈勃。"（在1991年4月的STS－37飞行任务中，一次FD3应急EVA完成实施，此次EVA是用来部署康普顿伽马射线观测卫星的高增益天线，这是与航天飞机EVA操作规则相符合的。）

在后来哈勃的维修任务中，都说哈勃应首先固定于航天飞机舱内的飞行支持系统，然后由机械臂提供一个平台用于转移航天员并实施各种舱外操作。但与此不同的是，在STS－31哈勃部署任务中，所有的EVA计划都不涉及RMS，因为机械臂需要时刻抓捕哈勃。从另一个角度来说，这也为后来在轨服务任务中当机械臂出现故障时的EVA操作提供了宝贵的飞行经验。

1.3.5 黑色记事本

在STS－31任务结束后的航天员简报中，有人说"在飞行前准备一个黑色的小记事本是非常必要的”。虽然添加新的飞行程序并不难，但航天员随身带上笔记本后来被证明确实是非常有用的。这些都是个人手写记事本，包含培训期间积累的信息和提醒。正如史蒂夫·霍利所言：“我之前曾认为携带记事本是用来在飞行过程中记录笔记，特别是为了回到地面后为制作简报提供素材。大家也都有类似的想法，比如在培训期间携带笔记本，从而可以在培训期间随时做笔记。”然而对于航天员团队来说，保持记录数据持续更新更为重要，否则容易让航天员团队误解记事本上所记录的内容，这样极有可能导致在轨出现问题。

霍利指出：“如果提前在记事本上记录一个对你来说某个可能有用的方法或有参考价值的案例，我想这在飞行过程中将是有帮助的。但是对于一个电脑程序设计的提醒，例如开始某项操作或准备实施后续一系列任务，飞行梯队则希望能确保写下的是完全正确的程序，从而与设定的飞行程序完全吻合。”为了确保这些黑色记事本，特别是记录的操作程序及其顺序能够准确，霍利要求他的团队在收起记事本之前，将所写的内容再复写一遍，以审查并确保写下的内容和应该执行的程序之间没有差异。随着电脑技术飞速发展，在后来的飞行任务中个人电脑很快取代了这些记事本，然后被笔记本电脑和近年来出现的平板电脑陆续替代。

1.3.6　适应计划推迟

原计划于 1986 年 8 月发射的哈勃太空望远镜多次因故推迟，在接下来的 4 年中，最突出的是由于 1986 年 1 月挑战者号航天飞机失事而导致的计划推迟，与此同时，重新制定并审核哈勃在轨部署计划则进一步导致计划推迟。当航天飞机在 1988 年 9 月恢复飞行时，此前积压的有效载荷部署任务被重新安排，当时哈勃部署任务安排至 1989 年年底，最终调整至 1990 年。

对于许多参与推迟项目的航天员来说，已经规划好的时间表和不断变化的飞行计划都成为任务的一部分。在挑战者号航天飞机失事之后，人们对于飞行硬件和航天员相关的飞行安全强烈关注，同时还关注到其他方面的技术问题或异常情况，包括任务临时调整甚至还有发射场附近海岸的天气等。在此期间，航天员只能等待，一边训练一边等待飞行任务的到来。在洛伦·施赖弗的口述历史中，曾这样回答自己是什么样的人："一个航天员，坚韧的毅力是最为宝贵的东西。"

1.4 搭建发射组合体

1989年，哈勃发射任务终于被提上日程，最终在位于佛罗里达州的肯尼迪航天中心开启哈勃发射前的准备工作。经过这么多年的等待，哈勃望远镜被授权进入飞行准备程序，这令每一位参与其中的人欢欣鼓舞，这次任务不仅要发射部署哈勃，还要实施在轨服务。这并非简单地将哈勃装载于航天飞机上，而是要实现久违的搭建空间观测平台的梦想。根据此前的发射经验，在航天飞机发射准备程序中，会因为多种因素导致准备周期延长，进而可能会再次推迟飞行计划。

1.4.1 发射定于1990年

1987年10月22日，美国国家航空航天局正式宣布在1989年期间完成哈勃在轨部署任务，此时哈勃和其他许多有效载荷一样，都是因为挑战者号失事而一直在等待任务重启。1988年3月15日，发射日期更新至1989年6月，但在1988年10月初，STS-26任务略微推迟并在其返回地面后不久，美国国家航空航天局再次宣布哈勃任务推迟到1989年12月11日，以确保此前安排的三个行星探测任务的发射窗口。然后在1989年4月，对哥伦比亚号航天飞机做出的局部修改设计导致NASA不得不再次将其中一项任务推迟到1990年，当时就有消息认为最有可能推迟的还是哈勃任务，这可能是基于哈勃当时在地面的维护费用所考虑（每月花费约700万美元）。

1989 年 5 月 12 日美国国家航空航天局再次发布计划推迟的消息，此时哈勃任务推迟至 1990 年 2 月。在 6 月 13 日发布的计划修改稿中，哈勃发射计划已推迟至 1990 年 3 月 26 日，这次则是因为要确保伽利略号木星探测器以及国防部某军事卫星的发射窗口。

1.4.2 逐步准备发射

1989 年 10 月 6 日，哈勃望远镜从洛杉矶加利福尼亚州桑尼维尔的制造工厂运抵至肯尼迪航天中心。随后，工作人员将其转入垂直总装大厅，然后逐步装载至发现号航天飞机的有效载荷舱。

1989 年 11 月，随着 STS－31 哈勃部署任务不断推进，航天飞机固体火箭助推器也在旋转总装大厅完成总装。11 月 30 日，准备工作进行到为哈勃装载硬件设备，该设备也曾应用于首个实施在轨服务的型号——太阳峰年卫星，该卫星通过航天飞机成功实施在轨服务，并在轨工作长达 10 年，这两个系统都应用了较大的硬件设备，这引起了科研人员的关注。因为低轨卫星任务结束后需要再入大气层进行销毁，由此可能会导致较大的卫星残骸坠落至地面。对此，戈达德航天飞行中心曾报道说：“可以想象，太阳峰年卫星再入后坠落至地面的最大残骸将达到 400 磅（181.4 千克）。这同样也是给哈勃计划的一个警告，因为除非采取特别措施来防止这个问题，否则哈勃在任务结束后再入大气层也可能会出现类似于太阳峰年卫星的类似情况。

12 月 4 日，作为承担将哈勃部署入轨的发现号航天飞机在执行完STS－33任务后返回地面，并由航天飞机专用运输机运至肯尼迪航天中心。第二天，发现号航天飞机被转移至轨道器总装大厅 2 号舱开展 STS－33 任务的收尾工作，并开始准备 STS－31 飞行任务。当时，工作的重点在于清理舱内 STS－33 任务的相关载荷及设备，同时对航天飞机进行系统维护以及消耗品补给，同时需要对整个系统进行检查，并拆除三台主发动机进行专项检查。直到 12 月 18 日，组建 STS－31 发射任务组合体的工作在位于飞行器总装大厅 1 号舱中的2号移动发射平台上正式开始。按照既定工作程序，首项工作很快于2天后结束。接下来，从12月21日开始，由于季节性假期的临近，发现号航天飞机舱门关闭且电源切断，各项工作暂停至新年假期结束。

1990年1月2日，轨道器总装大厅电源恢复，航天飞机的发射准备工作也恢复进行，距离发射节点也越来越近。在这个月的第三个星期，航天飞机的三台主发动机（编号为＃1 2011、＃2 2031和＃3 2107）和一套遥控机械臂（编号＃301）顺利安装至航天飞机有效载荷舱。与此同时，位于飞行器总装大厅的右侧固体火箭助推器的相关工作也于1月13日陆续展开。几天之后，助推器承研商——摩顿狄欧公司在测试过程中发现了发动机喷管内侧一处泄漏，导致助推器总装工作暂停，紧张的检查很快全面展开。由于无法在短期内验证当前状态能够满足飞行要求，最终管理层决定替换该套助推器。于是，本打算用于航天飞机STS－35任务的助推器调整应用于当前任务。

2月份，哈勃与有效载荷舱的连接顺利通过一系列测试验证，同时完成测试验证的还包括三台主发动机以及RMS。由于哈勃任务的影响力，总装大厅中的STS－31准备工作备受关注，因为其轨道器在完成哈勃任务后，还需要继续承担太阳系探测器——尤利西斯号的发射任务（STS－41），为适应后一项任务，对航天飞机所采取的维护工作已经提前进行，主要包括沿着机身增加冷凝系统，这将有助于适应尤利西斯探测器上的放射性同位素热电发电机产生的额外热量，从而有效控制系统热环境。这种具体工作在媒体报道中很容易被忽视，尤其像这种提前一年就开展的准备工作，实际情况是上述工作对于未来一年发现号航天飞机的工作规划与实施流程至关重要。当然，这种两次任务穿插进行的总装操作，也有可能影响到最近一次的飞行任务规划。例如，针对STS－41任务在航天飞机重量及其平衡测试期间，必须将已经完成总装的应用于STS－31任务的硬件设备考虑在内。尽管这些与哈勃部署任务没有直接联系，但足以说明航天飞机的发射准备工作需要很长时间。

针对固体火箭运载器的总装工作，其左侧助推器的安装于2月7日完成，而右侧助推器则已在12天前完成安装（最终状态组件编号为SRB组件BI－037，RSRM＃10）。9月10日晚，在将发现号航天飞机总装从大厅转移出之前，完成了位于约翰逊航天中心和戈达德航天飞行中心的轨道飞行器与其有效载荷之间的通信测试。到本月月底，外部贮箱（ET－34）已经转移到飞行器总装大厅，准备与两套固体火箭助推器对接，并要在飞行器总装大厅迎来轨道器之前，完成最终的各项性能测试。

最终，发现号航天飞机于3月5日从轨道器总装大厅转移至飞行器总装大厅，第二天开始进行垂直状态调整并最终安装至固体火箭助推器/外部贮箱组合体上，任务一直持续到3月7日。最初的计划是在3月15日至16日将组合体转移至发射平台，然后在3月26日将哈勃转移至有效载荷平台，并在2天后将其安装至航天飞机舱内发射支持系统。为保证在发射前多预留出几天的应急时间，管理层决定提前启动平台相关工作。随后，所有工作进展顺利，最终的发射日期也从4月18日提前到4月12日。

1.4.3 又是螺母

阻碍发射计划的往往都是些小事情，这句话在STS－31任务中也再次得到验证。由于对航天飞机前轮轴上小轴承螺母的担忧，航天飞机从Pad 39B平台上结束操作的时间因此延迟了12个小时。因为在哥伦比亚号和亚特兰蒂斯号航天飞机相关零部件的加工过程中，曾发生过类似的问题，比如轴承安装螺母出现螺纹滑丝。当时在哥伦比亚号航天飞机执行STS－35任务前对这个问题进行过详细的分析研究，最后该组轮轴返还加利福尼亚州的供应商进行详细检查。幸运的是，最终解决方案非常合理也很彻底。对于STS－31任务来说，如果同样发生这个问题，那么仍需要将航天飞机从组合体上分解，并返回至总装大厅做进一步零部件分解，这显然将严重影响发射计划。最终，幸运终究站在哈勃这边。

图 1-9 1990 年 2 月哈勃在肯尼迪航天中心的垂直总装大厅中进行发射前测试

图 1-10　发现号航天飞机逐步转移至飞行器总装 2 号厅

飞行前的漫长等待仍在继续。3 月 15 日晚上，经过 8.5 小时的旅程，STS-31 组合体由运输系统转移将近 3 英里（5 千米）至发射塔架。5 个小时后，塔架旋转结构启动，最终将组合体包覆其中。

哈勃航天员团队于 3 月 18 日抵达发射场，并进驻 T-38 中心开始为期 2 天的发射前测试。在测试过程中，航天员陆续收到关于航天飞机以及哈勃望远镜系统准备情况的汇报。随后，航天员团队在 39B 平台上完成了发射前紧急逃生演练，从 19 日上午 8 点模拟 T-24 小时开始，模拟主发动机发生故障情况下的应急处置，最终于第二天上午 11 点结束。随后，航天员飞回休斯敦。

1.4.4 系统漏洞

在发射前测试完成之后，发射准备工作仍在紧张有序地进行。3月21日完成推进剂加注至发现号航天飞机贮箱。在3月25日，哈勃与航天飞机有效载荷一起被转移到Pad 39B平台上的有效载荷检测间。当哈勃安装至发现号航天飞机有效载荷舱时，安装环节出现异常。因此，塔架旋转结构需要重新打开，检查发现有效载荷舱门上竟然有三只蚊虫。在接下来的几天里，发现了更多的蚊虫。不得已，发射准备工作再次暂停，这些蚊虫必须要予以彻底清理，因为它们极有可能对哈勃上的光学和电子等敏感器件构成威胁，所幸此时哈勃仍在有效载荷检测间并按要求进行了包裹防护。接下来的问题是如何彻底清理这些蚊虫。通过专家会商，决定在洁净间内几个典型位置安放几套专用设备，该设备外部是带照明的外壳，里面则是小型真空装置并包含少量干冰。随后检测间内关闭照明，以确保专用设备能彻底吸引蚊虫并最终将其消灭。3月27日，终迎来组合体转移工作。

当时哈勃仍在检测间内进行其他的测试工作，而航天飞机的相关工作也在紧张进行，其中有几处问题正在解决，包括因包覆特氟龙而引起的主发动机喷管涡轮异常以及3号主发动机（#2017）内部电路异常的问题。

3月28日，管理团队召开了哈勃飞行任务准备就绪评审会，以此支撑肯尼迪航天中心执行发射任务。评审中，需要详细审查飞行准备过程中的详细状态以及发生的所有问题，不仅是哈勃望远镜系统和航天飞机有效载荷舱，同时须审查固体火箭助推器和外部贮箱以及地面支持系统的准备情况，最终为实施发射提供依据，保证飞行安全、质量可靠、状态可控，同时还涉及各地面站的准备情况。在评审会总结过程中，STS管理与运营总监和管理团队主席杰伊·霍尼克特报告说，各项准备工作全部完成，虽然出现了一些问题，但预计都能够在发射前全部得以解决，可以顺利按计划进入倒计时程序。任务团队的协作努力终于将迎来发射时刻。

1.4.5　哈勃装载至航天飞机

当天晚些时候，将哈勃望远镜装入有效载荷舱的工作恢复进行，首先需要将哈勃周围的包裹防护装置逐一清除。3月29日美国东部时间上午10点40分，将哈勃安装到有效载荷舱的过程正式开始。根据事先预估，这一过程在理想条件下需要近6个小时。在哈勃望远镜安全地装载至有效载荷舱上的飞行支持系统后，工程师团队进行了一系列测试工作，以验证望远镜载荷和航天飞机轨道舱之间连接的有效性。同时，管理层所开展的飞行准备评审工作再次持续了2天，重新审查了所有部件的准备状态和计划发射日期的合理性。由于之前相关工作提前开展，且准备评审工作进展顺利，使得在发射倒计时过程中提前设置的应急时间并无工作安排，因此管理层研究决定将发射时间再次提前2天至4月10日。这是航天飞机历史上第一次在飞行准备评审后立即进行发射。

飞行组合体的所有功能测试在发射时间确定前2天全部完成。此时，发射塔架区开始进行人员清理，随后开始最终的推进剂加注工作，包括航天飞机以及外部贮箱，陆续将低温推进剂加注至推进剂贮箱。当天也同步开始了哈勃系统电池的充电工作，整个过程将持续48小时。随后哈勃望远镜表面的包覆物全部被拆除，航天飞机有效载荷舱门即将关闭。

4月7日美国东部时间下午3点，倒计时从T－43小时开始。航天员团队当天晚些时候从休斯敦乘坐T－38喷气式飞机抵达肯尼迪航天中心。在确认航天飞机发射组合体以及舱内哈勃系统状态正常后，天气预报结果显示有90％的可能将有利于发射，管理层最后注视了塔架上的组合体，随后做出决定。当天晚些时候，哈勃望远镜前盖及其低增益天线的地面防护装置被陆续拆除。第二天，航天飞机有效载荷舱门关闭。

1.4.6 4月10日/第一次发射尝试

4月10日，倒计时的最后阶段进展顺利，直到T-5分钟之后，当飞行员博尔登启动发射和着陆阶段提供液压动力的三个APU（辅助动力装置）之后大约1分钟时，1号APU显示存在问题，需要在T-4分钟时刻停止倒计时。根据以往的飞行数据分析表明，这个问题需要进一步分析才能解决，所以当天的发射计划取消，因为飞行程序严格要求三个APU需要在发射前正常启动并运行。工程师团队开始紧张处理分析显示，1号APU内的一个肼传输阀失效导致允许推进剂以较高的速率进入该装置，从而使得动力系统功能异常。但在当时无法确定问题是定位于故障控制器还是APU本身，因此为了保障飞行任务、避免新的风险，控制器将在删除整个单元之前进行测试。

1.4.7 电池保持充电状态

在中止发射后的第二天，1号APU的控制器被拆除并送往供应商，同时工程人员将高压推进剂从贮箱中排出。航天员团队则返回休斯敦等待发射日期通知。通过测试表明，APU控制器并没有故障，但需要在发现号航天飞机发射前更换新的APU。最终，APU更换工作于4月12日完成，也确定发射日期调整至4月24日，同时也设定了两个半小时的发射窗口供最终选择。

虽然设置新的发射日期并不困难，但是在发射时间推迟的过程中，哈勃望远镜携带的六组镍氢电池始终处于峰值状态。对此，采取的措施有以下几种，可以将电池取出并单独利用地面设备进行充放电，也可以将其与其他设备先进行连接工作。通过评估，管理层和供应商决定将六组电池取出，待发射日期确定后按照正常准备程序重新安装，从而尽可能降低电池污染的风险。针对当前异常状况，哈勃工程师决定于4月13日将电池取出并完成相关配套操作，随后电池被转运至组合体总装大厅中的测试间，在30华氏度（零下1.1

摄氏度）环境下连续充电130小时。同时，航天飞机有效载荷舱舱门始终保持关闭以保护哈勃，并且将电池模拟件安装在空的电池舱内，以监测污染水平。在4月14日至15日的周末，1号APU完成更换，并于3天后完成测试。哈勃望远镜电池充电工作在4月19日完成，第二天被重新安装至哈勃上。

T－43小时倒计时始于4月21日，随后航天员于23日返回至卡拉维尔角。24日零点刚过，历时约3小时的外贮箱推进剂加注工作正式开始，当日上午发射塔架重新打开，发射组合体及发射台系统检查工作逐步展开，相关准备工作随后就绪，航天飞机驾驶舱随时可进驻航天员梯队。预报显示当天有80%的概率具备发射所需的天气条件，因此第二次尝试将哈勃发射入轨的可能性非常大。

1.4.8　4月24日/最后倒计时

4月24日，美国东部时间凌晨约3点35分，航天员团队在吃完早餐后接到航天飞机的最新飞行准备状况。当时有利天气预测为70%～80%（后来修改为90%），唯一令人担忧的是加利福尼亚州爱德华兹空军基地，实测风速对于发射中止后紧急着陆任务来说确实太高，所以紧急着陆现场更改为新墨西哥州白沙基地，该基地最近一次任务是在8年前应用于STS－3着陆的任务。

最后，在醒来不到2小时后，五名航天员身着橙色的发射服离开航天员中心前往发射塔架。在陆续进入驾驶舱后，飞行任务指令长洛伦·施赖弗坐在舱内左前方的1号座椅上，飞行员查尔斯·博尔登则坐在前排右侧的2号座位。在他们后侧中心的4号座位上是2号任务专家史蒂夫·霍利，旁边的3号座位上是1号任务专家布鲁斯·麦坎德利斯。3号任务专家凯瑟琳·沙利文坐在靠近舱门位置的5号座位上。在部署任务结束后返回地面时，为适应再入和着陆，她与麦坎德利斯交换位置。

当倒计时顺利进行到T－31秒时，推进系统的一处阀体突然无法正常关闭。问题很快定位于软件指令错误，工程师们迅速修复并确保倒计时继续进行。后来分析研究数据发现，本月初局部水管爆裂时曾引起电气设备短路，迫使临时关闭发射处理系统控制室，在此过程中同样也是通过迅速响应确保测试工作正常进行。针对上述阀体问题，工程师迅速反应并分析软件纠错及其对发射任务的影响。理论上的补救办法是更改计算机软件，以避免产生更大影响，但当时管理层在观察软件修复后工作状态正常，在未能对修复软件进行完整测试的情况下，决定继续执行未完全测试的发射软件。

最后几秒钟的倒计时顺利进行，在 T－6.6 秒时刻，发现号航天飞机三台主发动机在不到 4 秒内点燃并达到 100％的推力。最后，在美国东部时间 08 点 33 分 51 秒双组固体火箭助推器顺利点火，发射塔架上的组合体紧固螺栓被切断，哈勃望远镜在航天飞机有效载荷舱中顺利起飞——哈勃太空望远镜终于升空。航天飞机的三台主发动机在 T＋4 秒时的推力甚至达到设计状态的 104％，然后在 T＋7 秒时刻飞行组合体及其推进剂火焰完全飞离发射塔。这是将肯尼迪航天中心的飞行控制权转移到休斯敦约翰逊航天中心后的里程碑事件。莱曼·斯皮策教授当时也在发射场附近见证了这一历史性时刻，他极为满意地看到 40 年前他所提出的将大型望远镜送入太空的梦想最终成为现实。

1.4.9 哈勃到达太空

由于主推进系统（MPS）的性能提升，航天飞机发射属于直接入轨，从而省去了轨道转移入轨的第一次点火过程。这种轨道设计旨在将发现号航天飞机部署在远地点距离地球 607.4 千米、近地点距离地球 46.3 千米且倾角为 28.45°的椭圆轨道。在 T＋2 分钟 6 秒时刻，两组固体火箭助推器与航天飞机成功分离，前者将降落在大西洋中，最终将被予以回收和再利用。在 T＋8 分钟 32 秒，三台主发动机关闭。然后外部贮箱分离，此时航天飞机轨道器的反应控制系统推力器点火，确保舱体与贮箱安全分离，后者则在返回大气层过程中烧毁。

图 1 - 11　在 STS - 31 发射时位于肯尼迪航天中心的发射控制大厅（透过左上方的窗户可以看到航天飞机升空）

此时哈勃随航天飞机进入太空，但还不能进入稳定的飞行轨道。为了达到这个目标，在T+48分钟时刻的远地点附近，航天飞机双组轨控发动机持续点火长达4分钟30秒，从而将航天飞机机动至575.97千米×613.0千米轨道。当发动机点火至5分钟4.8秒时，发动机点火已创下航天飞机最长的持续点火时间纪录。它累计产生的速度增量达到151.39米/秒，博尔登后来回忆到，轨控发动机点火过程非常顺利，而实际情况是反应控制系统推力器点火听起来跟大炮一样。

很快在不到90分钟的时候，航天飞机开始绕地球进行第二圈飞行，此时博尔登发出指令“行动”，首先是打开了有效载荷舱舱门从而可以将其内部的热辐射器显露在外。与此同时，各岗位航天员均接到指令开始各自在轨工作。当主发动机关闭时，施赖弗从驾驶舱前方的视角观看，发现舱外的海岸线与5年前第一次参加飞行任务时完全不同，他很快意识到这是因为哈勃飞得很高，这也是航天飞机最新的轨道高度纪录。确实如此，哈勃已经飞得很高了。

1.5 部署哈勃

距离人类首次提出将大型光学望远镜放置到太空，已经有数十年的时间。这次发现号航天飞机的航天员和地面控制人员的重点工作正是部署哈勃望远镜，在经过一系列的在轨测试后，哈勃将最终开始它的太空观测之旅。

1.5.1 4月24日/做好准备

接到博尔登开始行动的指令后，大家开始各自行动，此时任务专家史蒂夫·霍利位于驾驶舱后部，在航天飞机离开发射平台约2小时54分钟后，遥控机械臂系统首次启动。第一个任务是打开机械臂系统电源，测试各部件是否能正常运行，检查系统各个操作模式。随后，霍利启动了位于机械臂末端的黑白相机，对哈勃进行了外观检测，确认 8 分钟的急剧升空过程是否对其造成明显影响。幸运的是，哈勃看起来很不错。

在 STS-31 任务结束后的飞行总结报告中，有人指出在飞行第 1 天，应该分配更多的时间用于机械臂系统的在轨测试，后来在 LDEF 卫星任务前 3 个月时，执行飞行任务的 STS-32 航天员也提出了类似的建议。霍利报道说，在轨临时调整计划并不利于机械臂测试。在 16 年前执行天空实验室任务时，当任务规划者为每天飞行计划不断增加额外项目时，很难想象当时很多操作和项目几乎都没有提前进行过训练。试图在一个预先定义的项目及周期框架内不断更新与调整，尤其是面对在轨操作任务，无疑给操作人员施加了很大压力，不出意料的是，航天员最终都会反对此事。正如霍利在 2012 年解释的那样："在 RMS 测试方面，我记得当时的情况确实如此。在预先设定的周期框架内，正常情况下显然是可以完成既定的测试任务，以证实机械臂系统已完成测试并且可以进行具体操作。"这些测试包括了很多方面的内容，比如驱动电机在不同模式下的工作状态，甚至还要检测线圈和软件状态，但它并不包括航天员对其进行自由操作，即在没有负载情况下的运动状态的测试。然而，对于霍利来说，正急需一些类似的经验以更好地执行哈勃在轨部署任务。最后，霍利和地面控制系统达成一致，可以在机械臂测试过程中增加自由状态的操作项目——操作自由状态的机械臂绕舱体连续移动，并尝试移动至哈勃操作扶手附近。这些，正是霍利在第二天实际部署哈勃时将要面对的状态，虽然仅仅是为了提前找找感觉，但效果非常明显。

虽然这已经是霍利的第三次太空任务，但他以前从未在太空中操作过机械臂。当他首次参加航天飞机任务时，是在 1984 年的 STS-41D 任务，当时航天员团队中的任务专家朱迪·雷斯尼克在任务规划初期被安排为机械臂操作师，由其他航天员进行辅助。然而指令长亨利·哈茨菲尔德鉴于此前的 STS-4 任务经验，最终还是将朱迪·雷斯尼克放到机械臂辅助操作岗位。当霍利在执行 STS-

61C飞行任务时，尽管已经是第二次飞行任务，但也没有承担机械臂操作任务。后来霍利解释道："当时相关的管理规定非常严格，只要你没有接受过培训，就绝对不允许你承担相关任务。在后来的几次飞行任务中，通过培训及任务规划，我逐渐参与到机械臂操作任务中。博尔登在STS-31任务过程中是我的机械臂操作助手，我不得不花费一些精力与地面控制系统及航天员沟通并达成协议，在哈勃完成在轨部署后，博尔登可以尝试操纵机械臂并进行小范围的移动，这样他可以得到一些经验。这些经验尽管很有限，但对于他后面的飞行任务来说非常重要。实际上，地面控制系统和在轨航天员是有很大分歧的。前者认为，当机械臂交给新手尝试操作时，即操作师在轨工作状态不受控制，那么无法确保相关工作正常进行而不出意外。后者则反驳道，航天员在实际操作前确实可以通过地面模拟系统开展全面的培训，但对于在轨实际操作来说，任何训练都比不上一次实际操作。应该说，当航天员实际承担某操作任务前，如果有机会体验哪怕是几分钟的实际操作，无疑都是有巨大帮助的。对于航天飞机返回着陆时的航天员辅助操作，同样也有类似的争论，尽管操作很关键，但如果没有实际体验，单靠模拟培训是远远不够的。这在航天员梯队培养时同样需要引起关注，从模拟培训到在轨实际操作，应该是逐步过渡。信心和经验并不依赖于地面模拟训练时间的长短，关键在于在轨实际操作。最终航天员一方获得支持，在常规任务完成后，可以为新岗位航天员提供尝试操作的实际体验机会，这些约定后来陆续被写进航天员培养规范并逐步落实在后续飞行任务中，比如在航天飞机与国际空间站交会对接过程中，会提供新手们一些实施远距离交会或初始对接时的操作机会。应该说，这是哈勃部署任务之外的一项成果。

现在回到发现号航天飞机，霍利认为第一天在轨飞行印象最为深刻之处当属他关于机械臂操作的实践，因为在即将到来的哈勃部署任务之前，测试机械臂性能并演练相关操作是至关重要的。"这是一个庞大的、昂贵的和可以高精度在轨观测的有效载荷，在首次接触前必须要对操作机械臂做好充分的准备。”

与此同时，布鲁斯·麦坎德利斯和凯瑟琳·沙利文两位舱外操作航天员正在检查准备与他们相关的操作设备，同时也在准备哈勃部署期间可能会发生的意外操作。随后，两名航天员戴上头盔开始呼吸纯氧，尽管此时他们在舱内正常呼吸，但这些动作都是飞行程序的既定内容。然后，舱内压力从 14.7 psi 降至 10.2 psi，此时距离任务执行大约还有 4 个小时。该项程序此前已经在数次飞行任务中执行，目的在于在 EVA 等待期间并行开展呼吸准备，提前清除身体中的氮气以适应纯氧呼吸状态，从而尽可能减小由身体不适带来的风险。

在轨飞行第一天的剩余时间里，麦坎德利斯和沙利文详细检查了两套舱外服和备用的上半部舱外服的具体状态，并完成了专用工具箱的安装，收集整理好舱外活动可能需要的工具设备，包括电动工具、电池、系绳、扳手等，这些都可以为在舱外实施哈勃部署提供帮助。

从发射倒计时开始 4 小时 30 分钟后，航天飞机通过脐缆为哈勃供电，随后戈达德航天飞行中心的太空望远镜运行控制中心接收到哈勃发来的第一个信号，地面与哈勃由此开始了第一次“对话”，同时迎来控制中心大厅巨大的欢呼声。马歇尔航天飞行中心副总参谋长让·奥利维尔回忆起来仍感觉“太棒了！当你首次尝试发送一条指令而哈勃能及时反馈时，这实在令人感到惊喜。”因为这是哈勃在轨后第一次和地面完成的双向通信，虽然类似的天地通信并非总是提供最好的消息，但是这一天所完成的早期遥测证实了经历发射过程后哈勃在轨状态良好。

当飞行任务持续到 11 个小时，航天飞机上的航天员们迎来了第一个睡眠周期，此时戈达德航天飞行中心的控制人员开始了长达几个小时的忙碌，而这些工作都是与哈勃相关。通过发送一系列指令，首先激活了用于连接支撑系统模块和光学望远镜组件的电源电路，其次还开启了哈勃上的加热器，从而为哈勃上的光学敏感器件提供必要的温度环境。

1.5.2 4月25日/实施部署

航天员在轨道周期的第二天醒来，迎来在轨的第一个完整工作日，每个人都迫不及待地打开日程表开始相关工作。早上电传打印机显示的首个消息是祝贺史蒂夫·霍利通过3次发射任务将发射综合评估值提高到0.231，这在当时航天飞机已执行的13次飞行任务的航天员队伍中排在前列，可见霍利的良好飞行素质。在完成基本活动后，每名航天员都进入各自的工作岗位。霍利坐到驾驶舱的右后方准备操控机械臂，这样可以观察到有效载荷舱的尾部，洛伦·施赖弗在驾驶舱后侧控制着发现号航天飞机的飞行姿态。

早上的活动包括一个私人的飞行医疗，由地面控制中心的飞行医师分别与布鲁斯·麦坎德利斯和凯瑟琳·沙利文进行详细询问，以准备即将到来的舱外活动。在预先设定的当天EVA中，两位航天员首先要完成一套应急情况下的EVA演练，然后把精力放在载荷舱中部，并开展尽可能多的EVA准备工作，以确保出舱后在任何情况下都可以顺利开展舱外活动。开展准备工作时，航天员需要穿着一部分的舱外航天服，包括自带冷却系统的外套、生物医疗保护套以及一件棉衣。这样在开展准备工作时既可以确保身体状况尽可能适应，同时实时监测身体状态，还可以防止航天员移动时磕碰甚至损坏周围舱内设备。同时，他们还需要为进入气闸舱做好准备，包括迅速穿上舱外航天服、提前进行纯氧呼吸、降低舱内压力等，从而为快速进入气闸舱以及快速出舱工作做好准备。

到目前为止，部署过程中最忙碌的航天员当属查尔斯·博尔登，他不仅需要在驾驶舱中部帮助麦坎德利斯和沙利文进行EVA准备工作，同时还要辅助霍利和施赖弗准备部署任务。

哈勃部署当天的一项挑战来自于哈勃的电源管理策略。因为在发射期间，哈勃位于有效载荷舱内，整个过程由航天飞机给哈勃供电。因此要部署哈勃，首先需要将这个电源连接切断。然而，直到哈勃太阳电池阵部署之前，哈勃将始终依靠其舱内自身携带的电池进行供电，并且在完成太阳电池阵展开进行充电之前，电池需要确保其寿命满足哈勃供电需求。对于这个挑战，霍利用“如果怎么办”加以形容，如果太阳电池阵展开故障怎么办？如果哈勃天线展开故障怎么办？如果前盖打不开怎么办？虽然众多问题看起来和电源供给没有关系，但对于哈勃系统来说，任意一处故障都会给系统正常工作带来影响。幸运的是，上述这些担忧都已经提前考虑到，并准备了相应的 EVA 应急预案，从而可以确保出现故障时能够及时解决。

斯托里·马斯格雷夫作为地面控制系统的通信主管，具有丰富的 EVA 控制联络经验，就在第二天刚刚过去的 2 小时，马斯格雷夫对发现号飞行梯队发出消息：“各位同仁早上好，你们是目前唯一在轨飞行的航天员团队，很高兴地通知你们，哈勃部署任务正式开始！”发现号给出的答复是“棒极了！”

时间表从此时开始迅速运转，尽管此时航天员仍然有机会观赏远地点位置航天飞机舱外的壮观景象，正如施赖弗曾回忆的：“航天飞机上的天文学家（霍利）此时和大家说到，蓝色玻璃球今天看起来很远。”

1.5.3 哈勃停泊于顶部

当部署时刻到来时，霍利操纵机械臂抓住哈勃右侧的专用抓捕装置（从驾驶舱向右侧看）。当他对机械臂进行抓捕验证后，航天飞机有效载荷舱后部用于固定哈勃的发射支持系统上的五组紧固装置顺利解锁。随着哈勃持续向舱外移动，当哈勃与发现号的脐缆断开连接时，哈勃自身的电源系统随即开始运行。由于哈勃自身携带的电池容量有限，接下来就是航天员与时间赛跑的 8 个小时，在此期间需要将哈勃望远镜的两套太阳电池阵顺利展开，同时完成对日定向。

史蒂夫·霍利后来为自己作为STS－31机械臂主操纵师角色向航天器杂志详细解释道，为了保证飞行过程中航天飞机和哈勃组合体的质量平衡与质心稳定，同时为便于哈勃从有效载荷舱向外转移进行部署，哈勃发射时其望远镜部件和可维修模块均朝向有效载荷舱尾部，哈勃前盖朝向航天飞机驾驶舱。为便于最终与航天飞机分离，哈勃需要在轨进行转移操作，通过机械臂系统将哈勃望远镜前后位置对调。所以，机械臂系统需要首先将哈勃抬高转移出有效载荷舱，确保与舱体有足够距离，要求是位于舱体顶部高度约15英尺（约4.57米），此时即可对哈勃实施旋转达到其正常的分离姿态。最终，哈勃处于载荷舱上方，且在航天飞机驾驶舱略微前方一些，驾驶舱内机械臂操纵师可以透过驾驶舱舷窗观察并完成哈勃部署，并监视其上大部件的展开状态。

这种转移方式的不足在于，转移过程中位于哈勃前端尺寸较大的前盖会遮挡住舱内霍利透过舷窗观测哈勃的部署状态。对此霍利回忆道："这可能是部署操作中最难的一部分，因为一旦你将哈勃通过机械臂抬起，由于哈勃前盖上太阳光反射将严重影响你在舱内向外观察的视野，你只能专注于有效载荷舱舱体。"事实即是如此，且更加专注。通过与地面控制中心技术人员的简短沟通，霍利继续专注工作。

为了获得更好的视觉参考，霍利依靠机械臂相机和位置测量数据，同时位于有效载荷舱周边的四个相机，持续反馈哈勃抬起过程中其底部的状态。再加上有效载荷舱门处的一台相机，则可进一步观察哈勃底部状态，尤其是其相对于航天飞机舱体的移动距离。机械臂坐标监测系统会实时提供机械臂末端的位置数据，从而为操作者实施转移提供依据。"所有这些信息都有助于你将哈勃保持在远离航天飞机舱体的位置。一旦数据显示哈勃远离舱体超过5～6英尺（1.5～1.8米），接下来的操作就会容易很多，因为这时观察起来非常方便，并且机械臂操纵时有更多的调整空间。"

图 1－12　透过驾驶舱后侧舷窗可看到哈勃已经移出有效载荷舱

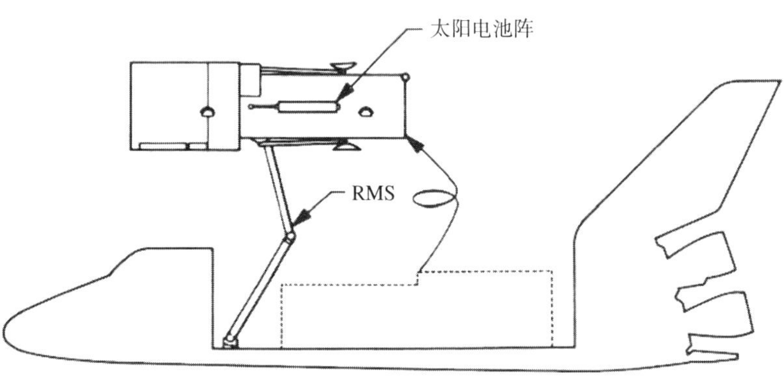

图 1－13　哈勃望远镜从有效载荷舱转移出并停泊在航天飞机顶部示意图

按照部署程序安排，将哈勃转移至距离有效载荷上方约15英尺(4.57米)的“停泊低点”，在此部署过程的实际时间耗费要远大于地面控制中心的预估。正如霍利所回忆的那样：“当哈勃从舱体转移出来的时候，随着其高度逐渐升高，驾驶舱内观察哈勃的视角将逐渐降低。”当霍利专注于操纵机械臂时，博尔登一直在旁边的辅助操作岗位上，他不停地与霍利沟通，实时反馈哈勃与舱体的位置关系，尤其是在哈勃转移初期，此时精度要求较高，所以更应该缓慢进行操作。正如霍利这样描述这个阶段：“当你面对距离非常接近的两架体积庞大的飞行器时，缓慢操作是非常必要的。”博尔登在2004年做口述历史记录时曾回忆说：“当时我们来不及观察机械臂的实时状况，只是不停地在一步一步操纵着，计划几分钟的任务时间最终花了几个小时。”

当霍利逐步将哈勃抬高到最高点时，称为“停泊高点”，戈达德航天飞行中心也将飞行程序推进至电池阵展开的任务上。在当前位置，首先由霍利将哈勃转动90°直至电池阵支撑结构正对有效载荷舱，此时由地面中心发出指令，通过激活电池阵展开控制电子单元(DCE)，从而启动太阳电池阵展开程序。首先是电池阵支撑结构与哈勃舱体解锁分离并展开到位，接下来是电池阵本体的展开程序。

在航天飞机坐标系下，机械臂末端控制点的相对位置随着部署任务开展持续变化，其Z轴坐标由发射过程固定于舱体内部的-416抬高至哈勃停泊高点位置时的-750。与此同时，当哈勃处于停泊高点位置时，由于哈勃及机械臂的转移，航天飞机与哈勃组合体的质心将偏移27.8英尺(8.47米)。此时的问题在于哈勃转移到多高位置才能称之为“停泊高点”。正如霍利解释道：“答案的准确性依赖于你把哈勃上的哪个位置作为参考点。对此我认为当前机械臂控制点，即我所操控的具体位置，是组合体的质心。这是因为，在机械臂转移哈勃过程中，哈勃平移和转动都是以这个点为基准，或者说这个点在哈勃转移过程中始终与机械臂控制点具有相同的Z轴坐标。”由于机械臂位置参数实时反馈至驾驶舱，这些为定义哈勃停泊高度提供了直接依据。

虽然载荷舱上的转移操作一直在紧张进行，此时沙利文已经完成部分 EVA 航天服及配套装备穿戴，来到麦坎德利斯身边并帮助其开始进行 EVA 准备工作。

1.5.4 气闸舱内随时待命

当哈勃太阳电池阵在展开过程出现问题时，麦坎德利斯和沙利文都进入了气闸舱。舱外活动是按照飞行程序进行设计的，尤其是在轨问题不断加剧时，每位航天员瞬间都会想到通过出舱操作加以解决。麦坎德利斯在 2006 年曾回忆道："其实我们对这项任务的准备工作有些担忧，因为当我们接到飞行任务前往布里斯托尔的旅程中就已经构思了即将面对的在轨工作，我们认为自己不仅能够解决在轨问题，在此之前还能够发现具体问题所在，而且不仅是针对电池阵的展开任务，只要是 EVA 计划涉及的系统我们应该都能解决。实际情况是，当第一组电池阵顺利打开、第二组部分未能打开时，我们随即准备出舱，此时并不知道我们即将面对的是与之前构想所不同的困难。此时，我们穿戴好舱外航天服，并确认舱外活动设备工具都携带完整，随后我们进入气闸舱并开始为去氮气呼吸做准备，脑海里考虑的是即将顺利解决当前发生的电池阵展开问题。"

"我们在发射之前曾与飞行总监比尔·里夫斯再次确认飞行指令，当他通知我们开始给气闸舱减压时，我们会迅速迎接真空环境并打开舱门，开始执行舱外活动。实际情况是，当他发出指令开始给气闸舱减压时，戈达德航天飞行中心后排的管理层却提出疑问，他们质疑我们舱外活动的真正目的是什么，因为此时我们无法确定电池阵展开故障的具体原因。因此，我们暂停了气闸舱减压程序，舱内压力保持在约 5 psi。此时我们体会到，舱外活动一定是在戈达德航天飞行中心的各种预案均无效时才能进行。没有其他选择，此时我们两人滞留在气闸舱内长达 90 分钟却'无所作为'，一直到哈勃与机械臂最终分离。"

“此时我们发现在气闸舱小舷窗外覆盖着一块由尼龙搭扣固定的纤维布，我们猜测是发现号此前执行 STS－33 军用任务时布置的，可能是为了防止地面人员观察到载荷舱内的机密级任务。由于它完全遮挡了舱外哈勃部署的观察视线，因此我们决定要在 STS－31 任务期间将其取下。尽管飞行程序关于具体在轨操作项目里并没有这一项工作内容，但我们最终决定完成这件事，因为要为哈勃部署任务努力开展工作，首先要确保‘看得见’。”

飞行任务地面通信事务主任斯托里·马斯格雷夫回忆起当天的挑战时说道：“真是非常糟糕的一天，当我在戈达德航天飞行中心执行通信联络任务时，认为当时的在轨操作其实并不复杂，应该说非常易于实施，我们甚至只需要当作后续操作的热身或者说再次获取一些相关操作经验。当天的具体操作确实糟糕，但困难放在开始总比在后头强，比如与后来的 STS－61 哈勃服务任务对比，我们当天的操作表现算是比较完美了。” STS－31 最终完成哈勃在轨部署，同时也是哈勃在轨服务任务开启的标志，而且各项服务操作都是按制定标准和要求执行的。“我们根本不需要与航天员沟通每一项操作，因为具体任务都已经提前涵盖于飞行程序，所以说具体任务实施时，我们一般不和航天员进行过多的对话。”

1.6 轨道高度并不够高

为保证空间观测的精度，哈勃望远镜必须被放置在地球大气层外比较高的轨道上。但是由于哈勃不能定期返回地球进行维护和重新启动，而是选择在轨进行维修，因此其轨道高度又必须在航天飞机的飞行高度范围内。对于航天飞机实际在轨飞行，由于携带的推进剂有限，其在轨机动任务也因此受到限制。在当时 STS－31 任务过程中，航天飞机自身携带的推进剂有一半是用于将哈勃望远镜送到正常飞行的轨道高度，剩下的推进剂几乎全部用于航天飞机返回时的机动任务，所以航天飞机推进剂配置几乎没有什么余量。尤其

图 1－14　布鲁斯·麦坎德利斯在舱内的状态，当时他的腿还在舱外服中，身着自带液体冷却系统的贴身航天服，他的头盔和手套在他身后

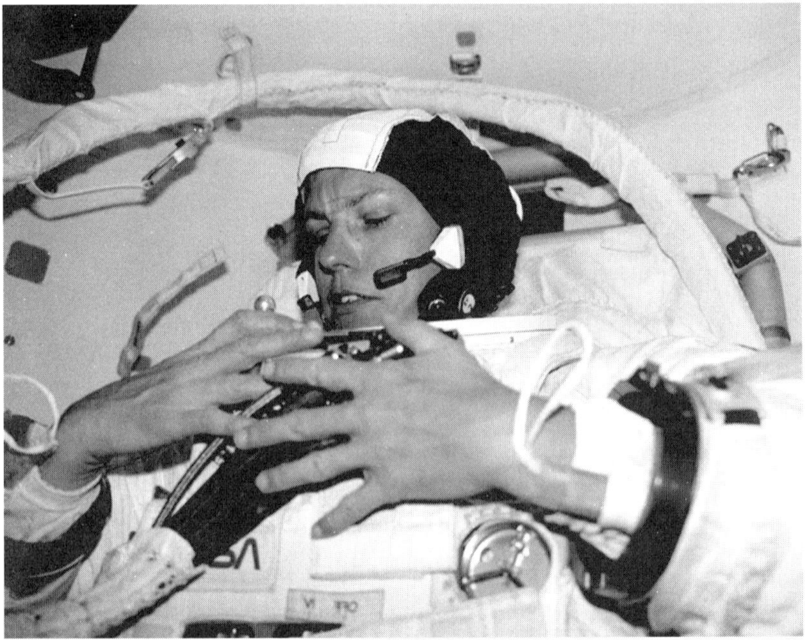

图 1-15 凯瑟琳·沙利文在发现号航天飞机的气闸舱内，正在为即将到来的舱外活动做准备。当时她并不知道，接下来的舱外活动是个巨大挑战

是当哈勃望远镜部署完成后需要重新交会对接和抓捕时，对执行 STS-31 任务的航天飞机来说不可能实现。因此，成败仅在一线间。

由于大气层存在阻力，哈勃在轨服务操作轨道设计时也需要特别注意。根据哈勃任务规划，哈勃后续将每 3～4 年安排一次在轨服务，其中与科学任务相关的升级和维护将被优先考虑。在轨服务轨道高度越低，大气阻力越大。由于哈勃设计时并未配置一套基于推力器的姿态控制系统，当通过陀螺执行机构实施姿态控制时将受到大气阻力的影响，从而使哈勃长时间在轨稳定运行的任务变得复杂。因此，为了减小大气阻力的影响，每次航天飞机执行在轨服务任务时需要将哈勃送回更高的轨道，所以对哈勃实施在轨服务操作的轨道高度应该与航天飞机飞行高度相适应。

1.6.1 高轨道飞行风险

哈勃飞行轨道高度，需要与航天飞机进行匹配设计。这个问题曾经成为各方关注的重点。因此无论是安全性、可靠性还是应对可能发生的紧急情况等方面，如此高轨道飞行对航天飞机以及航天员都会带来额外的飞行风险。

为执行 STS-31 任务，发现号航天飞机飞行高度达到 380 英里（612 千米），这也是航天飞机历次任务的最高纪录。凯瑟琳·沙利文在 2009 年口述历史回忆时，甚至暗示这并非最高纪录，“哈勃望远镜的部署高度相当高，我非常确定这是地球轨道载人飞行的最大高度。”每次我提及此事，凯瑟琳·沙利文总是眯着眼睛看我，好像除哈勃任务外她在执行某次任务时飞得更高。事实上，她第一次飞行所执行的是国防部的任务，所以即便怀疑哈勃的部署高度，她也什么都不能说。那次是 1989 年 11 月的 STS-33 任务，也是发现号航天飞机在哈勃部署之前的最后一次任务。

在 STS-31 飞行任务最初规划时，曾针对航天飞机飞行高度可能达到极限的情况进行过专项评估，尤其是针对推进剂贮箱故障等应急状况下的飞行预案进行过论证。

正式任务安全评估（MSE）各项报告是每个任务飞行前后重点审查的内容。这些报告由美国国家航空航天局副局长、安全和任务质量监督官（OSMQ）以及每个航天飞机任务的项目组在飞行任务之前进行专项审查，并且每次审查的重点都是相对于航天飞机风险报告（SSHR），在项目要求控制委员会上确定的飞行任务基线所发生的一些已经落实或潜在会发生的状态更改，而这些都会对航天飞机任务的安全系数产生影响。飞行前各个待办事项会作为飞行准备评审中的一个审查项目，准备评审一般会安排在飞行前两天，并且各项工作须在飞行前一天完成闭环。航天飞机任务执行完成后，最终的飞行后专项审查主要是针对上述正式任务安全评估中的安全系数风险所实际采取措施的有效性进行评估，审查完成后相关报告会提交至航天飞机飞行任务基线系统，为后续飞行准备评审提供参考，且最晚必须于下一次飞行任务执行前一天完成归档。应该说，航天飞机上述报告对于历史任务参考及体系文档编制都是非常值得提倡的。

STS－31任务作为已公开任务中第一次计划执行如此高轨道的飞行任务，在飞行任务后最终完成的专项评估报告中，有以下关于轨道高度及其风险应对措施的内容记录：

由于任务轨道需要，航天飞机轨道机动系统延长工作时间以达到约610千米的圆形轨道，此时推进剂已大量消耗，随着推进剂贮箱内的燃烧剂或氧化剂进一步消耗，航天飞机返回任务的风险越来越高，因为很有可能因为推进剂不足导致航天飞机不能顺利进行返回前的轨道机动，从而无法正常返回地球。这是个很明显的问题，飞行高度增加，对推进剂消耗需求即会增加。同时，发射质量、推进剂消耗、任务执行过程（包括针对有效载荷部署所需要的轨道机动、特定任务下的交会对接等）、有效载荷质量和系统质心维持等各个方面的变化都会影响到推进剂贮存量。

OMS推进剂贮箱由钛制成，工作压力最大为313 psi。所有贮箱在飞行之前都要进行绝缘和密封测试。根据NASA贮箱破裂控制标准，要求每执行五次飞行任务后，需要对贮箱进行压力测试，以防止贮箱重复使用时产生初始裂纹、局部裂纹扩展可能导致的贮箱破坏。航天飞机贮箱从未发生过问题，STS－31推进剂贮箱同样也顺利通过各项测试。

2009年的纪录片《当我们离开地球时》详细介绍了STS－31任务，并且在片中暗示当时航天飞机为达到哈勃部署高度已经消耗了过多的推进剂。在2009年口述历史采访中，凯瑟琳·沙利文驳斥了这一点，“电影公司获得的许可是要表达当时我们惊讶于比较少的推进剂剩余量，而实际飞行过程中推进剂消耗并无风险出现，而且这和片中记录的推进剂消耗过多完全是两个意思。当然电影创作时只是想把故事编得更有吸引力。”然后她还指出，因为1990年接近太

图 1-16　发现号航天飞机部署哈勃望远镜时拍摄的地球，
这是航天飞机飞行的最大高度

阳周期峰值，所以大气层的包络会更大。当时的飞行目标高度为391英里（630千米）。把哈勃部署在这个轨道，是前期空间科学观测任务规划及轨道计算的综合结果。“当你将所有这些数字放在一起并据此制定航天飞机任务规划及推进剂消耗量时，很快你就会发现当你到达目标轨道时，已经消耗掉超过50%的推进剂。此时，不到一个小时就会进入五个日夜的飞行周期，在此过程中你必须要完成哈勃在轨部署并准备返回，并且要随时注意维持轨道或应对任何意外状况。一旦哈勃出现故障，航天飞机就需要交会对接抓捕，以对其进行必要的处置，然后准备返回。所有这些，在进行任务规划包括推进剂预算时需要计算出最大包络。对于发现号航天飞机来说，为实施哈勃任务，在进入轨道初期即消耗了一半的推进剂，导致余量远低于一般航天飞机入轨后的推进剂水平。因此，发现号航天飞机受到的关注非常高。”

1.6.2　4月26—28日/在轨待命

在飞行任务剩下的时间里，航天员在每个日夜都能看到哈勃表面反射的太阳光，甚至在其部署完成后距离航天飞机40英里（64.37千米）处仍是这个状态。它就是一颗会发光的星，正如未来其所观测的万千目标一样闪耀在太空中。

哈勃完成部署后的第二天，它和发现号航天飞机的距离逐渐达到62.14英里（100千米）。在轨飞行第三天的主要事件是展开前盖，在哈勃控制中心的指挥下前盖打开至105°，在此过程中麦坎德利斯和沙利文再次在气闸舱内进行待命，准备在哈勃前盖出现故障时采用应急手动模式将其打开。事实上前盖第一次尝试展开时并不成功，是因为当时星载计算机检测到高增益天线有些异常进而将哈勃转成安全模式，临时中止了前盖展开操作。第二次展开过程则非常成功，斯托里·马斯格雷夫当时与航天员这样说：“哈勃已经开始工作了。”对此霍利回答：“太棒了！”随后，航天员团队激动不已，均以作为哈勃部署任务飞行团队中的一员而自豪。霍利还这样开玩笑：“哈勃开始工作后，由于任务安排，我并不能和它一起享受空间观测的体验。”

在哈勃与发现号航天飞机分离至前盖展开期间的48小时内，霍利一直处于紧张状态，他清醒地知道一旦前盖展开失败，则发现号航天飞机需要再次与哈勃对接，而他则需要通过操纵遥控机械臂将哈勃捕获。“按照飞行程序，我们在飞行前进行过再次对接的训练，并且我已熟练掌握再次捕获哈勃的全部既定操作。”在得知哈勃前盖成功打开的消息后，霍利大大地松了一口气。而当马斯格雷夫向航天员团队通报道：“大家已经完成哈勃部署任务，哈勃进入自我飞行管理状态，感谢!”这时麦坎德利斯和沙利文正在准备着应急出舱，然而这一切应急操作最终都没有派上用场，气闸舱内重新加压，一直到常规状态（14.7 psi）。

随后通过发动机点火，发现号航天飞机进入近圆轨道（614千米×607.45千米）。接下来的几天，航天员团队按照既定程序执行部署任务结束后的相关操作，包括有效载荷舱内的小型试验、观测地球、记录更多的IMAX图像以及常规的舱内维护，最终将迎来返回和着陆程序。4月27日，因前盖展开导致哈勃产生了另外一个问题，即前盖展开运动导致2个速率陀螺（一共4个）转动超限，这触发了星载计算机软件安全指令，导致计算机再次切换至安全模式。在地面人员分析讨论陀螺问题时，哈勃望远镜及其太阳电池阵均朝向太阳，大约持续了14个小时问题才得以解决，哈勃全部4个陀螺才恢复正常工作。

沙利文后来在口述历史时说道，只有在确保哈勃飞行环境符合设计状态后，航天飞机才可确定部署任务正式结束。“相比较而言，航天飞机本身对哈勃望远镜来说就是一个污染源，部署过程中要尽可能防止两者发生碰撞，同时还要准备好再次对接进行应急处置。”实际上在哈勃前盖展开之前，哈勃自身系统的放气工作需要完成，以免对哈勃光学器件造成污染。“如前所述，哈勃前盖展开故障解决没多久，发现号航天飞机即返回到地面。因此，一旦前盖锁定螺栓未能正常解锁或者展开过程中出现异常，哈勃则无法正常工作，这种情况下，我们肯定会为了解决这个问题再次回到太空。”

洛伦·施赖弗在2002年接受口述历史采访时曾有趣地说到，哈勃与发现号航天飞机分离后很快就发现哈勃出现了状况，“当时我很快就想到我们还要与哈勃对接，并进行相关处置工作。但是后来我们并没有获得这个机会，因为所有故障均顺利解决。虽然我不是十分清楚随后两天为何我们仍处于待命状态，但有一点可以确定的是，只要哈勃需要，哪怕是让我们去给它拍几张照片，我们也应该再次进入太空。”

1.6.3　4月29日/返回地球

由于哈勃任务高度的原因，下降时间要比航天飞机常规下降时间要长，在经历大概15分钟的下降过程后，发现号航天飞机在加利福尼亚州爱德华兹空军基地的22号跑道上顺利着陆，结束了为期5天1小时16分钟的飞行任务。着陆过程中也顺利测试了新研碳材刹车部件的使用性能。

1.6.4　发现号航天飞机返回佛罗里达

在航天员团队离开航天飞机后，地面技术人员开始对航天飞机进行检查，确保其进入安全转移运输状态，上述工作一般是在着陆6小时后进行。第二天发现号航天飞机顺利被装载至波音747运输机，准备运输至肯尼迪航天中心。组合体在得克萨斯州凯莉空军基地完成加油，接下来由于佛罗里达北部空气原因，组合体在佐治亚州华纳罗宾逊空军基地滞留了一晚。5月7日早晨，组合体到达佛罗里达州的航天飞机着陆大厅。当天下午完成拆除发现号航天飞机携带的其他有效载荷，第二天航天飞机被转移至轨道器总装大厅1号舱开始进行飞行后相关装置处理、测试及检测。有效载荷舱舱门于5月14日打开。5月底，发现号航天飞机开始进行新一轮工作，为即将开始的STS-41尤利西斯号太阳系探测器发射任务做好准备。

与此同时，哈勃望远镜在轨出现问题。

1.7 哈勃的麻烦

部署哈勃后，在航天飞机在轨飞行期间，太空望远镜任务地面控制中心先后成功处理了一系列问题，其中包括高增益天线故障、前盖展开故障以及几个轻微的指向机构问题。另外一个较为复杂的问题是，由于其中一副天线被一根电缆缠绕住，从而无法对准静止轨道上的跟踪与数据中继卫星（TDRS，执行哈勃任务时用于哈勃数据与地面间的中继传输，并向哈勃传输来自地面的控制指令），导致哈勃望远镜数据不能及时传回地面。这样就减缓了设备校准与数据处理的速度，直到问题得到解决。

5 月 2 日，当星敏对准一颗“导航星”星体进行姿态锁定时产生了一个微小的振动，这种微振动频率大概为每分钟六百次，振动过程导致的姿态偏移约 1°，由此影响了高精度指向机构的指向精度以及哈勃观测的清晰度。两天后进行的测试表明，振动源于太阳电池阵，这是由于哈勃从轨道周期中的白昼过渡到夜晚时，系统温度大幅变化导致电池阵产生热变形进而产生微振动。最终，通过对导航系统和指向机构的处理软件进行修正，使得上述问题得以解决。5 月 8 日，哈勃在测试观测具有相同亮度的恒星时出现异常，解决办法是为哈勃星载计算机导航系统更新了星系分布数据。

5 月 20 日的 STS-31 任务报告指出：“当观测到卡里纳星座中的开放星团 IC2602 时，哈勃的宽视场行星相机打开快门，这是哈勃在轨拍摄到的‘第一道光’。初步数据评估表明，即使哈勃没有精确对焦，但其图像质量仍远优于地面最好的望远镜所拍摄的最佳状态。一旦哈勃望远镜相关仪器设备冷却至设计温度（这个过程需要经历 3～6 个月），哈勃拍摄照片的效果相比于地面设备而言将优于几个数量级，而这些图片将陆续传回地面。”

6 月 14 日 NASA 宣布，哈勃出现了一个严重问题，而这个问题可能比之前预想到的要严重得多。本打算通过软件更新解决由于电池阵微振动带来的指向精度问题，但在软件更新后发现微振动问题更加严重，哈勃系统无法准确对准导航星，并且在南大西洋上空范艾伦辐射带（距离地球更近）对哈勃的影响远超预期。对于上述三个问题，技术人员希望通过星载计算机修正来解决。

然而，这个乐观的考虑在不到一周内即宣告无效。6 月 27 日 NASA 宣布，哈勃主镜存在缺陷致使哈勃处于类似“近视”的状态。受此影响最为严重的是宽视场/行星相机，同时也是哈勃系统最关键的设备。为了减轻对失效设备的担忧，NASA 宣布计划在 1993 年和 1996 年期间执行数次在轨服务任务，对当前星载设备进行升级，同时也对主镜缺陷进行补偿修复。其中，关于后期在轨服务任务规划，有人提出至少要提前启动一项任务，从而确保哈勃正常且完整的工作能力。同时，在制造过程中并没有对哈勃主镜对焦性能进行验证，因为这项测试的成本实在太高。

在 7 月份 NASA 成立了由 6 位专家组成的哈勃太空望远镜光学系统调查委员会，由喷气推进实验室主任卢·艾伦博士主持调查，以分析研究主镜的“球面像差”问题。作为调查任务的一部分，NASA 空间科学与应用副主任伦纳德·菲斯克先生就这个问题提出了一系列观点，并就哈勃在地面制造过程中未能全面测试给出了详细解释。

1.7.1 球面像差缺陷

调查委员会针对哈勃无法正确对焦的问题进行了深入调查，其最大困难在于当前问题与哈勃部署过程和在轨服务能力无关，因为哈勃团队从未考虑过在轨更换哈勃镜体的可行性。本书不会详细讨论哈勃镜体问题，因为具体原因过于复杂，但读者可以从本书列举的参考文献中获得相关信息，此处仅给出 NASA 发布的问题调查的部分内容：

当地面控制人员开始移动哈勃并对焦目标准备获取清晰的观测图像时，尽管对焦速度不及哈勃运动速度的 1/6，但获取的仅仅是围绕某一目标星体的类似晕圈的图像。控制人员将其定义为哈勃的“球面像差”缺陷，虽然只有相当于人类头发丝宽度1/25的对焦偏差，最终却导致哈勃无法准确对焦。

图1-17　来自哈勃望远镜的球面像差对早期图像的影响

起初一些科学家认为球面像差会使哈勃功能彻底丧失，但很快这一观点就被证明是错误的。工程师们开始对哈勃进行一系列的测试，以确定是主镜还是次镜缺陷导致的球面像差，最终借助微小目标相机拍摄的照片分析出是主镜出了问题。到8月下旬，通过对问题原因的深度调查最终确定，一种称之为“无光焦修正板”的光学器件在导引镜体进行研磨和抛光时，由于其安装间隙最终导致镜体研磨超标2微米。这一看似极小的尺寸偏差却带来极大的影响，使得镜体成像出现偏差，最终导致系统无法准确对焦。好消息是，这个错误导致的“纯粹”球面像差的问题从原理上比较容易纠正，解决措施简单来说就像眼科医生采用眼镜来矫正视力一样。

按照哈勃系统配置，主镜球面像差最有可能影响使用可见光进行科学研究的两台摄像机，即微小目标相机和宽视场/行星相机。但NASA也指出，通过计算机修复功能，哈勃拍摄的照片可以经过特殊处理消除部分晕圈现象，因此，“在球面像差获得校正之前，哈勃仍可以完成大量的科学工作。”“即使在当前缺陷状态下，相比于地面望远镜在晴朗夜晚拍摄的图片，哈勃的图像质量仍要优于10倍以上。”对于哈勃配置的其他受主镜缺陷影响不大的设备，尽管之前制定的观测计划需要进行修正，但在当前状态下仍可以正常工作。

尽管关于哈勃在轨状况有一些乐观报道，但很显然NASA对这个错误感到非常尴尬。并且诸如航天飞机推进剂泄漏造成任务严重推迟、国际空间站在其政治影响力下滑时预算却不断增加等，这些都无助于实现维修目标，对此，副总统丹·奎尔和国家空间委员会成立了一个咨询委员会，旨在当前推进剂泄漏、成本增加、空间站设计不足以及哈勃主镜缺陷的不利形势下，希望利用全国航天领域的力量解决哈勃问题及规划相应的航天飞机在轨服务任务。

为了限制航天领域其他方面的多余开支，NASA于6月7日强制取消了与TRW公司关于轨道机动飞行器（OMV）的合同，OMV也称为“太空拖船”，用于在不同轨道间转移各类载荷，哈勃也是其应用对象。更让人担忧的是，第二天美国军方利用大力神Ⅳ号运载火箭成功将一颗军用先进卫星送入轨道。在挑战者号航天飞机失事之后，美军选择该型运载火箭发射军用卫星，外界也猜测美军寄希望于用其替代航天飞机。

STS-31航天员团队很显然无法解决哈勃的主镜缺陷问题，即使航天飞机在轨部署望远镜时已经发现这个问题。当然仍有很多事情需要花费相当长的时间去提前考虑，比如原计划 1993 年实施的第一次在轨服务任务，则需要增加主镜修复任务，因此要提前制定维修方案。

在了解哈勃主镜缺陷问题的过程中，洛伦·施赖弗曾说到："以执行哈勃太空望远镜任务为例，很多时候你不得不从很高的任务层次上及时清醒过来。当我们顺利结束哈勃在轨部署任务时，公众们对哈勃寄予了非常高的期望，然而这个时候出现了主镜球面像差的缺陷，尤其是对于那些反对哈勃任务的人，会毫不迟缓地放下手中的工作对与哈勃有关的任何一件事进行批评。作为一名航天员，尽管很失望于当前的主镜缺陷，但事实是，我们与此毫无关系，同时也无能为力，我们能做的就是把安排的飞行任务逐一做好。"

1.7.2 航天员的新角色

随着 STS-31 任务的完成，航天员陆续进入各自职业生涯中新任务的准备工作中。

年底的时候，洛伦·施赖弗接到通知将作为 STS-46 关于意大利某绳系卫星任务的指令长执行飞行，查尔斯·博尔登则被安排了一系列的行政事务，首先是担任乔治·阿比的首席技术助理，然后担任约翰逊航天中心任务总监杰西·穆尔及其继任者杰拉尔德·格里芬的技术助理。之后，他在 STS-60 飞行任务中第一次担任指令长。沙利文则到训练中心开始了她的第三次飞行任务训练，此次训练是关于大气应用与科学实验室计划（ATLAS-1）的 STS-45 飞行任务，后来计划更名为地球观测任务（EOM）。

6 月 7 日，史蒂夫·霍利被任命为美国加州埃姆斯研究中心副主任，以锻炼其在 NASA 的管理经验。从 1990 年 8 月 31 日起，布鲁斯·麦坎德利斯从 NASA 和美国海军退休，之后进入了一家私营企业。然而，通过加入科罗拉多州丹佛市的马丁·玛丽埃塔航天集团，麦坎德利斯成为哈勃在轨服务任务的第一位技术顾问。

1.7.3　重回轨道的漫长道路

尽管遭遇很多困难，但至少哈勃仍在轨正常飞行。当时正在规划于 1993 年执行一次在轨服务任务，通过维修使得哈勃恢复其正常功能。幸运的是，哈勃一开始就被设计成可接受在轨服务，而正是因为这个能力，使得它后来能够持续工作超过 20 年。当然在本书出版时，哈勃依然在轨继续它的杰出贡献。

太空望远镜的概念诞生于 19 世纪 20 年代，在 40 年代时才得到了一些关键支持。在完成这次在轨服务之后，哈勃将按计划在轨工作 15 年，并接受由航天员实施的后续在轨服务任务。所以总的来说，在其他望远镜项目实施之前，哈勃将为人类工作近 20 年。维持这项事业，相关的基础设施建设需要持续推进，以保障航天飞机在轨服务任务顺利进行，最终确保哈勃能够不断在轨服务、维护以及升级。

参考文献

[1] AIS interview with Steve Hawley，March 1，2012.

[2] Hawley，AIS interview 2012.

[3] How Launching Hubble Space Telescope Influenced Space Shuttle Mission Operations，Steven A. Hawley，Journal of Spacecraft and Rockets，March，2014 Vol. 51，No. 2 : pp385 - 396，American Institute of Aeronautics and Astronautics，Inc.

[4] Kathryn D. Sullivan Oral History，May 2009.

[5] Hawley 2014.

[6] NASA News：JSC 85 - 50.

[7] AIS interview with Bruce McCandless，August 17，2006.

[8] AIS interview with Steve Hawley March 1，2012.

[9] NASA News：JSC 85 - 131.

[10] NASA News JSC 87 - 018.

[11] NASA News JSC - 88 - 008.

[12] Loren J. JSC Oral History Project，18 December 2002，ppl - 15.

[13] Charles F. Bolden JSC Oral History Project，6 January 2004，p37.

[14] How Launching Hubble Space Telescope Influenced Space Shuttle Mission Operations，Steven A. Hawley，Journal of Spacecraft and Rockets，March，2014 Vol. 51，No. 2 : pp385 - 396，American Institute of Aeronautics and Astronautics，Inc.

[15] STS - 31 Flight Data File Crew Debrief，memo from Richard D. Snyder，Chairman，Crew Procedures Control Board，May 21，1990，reference DH4 - 90- 139，in AIS archive.

[16] AIS interview Steve Hawley March 1，2012.

[17] Launch processing references from Shuttle Status Reports various dates 1989 - 1990，KSC；Chronology of KSC and KSC Related Events for 1988，

by Ken Nail, NASA KSC, KHR - 13, March 1989; Chronology of KSC and KSC Related Events for 1989, by Ken Nail, NASA KSC, KHR - 14, March 1990; and Chronology of KSC and KSC Related Events for 1990, by Ken Nail, NASA KSC, KHR - 15, March 1991.

[18] STS - 31 Mission Report, A New Window on the Universe, Roelof Schuiling and Steven Young, Spacefl ight Volume 32, Number 6, June 1990 pp196 - 206, British Interplanetary Society; STS - 31 Mission Status Reports, NASA April 24 - 29, 1990.

[19] STS - 31 Post - flight Debriefing Guide, prepared by W. B. D. Jones, with annotations by Bolden, Charles F. Bolden Collection, NASA JSC History Archive, Clear Lake University, copy on file AIS Archive.

[20] A New Window on the Universe, Discovery crew deploys Hubble Space Telescope, Spaceflight, Vol. 32, No 6, June 1990, p202.

[21] AIS interview with Story Musgrave August 22, 2013.

[22] Mission Safety Evaluation Report for STS - 31, Post - Flight Edition: October 15, 1990, Safety Division, Code QS, Office of Safety and Mission Quality, NASA HQ, Washington DC.

[23] Sullivan, Oral History 2009.

[24] STS - 31 Space Shuttle Mission Report, May 1990, NSTS - 08207, NASA.

[25] Hubble Space Telescope's First 125 days, NASA Fact Sheet, Marshall Space Flight Center, September 1990.

[26] Shriver, 2002 Oral History.

第2章 梦 想

……大口径的太空望远镜……在人类具备进入太空的能力时，技术上变得可行，这是解决我们这个时代天文学核心问题的唯一重要途径。

——摘自1965年伍兹霍尔研究小组的建议书

20多年来，哈勃太空望远镜提供了令人惊叹的图像和开创性的科学数据，极大地拓展了人们的宇宙观，满足了人类对太空探索的好奇。与阿波罗号、航天飞机、和平号空间站和国际空间站等世界上其他的大型太空项目一样，哈勃望远镜的故事不是始于航天器发射入轨，而是起源于几十年前理论家、梦想家和规划者的想法。

2.1 去星星不闪烁的地方

无论是白天还是黑夜，人类总是着迷于顶上苍穹。天文学的产生起源于人类用肉眼观察天空。黑幕下星星针刺一般的光芒、月相的变化、天空中闪过的斑驳的光，在许久以前既让人神往又让人恐惧，所以人们把这些现象归于神灵和魔鬼。

早在17世纪初，伽利略将新发明的望远镜指向天空，并取得了重大的发现，它揭示了月球是一个独立存在的个体；木星拥有一套卫星系统；金星具有全天日照的特点；证明了尼古拉·哥白尼的行星围绕太阳运行的假设。后来，天文学家通过更好的望远镜绘制了月球表面的细节，并发现了新的行星。此外，天文学家对大气现象进行了监测和测量。18世纪末期，人类发明了比空气更轻的气球，这些被用来携带科学仪器飞向大气顶层，探索天空构成及地球外的世界。到了20世纪，通过火箭脱离地球大气层并且在其坠落地面之前进行科学研究的思想被不断完善并实现。这项工作在20世纪前几十年与高空飞行器和不断发展的地面观测技术相辅相成。

1957年，在大气层外环绕地球的第一个有效载荷成功发射，新的探索和发现预示着太空时代的到来。随着火箭运载能力的增强，以及来自于首枚飞行器的知识和经验，开发能够在太空中进行操作的复杂仪器成为可能，它将用来揭示“外面的世界”是什么样的。

在接下来的30年里，太空天文学向着建立太空望远镜的目标迈出了更大的一步。1990年，将哈勃太空望远镜在轨部署的梦想终于变成了现实。经历了开始阶段稍许的不稳定后，哈勃改变了人类对宇宙的看法，它不单单只是在科学方面发挥了作用。为了确保望远镜发挥其全部潜力并获得令人震惊的图像（它到现在已经贡献超过25年），必须定期维护不断改善其性能。

2.1.1 太空望远镜的起源

根据埃尔曼·奥伯特所著的*Die Raketezu den Planetenräumen*（*By Rocket into Planetary Space*），哈勃太空望远镜的起源可以追溯至1923年。这本著作中，奥伯特认为太空观测站比地面上的天文台在科学研究上更具优势。

在太空中的望远镜可免受地球大气层的阻碍，因此能够更清晰地观测漫天星辰。此外，太空望远镜能够比地面天文台探测到更宽范围的光波波长。然而，在奥伯特所处的时代，是无法将任何东西送入太空的，更不用说像大型望远镜这样复杂的仪器了。

显而易见的是，太空望远镜需要大型的基础设施保证相关研究的开展和望远镜的运行。因此，很少有人认真地从太空的角度看待天文学的概念。然而，1940年2月，天文学家理查森在*Astounding Science Fiction*杂志上发表了一篇报道，他设想未来在月球上建立一个直径为300英寸（7.62米）的望远镜。这篇文章发表的时间比人类登月还要早30年。当时，火箭技术的开发被认为是人类探索太空的最佳途径。然而，随着第二次世界大战爆发，除了开发火箭的军事用途外，鲜有国家继续开发既费用昂贵又进展困难的火箭项目。

2.1.2 莱曼·斯皮策和太空观测站

1946 年，天文学家莱曼·斯皮策在一篇给兰德公司的报告中提出在太空中建立直径 16.5～50 英尺（5～15 米）的望远镜，并在文中说："这将揭开人类尚未想象到的新现象，甚至能够改变我们对时空的基本认识。"

斯皮策认为，观测站应该建立在阻隔了大部分紫外线和红外线的大气之上，它的难度远大于在地面建立观测站。同时，他认为大气中不断变化的气流模糊了人们的视野。通过在大气层之上设置望远镜，人们观测到的星星将不再闪烁，此时它们看起来将更加耀眼。这篇报告刊发之时，一个直径 16.5 英尺（5 米）的望远镜在巴乐马山正在建造。虽然它仍位于地表之上，但它却是自建立起多年内世界上最大的望远镜。它的分辨率为 0.02 角秒，通俗地说，就是距离 120 英里（193 千米）能够看到一枚硬币。但由于大气的折射作用，实际分辨率只能达到 1 角秒（是人眼的 60 倍）。如果将巴乐马山的望远镜置于太空，那么它的性能将提高 3 000 倍。斯皮策计算了当望远镜尺寸是巴乐马山望远镜 3 倍时它能达到的性能。在之后的 50 年中，斯皮策致力于将他的设想转变为现实，在太空望远镜被命名为哈勃望远镜之前，这就是大型太空望远镜的起源。

莱曼·斯皮策于 1914 年出生于俄亥俄州的托莱多，1935 年在耶鲁大学获得物理学学士学位，分别于 1937 年和 1938 年在普林斯顿大学获得天体物理学的硕士和博士学位。此后，他在耶鲁大学执教，第二次世界大战期间，他从事水下声学的研究，1947 年他被任命为普林斯顿大学天体物理学院的主任。他在天体物理学方面做出了巨大的贡献，担任了普林斯顿大学多项职务，并提出了建立太空望远镜的概念。

兰德项目是一个由美国空军"智囊网"开展的一项秘密研究，其目的是将一个大型人造卫星发射到距地球几百英里的轨道上。兰德项目中的一名官员也是斯皮策的一位朋友，邀请斯皮策写一篇关于卫星在天文学研究中的作用的报道。后来斯皮策解释："我本身对科幻小说充满了极大的热情，因此欣然接受了这个邀请，花了一些时间研究了在大气层上建造不同尺寸望远镜的可能性并形成了一篇报告。"尽管这项研究没有促成在轨天文望远镜的建立，但这项工作让斯皮策发现建造一个大型太空光学望远镜的科学价值远大于地面观测站。

斯皮策提出了太空望远镜要实现的一些有趣的目标：

1）推测宇宙的边界以及通过观测微弱的恒星来测量银河系的长度。

2）分析银河系的结构。

3）系统探索球状星团的结构。

4）研究行星的性质，特别是它们的表面和大气。

在人们的热点话题、科幻杂志和正式的项目报告中，关于天文学与空间科学的热度持续不断，然而这距离第一颗卫星的发射还有几十年的时间，距离真正意义的天文学有效载荷的升空仍长路漫漫。

2.2 同温层观测镜：通往太空的一小步

第二次世界大战后，美国开始用缴获的德国 V-2 火箭发射科学载荷以研究上层大气。到 1947 年为止，研究结果令斯皮策相信将大型仪器发射进入太空在不久将成为可能。他写道："组织研发和运行大型在轨望远镜将逐渐成为主要发展方向。"

在钻研大型太空望远镜的同时，斯皮策参与了同温层观测镜项目。该项目的特点是在 1957 年到 1959 年间通过多次气球飞行将所悬挂的 12 英寸（30.48 厘米）太阳望远镜送入大气高层。镜面由珀金·埃尔默公司制造，该公司也承担了哈勃太空望远镜的主镜制造工作。这个项目主要是为了获取距地面 80 000 英尺（24 384 米）高度的图像，这个高度已经达到了大气层的上部。同温层观测镜 II 通

图 2-1　莱曼·斯皮策（1914—1997），太空望远镜概念的提出者

过吊舱携带了一个36英寸（91.4厘米）的反射望远镜，重达3.5吨。这是一个可遥控的观测站，在夜晚进行移动，在1963年到1971年期间一共进行了8次飞行试验。与电影摄像机不同，开始的两次测试携带的是红外观测器以验证系统是否正常运行。6次飞行试验中有两次望远镜没有从垂直发射位置脱离，还有一次镜头罩没有打开，这些情况都影响了观测。3次成功的飞行试验则观测到了地球大气、红巨星和地外银河系。虽然望远镜从未离开大气层，但在其正常工作的高度中，几乎没有任何干扰，高分辨率的图像非常清晰。

尽管气球飞行试验的时间较短且能力受限，斯皮策依然相信朝着将大型望远镜置于太空的目标更近了一步。

2.2.1 太空时代的黎明

第二次世界大战直接导致了一场更加残酷的战争——冷战，为了证明自己的技术优势并对敌对势力和人民产生心理震慑，更具杀伤力的武器竞赛开始了。这一武器竞赛主要在两大武器强国——美国和苏联之间开展。双方争夺的重要“高地”就是太空空间，这期间标志性的事件就是谁能先将自己的旗帜插向月球。

2.2.2 人造卫星、加加林和月球

1957年到1958年的18个月时间里，借国际地球物理年的名义，美国和苏联都致力于开发名义上的绕地球轨道飞行的小型“科研”卫星。

在1957年10月4日，苏联率先实现了目标，随着人造卫星发射过程中“哔哔哔”的巨大响声，人类的太空时代正式开启。美国也不甘落后，于1958年年初发射了一颗人造卫星。随后，美国宣布了将人类送入太空的计划，但苏联于1961年4月12日，通过东方号飞船将航天员尤里·加加林送入太空是对美国的又一次打击。不甘示弱的美国总统约翰·肯尼迪于1961年5月25日向全国提出倡议“在他的任期内，将人类送上月球并安全返回地球”。他也指出这样的项目非常昂贵且困难重重，需要举国之力才能完成。

历史记载，这个承诺终于在1969年7月20日得以兑现，载有航天员阿姆斯特朗和爱德温·奥尔德林的阿波罗11号飞船搭载的登月舱“鹰”成功降落于月球。在完成了一次两小时的月球漫步后，他们返回指挥舱“哥伦比亚”与另一位同事迈克尔·科林斯会合，并于7月24日安全返回地球。仅4个月后，阿波罗12号的航天员再次完成了月球着陆。在此后的一段时间里，美国太空项目因其成就而熠熠生辉。

2.3 哈勃之前的空间天文学

在人类进入太空和登上月球的契机下，NASA成为了民众关注的焦点并获得了大量的资金资助。其中一大部分被用来发展空间科学的研究，包括卫星、运载器、深空探测、空间研究等，当然也包含向太空中发射天文学仪器。

2.3.1 天文学领域

自然地，空间天文学研究的焦点落在了那些地面望远镜无法观测到的光谱上。在同温层观测镜项目中，观测器曾经被挂在气球上带入高空，一些早期的弹道式导弹被改造成探空火箭并将科学载荷发射升空。但是这些仪器设备观测有限，能够进行观测的时间非常短暂。学术界一致认为应该使用更先进的观测仪器来延长观测时间，但天文学领域分支众多，射线又分为可见光、无线电波、微波、红外线、紫外线、X射线和高能γ射线等，所以分歧在于是应该主攻一类射线，还是一部分的射线。

2.3.2 空间探索法案和组织

在发射第一颗人造卫星后仅一个月的时间，苏联就发射了第二颗卫星，搭载着一只名为莱卡的狗。苏联的技术优势对他们的竞争对手美国来说是一个重大打击。作为回应，总统德怀特·艾森豪威尔建立了总统科学顾问委员会，来决定美国空间技术发展的可行性方法和路线，并在科学研究方面投入大量精力。1958年3月26日，委员会建议设立国家基础科学空间项目，这项举动是美国在空间科学上“谨小慎微的一步”。

针对未来发展的目标，委员会规划了一个非常简单的时间表，用“早期”“随后”“晚一些”“更晚一些”等词语来分类。在“随后”的分类下，天文学排在第一位，人类在轨飞行则排在第六位。有趣的是，人类探月排在“晚一些”分类的第三位，而人类星际探索是“更晚一些”分类的唯一项目。

随着人造卫星的成功发射及美国民众的关注度提高，白宫迅速成立了民用航天局。将1915年建立的国家航空顾问委员会合并其中，尽管如此，该组织还是无法承担如此庞大的任务。新的组织职能包含火箭和空间发动机以及一些防御项目。1958年7月29日，美国总统签署了《美国航空航天法案》，同年10月1日，美国国家航空航天局（NASA）成立。

这个法案还设立了美国航空航天理事会，作为总统级的政策协调委员会。随后，NASA为了促进与科学界的交流，建立了一系列顾问组织，其中包括天文学任务委员会，该委员会将对天文学项目和计划进行实时报道。随着基础建设的发展，事情并非一帆风顺，但总体来说，至少看起来机构的大部分科学计划都与大多数美国太空科学家所期望的目标非常接近。

空间法案的目标（部分）包括“对人类已知的空间现象进行广泛传播”及“研制及操作能够搭载仪器、设备、供给物资及生物进入太空的飞行器”。

那个时期，天文学主要集中在通过地面望远镜对可见光进行研究，以及通过探空火箭、气球、飞行器对紫外线和X射线进行研究。随着天文学家知识的不断积累，他们意识到太空研究能够带来与上述研究相比无可比拟的优势，在分析了当下的技术能力后，NASA将早期天文学研究的重心放在硬件设备的开发上，随后建立了影响深远的研究项目。

20 世纪 50 年代末，科学家开展了多项关于发掘地球之外天文学潜力的研究。1959 年，国家科学基金（NSF）赞助美国天文学协会（AAS）召开了主题为太空望远镜及其贡献的专题讨论会。人们意识到太空望远镜是未来十年天文学发展的关键。当然，这也是美国将登月项目作为政治和国家层面首要任务的十年。尽管如此，很多人认为建立大型太空望远镜能够促进更广泛的天文学交流，对那些默默进行研究的学者来说，他们的研究能够逐渐受到关注和支持。

2.3.3 建立天文学研究计划

民用航天局的第一个天文学项目由国家研究实验室（NRL）赞助的探空火箭项目牵引，前 NRL 的詹姆斯·库珀里安作为项目负责人，带领团队在马里兰州贝尔茨维尔航天中心（后被命名为罗伯特·戈达德航天飞行中心）开展研究。戈达德的研究工作是 NASA 早期天文学研究非常重要的一部分，因为这个研究中心与哈勃太空望远镜运行的配套设施有着密不可分的联系。

为了确定在轨天文学载荷的需求，来自史密森天文物理学观测站（SAO）的天文学家弗雷德·惠普尔的前助理格哈特·席林被委派领导民用航天局的天文学项目。戈达德航天飞行中心理论部的约翰·基夫也兼职协助他一同完成工作。组成的研发团队着手开发一些仪器设备和航天器，它们后来被发射进入太空，成为了在轨天文学观测站（OAO）。1959 年 2 月，前 NRL 无线电天文学分部的南希·罗曼加入了研发团队并负责光学天文学项目，当然他们的研究也包含对紫外线的研究。同年，席林离开了 NASA，罗曼接手了 NASA 全部的天文学项目，在当时关于测地学的研究与美国空军产生了强烈的冲突，美国空军认为这个研究项目超出了 NASA 的研究范围。

2.3.4 搭建平台

为了开展能够获取有效数据的研究和试验，很多工作需要利用飞船将测量仪器和辅助硬件设备送入太空，同时较其他方式卫星能够支持一个更长的研究周期。初期的预期是获取几小时、几天或几周的试验数据，随着一些成功经验的积累，获取几年的数据也成为了可能。

在当时，运载器有限的运载能力是众多待解决的难题之一，卫星是否能安装进整流罩是另外一个难题。当然，最重要的是充分的试验和能源供给以保证载荷被成功发射。太空的运行环境也是需要考虑的重要因素，如日照区和阴影区的温度差异、空间辐射对卫星材料的影响，这些因素都可能损坏科学仪器。如何保证卫星受控和通信，如何保证仪器指向被测目标，数据如何采集、存储及回传地球，这些都是需要面临的挑战。

2.4 在轨天文学观测站

NASA 空间科学机构最早的长期项目就是在轨天文学观测站（OAO）系列。这始于 1958 年 5 月 15 日，主要的研究由 NACA 兰利空间实验室承担。1958 年 10 月，南希 · 罗曼带领研究小组花费数月时间评估了发射大型太空观测器的可行性。结果表明稳定的在轨平台是长期空间科研项目的主要部分。多颗卫星将携带太空望远镜来观测可见光、红外线、紫外线及 X 射线等。

OAO 项目联合了在轨太阳观测（OSO）及在轨地球观测（OGO）项目，共同开发卫星用来收集宇宙环境和太空中物体的信息。效仿工业界的做法，NASA 于 1959 年 12 月 1 日发表了关于空间飞行器及其搭载仪器的需求声明。1960 年，戈达德被指定为项目的技术管理中心，同年 10 月，格鲁曼被选为 OAO 系列项目的主要承包商。

2.4.1 是否推进 OAO 项目

随着 OAO 项目的进行，是时候开始策划更先进的航天器来发展空间天文学了。

图 2-2　在轨天文观测站（OAO）是哈勃太空望远镜（HST）的前身

1962 年，NASA 向美国科学院空间科学委员会申请建立两个研究小组策划 OAO 卫星的后续项目。其中一个小组由莱曼·斯皮策领导，致力于研究大气层外的大型观测器。

第一项研究由爱荷华州立大学牵头，第二项由马萨诸塞州的伍兹霍尔实验室牵头，这两个研究机构首次考虑了太空望远镜的概念。首次会议于 1962 年召开，此时首颗 OAO 卫星已经发射，会上关注的焦点落在了后续的项目上。会上指出，发射一个直径为100英寸(2.5米)或更大的仪器将是一笔巨大的投资。鉴于此，天文学及其他相关科研组织的科学判断和慎重考虑是至关重要的。

与阿波罗登月项目相比，NASA对天文学研究组织的资助是不成比例的，这极大地打击了发展天文学项目的积极性。

一个主要的技术挑战是，在轨望远镜需要精确跟踪并获取目标恒星的图像，但是没有人能确定开发出一套精确指向系统并且能够稳定运行。在当时，气象卫星拍摄的照片已经能够被成功接收，但是太空望远镜的情况是与之不同的，它以每小时17 500英里(28 164千米)以上的速度运行，同时还要对准遥远且微弱的光源。尽管如此，多种类军事卫星的出现仍激励着工程师们坚持他们的研究，越来越多的科学卫星能够为光学仪器提供稳定的平台。

此外，如何从望远镜取回数据也是问题。军用卫星提供了一种利用数据返回舱的方式，但是这项技术极其保密且造价昂贵，同时受到携带返回舱数量及回传数据量的限制，对于一定的发射重量，太空望远镜仪器重量越重，搭载的返回舱的重量就越轻。因此，任务周期受到返回舱数量的限制。气象卫星将拍摄的图片传回地面站，但低分辨率的扫描图像不适用于天文学观测。

另一个争论的焦点在于，一面常规的光学镜片能否在几十年的时间里保证高质量，随着新技术的出现，地面观测是否是一种更经济的观测方法。人们意识到大气环境变幻莫测，地面观测技术的改进对观测一些像星星一样明亮的目标也许效果更好，但是观测一些光线微弱的星星或是遥远的银河系，太空望远镜则是更好的选择。如果大型望远镜能够搭载不同种类的仪器，这将比运行多个小的望远镜效果更好。这些讨论及相关的独立研究得到了一个结果，就是在后续的三年时间里天文学组织更加确信大型太空望远镜将是OAO系列后续的发展方向。

1962年年终报告中提到，对大型太空望远镜的作用表示乐观，但是相关技术仍处于初级阶段。由于仍没有任何卫星得到天体图像传回地球，因此，在决定开发大型太空望远镜之前需要等待第一次OAO任务的结果。

在接下来的几年，通过常规可靠平台搭载硬件的技术进步飞速。其中最引人瞩目的是载人双子座项目。该项目于1961年确立，目的是给阿波罗登月项目提供先鉴经验，于1964年到1966年期间发射。巧合的是，双子座的成功，以及月球漫游者碰撞取样器和水手号在金星和火星伴飞任务的成功使得推进太空计划的信心倍增，这其中也包括了大型太空望远镜。

1965年，由于1962年的研究促成的工程概念，使得空间科学委员会强烈建议NASA开发大型太空望远镜并建立其自己的委员会，确立包含太空观测等的科研目标。莱曼·斯皮策被选为委员会领导，尽管他本人对大型太空望远镜的想法坚信不移并积极推动，但对天文学者来说这条路仍充满荆棘。斯皮策的许多同事持反对态度，他们担心工程的花费将是极大的限制，并认为地面观测和小卫星天文学项目将更可行。当然其他领域的科学家也对在天文学研究上投入大量的经费感到震惊。斯皮策通过个人的努力积极向科研组织及政客们证明了这个项目的价值所在，但在取得最终成果之前可能需要花费十几年的时间。同时，通过大量小卫星探索太空的项目也在并行开展，这些研究结果也为长期在轨运行的大型仪器研制提供了经验。

2.5 基础工作

在1966—1978年期间发射了很多颗与太空望远镜相关的天文学卫星，每一颗都提高了我们对宇宙的认识以及如何通过在轨平台弥补地面研究的不足。多次飞行让我们坚信长期在轨运行携带多种仪器的观测器将是科学上的重大转折，这是其他方法无法比拟的。

2.5.1 在轨天文学观测站

1966年到1972年期间，OAO系列卫星一共发射了四次，成功率是50%。

表 2-1　在轨天文学观测站

型号	发射时间	运载器	质量	结果
OAO-1（A1）	1966年4月8日	阿特拉斯-阿金纳D	3 960 lb（1 769 kg）	入轨1.5天后因卫星电池故障失利（在轨22圈）
OAO-2（A2）	1968年12月7日	阿特拉斯-半人马	4 491 lb（1 996 kg）	搭载11个UV试验，成功运行超过4年，由于试验系统能源故障于1973年2月13日关机。卫星运行时间远超其设计寿命
OAO-B（计划作为OAO-3）	1970年11月30日	阿特拉斯-半人马	4 644 lb（2 106 kg）	发射过程中头锥体故障，卫星入轨前丢失
哥白尼	1972年8月21日	阿特拉斯-半人马	4 851 lb（2 200 kg）	圆满成功的科学项目，直到1980年还在回传数据（在轨8年）

在攻克所有难题后发射进入筹备阶段，OAO-1的失利令所有人感到沮丧。它在程序检查过程中能源供给时断了一根熔丝，复查组在检查出导致天文台系列卫星故障的原因后，建议重新设计。第二次失利是由于运载器没有成功释放卫星。此外，从其他两次圆满成功的发射中明确了发射大型望远镜的需求。

2.5.2　标准“有轨电车”

在天文台开发项目中，优先要考虑的是将卫星建造流程标准化。此前，科学仪器及卫星的设计需要适配运载器，大多数这样的设计是一次性的，既昂贵又需要大量的时间成本。开发一种标准的模式不仅更经济，而且能够节省建造卫星的时间。这种被称为“有轨电车”的设计方法也被OSO和OGO系列继承，其中标准卫星架构就像“公交车”一样可以搭载不同的科学仪器。这个概念在1959年到1960年间在戈达德航天飞行中心被推广。卫星的结构外壳在同一条生产线上制造，独立于被搭载的科学仪器。这些卫星说明了标准的框架可以很好地适配不同领域的不同任务。下一步将是制造在轨服务的“公交车”。

2.5.3 探索号系列卫星

天文台项目是对探索号小型长时间运行科学卫星的补充。探索号项目在 NASA 成立时已经存在，探索 1 号于 1958 年 1 月 31 日发射，是美国第一颗成功发射的卫星。探索号系列卫星开展了广泛的研究工作，包括地球环境、地日相互作用及多种天文学观测等。

表 2-2 探索号天文学卫星

型号	发射时间	运载器	质量	结果
探索 38 号	1968 年 7 月 4 日	三角洲	426 lb (193 kg)	电波天文学探索(RAE)-A 运行在地球的高轨,发现了我们的星球和木星一样向外发出电波;数据传输在在轨运行两个月后出现故障
探索 42 号	1970 年 12 月 12 日	侦察机	313 lb (142 kg)	小型天文学卫星(SAS)-A“乌呼鲁卫星”,是第一颗 X 射线卫星,一直运行至 1973 年 3 月;1979 年 4 月 5 日失效
探索 48 号	1972 年 11 月 15 日	侦察机	366 lb (166 kg)	SAS-B 研究 γ 射线至 1973 年 6 月;于 1980 年 8 月 19 日失效
探索 49 号	1973 年 6 月 10 日	三角洲	723 lb (328 kg)	RAE-B 于 6 月 15 日到达月球轨道,利用月球遮挡地球的电波干扰,研究太阳和银河系的电波辐射
探索 57 号	1975 年 5 月 7 日	侦察机	434 lb (197 kg)	SAS-C 是 X 射线望远镜,于 1979 年 4 月 9 日失效

由于这些卫星在天文台系列卫星之前被开发，因此不是一类标准化设计，试验及仪器由任务本身决定。尽管与大型天文观测站相比这些任务的花费不算太高，但它们在天文学领域有很多新的发现，提供了很多关于空间环境的有用数据，这些工作都将成为未来大型天文观测站的基础。

2.5.4　高能太空观测站

为了跟进探索号系列卫星的工作，19 世纪 60 年代末开展了超级探索号的研究，它的目的是获取高能 X 射线、γ 射线及宇宙射线的高质量数据。超级探索号比探索号系列更重，最重的探索号卫星为 723 磅（328 千克）。实际上最重的 OAO 卫星为 4 800 磅（2 200 千克），而新的载荷将达到 21 388 磅（9 700 千克），由两颗卫星组成，每颗卫星还将额外携带 28 665 磅（13 000 千克）的试验设备。两颗卫星将由一枚大力神Ⅲ系列火箭发射，在发射之后仍有两个后续任务的计划。

1969 年春，高能天文学观测项目交由马歇尔航天飞行中心承担，同年 9 月，NASA 向空间任务小组（STG）建议，高能天文学观测能力是未来要达到的首要目标——在致理查德·尼克松总统的一份报告中，STG 强烈支持了这个建议。尽管初始的发射计划定于 1975 年，但国会开支的缩减导致了该项目将被重新考虑，两颗大型卫星同时发射的计划将被三颗小卫星代替，每颗小卫星重 6 175 磅（2 800千克）且携带 2 866 磅（1 300 千克）的试验设备。从 1977 年开始，每年由阿特拉斯-半人马运载火箭发射一颗。

表 2-3　高能天文学观测器

型号	发射时间	运载器	质量	结果
HEAO-1	1977 年 8 月 12 日	阿特拉斯-半人马	6 002 lb (2 722 kg)	进行了 4 项 X 射线扫描试验；1979 年 1 月用于控制的气体燃料耗尽，于 1979 年 3 月 15 日返回
HEAO-2	1978 年 11 月 13 日	阿特拉斯-半人马	6 500 lb (2 948 kg)	X 射线望远镜；成功实现 30 个月的数据回传，于 1982 年 3 月 25 日返回

续表

型号	发射时间	运载器	质量	结果
HEAO-3	1979年9月20日	阿特拉斯-半人马	6 002 lb (2 722 kg)	γ射线及宇宙射线探测;完成了20个月的数据回传,于1981年12月7日返回

2.5.5　伍兹霍尔的建议

在这些科学任务不断进行的同时，关于大型太空望远镜的定义工作也从未停止。1965年，伍兹霍尔研究小组研讨了多个技术问题并且得到了大型在轨太空望远镜（LOT）的基本参数。这包括：

1）最大可用光圈。

2）运行的位置可以是距最高点几百千米的地球轨道、24小时地球同步轨道或是月球表面的某处。

3）人们在太空望远镜维护和升级工作中的角色。

人们在维护望远镜中的作用是该项目未来一个重要的议题。将望远镜置于月球的建议非常有趣，但在几年后阿波罗飞船登陆月球后发现，月球表面的灰尘将长时间影响设备的运行，尤其是望远镜这类光学设备。事后发现，最终将望远镜置于地球低轨是一个明智的决定。

伍兹霍尔研究小组建议“一个大孔径的太空望远镜至少需要120英寸（3.04米）的光圈，探测半径在800 Å到1毫米之间，在太空中发挥人类的作用将在技术上变得可行，并且是我们这个时代唯一重要的天文学核心问题”。

从1968年开始设计到1979年计划发射望远镜，有一个11年的研制计划。如果问太空望远镜是怎样诞生的，它的研制过程贯穿1969年至初期设想的1979年发射。但事情发生了转折，重新命名的太空望远镜1977年后将不再得到资金支持，由于各种原因，直到1990年，哈勃望远镜才发射升空，这距它被批准已有13年，距这项研究开始已有25年。

2.6 在轨载人天文望远镜

20世纪60年代初期，很多公司着手研究在轨观测站的可能性，这也导致了大型太空望远镜的诞生。

2.6.1 MORL望远镜

与这些研究并行的，还有关于望远镜应该是无人操作、人为参与或是需要全程人为主导的争论。一些科研小组深入调研了除了完成约翰·肯尼迪“将人类送上月球并安全返回”的目标外，在其他任务中利用阿波罗硬件设备的可能性。研究表明为阿波罗项目研发的设备除完成几次短暂的登陆任务外，还有很大空间来扩展探月项目。利用这些空间并改造硬件资源，不仅能够实现地球低轨运行，还可以突破地月系统。

这个思路不是新产生的，而是在1970年以前，在探月项目的长期研究中，都一直秉持这个思路，尤其希望能够兼顾载人空间站的建设。用现有的硬件设备适应新的概念是极具吸引力的，因为这不但节省时间，而且能缩减开支。

道格拉斯飞行器公司的工程师卡尔·休斯敦和艾伦·吉尔伯特在1963年提出一项关于在轨载人研究实验室（MORL）的研究。初期的形式是一个“不成熟”的工作站，它由大力神Ⅱ或是阿特拉斯运载火箭的末级改造而成，通过双子星或阿波罗飞船将航天员送入其中并将它改造得更安全，同时为它提供补给。次年，这个工作站被修改为一个“更成熟”的结构，实验室在地面配备全部设施，通过土星IB火箭发射。该项目在20世纪70年代初开始实际运行，最初设想陆续有工作人员搭乘阿波罗号飞船在其中开展科学观测及试验，这其中也包含天文学研究。

开发MORL的意义之一就是通过土星IB运载火箭发射直径为13英尺（4米）、长度为15英尺（4.57米）的望远镜。它将停靠在

MORL，由实验室工作人员对其进行操作，并通过舱外活动为其更换胶片。

更进一步的研究开始进行，但 MORL 仍旧停留在概念阶段，在 20 世纪 60 年代末被阿波罗应用项目（AAP）取代，这个项目最终演变成了天空实验室（Skylab）。

图 2－3　概念论证时，对在轨载人研究实验室（MORL）与大型太空望远镜设备的设想（扫描并放大后的图片出自 Mark Wade/Astronautix. com）

2.6.2　阿波罗望远镜

在研究大型有人维护的望远镜的同时，关于增强阿波罗飞船硬件性能以满足更广泛的科学任务的研究也并行开展，这其中包括天文学望远镜。

1965 年 2 月 18 日，NASA 载人空间飞行中心的副总乔治·米勒博士在一次给议院委员会做出的关于科学与航天技术的报告中提出阿波罗扩展系统（AES）。阿波罗硬件设备的开发将在首次登月后实现。因为一个新项目需要通过审批和申请专用经费，米勒选择了一个具有暗示性的名字，它暗示着 AES 是正在进行研发的系统和资源上的一种合理扩展。AES 被设想为一个大规模项目，其中涵盖了天文学试验在内的至少 15 项任务。然而，在随后的一年半时间里，AES 被并入 AAP，这个项目的主要目的是利用阿波罗飞船的硬件设备完成多种多样的航天任务，从而拓展 NASA 未来的航天能力。

随着研究的推进，另一种改进型阿波罗飞船指挥服务单元（CSM）的计划被提出。这个被称为 Block Ⅲ的指挥服务单元出现在早期的 Block Ⅰ之后，Block Ⅰ没有停靠系统且只能被用于地球轨道的飞行测试中，Block Ⅱ配备了停靠系统并被用于执行月球任务。Block Ⅲ配备了丰富的资源及载荷，能够执行地球轨道任务长达 45 天，或是绕月球轨道飞行 35 天。它所配备的载荷包括放置于服务舱独立隔间的阿波罗望远镜（ATM）。望远镜硬件设备的外观经过多次修改，安装在原登月舱的位置，它停靠于空间站并最终成为无人操控的 Skylab 空间站的一部分，1973 年 5 月到 1974 年 2 月，三名航天员在 Skylab 空间站工作。MORL 项目在 AAP /Skylab 项目外的一个展望是通过舱外活动更换阿波罗望远镜（ATM）的胶片。

建造载人的太空望远镜的想法不仅吸引航天员，更主要地是吸引那些从事天文学研究的航天员，这将引领天文学观测得到更广泛的支持。从 20 世纪 60 年代中期开始，关于阿波罗飞船登月后发展方向的计划、提议、想法和建议被相继提出。这些想法大多数停留在纸面阶段，也有一些开发出缩比模型。这期间，一个源于 MORL 项目的思路是将大型光学望远镜与空间站及其工作人员的航天服务相结合。

2.6.3　MOT 研制费用

1966 年年初，位于华盛顿州西雅图的波音公司太空部为 NASA 兰利研究中心提供了一份关于在轨载人望远镜（MOT）的初期计划和经费报告。

这份报告扩展了概念性的研究，为进一步研究提出一项发展和运行计划。其中对工业领域相关行业的调研也起到了作用，这包括通用电子公司的宇航部门、美国光学公司、李顿系统公司及凯特峰国家实验室。计划包含三个主要阶段：概念阶段、项目研发阶段、工程运行阶段。报告中估计了一个 5 年在轨任务的预算。然而，后勤保障及空间站并没有被考虑，它们的开发工作将隶属于其他主要项目。

这项研究设想通过土星 V 运载火箭发射并且停靠于空间站。硬件设备包括将在轨载人望远镜（MOT）连接于空间站的连接机构，发射阶段望远镜保护罩、周期性更换备件、器件及保障装备的更换件，航天员训练装置及载人空间飞船中心（MSC）用于试验的控制设备。开发飞行器模型及转运至发射场的预算也包含其中，这些费用为整个项目运行周期内的预算。研究估计 MOT 项目将花费 16 年时间，在太空中最多服役 5 年，经费开支为 13 亿美元。

研究还指出了五个该项目需要的主要研发机构：

1）科学设备研发综合机构。

2）姿态控制与交会对接研发机构。

3）光学研发机构。

4）MOT 训练、实验控制与数据中心（隶属于 MSC）。

5）系统研发机构（隶属于米休德区域机构，位于新奥尔良）。

现有 MSC 的组织机构需要重新划分。KSC 为阿波罗飞船开发的转运系统及 LC－39 设备将被沿用。尽管为了节约开支和缩短工期应用了很多现有技术及硬件设备，支出仍达到了 1.13 亿美元。

空间站研发、发射及后续保障的费用当时无法计算，因为不确定是否有与太空望远镜对接的空间站尺寸。对比 MOT 与哈勃太空望远镜的尺寸，MOT 设计长度为 60 英尺（18.28 米），直径为 15 英尺（4.57 米），质量为 28 000 磅（12 712 千克）。为了适应整流罩尺寸，哈勃望远镜的长度为 43.5 英尺（13.3 米），直径为 14 英尺（4.2 米），质量为 24 500 磅（11 110 千克）。MOT 的主镜片为 120 英寸（3.04 米），哈勃望远镜的主镜片为 94.2 英寸（2.4 米）。它们

图 2-4 120 英寸（3.04 米）的在轨载人望远镜（MOT）的概念
（波音公司，太空部，AIS 集）

的分系统很相似，包括光学系统、科学仪器、机械结构及各种飞行辅助部件。与哈勃不同的是，MOT 还配备了用来与空间站交会对接的姿态控制系统。

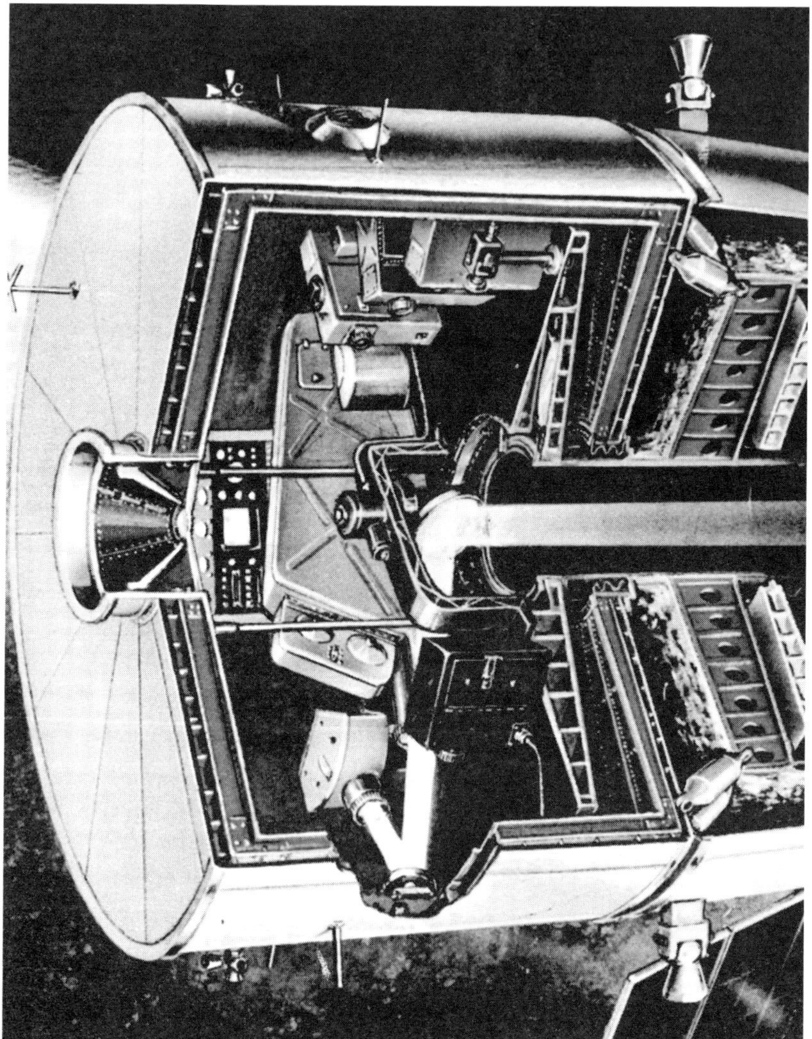

图 2-5 增压观测舱的细节，图中展示了其中的仪器设备及控制布局
（波音公司，太空部，AIS 集）

2.6.4 MOT应用展望

土星V运载火箭发射后，MOT将通过遥控进入霍曼转移轨道进而与空间站保持轨道同步，MOT配备了两台1 000磅（453.60千克）可重复开启的发动机。所配备的电池为其独立飞行提供电能，当停靠于空间站时，由空间站为MOT供电。

研究设想的衍射受限卡塞格伦望远镜由一个120英寸（3.04米）的主镜和一个凸面副镜相结合，并配套天文学仪器。在设计方案中，一个包含主要光学元件的镜筒连接在装有望远镜运行设备及仪表的增压舱上，舱内也为航天员提供了防护措施。镜筒的外形呈圆柱形，两端是平的压力式端头。在一端中心位置是阿波罗飞船探测器和停靠浮标系统以及用于与空间站对接的接头，另一端为与望远镜镜筒连接的装置。伸缩门的设计保证仪器设备工作时不被遮挡。

本书在简要介绍MOT项目的硬件、仪器、组织机构后，将进一步介绍服务和维护的概念。研究确定了两种焦距的八套仪器：

1）焦距ef/15。

①宽视场相机（0.5度），包含望远镜的散光校正镜头。

②高散射紫外线分光仪。

③低散射紫外线分光仪。

2）低散射光谱仪焦距ef/30。

①窄视场相机（<10分钟/弧度）。

②高散射分光仪。

③高散射红外线分光仪。

④光电光度计。

⑤热电光度计。

这些仪器在望远镜镜筒内按两个环形分布，每一个环对应一种焦距，并且每组中包含一个TV摄像机，起到实时远程监控的作用。为了保证正常运行，工作人员必须在增压镜筒的狭长空间内进行启动、服务及维护等操作。由于所有设备的操作都能够在MOT的增压舱完成，航天员不需要进行舱外活动以进行在轨服务或备件更换。在此之前的早期观测器需要工作人员出舱、关闭舱门并将空气存储在空间站的环境系统中使得舱内减压。

研究指出 MOT 项目的运行必须以空间站的正式批准和建成为前提。空间站和 MOT 的运行都需要一套可靠的保障系统，这随着 30 多年后航天飞机的出现而得以实现。

2.6.5　解决保障问题

在 MOT 的相关研究中，假设空间站已经配备了完善的保障设施，包括补给、备件、望远镜及其仪器的更换设备和材料。研究指出望远镜采集的科学数据将由在空间站和 MOT 组合体的工作人员轮换时带回地面。尽管作为载人光学望远镜可以通过空间站的工作人员直接参与操作，但研究报告指出发展科学仪器到地面的直接传输技术能够有效减少天地保障需求及空间运行对人的依赖。

MOT 在轨仪器设备的升级或更改是为了改善望远镜或 MOT 专用空间站设备的运行、维护和性能，亦或是为了通过更换科学仪器改进操作的适应性。在这些情况下，所有的更改需要先通过 MOT 验证模型进行测试。通过测试之后，需要在轨安装的飞行件才能被生产。作为发射失败的预案，报告中的预算包含了建造 MOT 备份的支出。

2.6.6　MOT 及其有人服务

报告指出需要开展 5 年寿命周期内减少重复性保障任务的相关研究，这个时间也只是哈勃设计寿命的三分之一，是哈勃最终运行寿命周期的六分之一。对于 MOT 来说，建议地面每 90 天发射太空保障系统一次，同时相关物理数据以这个周期被带回地面。空间站的工作人员将主要参与设备检测及确认系统正常运行的工作，其余时间系统将自动运行，并通过地面进行操作和控制，同时科学数据将自动回传地面，这与四分之一个世纪之后的哈勃望远镜的运行模式相似。但是工作人员会定期返回 MOT 对其进行维护，针对一些要求高分辨率的重要实验直接进行操作并将数据带回地面。

研究建议作为MOT项目的一部分应该发射望远镜专用的空间站，类似于当时正在被评估的MORL的结构。这在当时是一个合理的建议，因为配套的空间站和望远镜将减少发射的次数并避免在有限的研制时间内与其他学科发生冲突。另一个建议是将MOT的电子及电气设备同时安装在望远镜和空间站内部，留有一个连续的可用空间进行设备维护、故障定位等改善望远镜性能的操作。

随着研究推进，MOT的理想任务模式演变为在每年的前三个月人为检查或运行设备一次，随后望远镜进入自动飞行模式并持续9个月的时间。由于目标的冲突、污染的风险、自主稳定和指向需求等原因，远离空间站的操作更为可取。为了减小复杂研究与空间站上操作的冲突，在人工操作的三个月中，将进行不间断观测并且进行设备停机检修更换的工作。在停靠阶段，工作人员择机开展自动运行无法完成的高精度高分辨率实验和观测。这种操作模式可以减少每年四次保障性发射中的三次，从而大幅度缩减开支。

2.6.7　立项难点

除了确定基本需求和项目参数外，这些研究的价值在于指出了一些望远镜发射之前有待解决的难题，不解决这些问题就无法实现望远镜在轨运行。这些问题中最主要的矛盾在于经费。在当时，NASA主要致力于在苏联之前将阿波罗号飞船送上月球。尽管空间站看上去是更合理的下一步计划，从某种角度来说，空间站比单纯为了追赶时间节点向外界证明自己技术及军事能力的登月计划优先级更高。但NASA担心在保障登月计划的关键时期，要求更多的经费发展空间站乃至载人望远镜将遭到议会及公众的反对。开展相关研究是一回事，落实到行动就是另外一回事了，尤其是东南亚的发展形势消耗大量国家资源的情况下。NASA短期的研究重点将聚焦阿波罗载人登月及九项进一步探索任务，其中包括为了适应阿波罗号飞船硬件建造的空间站雏形。载人太空望远镜、大型空间站及其保障系统由于政治和经济原因还无暇顾及，当它们真正实现的时候已经与早期的概念大相径庭。

2.7 大型太空望远镜诞生

为了继续推进1965年伍兹霍尔实验室与美国科学院的议题，考虑了在主要工程资金困难的情况下，建立了专项形式的委员会来研究通用无人操作望远镜的概念。在评估了所有工程上可能遇到的难题后，委员会认为在研发的过程中没有无法解决的难题，并提出大型太空望远镜应该包括以下两点：

1）航天员应该不定期地对其进行维护，以保证这个重要且昂贵的设备至少运行10年。

2）具备更新科学仪器的功能，以确保其能够开展不同科学项目的研究。

正是从初期的这些基本研究要点，望远镜服务任务的概念才得以发展。1969年，在一篇空间科学委员会的名为《大型太空望远镜》的报告中提到具体的研究项目。这使得既是参与者又是项目顾问的科学家们集中讨论了议题，同时向外界表明了大型太空望远镜的重大研究价值及与其他天文学研究的潜在联系。

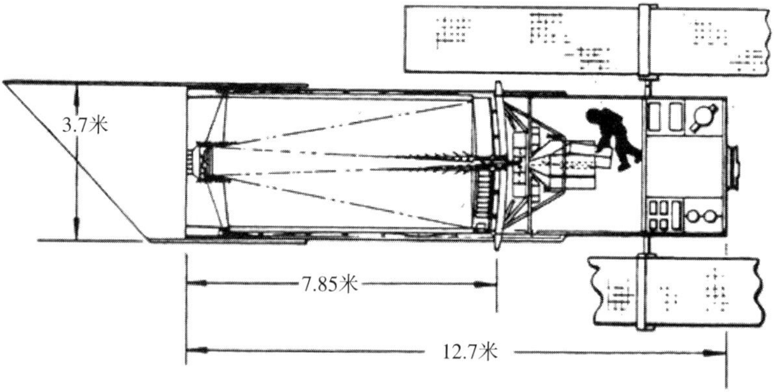

图2-6 大型太空望远镜（LST）早期设计的截面图

20世纪60年代末期，在不断努力下，支持研发大型太空望远镜（LST）的呼声越来越大，它也成为了阿波罗计划后美国空间探索的发展方向之一。然而如何说服议会对这样一个长周期的项目给予资金支持仍是一个难题，因为当时主要经费被投入到东南亚的战争中。尽管如此，支持者仍不断延伸他们的思路，不仅在LST方面，航天员服务和卫星在轨维护也是关注的重点。

2.8 在轨服务卫星 Nimbus

在研究空间站和可重复利用天地往返货运飞船的过程中，研究的重点转向开发大型航天器的在轨服务。其中，比较有趣的是早期Nimbus系列计量卫星的研究。

1969年7月18日，也就是阿波罗11号登月的前两天，一名工程顾问在写给NASA、Bellcomm公司的备忘录里列举了在轨服务的作用。

Nimbus是一类考虑在轨服务的最具代表性的复杂卫星。尽管研究相当宽泛，但也为进一步的思考和讨论提供了假想的目标。研究基于最基本的卫星设计，根据可用性分析对其进行改进设计，在空间站上增加一个专门停靠舱就是一种改进设计。为了适应在空间站上的操作，卫星的尺寸和操作需求也是需要考虑的因素。

2.8.1 为什么是 Nimbus

最重要的一点是，Nimbus卫星被设计为一个部组件结构，关键部件和系统分隔在不同的舱段。设备舱配备有可更换的面板，发射前为不同设备提供了安装接口，但是这种结构不能在太空中进行更改。此外，这种设计还需要更加紧凑以适应运载器的约束。

然而，之所以说它在一些改进设计后最具代表性，是因为Nimbus为早期一些细节的研究和评估提供了最好的解决方案。为了使研究更可行，将内部感应器安装环和姿控系统两部分紧密布局的

图 2－7　1967 年一颗 Nimbus 卫星正在进行振动试验

空间扩展了三倍。相比之下，敏感器设备的布局没有研究，因为它一般位于感应器安装环外表面较低的位置，在轨服务或更换比较容易实现。需要重点关注的是感应器安装环舱段及其内部结构，因为能源供应部件、电子传感器、遥测及数据处理和指令系统被安装于此——这些是有可能在卫星寿命周期内被修理或更换的部件。

研究也指向改进姿控系统的布局，一个六边形的内部结构既能满足工厂的加工需求，又能为原有的几何设计提供一定的扩展空间。以牺牲容积和载重为代价，为在轨服务提供了更好的机会。改进后的卫星为太阳电池阵驱动机构、支架系统及其电子设备、控制机构、

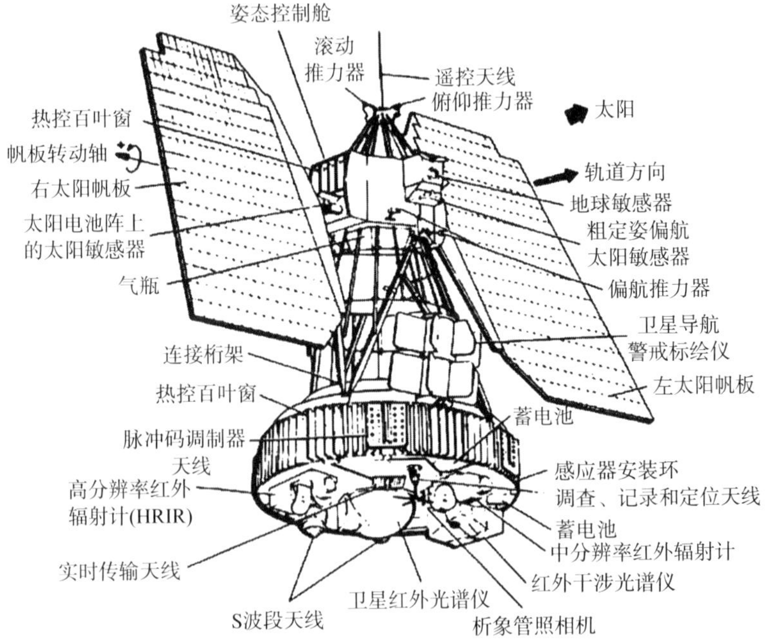

图 2-8 Nimbus 卫星的主要部件

姿控系统飞轮及推进补气装置和电缆连接器提供了接口。另外，有人建议由于太阳电池阵驱动机构的机械装置单独装配比较容易实现，所有的“黑盒”设备应该被安装在可拆卸的面板上。显而易见，增加可拆卸的检修口大大提高在轨服务的灵活性，但是在轨服务的意义并没有被揭示出来。

2.8.2 为在轨服务而设计

对 Nimbus 的研究也指出，用于在轨服务卫星的再设计需要有独立系统和电子设备进行支持，一套完备的支持体系包括很多操作及管理系统。用同位素温差电池（RTG）代替太阳电池阵，因不再需要太阳电池阵运行所需的支持设备，将节省更大的空间。所有相关的分系统可以布局在圆柱形的舱段内，通过不同的可拆卸检修口即可进行操作。

该研究还考虑在服务卫星与空间站之间采用增压对接系统进行对接。这也为更多形式的服务支持系统提供了便利条件（类似于MORL和MOT)。Nimbus如何到达对接系统并没有被提及，为了对接卫星，对接系统的直径至少要达到22英尺（6.7米）。

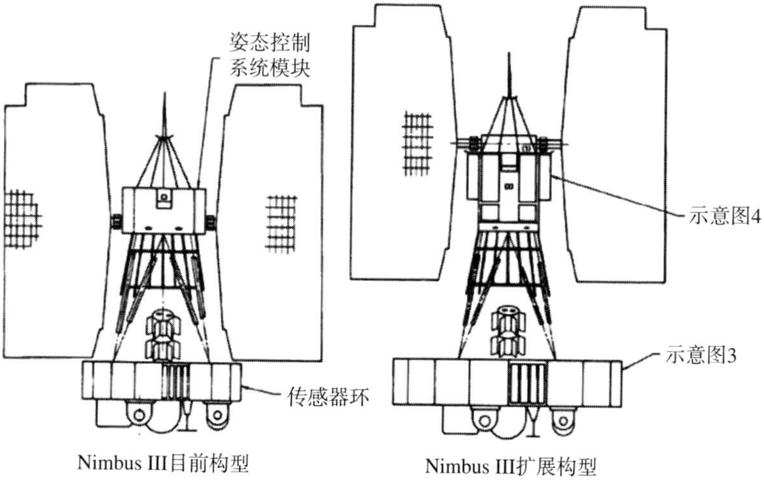

图2-9　（左）1969年Nimbus III的结构
（右）1969年Nimbus III提供在轨服务的扩展结构
（Courtesy Bellcomm公司，AIS集）

注：1）太阳电池驱动机构和电池板重新放置；
2）姿态控制系统模块尺寸增大（仅长度）；
3）桁架结构重构；
4）传感器安装环尺寸增大（长度和直径方向）；
5）扩展结构增长约20%；
6）基本直径增加40%

2.9　小结

尽管这项研究有一定局限性，但对未来进一步的工作提供了一些参考，这与哈勃太空望远镜有着直接关联，包括：

1）设备应该配置在设备舱内。

2）减小空间利用将是发展趋势。

3）检修窗口可拆卸且方便开关是基本需求。

4）所有紧固件都应为自锁型。

5）所有的活动区域不应该有电缆和导线。

6）电缆和导线应该在不需要拆卸的区域布置。

7）连接器可以通过设检修窗口进行操作。

8）绝缘层应分段并固定在检修窗口上。

9）应用 RTG 代替太阳电池板能够简化在轨服务的配置。

在开发 LST 的过程中，为在轨服务和维护设计硬件设备的想法并没有消失，而在 19 世纪 70 年代初，这个概念得到了支持，它直接影响了其他新一代卫星的设计。

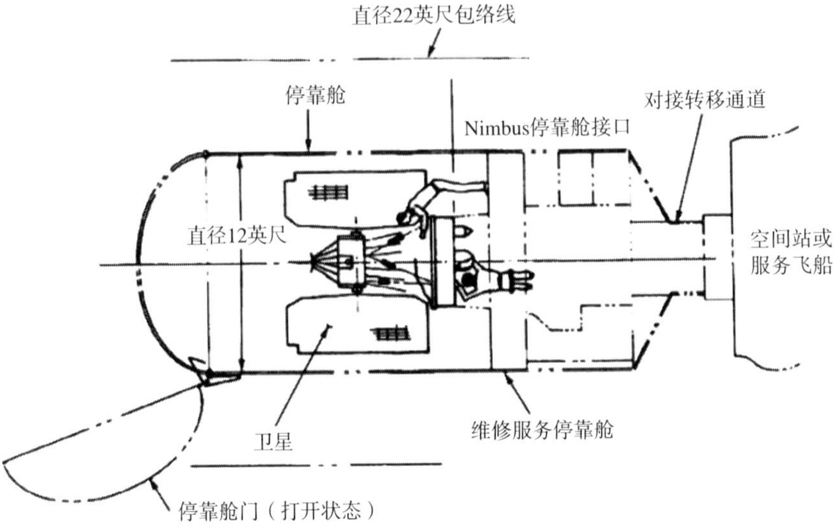

图 2-10　具备在轨服务能力的 Nimbus 卫星的概念，其内部有卫星停靠装置（出自 Bellcomm Inc.，AIS 集）

注：1）卫星已部署完毕；

2）停靠舱尺寸决定了只能放 Nimbus 卫星（与 Nimbus 测试和检测真空室类似）。

2.10　天文学任务委员会报告

1967 年 9 月，NASA 创建了天文学任务委员会（AMB），旨在为天文学实验的计划和实施提供意见。开展的活动包括发掘和审视地面和天基天文学的目标，规划空间天文学任务，以及任务中开展的实验和携带的辅助设备。其中来自学术界和国家实验室的 18 位成员组成了委员会，共有七个小组（包括光学空间天文小组），另外还有 31 名科学家组成两个专项咨询小组。他们在之后的一年半里经常聚集在一起共计几个月的时间，并在 1969 年 7 月 5 日提交了一份长期计划。

光学小组由莱曼·斯皮策主持，成员包括赫尔穆特·阿布特，阿瑟·科德，乔治·赫尔比希，格里·瑙格鲍尔，查尔斯·奥德尔，海伦·史密斯，弗雷德·惠普尔及 NASA 代表南希·罗曼。考虑到预算紧张，小组的报告中提供了 1971 年到 1985 年的最大化和最小化方案。他们预计在已有三个天文观测站的基础上，再发射七个在轨天文观测站（OAO－D 到 J），从 1972 年到 1978 年每年发射一颗。从 1976—1982 年，每隔一年就会发射两到四颗 OAO 的升级版观测站，它们可能配备直径为 40～60 英寸（1～1.5 米）的镜头、改进后的仪器，或是具备载人能力。这些计划都是在“最终梦想的仪器”大型太空望远镜的标题下提出的。值得注意的是，这里没有提到载人太空望远镜，据推测委员会考虑到了资金上的困难，当时寄予厚望的阿波罗任务和即将展开的航天飞机及大型空间站项目使得另外的载人项目经费支持难以得到保障。

一旦制定了科学议题，委员会的每一个小组都考虑了从一系列成功任务中获取有关成熟设备的经验知识。这里提出了两项建议。“最低限度”是指至少吸引和留住该领域顶级科学家。而“最大限度”是指委员会能采纳的最多的成熟技术，因为如果采纳更多的话，那么将没有足够好的科学家群体来实施这个项目。

全体委员会审查了各小组的建议，并提出了一项在1971年至1985年的计划，计划中委员会将预算总额分配给各分科并上报NASA。委员会认为，拟议的长期方案每年需要最低2.5亿美元，最高的方案每年则需要5亿美元。考虑到它们的相对优先级，对各个项目的日期进行调整以匹配两个筹资率。乐观的是，关于LST的工作在1971年初启动，将于1980年或1981年发射。另一个计划是在1976年启动，并于1986年发射。无论哪种方式，从方案到发射都将需要一个10年的研发和制造计划。（事实上，如果没有受挑战者号航天飞机的失利影响的话，哈勃的发射可能只需要9年。）

LST的主镜直径至少为120英寸（3.04米），在有人维护的情况下，其寿命周期不确定。为了覆盖所有工况，小组还建议每隔几年就发射一个不载人的LST，它提供的数据可能与LST相当。此外，小组还强烈建议进一步研究一系列的有人参与且自动运行的望远镜，使得它可以应用于各种领域的研究。

此外，小组还讨论了未来创建和运行大型望远镜的进一步研究和开发方向。其中一个重点领域是开发能够使仪器和探测器冷却的低温系统，同时这些设备需要尽可能地小和轻。这也为望远镜空间补给及仪器维修更换技术的调研奠定了基础——这一领域是在航天飞机研发及80年代初的飞行任务规划中讨论的。

2.10.1 人类与空间天文学

人类在空间天文学中扮演什么角色，这是天文学任务委员会在编写报告时考虑的一个重要问题。委员会调研了人类利用大型太空仪器在支持天文学研究方面的作用。特别是，“在地球或月球轨道上是否有足够的载人太空项目来保证研发一套载人系统，载人运输系统的额外成本是否值得投资?”这些问题远远超出了委员会报告的范围，甚至在今天还在持续讨论，争论不仅存在于天文学领域，而是在整个太空探索中，争论的焦点都集中在应该由人主导还是由机器自动运行。

尽管委员会对这些问题没有给出明确的答案，但关于应该由航天员进行操控还是全程自动运行的争论一直存在。事实上，委员会指出，“如果把人在太空进行天文学实验的成本不作为天文研究成本的一部分，那么人类的存在将是一种优势”。这些问题突出说明整个国家太空计划进一步研究的需求，但这些事项远远超出了委员会的职权范围。而航天员直接参与天文实验和观测是在双子座任务中实现的，并将在 Skylab 和几个航天飞机任务（例如，空间实验室 2，和 ASTRO 1 和 2）中继续进行。MOT 项目曾设想有航天员参与，而在 LST/哈勃望远镜观测中没有航天员直接参与。然而，“人的存在将是一种优势”这一论点，可以说是在哈勃在轨服务任务中得到证明的，因为它是自动化、机器人和人类空间活动的融合。

委员会无法明确定义人类在在轨天文学中的确切作用，但他确实考虑了“如果可行”那人类的角色是什么。然而，委员会并没有直接讨论“人类是否能够或应该参与空间天文学，或者说，空间天文学是否真的需要人类?”这个问题，而是评估了人类在未来的太空天文项目应该扮演的角色是什么。

人们认识到，一个富有想象力的科学家可以通过手头有限的仪器提高观测的效果。但正如委员会所指出的那样，“为了在太空中充分发挥大型天文望远镜的作用，大量天文学家和他们的合作者将参与操作——这与大型地面设施的运行情况类似。鉴于大型太空仪器需要大量人工操作，我们得出结论，一般意义上，在地面操作大型太空望远镜效果最好。”

还有人建议，科学研究小组与望远镜直接联系要比通过航天员在太空中间接操作更好，“因为后者很容易在科学家和仪器之间引入误区”。有趣的是，这个建议的唯一例外是在太阳科学研究中，因为太阳现象变化太快，航天员能够比地面上的科学家更快做出反应。这种情况在 Skylab 中经常发生，工作人员监控 ATM 控制台，通过预警系统及时对太阳活动做出反应，因为太阳耀斑转瞬即逝，所以人工操作仪器更加及时有效。

2.10.2 航天员的多重角色

关于人类在太空中角色的争论很有趣，当时NASA航天员的主要角色首先是飞行员或探险家，其次是研究者或科学家。在1965年到1967年间，两组科学家型航天员被招募而来开展一项继早期阿波罗登月后的扩展科学计划。这些任务属于阿波罗应用计划，在飞往月球和在地球轨道的时间里，他们在太空中操作仪器开展科学研究。虽然在地球和月球轨道飞行几个月的时间，对航天员办公室中的飞行员来说没有那么大吸引力，但对科学家开展航天项目来说的确是一个机会。

尽管被告知，他们在飞行前需要等待很长时间，但如果他们真的准备飞行，在开始航天员训练前需要通过喷气机飞行员的课程学习，与此同时开展他们自己的研究时间是非常有限的，但许多科学家型航天员坚持留在NASA，希望参与不同的航天计划，如空间站（最终成为Skylab）或新的航天飞机及其他飞行计划中在载荷舱内搭载增压实验室。一个科学家型航天员会在一次LST任务中接受“仪器操作员”的角色吗？答案很可能是肯定的，如果它意味着获得一次早期的太空飞行，即使如1969年报告所阐明的那样，任务基本上仅限于在轨维护，因为望远镜和仪器的控制将在地面上进行，而不是在太空中。尽管他们是专业的天文学家，但作为航天员他们几乎没有机会用望远镜进行直接观测。

在20世纪70年代末，航天飞机即将推出，科学家型航天员的角色转变为“高级”任务专家，进而简称为任务专家。随着时间的推移，除了在科学计划中开展实验和调研外，这个角色还扩展为支持飞行器操作，如飞行工程师、RMS操作员和舱外行走的航天员（EVA）。在一些如空间实验室系列的专项“科学”任务中，载荷专家扮演非专职的航天员的角色，他们在载荷或特定实验中的技能得到更多关注。

如果早期提出的天文学专用载荷和任务能够在阿波罗应用计划

或航天飞机中应用，并且这些载荷或任务是为人工操作而设计的，那么天文学家也许能够在太空中进行实验或操作望远镜。但对于由航天飞机携带的天文学有效载荷，如空间实验室2和ASTRO，航天员的角色是由载荷专家或任务专家扮演，1990年1月增加了有效载荷指挥员，他在开发与计划载荷乘员科学活动中起到长期领导作用。也就是说，在ASTRO飞行任务中，载荷专家是天文学家，他们参与了望远镜的研制工作。

因此有理由认为，如果载荷与阿波罗系列飞船进行适配，将设置指令长、驾驶员和仪器操作员；在执行空间实验室任务时，仅需要任命“科学驾驶员”就够了。对于航天飞机来说，尤其是早期设计的具有载人能力的LST载荷，一旦硬件设备运行，“仪器操作员”的任命很可能和任务专家或载荷专家重合。

当然，在编写AMB报告的时候，阿波罗系列飞船计划已经确定但是对外保密，如果LST想要进入轨道的话，航天飞机的研发必须先行一步。

2.10.3 未来发展重点

在1969年报告的结尾对未来的天文学任务中的一些关键技术的布局给出了建议：

1）可以通过更换故障的分系统或执行简单的维护操作来延长仪器的使用寿命。

2）老旧的仪器可以用较新的版本替换，也可以添加具有最新跨领域技术的分系统。

3）通过在轨安装或以对仪器及硬件设备在装配期内激活的方式参与新装置的激活。

4）胶片回收和再补给，在没有因自动化或仪器进步使得这项技术过时前，永远需要更大的数据存储能力。

5）如果自动运行的仪器或硬件设备可以在短时间由航天员配合地面进行操作，无论是科学上还是心理上都是一种进步。

上面没有列出的一个领域是消耗品维护（包括能源补给），以延长设备使用寿命。

有趣的是，这些方面在哈勃太空望远镜在轨服务任务中都得到了解决，而不是直接操作望远镜本身，哈勃太空望远镜在轨服务任务“扩展服务范围”的宗旨并没有在NASA或科学界放弃。

20世纪70年代，美国太空计划发生了巨大变化，随着登月计划被放弃，更经济的近地行动得到青睐，包括使用阿波罗号飞船的剩余硬件建造了空间站的雏形、与苏联太空飞船的对接任务、新的探索火星和外行星的机器人任务，以及将焦点重新回归地球。然而，新的方向也包括LST吗？

参考文献

[1] Lyman Spitzer Jr, by Denise Applewhite, Princeton University, www.spitzer.caltech.edu/mission/241 - Lyman - Spitzer - Jr - last accessed August 2012.

[2] Dreams, Stars, and Electrons, Lyman Spitzer, Jr, in the 1989 Annual Review of Astronomy and Astrophysics, 27: 1-17.

[3] History of the Space Telescope, Lyman Spitzer Jr. Quarterly Journal of the Royal Astronomical Society (1979) 20, 29-36, an article based upon a paper delivered by Spitzer at the Large Space Telescope Symposium, 12th Aerospace Sciences Meeting of the American Institute of Aeronautics and Astronautics (AIAA), Washington DC January 31, 1974.

[4] Exploring the Unknown Selected documents of the U.S. Civil Space Program Volume 1 Organizing for Exploration p332.

[5] Orbiting Astronomical Observatories, pp259 - 263, NASA History Data Book Volume II, Programs and Projects 1958 - 1968, NASA SP - 4012, 1988.

[6] A Review of Space Research, 1962, National Academy of Sciences - National Research Council, Chapter 2, Astronomy, publication number 1079.

[7] Precursors of the Hubble Space Telescope, Donald C. Morton, in 400 Years of Astronomical Telescopes, Springer Science, 2010.

[8] Space Research: Directions for the future, 1966, publication No 1403 of the National Academy of Sciences - National Research Council, Part 2 Astronomy and Physics.

[9] MORL, Encyclopedia Astronautica, Mark Wade, http://www.atronautix.com/craft/morl.htm last accessed 27 June 2014; also A Manned Orbital Research Laboratory (MORL) Design and Utilization, R. J. Grunkel and

C. E. Starns, BIS Spaceflight, Vol. 9, No. 3 March 1967, pp81 - 94.

[10] Apollo: The Lost and Forgotten Missions, David J. Shayler, Springer - Praxis, 2002, pp18 - 45.

[11] Apollo Lost and Forgotten missions pp52 - 64.

[12] Preliminary Program Plan and Cost for The Manned Orbiting Telescope (MOT), D2 - 84042 - 3, prepared for NASA Langley Research Center, Hampton, Virginia under contract NAS1 - 3968 by Boeing Company, Seattle, Washington, January 1, 1966.

[13] MOT report p25.

[14] MOT report p56.

[15] MOT report p59.

[16] Effects of In - Orbit Servicing of Nimbus Configuration—Case 105 - 3, A. S. Kiersars, Bellcomm Inc. , Washington DC, July 18, 1969, NASA CR -106547.

[17] A Long Range Program in Space Astronomy, Position Paper of the Astronomy Mission Board July 1969 NASA SP - 213, 1969, BIS Library Classification 15 - 04, Access R1525, BIS HQ, London.

[18] Astronomy Mission Board, 1969, pp272 - 273.

[19] NASA's Scientist Astronauts, David J. Shayler and Colin Burgess, Springer - Praxis, 2007.

[20] The Shuttlenauts 1981 - 1992: The first 50 missions, Volume 2, STS - Flight Crew Assignments, p57 entry for January 25, 1990, compiled by David J. Shayler, December 1992, AIS Publications.

第 3 章　梦想成真

天文学家几乎等不及大型太空望远镜的到来，这是一个前所未有的统一太空科学界的项目。

——詹姆斯·哈特福德、美国航空航天学会（AIAA）执行秘书，1974 年 5 月

一项关于哈勃太空望远镜早期发展的研究揭示了在 25 年内为推动这一概念所付出的努力。它始于 20 世纪 40 年代中期，与冷战的爆发处于同一时期。到了 20 世纪 50 年代后期，空间飞行理论已经建立，并在随后的 10 年它极大地扩展到人类登月乃至发射第一个无人驾驶的航天器绕太阳系内行星近距离飞行。虽然这种探险的经济代价非常高，但技术、科学、民族自豪感和政治宣传方面的收益同样也很高。尽管太空商业化的预期时代尚未实现——而且在随后的半个世纪效果仍难以捉摸——半个世纪后卫星应用技术的诞生表明，在研究地球资源、空间科学和技术衍生品方面将获得巨大的回报。然而，太空探索的扩展并不像一些研究预测的那样顺利。

如果 20 世纪 60 年代是伟大梦想和计划的十年，那么 20 世纪 70 年代，人们认识到太空不是“黄金遍野”，即使赢得了登月竞赛也不容易获得更大的成就。随着 20 世纪 70 年代的到来，NASA 的长期计划被大幅度修订。1972 年，相关机构宣布，将开发一种可重复使用的航天飞机，它将服务和维护在轨卫星，如大型太空望远镜。然而，这两个项目都遭遇阻挠和延误，航天飞机的首次飞行原本预计在 1979 年，由于技术问题被推迟到 1981 年 4 月。它的目标是提供进入低轨道的途径，但在 1986 年 1 月寒冷的一天，挑战者号航天飞机失事残酷地揭示了其巨大的风险。

3.1　登月之后

在 20 世纪 60 年代，美国希望通过自动化和人工两种方式到达月球，不可避免地将资金和资源从其他项目上转移过来。令人遗憾的是，明显许多更先进的思想需要花费多年时间才能推进。在某种程度上，如此快速地完成登月明显掩盖了太空探索是非常困难的事实。双子座和阿波罗飞船的成功，再加上无人驾驶的航天器太空探索的进展，促进生成了一个过于乐观和昂贵的长期计划，它的风险远远超出了探月计划，同样对现有硬件能够支撑这样巨大的计划也存在盲目自信。现实是，由于缺乏公众和政治意愿，它的经费被削减。

1969 年，NASA 主要聚焦在阿波罗计划和两架无人飞行器（水手号）进行火星飞越的项目上。当阿波罗号放飞美国国旗时，20 世纪 70 年代和 80 年代的研究和计划正在制定中。人们希望在后续计划出现一个大范围的太空基础设施，将使人类在 20 世纪 80 年代早期登陆火星。预期的基础设施包括地球和月球轨道空间站和常规运输系统，用来在地球、空间站和月球研究基地之间运送人员、硬件和保障物资。也有人预测，这样一个系统将带来人类殖民化和太空应用的扩展，从而造福全人类。这也是 NASA 在 1969 年 7 月将美国国旗插在静海之后的设想，但在 18 个月内，这一宏伟构想就被放弃，转而去实现更保守的目标。

国内外的社会动荡，东南亚地区冲突不断，环境危机意识越来越强（在某种程度上由去月球的人拍摄的地球图片导致），对在月球失去航天员也没有获救希望的恐惧，航天员拾起岩石并插下国旗的电视收视率下降，以及对苏联将航天员登上月球明显缺乏兴趣，都被认为是导致美国对太空探索支持力下降的原因。

多年来，NASA 一直致力于赢得足够的支持，以开发阿波罗计划之后要进行的项目。然而，在 1969 年完成了两次登月后，尼克松总统的新政府更关心如何维持公众对世界另一边的越南战争的支持，而不是推进去往火星的征程。结果，NASA 的预算被削减了。1970 年 1 月，登月任务从十项削减到九项。三个月后，阿波罗 13 号不得不在去月球的途中被中止，在那紧张的几天，三位航天员差点不能安全地回家。然后在九月份，另外两艘阿波罗号飞船被取消，第二甚至第三个空间站计划也是如此。月球研究基地、50 人的空间站，以及将人类送到火星的展望又回到了梦想阶段。

3.1.1 大型太空望远镜组织实施

在详细讨论太空望远镜能提供的服务之前，值得总结一下 20 世纪 70 年代和 80 年代遇到的困难，重点放在影响在轨服务和操作技术发展的几个关键因素上。一个有影响力的决策是提出航天飞机的概念，即使这意味着失去大型空间站，因为它的建设和维护被视为航天飞机的主要任务。

美国空军在向国会“推介”航天飞机方面发挥了重要作用。作为回报，NASA 被迫设计了适应空军要求的轨道器，这影响了它的外形和载荷舱的大小。通过足够大的舱内空间容纳军方设想的最大载荷，NASA 知道航天飞机应该足够大，在未来 20 到 30 年足以容纳各种商业和科学载荷，特别是增压科学实验室和太空望远镜。此外，航天飞机被认为是可以为低轨卫星提供理想的在轨服务和维护，因为它能在天地往返，并能将载荷送入高轨乃至深空。为了做到这一点，航天飞机需要配备交会对接和导航设备以确保它能够跟踪和接近一个目标，并配备可以抓取目标放入舱内的机械臂以及使航天员通过太空行走开展维护任务的装置。

对于一个大型的技术性项目来说资金总是非常重要的，尤其是像太空探索这样昂贵的项目，特别是当它是用纳税人的钱时。虽然在 70 年代初期，对 LST 的支持开始增强，但直到 1977 年，国会才批准拨款。即使努力从未停止，硬件设备到达 KSC 共计用时 6 年，望远镜的发射由于航天飞机的原因被一再推迟，航天飞机在准备首飞的过程中遇到了困难，然后需要通过执行一些常规的任务进行测试。在1986年1月，望远镜已经确定于9月发射，但由于挑战者号失利，停飞计划超过两年半，随着停飞结束，望远镜发射推迟了4年。

3.2　漫长的“拼图”过程

太空望远镜的早期历史经历了漫长且有时令人沮丧的时光，它在建议、讨论、研究中周而复始。到1970年的时候，建成大型望远镜的想法得到了实现的契机，在随后的15年中，这个想法衍生出广泛的发展、里程碑、技术、技能和决策。

今天，回首哈勃太空望远镜25年的飞行历程，很容易忽视这些发展的作用，它当时经常成为公众的焦点，通过简单的方式填补那些大型任务规划拼图缺失的部分，使得哈勃能够被接受、资助、建造、测试、并发射。

1970年至1989年期间是一段如过山车般的跌宕起伏的时期，得到与失去，梦想与噩梦，无数横跨欧美的工作人员朝着相同的目标不断努力，他们想要将大型望远镜发射到地球轨道，从而更好地了解我们的宇宙。

从2015年开始追述，很容易回忆起哈勃发射后的起起伏伏，人们试图理解它为什么不能像设计的那样去工作，并计划修复使其功能正常，放弃了最初花费与其15年运行寿命相同的年限建立一套地面保障设施的想法。

3.2.1　经费保障

为新项目争取到足够的资金一直是一个挑战，尤其是在空间任务中，由于测试不够充分，恶劣的空间环境的不确定导致任务失败，失败是影响资金争取的因素之一。当大型太空望远镜的构想开始被视为一种可能并得到科学界的有力支持时，航天飞机的研发尚未得到国会的批准。早期思路认为可以用土星或大力神系列运载火箭发射大型太空望远镜，但人们更希望它能搭乘航天飞机升空，航天飞机也是为这个目的而设计的。可重复使用的航天飞机为空间服务和维修提供了途径，如果必要的话，它还可以将设备运回地球进行大修，然后重新发射。当然，困难在于它不仅需要来自于科学界的支持，而且需要得到国会的支持。

预算在得到批准的过程中被几次延误，因为每一项 NASA 预算都经历了建议、挑战、削减、修正和最终批准，它通常低于初始需求。当优先处理航天飞机项目的时候，使得其他项目被延迟、取消或严重影响。与此同时，航天飞机计划本身也被延误，困难在于大型太空望远镜的制造及整个测试过程中的延误。

前 NASA 的首席天文学家南希·罗曼回忆说："开始阶段资金相当充裕，然而在 60 年代末，在阿波罗计划结束之前，资金成了一个主要问题。多数重大任务必须缩小范围节约开支。哈勃太空望远镜（HST）是一个好的例子还是一个坏的例子，取决于你怎么看。我们不得不削减开支。"

3.2.2　源自南希·罗曼的驱动力

天文学家南希·罗曼极力推动大型太空望远镜的提议。她在 1949 年获得芝加哥大学的天文学博士学位后，在海军研究实验室工作。1959 年，她加入 NASA，成为空间科学办公室的第一位首席天文学家。在接下来的 20 年里，她一直在这个机构工作。罗曼最初只负责紫外线项目，但一年后她接手全电磁波谱的研究；事实上，她负责牵头太阳系外的所有研究项目。她经历了在轨太阳观测站以及在轨天文观测站的发展，以及再后来的宇宙背景探测器的发展。尽管她在 1979 年正式退休，但仍然在戈达德航天飞行中心兼职工作了 18 年，并担任了哈勃望远镜的顾问。

罗曼意识到天文界对望远镜的需求与航天工业的需求差距巨大。她说"我决定致力于更实际的研究，让越来越多的利益相关者能够获得太空望远镜的益处。”她建立了研究委员会，促使天文学家和美国NASA的工程师们找到了望远镜最可行的实施方案，它将配备一个直径10英尺（3米）的主镜。十多年来，她写信给国会说明国家对望远镜的需要并与华盛顿的多个委员会和团体进行研讨，他们在后来准备了提交给总统和国会的预算报告——罗曼从来没有亲自在国会发言，而是更喜欢为出席的人提供材料。

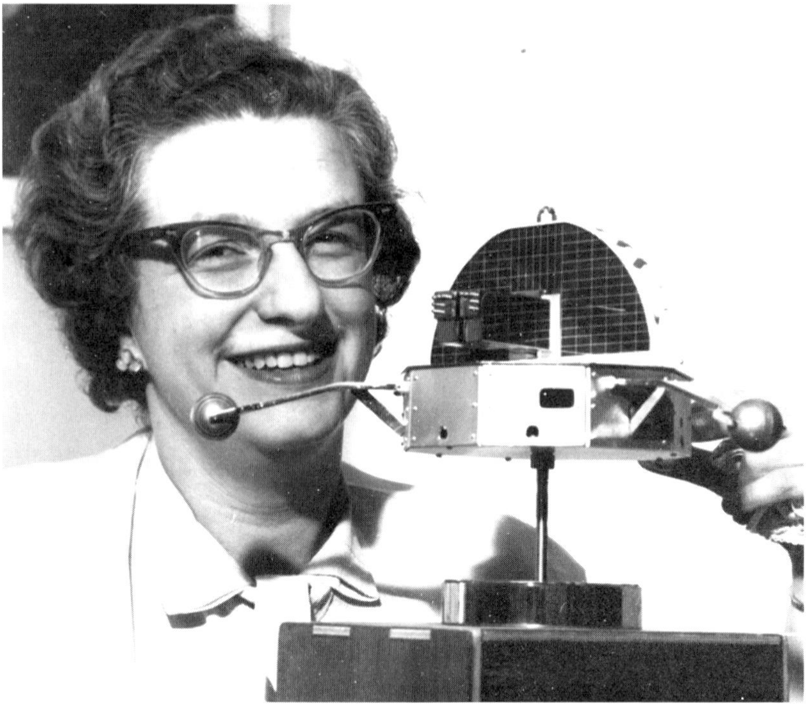

图3-1 南希·罗曼，NASA的第一位首席天文学家，图为她与在轨太阳观测站的模型（OSO）

3.3 任务起步

70年代初，人们对不同的望远镜概念进行了评估。评估结果是通过航天飞机发射无人望远镜，然后定期在太空或返回地球进行维修和升级。

3.3.1 运载火箭

NASA 在早期研究中评估了现有技术的作用以降低成本。一种选择是使用 13.1 英尺（4 米）的望远镜，这是土星运载火箭 S－IVB 整流罩上层能适配的最大尺寸。为了进一步利用现有技术和资源，决定使用为国家安全项目生产光学元件的设备。这意味着镜面直径将减小至 10.5 英尺（3.2 米）。如果望远镜是由航天飞机发射，那么它的镜面必须缩小到 7.87 英尺（2.4 米）。由于正在编写 LST 的 A 阶段研究报告，考虑使用大力神 III 系列火箭（用于发射具有大型光学系统的军用卫星）代替航天飞机进行发射，以避免对镜面的尺寸做出太大牺牲。

3.3.2 战斗部落

NASA 不是一个地点单一的机构，它的领域机构分布在全国各地。多年来，这导致在空间工程、计划和任务的工作和责任分工上波折不断，产生了巨大分歧。在这种情况下，NASA 被定义为"一个松散的战斗部落"，这种摩擦在哈勃的发展过程中经常出现。

马歇尔航天飞行中心多年来一直支持大型太空望远镜的概念和研究，其管理人员在望远镜研制方面发挥主导作用。到了 1970 年，项目开发部成立了一个"望远镜小组"，由詹姆斯·唐尼 III 和首席工程师让·奥利维尔管理。

这个团队以研究太空望远镜和空间站的联合项目为开始，但是空间站几乎没有得到支持，因此，他们将望远镜作为一个独立项目开展研究。马歇尔航天飞行中心（简称马歇尔）在研发运载火箭的工程和管理方面有着悠久的历史，但在光学系统和天文学方面缺乏经验。另一方面，戈达德航天飞行中心（简称戈达德）的工作人员中有许多是专业的天文学家，他们有着丰富的关于天文学卫星的经验。同时，戈达德在马里兰州，接近华盛顿特区的 NASA 总部是它的另一个优势，但马歇尔在管理大型项目方面更有经验，当然望远镜的研发必定是一个大型项目。马歇尔在管理大型载人空间项目方面也经验丰富，它曾牵引 Skylab 空间站项目，因此在系统工程方面更有经验。尽管这两个中心多年来存在着激烈的竞争，但显而易见的是，如果它们通力合作，那么它们各自的优势和劣势将得到互补。

休斯敦团队也被搅入马歇尔与载人（后来的约翰逊）航天中心的竞争和对抗的历史中。这种竞争在 Skylab 的研发过程中制造了很多困难。现在，休斯敦团队面临着与不只一个而是两个中心共享载人或有人参与的太空望远镜计划。休斯敦团队和戈达德在哈勃服务任务中的工具建造方面也产生了矛盾。

1971 年，NASA 总部提议由戈达德制定望远镜及其科学仪器的科学规范，并管理太空望远镜的运行，由马歇尔负责整个开发计划，并开发硬件和光学载荷。NASA 在 1972 年 4 月正式宣布马歇尔将作为 LST 项目的领导中心，负责光学望远镜组件和支持系统模块，戈达德负责科学仪器和飞行操作。在接下来的 20 年里，这将成为一个成功的，但令人担忧的组合，NASA 在官方历史中将马歇尔比作“麻烦的婚姻”，因为它在技术任务分工中存在责任重叠。这些困难将导致“大量努力和金钱的浪费”，南希·罗曼也认为早年遇到的许多问题都源于马歇尔和戈达德之间的管理脱节。

望远镜的开发背景、科学价值、资金及政治斗争已经超出本书介绍的内容，但可以在 NASA 关于马歇尔航天飞行中心的官方历史中进一步发掘。参考文献中 *The Universe in a Mirror*（Zimmerman，2008；修订于 2010），*The Hubble Wars*（蔡森，1994；修订于 1998），及 *Hubble Legacy*（Eds. Launius 和 DeVorkin，2014）也记录了这些。

3.3.3　早期的服务计划

1972 年 3 月，NASA 计划建设三个望远镜，首先是一个工程模型和一个“初级”的飞行单元，两者在建造最终的 LST 之前都将被用于研发必要的工程和飞行系统，设计和开发总计花费在5.7～7.15亿美元。这种烧钱的方式很快受到关注，并在1973年3月取消两个测试项目。通过采用在军事上成功应用的“原型”方法，同一个飞行器将同时承担测试和飞行的任务。服务计划也从最初设想的航天员在增压舱内工作的形式转变为将望远镜带回地球进行地面服务和维修，然后重新发射望远镜继续其科学项目。在该计划中，工程师删除增压模块以简化望远镜的设计，进一步降低了成本，但仍不足以确保得到国会的支持。

最初望远镜维修操作的周期是根据航天飞机计划设想的，当时设想航天飞机每年可飞行25～60次，其运作方式类似于航空公司。而望远镜本身将从地球远程控制，但可以在太空或地面完成仪器更换、保养或维修。实际上人们误解了航天飞机的运行方式，认为在轨维修可以“按需”安排，还认为航天飞机的飞行任务可以被简称为“不需要提前计划的飞行”——无论任何时候，只要有需求就可以发射。这种天真的想法与现实中规划和运行一个服务任务的情况恰恰相反。

从20世纪70年代末，航天员训练机构发现马歇尔在Skylab经验的基础上在水下开发在轨服务技术方面取得突出成果——一个巨大的水槽，在其中航天员通过模拟太空行走拆下故障的太阳电池阵、安装热控多层、临时修复一个故障陀螺仪和更换阿波罗望远镜的胶片模块。在马歇尔的支持下，实验室还评估了系统和硬件的可靠性，以确定哪些系统更可能发生故障，并开发了航天员能够更换的通信和控制模块。科学仪器也被设计成可以从望远镜结构中反复拆装的结构，以便可以快速更换大型部件。标准化连接器、固定螺栓和插销也有助于维修任务和程序规范化。此外，身为航天员同时也是太空行走方面专家的JSC工程师与戈达德的同事一起开发了专用工具和医疗服务设备。在哈勃发射前的十年，一项潜水计划被实施，以应对太空行走中的紧急情况。在太空望远镜的运行中这是非常必要的，该计划的实施也是为了建立空间服务中硬件更换的基本准则。

在马歇尔建设水槽的成功使 JSC 后来建造了一个更大的水槽以辅助空间站装配及维修技术的研发。只要该计划可行，航天员将在 JSC 开展哈勃训练，而不用再去马歇尔。

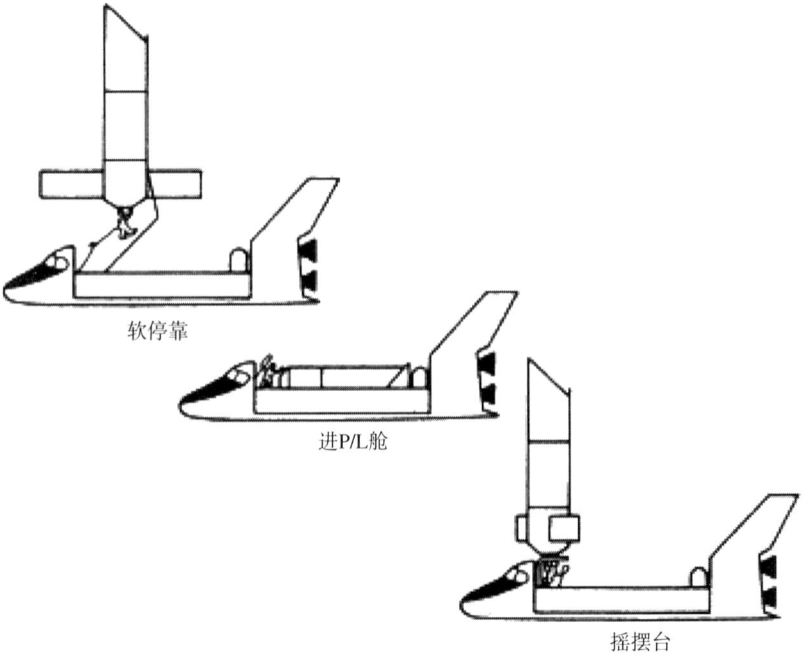

图 3－2　大型太空望远镜（LST）服务选项的早期草图

在轨服务技术发展中，马歇尔维修和升级小组计划在地面上储备“在轨更换单元”，并设计了一种从它们中提取技术信息的方法。这些信息被认为有助于减少对更换设备的大量测试，从而可以节省开发资金以备他用。但后来出现了争议，有人认为设计维修设备概念的同时试图减少系统故障，这种方法实际上由于增加可更换单元的额外要求从而提高了成本。这引发了关于在自动化飞船上适应性硬件和系统为人机交互带来什么样好处的讨论，而不是廉价地生产可靠性低一些的部件并将它们安装在一系列的飞船上。像太空望远镜这样复杂的项目，经费筹措仍然是一个挑战。

图 3-3　20 世纪 70 年代概念论证时，关于太空望远镜航天员出舱服务的设想

3.3.4　谈判专家奥德尔博士

1972 年 8 月 30 日，查尔斯·德尔博士被 NASA 任命为 LST 的项目科学家。在接下来的十年里，他的工作是确保项目取得必要的资金支持。1971 年，他加入了 NASA 建立的由天文学家和工程师精英组成的顾问团，其工作是评估 LST 的可行性，此前，他是芝加哥大学的一名全职天文学教授。在他的新角色中，为了使一些主要研究机构支持 LST 的概念，奥德尔博士与他们展开了长达 6 年的斗争，然后在国会进行筹资。奥德尔博士能够坚持下来的原因是他坚信 LST 将成为这个时代最伟大的望远镜之一。

1974年2月，NASA将FY1975的620万美元预算调整作为LST项目的资金。在5月，美国航空航天学会（AIAA）执行秘书詹姆斯·哈特福德向国会证明，科学家们对航天飞机可能的效用持怀疑态度，但是Skylab的阿波罗望远镜舱已经产生了一些令人吃惊的结果。哈特福德指出，“天文学家们迫不及待地想看到LST这样一个能够统一太空科学界的项目。”

科学家们可能是这样认为的，但政治家们并不那么容易被说服。同年6月，在该机构的预算请求中，620万美元的预算遭到打击，因为LST项目不是美国国家科学院选定的四个首选项目中的一个。同月，科学院根据1973年7月在伍兹霍尔马萨诸塞州举行的会议，发表了名为“航天飞机的科研作用”的报告。报告指出，在太空中有效地回收和更新载荷需要进一步的研究。报告还建议，用航天飞机发射的那种“复杂”的LST也许值得再访问、服务或返回地球，但值得注意的是，航天飞机能够搭载的最大回收载荷重量可能会成为这一计划重要的事。这个报告提出的时机似乎促成了预算的获批，因为8月16日，参议院恢复了2个月前从预算中删除的LST项目的620万美元预算。

但在1974年6月，资金再次被调整，因为国会质疑该项目的科学支持，他们认为NASA应该提出一个相对保守的项目。这导致了另一方面的不确定性和疯狂游说。到了1974年12月，为了在满足政客们要求的同时实现科学目标，望远镜必须缩小尺寸。第一步是把主镜的直径从10英尺（3米）减小到不到8英尺（2.4米）。这样不仅节省了资金，而且用于制造军用卫星光学系统的技术也可以用于系统开发，更改后既容易建造，还可以减少一年工期。该计划还将科学实验的数量从7次减少到4次，并用简单的对准系统取代复杂的转向系统。也有人认为，创新的电子探测器将取代相机中的胶片，因为天文学家担心胶片可能会变质和丢失数据，或者在在轨服务任务期间因更换而损坏。无论如何，对航天飞机有效载荷评估表明，10英尺的望远镜尺寸太大以至于无法装入载荷舱。减小镜面的尺寸将有利于电池、反作用飞轮、陀螺仪等主要设备布局，使它们可以分布在望远镜四周以便在轨服务。该支持系统模块从航天器尾部向前移动约三分之一的距离，呈环形围绕主镜。将模块的质量从24 000磅（10 886千克）改为17 000磅（7 711千克），共节省了7 000磅（3 175千克）载重。

当然，并不是每个人都对这些变化感到满意，因为缩小主镜会使某些科学目标难于实现。尤其是，天文学家希望能够更好地测量哈勃望远镜常数，它等于星系衰减速度与距离之比，而实现这样测量的唯一方法是瞄准星际空间。据计算，任何小于7.8英尺（2.3米）的镜子都不能胜任这项工作。

然而，调整主镜尺寸提供了更多的优势，例如不需要建造巨大的新测试间来容纳大型镜面。此外，望远镜惯性的降低将使指向和操纵系统更加简化。显然，即使有这些变化，预算仍然很紧张，但修订后的提案已提交国会。

人们一直担心，为航天飞机分配更多的资金意味着给其他科学计划分配的资金会变少，特别是望远镜项目，反之亦然。正如NASA关于马歇尔航天飞行中心的官方历史记录指出的，当时出现了“本末倒置”的情形，航天飞机本来是为了携带像望远镜这样的科学载荷并支持在轨服务而设计的，但也因它的研发支出给主要科学载荷带来了研制风险，尽管它的设计是为了使任务更便利。

为了使这个项目得到批准，需要平衡经费的缩减和对太空望远镜的预期，当然这也成为了影响太空望远镜发射的首要原因。开发航天飞机项目的推迟对载荷形式的设计产生了影响。1986年年初，挑战者号的失利使所有项目停飞，将已完工的望远镜在地面上封存4年，这不可避免地提高了项目成本，尤其当时美国处于经济出现重大通货膨胀的时期。

1975年6月，大型太空望远镜与金星先锋号任务处于资金竞争关系。将行星探测器推迟12个月以节省资金对LST项目的帮助是微乎其微的，这样做可能会导致探测器失去发射窗口。像这样运作资金是不合适的，因为这两个项目并不是直接竞争关系。同一个月，NASA 的副局长乔治·洛博士说，如果机构拥有无限的资金，他将更快地发射太空望远镜，他认为从科学的角度出发，这是最重要的一个项目。两个项目的资金在 1975 年 7 月恢复，洛博士决定在项目名称中删除“大型”，他认为简称为“太空望远镜”可能有助于说服国会，他们试图证明已经对项目经费进行大幅缩减。尽管这很有帮助，但在 1976 年国会批准之前，仍花费了一年多的时间进行游说和改进，最终直至 1977 年该项目才正式启动。

现实的情况是，仍然还有很长的路要走，因为航天飞机仍在研制中，而且多次推迟。从最初预期的 1979 年首飞被反复推迟，最终到 1981 年春季，运行任务直到 1982 年年底才开始。显然，它与太空望远镜同样重要，它注定无法成为太空望远镜早期入轨的交通工具。

表 3-1　哈勃研制过程中的里程碑事件

	事件
1977	
6 月 17 日	NASA 发布太空望远镜项目批准文件
	NASA 与位于康涅狄格州丹伯里的珀金·埃尔默公司签订光学系统合同;位于加利福尼亚州森尼维耳的洛克希德导弹和空间公司开发望远镜舱
7 月 25 日	NASA 宣布选择位于加利福尼亚州森尼维耳的洛克希德导弹和空间公司和位于康涅狄格州丹伯里的珀金·埃尔默公司洽谈总额超过 1 亿 3100 万美元的合同,其中包含太空望远镜两大主要部件。洛克希德将设计、制造、集成望远镜的支撑系统模块,提供系统工程分析,并支持 NASA 进行地面和飞行操作。珀金·埃尔默将设计、制造、集成光学组件和设备,包括系统工程、发射支持、轨道验证和任务计划。发射初定于 1983 年年末。MSFC 承担了项目管理工作并管理支持模块和光学组件的合同。戈达德航天飞行中心将管理科学仪器的研发
10 月 7 日	欧洲空间局(ESA)宣布与 NASA 签署了一项关于太空望远镜计划合作的项目书。ESA 将在紫外、可见和近红外部分提供一个用于高分辨率图像的模糊目标成像相机,并配有相关的光子计数探测器;太阳能阵列为观测提供电源支持
10 月 19 日	NASA 与位于康涅狄格州丹伯里的珀金·埃尔默公司签订主镜合同

续表

	事件
12 月底	MSFC 报道位于纽约州，坎顿的康宁玻璃厂开始着手为 NASA 设计太空望远镜主镜坯
1978	
1 月 11 日	MSFC 宣布康宁玻璃厂已经开始为太空望远镜制作一英尺厚的主镜坯。镜坯孔径约 94 英寸，中心孔直径为 2 英尺
4 月 25 日	MSFC 被指定为望远镜设计、研发和建造中心。GSFC 被选定为科学仪器研发及地面控制中心
12 月	粗加工由位于康涅狄格州威尔顿的珀金·埃尔默公司开始
1981	
	珀金·埃尔默用由计算机控制的激光完成了望远镜反射镜的制作（在研磨镜子时发生的程序故障是 1990 发射后发现的图像模糊的原因）
4 月 29 日	珀金·埃尔默完成了 2.4 米主镜的打磨工作
10 月 23 日	ST 的主环制作由埃塞科公司交付给珀金·埃尔默公司，其中埃塞科制作时间为 18 个月
12 月 10 日	MSFC 报告了 ST 发展的里程碑。珀金·埃尔默公司在 94 英寸的主镜覆盖了三百万分之一英寸厚的铝涂层，形成一个 18 000 磅重的抛光玻璃坯。珀金·埃尔默公司的工程师和 MSFC 保证了涂层附着于镜面且具有正确的反射率
1982	
3 月	在本月内，完成了 ST 支持系统模块的关键设计审查，并宣布生产加工已准备就绪
1983	
2 月 4 日	科学仪器被送至 NASA 进行测试； 模糊目标成像相机由 ESA 送至 NASA； NASA 的主管詹姆斯·贝格斯告诉众议院科学和技术委员会，开发电子制导和瞄准系统的技术问题将拖延望远镜发射并增加成本
1984	
5 月 31 日	五种科学仪器在 GSFC 完成验收测试
7 月 12 日	珀金·埃尔默的技术人员按照 NASA 的要求清洁了主镜，清洁工作需要保证“观测站将拥有最好的光学系统”
8 月	珀金·埃尔默公司完成光学望远镜组件的结构制造

续表

	事件
秋天	珀金·埃尔默公司在光学望远镜组件上完成了电测
11月	珀金·埃尔默公司通过Super Guppy货运飞机将光学望远镜组件运送至洛克希德公司
12月6日	戈达德的望远镜操作控制部在洛克希德导弹和空间公司进行了一次成功的控制和遥测,这是计划的七次总装和验证测试中的第一次
1985	
7月8日	洛克希德·马丁公司和空间公司完成了望远镜的最后组装,并开始测试程序
8月15日	洛克希德导弹和空间公司的人员配备了喷气推进实验室的哈勃宽视场行星相机,然后将其移除并返回到JPL进行修改与测试,结果显示一切正常
1986	
1月28日	挑战者号失事拖延了航天飞机计划和所有地面发射任务的时间,直到适当的修复程序可以确保航天飞机安全返回。哈勃从加利福尼亚州洛克希德公司通过船舶经巴拿马运河运至KSC
2月27日	哈勃完成了声学、动态和振动响应测试,以确保望远镜能适应发射环境
5月2日-6月30日	热真空测试是在洛克希德公司进行
5月21日	太阳电池阵从ESA运送至洛克希德公司
5月27日	哈勃在洛克希德热真空室完成了热真空测试
8月8日	哈勃完成2个月的严格测试,包括温度和压力测试;一些测试与戈达德相关
11月	安装哈勃望远镜上的太阳电池阵(收拢状态)
年底	用于遥测服务的科学仪器被拆除,拆除比例达88%
1987	
3月17日	一项为期3天的地面系统测试在戈达德开始,模拟39小时或28圈在轨飞行,涉及所有的5台仪器,作为三次主要地面测试中的第二次
8月31日-9月4日	由戈达德、马歇尔航天飞行中心和太空望远镜科学研究所联合完成了轨道接口测试
9月9日	哈勃完成了失效模式和影响分析(FMEA)的重新评估。这包括太空望远镜开发部门给出的重要事项/危险分析部分,旨在确保航天飞机安全返回

续表

	事件
1988	
6 月 20 日	第四次地面测试(GST-4)开始，这是最全面的一次，共持续 5.5 天，测试涉及了不同运行模式下的六种仪器(包括精密制导测量)
6 月 24 日	GST-4 成功完成，其中计算机和科学仪器的时序不兼容问题通过调整软件得以校正
8 月 31 日	哈勃太空望远镜发射从 1989 年 6 月推迟至 1990 年 2 月，这是由于 NASA 在 1989 年重新部署航天飞机任务，需要两个行星窗口
1989	
3 月	新改进的太阳电池阵从 ESA 运送至洛克希德
10 月	通过空军改进的银河 C-5A 将望远镜从加利福尼亚洛克希德运送至佛罗里达州的肯尼迪航天中心，进入发射流程

注：一般来说，获取硬件设备制造和测试的细节是比较容易的。然而哈勃的建造地点在加利福尼亚森尼维尔市的洛克希德工厂，由于美国空军的机密级卫星也在这里制造，因此很难获得关于哈勃结构组装和测试序列的细节。(附加信息摘自：NASA Historical Data Book Volume V, NASA Launch Systems, Space Transportation, Human Spaceflight and Space Science 1979—1988, Judy A. Rumerman, NASA SP-4012, 1999 pp518-524.)

关于哈勃的经费支出，南希·罗曼告诉国会，“每个纳税人只要付出一晚上的电影票钱，就可以得到 15 年令人兴奋的科学结果。”虽然这个预测被证明有些不太确切，但它基本上符合实际；也许不止需要美国纳税人一个晚上的电影票钱，但他们的确将得到超过 25 年的令人震惊的科学成果和来自真实宇宙的惊人图像。

3.3.5　望远镜正式命名

1983 年 10 月 3 日，太空望远镜以美国天文学家埃德温·鲍威尔·哈勃（1889—1953）的名字命名。1924 年，哈勃确定了银河系并不是宇宙中唯一的星系，除了银河系还有许多其他星系。三年后，他发现大多数星系正远离我们，并且离我们越远的速度越快。这是证明宇宙处于扩张状态，而不是静止状态的第一个证据，这也正如人们所假想的那样。这个理论构成了宇宙大爆炸理论的基础。哈勃

图 3－4　埃德温·鲍威尔·哈勃（1889—1953）

还设计了一套星系分类系统，根据它们的组成、距离、形状、大小和亮度进行分类。

从大型在轨望远镜和在轨载人望远镜到大型太空望远镜，再到太空望远镜，最后到哈勃太空望远镜，已经经历了近 20 年的演变。

在 20 世纪 70 年代，工程师们计划每 2.5 年对望远镜进行一次地面整修，这是由硬件的预期寿命和星上系统可靠性决定的。1984 年 5 月 14 日，在太空中维修望远镜而不是在地面进行的想法第一次被提出。一些研究表明，将望远镜从轨道上带回并对系统做一些工作，然后重新发射，这个过程涉及了有效载荷污染和结构负载的问题，这远比将望远镜留在太空 15 年，然后通过航天飞机运送航天员进行在轨维护的风险要大且代价更高。随着岁月的流逝，工程师们对系统和材料的信心倍增，使得在轨服务的周期改为 3 年，这意味着至少有四次在轨服务任务。1985 年，人们决定放弃把望远镜带回地球维护的想法，取而代之的是每 36 个月进行一次在轨服务。

如果发生了不能等待常规在轨服务任务的情况，应急任务可以在合适的时间补充到航天飞机任务单上。如果预定的在轨服务不能完成一项关键任务，也可以用相同的应急方法解决。

3.4　碎片任务拼接

在 20 世纪 70 年代，随着政治和行政时局不断变化，望远镜项目仍在继续。与此同时，随着硬件水平的提高，其他领域的发展也在促进望远镜及其维护工作向前推进。

在这一发展过程中，航天飞机的研制成为美国载人航天探索的下一个主要关注点。因为航天飞机是发射望远镜的主要途径，同时它也将执行在轨服务任务。望远镜是航天飞机项目的重要组成部分，除了各自在资金和发展硬件方面的困难外，任何拖延航天飞机首飞和在轨服务的事情同样会影响望远镜的进展。

影响望远镜项目推进的一个因素是轨道器载荷舱尺寸的选择，这基本上是由空军决定的。通过一种手段在轨捕获卫星，并把它放在舱内，让航天员可以安全地完成这项工作，对望远镜在轨服务同样至关重要。要完成这项工作就需要发掘适合的交会轨道和安全接近望远镜的方法，使机械臂能够抓住它。选择加拿大承包商来开发机械臂反映了 NASA 在寻求国际合作的愿望，合作项目为太空运输系统。欧洲空间局也参与了航天飞机增压舱的研制。欧洲还为太空望远镜提供了几个重要部件，他们也全程参与航天飞机项目，并承担在轨服务项目中一个关键部分的研发。

其他能够支持望远镜发射、使用和维护的主要决策和研究也被融入项目管理的架构中。最基本的需求是确保航天飞机搭载的硬件设备能够满足任务需求，在发射准备、上升阶段、在轨活动、返回及着陆过程中确保航天员的安全。了解望远镜飞行和在轨服务的环境也是至关重要的。

3.5　航天飞机系统

为了推广太空飞行的商业价值，在美国军方的支持下，航天飞机项目在 20 世纪 60 年代后期设想的“宏伟计划”中幸存下来。建造一个可以向太空运送物品且可重复使用的航天器和发射系统的动机，是为了大幅减少单次使用航天飞行器的巨大发射和运行费用。NASA 很快意识到几乎没有人愿意支持扩展的月球飞行、建立一个能承载 50 人的空间站和人类火星探索等项目。对于研制航天飞机的提议这并不是一个好兆头，因为航天飞机的主要用途是装配和维护空间站。

为了跟随阿波罗时代的成功推进一个新项目，美国国家航空航天局意识到，如果能够说服国防部（DOD），航天飞机的前景将非常乐观。

1969 年 5 月，NASA 开始与空军就联合研究“太空运输”的条款进行协商。最初 NASA 和空军独立开展工作，确定了能够满足他们各方需求的飞行器的概念。下一步是将这些概念进行折衷以达成一致。因此，载荷舱应该能够容纳载重 50 000 磅（22 700 千克）并

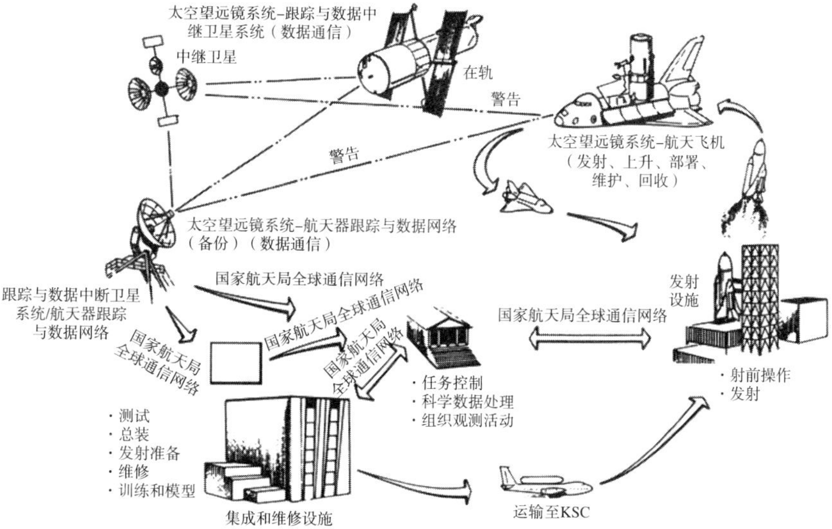

图 3-5 航天飞机搭载太空望远镜的任务剖面

能向任意方向航行。10 000 立方英尺（283 立方米）的容积将允许载荷的直径在 15～22 英尺（4.5～6.7 米）。这个尺寸正适用于空军，因为他们正为大力神 III-C 运载火箭研制类似尺寸的载荷。

随着研究的推进，出现了几个不同的“任务概念”。其一是航天飞机不仅要发射卫星，还要为它们提供维护和维修，或者修复在轨发生故障的卫星，甚至可能把它们带回地球进行整修和重新发射。1969 年 7 月，NASA 总部的科学技术咨询委员会介绍了航天飞机项目，其中包括“航天员维护航天器”的新章节。项目建议利用航天飞机重访大型自动运行卫星和望远镜的能力，以便开展在轨维护，“包括由航天员安装和升级仪器设备。”

最早，航天飞机被作为一个可重复使用的载人运载器，它具有液体推进剂发动机和载人在轨飞行的能力，但在接下来的 3 年里随着设计的进展，以及一系列的预算限制，1972 年航天飞机配置的改变和空间站的取消导致了一个新方案的出现，该设计希望将载人轨道器依附在一个大型一次性外部贮箱上，该贮箱上安装了一对可重

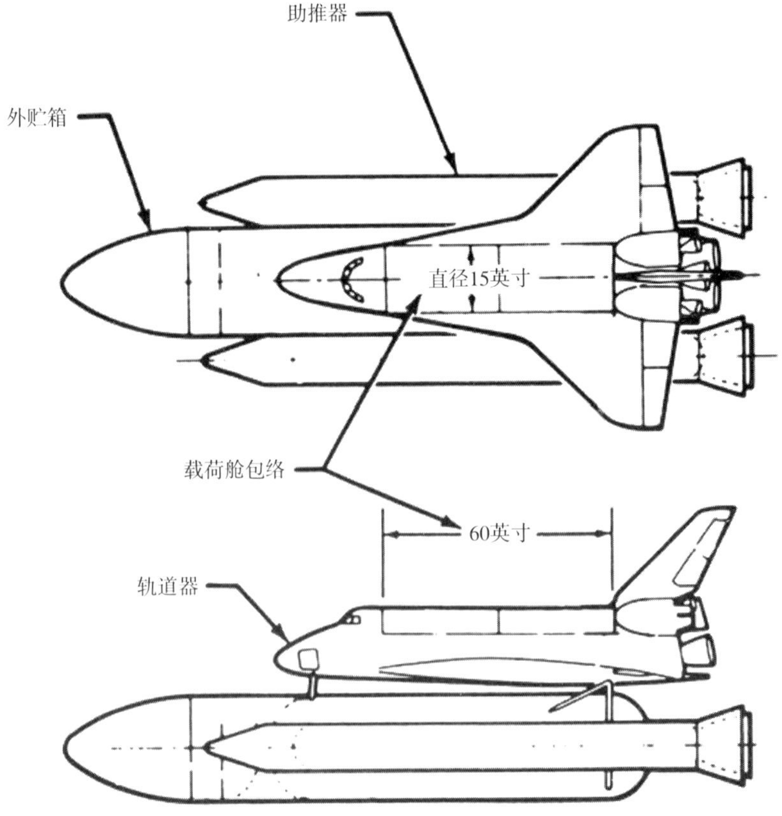

图3-6　太空运输系统主要部件和有效载荷的尺寸

复使用的固体火箭助推器。

NASA最初的想法是建立一个通用的发射和回收系统，它将促使消耗型运载器退役。此外，在常规的低轨发射中，这将大大降低将一定质量送入轨道的成本。拥有一系列飞行器且每年飞行数十次的愿景是变革性的。此外，从加利福尼亚的范登堡空军基地发射能到达高倾角轨道，这在佛罗里达州的发射基地是无法实现的。据设想，美国军方将成为最大的客户之一，空军有可能购买自己的航天飞机，但这一计划并未按设想发展。

为了回报国会对航天飞机的支持，空军要求它拥有一个能够容纳最大军事载荷的载荷舱。一旦载荷舱的尺寸确定，能够搭载在航天飞机上的载荷尺寸和质量也将确定，包括太空望远镜的尺寸。这个早期关于载荷舱尺寸的决定需要保证在轨服务任务中有足够的空间来容纳望远镜和辅助设备，从而避免建造一个专用“仪器库”以支持望远镜在轨服务。

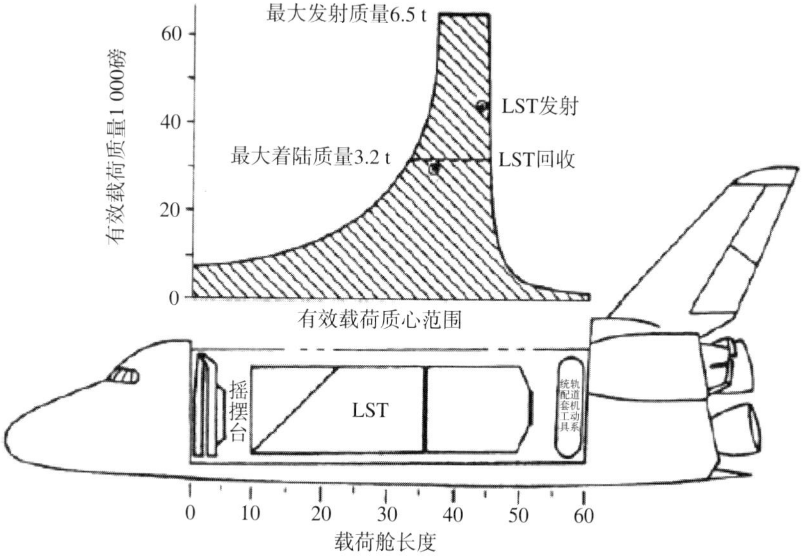

图 3-7　航天飞机载荷舱中大型太空望远镜的结构构想

3.5.1　载荷舱尺寸确定

NASA 想要一个 40 英尺（12.2 米）长的载荷舱，因为这个尺寸可以与一个直径为 14～15 英尺（4.2～4.5 米）的小型空间站兼容。但是空军希望有一个更长的载荷舱来容纳大型的军用载荷。早期的建议是将载荷舱尺寸做成 22 英尺（6.7 米）宽，30 英尺（9.1 米）长，但是，空军知道它每一代侦察卫星和上面级的长度都在增加，因此，要求载荷舱达到 15 英尺（4.5 米）宽和 60 英尺（18.3

米）长。

侦察卫星的载荷系列被称为科罗娜号，它们一般集成到阿金纳上面级上。载荷最初的长度是19英尺（5.8米），但目前已经增长到26英尺（7.9米），并且即将被一个叫做“大鸟”的大型航天器所取代，它的长度为40英尺（12.2米），直径为10英尺（3.04米）。“大鸟”的系统非常复杂以至于它导致了空军载人在轨实验室计划的取消。第三代卫星已经在研制中，名为凯南，它保留了10英尺（3.04米）的直径，但长度增加至60英尺（18.3米）或更长。

当NASA载人航天飞行部副局长戴尔·迈尔斯写信建议减少载荷舱的长度时，美国空军研究发展部助理秘书长格兰特·汉森说，“有效载荷舱的长度对于DOD任务而言是非常关键的尺寸，因为直径为15英尺、长度为60英尺的载荷舱尺寸是基于DOD任务需求中当前库存载荷确定的。”汉森也明确表示，所需的尺寸还考虑到了计划可重复使用的上面级的“高能量任务”，如果选择一个更短的载荷舱，“将使我们无法充分利用航天飞机的潜在能力和操作的灵活性。”如果NASA坚持使用一个较短的载荷舱，那么在1981—1990年一半DOD任务的载荷将由大力神III发射，因此还需要保留消耗型运载器，根据汉森的说法，“潜在的经济吸引力和航天飞机在DOD任务中的使用价值将严重缩水。”

NASA显然不打算让一个关于载荷舱尺寸的分歧使航天飞机的发展处于风险之中，但是关于航天飞机的载荷直径和总升力的争论在NASA和空军之间的确持续了一段时间。

很多不同概念的横向研究促使航天飞机系统向前推进，“最大卖点”是飞行器可以通过15～60英尺（4.5～18.29米）的载荷舱携带65 000磅（29 250千克）的载荷。“这将严重影响未来在航天飞机或消耗型运载器间的选择。选择一个容量比消耗型运载器所能发射的载荷舱还小的载荷舱是没有意义的，因为在飞船上搭载航天员将增加它的复杂性和费用。

当然，设计航天飞机系统涉及的不仅仅是载荷舱的大小，然而在1972年1月5日，尼克松总统批准了尺寸为15英尺×60英尺(4.5米×18.29米)、载重65 000磅(29 250千克)的最终设计。

需要说明的是，在30年的135次飞行历史中，航天飞机的运载能力远不及它的设计目标。随着挑战者号在1986年的失利，从范登堡发射到极轨道的DOD载荷计划取消，航天飞机的载荷重量上限降低到55 000磅(24 948千克)。

有趣的是，空军最初推行60英尺长的载荷舱是由侦察卫星的尺寸所驱使。而观测地球的在轨望远镜及观测太空的太空望远镜都是由位于加州森尼韦尔市的洛克希德公司的同一套设备开发出来的。

图3-8　理查德·尼克松总统和NASA局长詹姆斯·弗莱彻讨论太空运输系统的概念

3.6 远程操作系统

航天飞机的卫星服务和维修工作的一个基本要素就是开发一个机器人操作系统。这个概念由来已久，多年来在艺术作品中已经描绘机器人如何使用。例如，1967 年阿波罗应用轨道工作站的方案后来演变为 Skylab，并配备了一个可弯曲的作动器，用来在 EVA 操作中移动空间站表面的硬件设备，这与目前国际空间站的机械臂很相似。

1972 年 8 月 25 日，载人航天中心（当时是）与马丁·玛丽埃塔公司签订了价值 226 256 美元的合同，用来研究航天飞机载荷舱内的货物装卸系统。这种装卸系统类似于电源驱动的手臂，这些机械臂长为 9～12 米（30～40 英尺），并由载人舱进行操作。除了搬运货物，机械臂将协助航天员进行太空行走。

一年后，一个为期 2 天的 NASA 委员会会议于 7 月 10 日～11 日在马歇尔航天飞行中心举行，会议的主题是远程操纵系统和舱外活动。委员会成员会见了工业界和军方代表，审查了当前和未来的机械臂技术，并考虑将它们在航天飞机上应用，包括协助航天员维修太空望远镜。正是这些早期的研究，使工程师们制定了远程操作系统的规格。这是通过 NASA 和加拿大于 1975 年签署的备忘录制定的，初步的研发工作已经在一年前启动。

1981 年 2 月 11 日，RMS 正式被命名为“加拿大臂”，同年 11 月它第一次在 STS-2 上投入使用。同时，据报道机械臂能够承载一个重 65 000 磅（29 484 千克），直径不大于 15 英尺（4.5 米），长 60 英尺（18.29 米）的载荷，并且它能够将一个同样尺寸、重达 32 000 磅的（14 515 千克）载荷放入载荷舱。机械臂是载荷安装回收系统（PDRS）的一部分，这个系统也可以有效地部署和安装设备，如龙骨连接装置、纵梁连接装置与闭路电视系统。RMS 的主要承包商是位于加拿大多伦多的 Spar 航天公司。

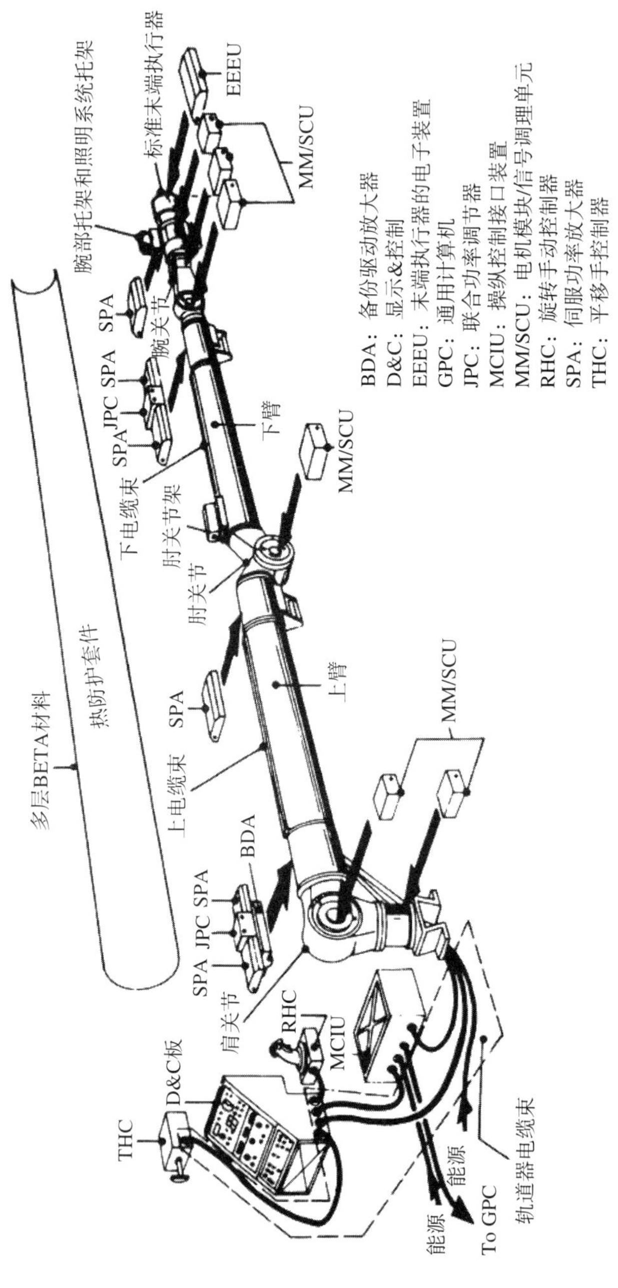

图 3－9　航天飞机远程操作系统（RMS）的组成

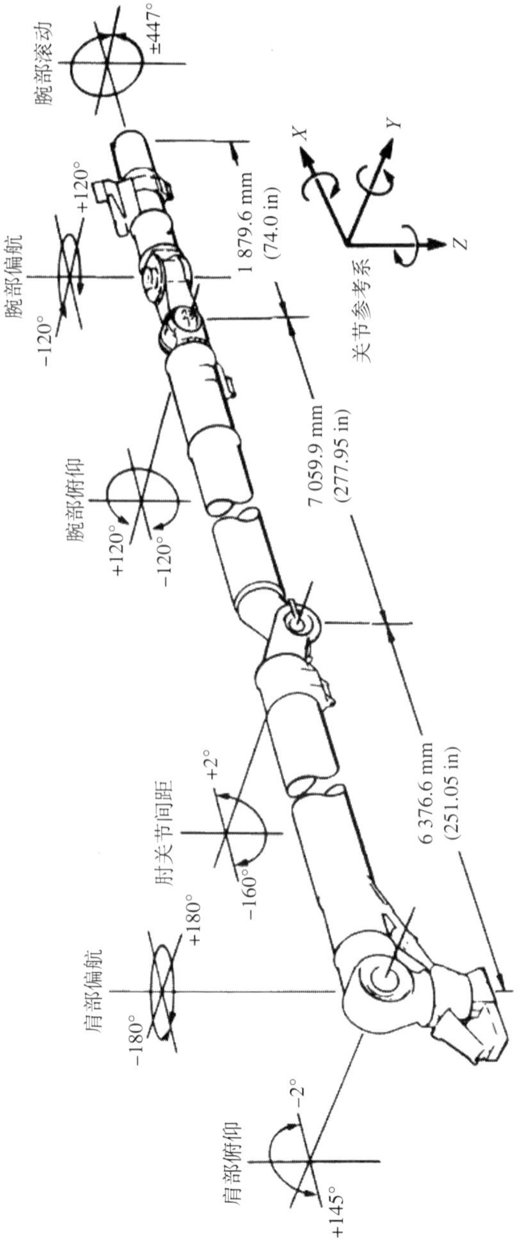

图 3－10　RMS 的关节转动

注：关节角度被指定为特定值

机械臂连接在载荷舱口纵梁，长 50 英尺（15.24 米），包含两节刚体，有六个自由度。从轨道器接口开始，连接处可以进行肩部偏航、肩部俯仰、肘俯仰、腕部俯仰、腕部偏航和腕部滚转运动。连接肩肘关节的上臂长 21 英尺（6.4 米）。臂肘与腕关节相连的下臂臂长 23 英尺（7 米）。腕关节上的末端执行器能够像手一样工作。

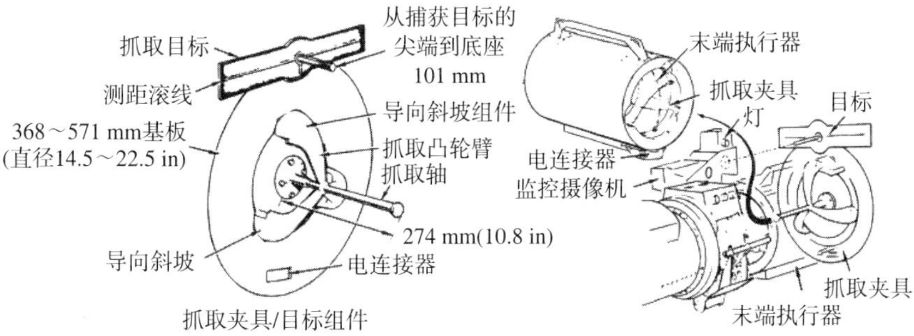

图 3－11　RMS 末端执行器和目标捕获夹具的细节

在舱尾右飞行外舱板位置工作时，机械臂操作员采用了直接观察和利用载荷舱摄像机相结合的方式，通过腕部和肘部相机的视图与目标对准，并将末端执行器定位在载荷部分的夹具上。系统三根电缆插入一个可伸缩的末端执行器内，在夹具的突出轴周围闭合，电缆被收缩到末端执行器中以便完成捕获。导引夹具上的斜面凸轮与末端执行器中的关键键相配合，以校正最终捕获动作中任何没有对准的情况。RMS 的运动由轨道器的通用计算机（GPC）控制，其软件理解机械臂控制器发出的信号，并决定哪一个关节应移动，以什么方向、什么角度移动，以及伸到多远距离。该软件能够以 80 毫秒为周期监测每个关节，以便在发生故障时计算机能够自动对所有关节实施制动，并向操作者报错。

RMS 在超过 30 年的 135 次航天飞机任务中，在 91 次舱外操作中发挥了至关重要的作用。有五套 RMS 是在 1981 年 4 月至 1983 年 8 月期间建造并交付给 NASA 的，其中之一在 1986 年随挑战者号任务而失利。所有与哈勃有关的 6 次航天任务都配备了 RMS。在 2003

年哥伦比亚号失利之后，所有后续的任务都搭载了轨道器可展传感器系统（OBSS），该系统长 50 英尺（15.24 米），与 RMS 一起进行轨道器热防护的检查，确保在返回前热防护系统没有任何破损。

表 3－2　哈勃航天飞机任务中的远程操作机械臂主要操作人员

飞行	任务	RMS 主要操作人员
部署任务	STS－31	史蒂夫·霍利
SM－1	STS－61	克劳德·尼科尔
SM－2	STS－82	史蒂夫·霍利
SM－3A	STS－103	让-弗朗索瓦·克莱瓦
SM－3B	STS－109	南希·柯里
SM－4	STS－125	梅甘·麦克阿瑟

RMS 的机动性和可靠性是哈勃太空望远镜服务任务成功的关键。利用 RMS 捕获望远镜并将其置于有效载荷舱，同时支持航天员的活动并辅助其重新部署望远镜。控制 RMS 的航天员或在其末端执行器进行太空行走的航天员（这本身是一个难忘的经验）经常称赞 RMS，它绝对是项目早期论证时的一个关键决策，在航天飞机和空间站项目中的价值远高于它的投入成本。

3.7　太空相会

太空望远镜一系列在轨服务任务的另一个重大挑战是发展航天飞机的定位技术，使机械臂能够伸出并捕获卫星，然后将其释放回轨道。经过几年的发展，这些交会和接近操作技术也将直接应用于随后的航天飞机与和平号空间站（Mir）和国际空间站（ISS）的装配任务。

3.7.1　规划

航天飞机交会对接系统的设计最初体现在 20 世纪 70 年代早期的研究中，它被定义为轨道器与另一种飞行器的物理连接，理论上

图 3-12　航天飞机接近望远镜（出自英国星际学会）

另一种飞行器是空间站。许多方法和组件方案相继被提出、评估和策划。尽管航天飞机在 1981 年首飞，停靠设备的需求直到 1995 年才被提出，但当时建设空间站不是美国而是俄罗斯的目标。当时，第一次哈勃在轨服务任务已经执行。在轨交会及目标伴飞的技术已发展多年，并在 20 世纪 80 年代航天飞机回收多颗卫星的任务中成功验证。但机械臂捕获载荷并将其精确安装在载荷舱内的能力，意味着没有必要在望远镜上配备对接系统，仅配备一个夹具就够了。

然而，当在轨服务任务正式开始策划时，有关望远镜和航天飞机的设计已在多年前就确定了，事实证明，一些实际的航天飞机交会对接任务经验并没有得到充分的吸收或理解。

在准备飞往太空的过程中，有一段规划工作的时间，可以对一系列的分类研究和仿真进行规划，然后进行广泛的技术讨论，将基本任务与应急行动区分开来。再下一步是规划时间节点，以确定实现轨道器接近目标且对两个飞行器风险最小的最佳路径，并准备最后的对接。

哈勃太空望远镜的交会技术以一系列机动为特色，在航天飞机进入轨道后不久开始，并一直持续到第 3 天飞行开始。当天，雷达和星跟踪导航敏感器收集了相关的测量信息，以用于更新航天飞机机载计算机的相对导航状态。计算机随后计算出一系列发动机工作计划，使轨道器与目标距离保持在 2 000 英尺（约 610 米）以内，以进行近距离操作。在这些近距离操作中（称为 Prox Ops），必须控制两个飞行器之间的相对运动，以保证轨道器推力器点火时的喷射物不会破坏目标表面。对哈勃来说，保护光学系统是最重要的。在近距离操作中，戈达德地面的控制人员一直在监视望远镜的温度和功率状态。

通过 RMS 抓取在望远镜两侧的一个固定装置实现哈勃望远镜的捕获，然后望远镜被轻轻地放在载荷舱的支撑结构上。接下来机械臂松开望远镜，以协助 EVA 团队实施在轨服务。操作 RMS 的人员必须小心控制以确保望远镜满足热、光或通信要求的约束，而且要确保望远镜不会受到轨道器发动机羽流影响。随着在轨服务工作的完成，RMS 将再一次抓住哈勃，将它从载荷舱中取出并释放，就像它第一次被部署时一样。这些程序参考了多年的飞行经验并被多次完善，但五次在轨服务任务中的每一次基本上都是相同的任务概况。

3.7.2　从发射平台到入轨

第一项挑战是把航天飞机从发射平台发射，能使其进入对目标的最佳“追踪”剖面。在轨交会和对接的行为通常由“主动”航天器来追逐“被动”目标。当然，航天飞机属于主动航天器。与哈勃进行交会的主要约束是在 380 英里（600 千米）的高空，并且轨道器的推进剂储备仅够到达哈勃，而且还要提高轨道以抵消在轨服务任务期间由空气阻力引起的轨道衰减，任务完成后最终回到地球。

3.7.3 交会阶段

理想情况下，航天飞机发射必须准时，这样才会确保入轨时与目标飞行器共轨。两个轨道平面之间的任何差异都需要主动航天器消耗更多的推进剂，而且有可能无法实现交会。即使在理想情况下，追踪器也不能通过简单地启动发动机来追赶目标。交会始于两个椭圆轨道上具有不同周期的航天器。如果航天飞机启动发动机以增加或减小速度，那么将改变轨道参数。较高的圆轨道比较低的轨道运行速度低，因此，如果飞行器在飞行方向上启动发动机，则会增加轨道速度。由于地球引力的存在，这种机动将把圆轨道变为椭圆轨道，其轨道的最高点与机动地点相对。而且由于航天器在较高的轨道飞行得更慢，因此提高轨道就延长了轨道的周期。另一方面，在圆轨道上，发动机反向开机降低了飞行器轨道速度，使航天器轨道高度降低，轨道周期缩短。

当航天飞机入轨后不久启动交会时，将处于比目标低的轨道上，所以必须进行变轨使其能够追踪到目标，然后航天飞机悬停并准备启动近距离交会对接操作。交会对接过程被分为多个“阶段”。漂移轨道 A 距离目标约 6 200 英里（10 000 千米），也被称为“视场外”的交会，因为它发生在追踪器不与目标进行通信的阶段。漂移轨道 B 发生在目标处于视野内且能够进行通信时，距离约 3 300 英尺（1 千米）。

对于哈勃来说，最后的机动通常由处于舱尾的航天员协助任务指挥官进行控制。当 RMS 操作员准备抓取哈勃太空望远镜时，乘组其他成员将使用激光测距仪来测量速度并在两飞行器接近时拍摄照片。接近操作 A 阶段通常会在 1～5 个轨道周期内减小至 330～3 280 英尺（100～1 000 米）的距离。B 阶段将在 45～90 分钟（半个或一个轨道周期）减小至 33～328 英尺（10～100 米）。在哈勃望远镜的交会中，最终的 RMS 抓取会在 33 英尺（10 米）的范围内发生，通常持续约 5 分钟，在此期间，航天飞机将进行小范围“偏航”（左右）和“俯仰”（上下）机动，同时通过滚转（从左至右滚动）调整与夹具适配器之间的相对位置关系，以实现精确配合。

3.7.4　接近目标

将两个航天器连接在一起有几种不同的方法：

1）V－bar 是主动航天器沿目标的速度矢量（航迹），最终的接近是在目标前向或后向。

2）R－bar 是主动航天器从目标上方或下方沿其径向接近目标（主要是从航天器飞行方向上侧或下侧）。

3）Z－bar 是主动航天器从目标飞行轨道平面的左侧或右侧水平接近。

目标可以通过姿态调整将对接/抓取装置转向接近的航天器，以协助其完成最终捕获。

3.7.5　航天飞机技术的发展

航天飞机交会技术起源于 1970—1971 年进行的 B 阶段研究。在这 2 年项目中，航天员模拟了四次航天标准任务，以满足双子座和阿波罗首次使用航天飞机的需求。1973 年，RCS 推力器在制动阶段的污染和喷射物成为载荷方关注的焦点，工程师们设想通过限制这个阶段的推力器点火方向、安装防护罩，或调整轨道器姿态来避免这种情况发生。1977 年提出的“Low－Z 模式”（见下文）曾被设想在最后接近卫星的阶段用来减小污染，如长期辐照卫星和太阳峰年卫星，二者都将被航天飞机抓取以实施服务。

3.7.6　飞行履历

在 1983—1985 年间，一些航天飞机任务开始执行交会对接操作。从 STS－7（SPAS 1 卫星）开始，还包括 STS－41 C（太阳峰年卫星回收），STS－51A（Palapa 和 Westar comsats 的回收），STS－51D（Leasat 3 二次交会）和 STS 51I（Leasat 3 在轨维修）。

这些早期的成功使人们有信心去规划更大型的操作项目，包括为哈勃提供在轨服务并组装规划中的自由号空间站。

在早期，鲍勃·克里平负责指挥 STS－7 和 STS－41 C 进行交会对接技术的演练。他和 STS－7 的工作人员清楚地意识到交会对接对回收、维修和重新部署卫星的意义。他们的任务是在未来更先进的操作出现之前论证交会对接方案并开发基本能力。有必要了解的一点是，在 1983 年自从 8 年前阿波罗-联盟号的交会对接，还没有美国航天员进行过这样的操作。正如克里平所指出的，当时还没有人考虑广泛开展关于组装自由号空间站的工作，因为这项工作当时还没有被授权（下一年得到授权），航天员办公室的主要焦点仍是在卫星维修任务上。

在执行 STS－41 C 任务接近太阳峰年卫星的过程中，克里平主要关注的是太阳光入射角度。他只是看着卫星，而不是运动的地球背景。这一情况是由汤姆·斯塔福德在双子座 9 号交会对接的过程中记录的，双子座 9 号在 1966 年返回了地球。虽然太阳非常刺眼，克里平指出，实践和规划以及“一副很好的太阳镜”可以解决这个问题。当然，这是比开发一个复杂的遮光罩更简单且经济的选择，而且遮光罩很可能会挡住窗外的视野。

据克里平所述，早在项目在轨测试阶段就有交会对接的需求，但并没有被实施。STS－7 是进行交会对接的最早机会，因为它被用来回收 SPAS 自主飞行卫星。STS－41 C 实施第一次直接升轨，这种技术避免了即刻开启 OMS－1 发动机带来的影响，以实现在第一次经过远地点即可将轨道圆化。轻松的检查节奏使参加测试的人员有更多时间完成更多的测试目标。克里平被任命负责指挥两项开发航天器交会对接技术的重要任务，这不是巧合，因为他是当时航天员办公室最有经验的成员之一。

从 STS－41 C 与太阳峰年卫星交会对接的经验中反思时，克里平说，“最大的问题是太阳峰年卫星的设计图纸不完全正确；安装在纳尔逊的 MMU 的抓取装置无法正常工作，这将导致太阳峰年卫星无规律翻滚。”克里平还指导训练了特里·哈特，让他作为 RMS 操作的后备人员，并指出在他的经验里交会对接最重要的是“知道你要做什么，并了解卫星是什么样子”。“事实上，图纸错误不是影响操作的唯一问题。克里平发现另一个问题是，STS-41C 卫星的 RCS 自动驾驶仪控制很灵敏，当他想使挑战者号停止接近太阳峰年卫星时，却不经意地使得它继续接近。为解决这一问题，工程师对数字式自动驾驶仪进行了改进。克里平还解释说，这不是一个简单的与 SPAS 或太阳峰年卫星保持稳定相对姿态的任务，尽管他发现关闭朝上方向推力器有助于操作。既然他们在飞行前检查了太阳峰年卫星的图纸，克里平于是忽略了这点，因为“人们总是告诉你，他们的图纸是正确的。”这位资深航天员还指出，太阳峰年卫星维修任务的推进者也是公认的在轨卫星服务理念先驱——戈达德航天飞行中心的弗兰克·切波利纳。

3.7.7　哈勃的经历

新技术开发与进步不断支撑哈勃在轨服务任务中的近距离操作水平的提升。由于航天飞机在 1988 年才恢复飞行，在第一次在轨服务任务之前航天飞机只有六次与独立目标进行交会对接的经历。它们分别是 STS-32（LDEF 回收），STS-39（SPAS 2-01），STS-49（Intelsat 603），STS-56（Spartan 201-1），STS-57（EURECA）和 STS-51（ORFEUS-SPAS 1）。虽然 LDEF 和 Intelsat 是大型飞行器，但它们远不如望远镜复杂。

在交会过程中，必须正确地操作哈勃，以确保太阳帆板朝向太阳来进行充电，因此必须小心配合望远镜和太阳帆板的姿态。在执行任务中航天员也意识到，脆弱的阵列及其支撑结构和旋转模式对轨道器 RCS 非常敏感，特别是在高压推力下，也容易受到羽流污染。所以位于休斯敦的飞行设计与动力学团队开展了一项研究，研究内容是如何在标准（计划情况）和突发（备份和紧急情况）下接近、捕获及重新部署阶段的近距离操作时确保羽流不影响望远镜，

计已经完成，而且正在进行建造。在正常使用中，Z 轴推进器的羽流喷向目标，并在最后接近时减速。由于像哈勃这样的航天器十分敏感，即使关闭望远镜前盖，污染和超压损伤的风险仍然很高。

Low-Z 模式的提出就是为了弥补这一不足。在这种模式下使用 X 轴推进器，其羽流方向朝向目标两侧而不是直接指向目标。当然，不利的一面是，由于推力偏离了轴心，为达到相同的效果将消耗更多的推进剂，导致实际执行哈勃服务任务时已经接近航天飞机推进剂容量的极限了。

把哈勃放入航天飞机载荷舱进行在轨服务的优势在于航天飞机能够使用其轨控发动机提高轨道并克服望远镜受到的引力作用，从而确保其运行效能直到下一次在轨服务任务。为了防止在操作过程中对组合体施加太大的压力，它是通过一系列小推力发动机来实现组合体轨控。由于在轨服务任务之间有几年间隔，这为没有轨道机动能力的哈勃提供了效能补偿。

在近距离操作采用 Low-Z 控制模式及后续的轨道机动时需要谨慎，必须保证有足够的推进剂使航天飞机返回地球。

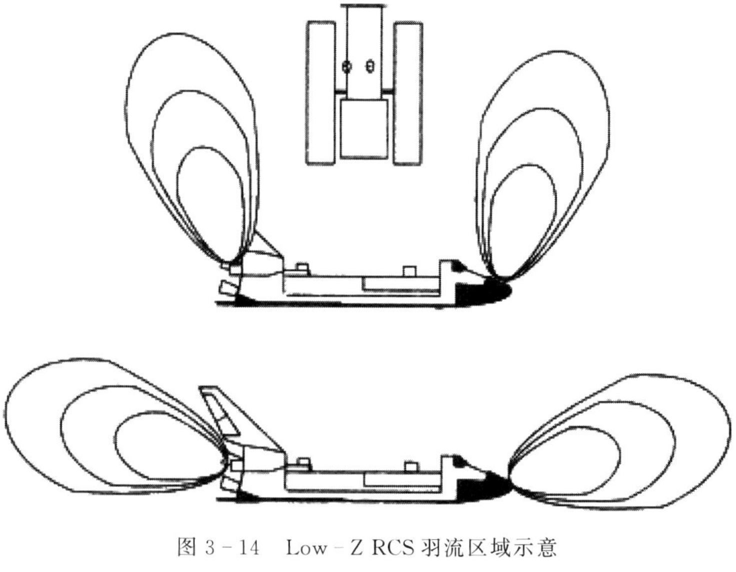

图 3-14　Low-Z RCS 羽流区域示意

表 3-3　航天飞机执行的哈勃任务时间

飞行	发射	任务	下次任务	日期	周期
STS-31	1990 年 4 月	部署任务	STS-61	1993 年 12 月	3 年 8 个月
STS-61	1993 年 12 月	SM 1	STS-82	1997 年 2 月	3 年 2 个月
STS-82	1997 年 2 月	SM 2	STS-103	1999 年 12 月	2 年 10 个月
STS-103	1999 年 12 月	SM 3A	STS-109	2002 年 3 月	2 年 3 个月
STS-109	2002 年 3 月	SM 3B	STS-125	2009 年 5 月	7 年 2 个月

注：任务之间间隔大约为 2.5～3 年，除了最后一次飞行任务由于哥伦比亚号的失利，因两次取消和重新安排而被拖延。

3.8　哈勃的管理

像哈勃这样大型长期工程的管理，不能只由 NASA 的一两个领域中心来完成。任务被划分至五个中心，再加上美国和欧洲的众多合同承包商和大学。

这里列出了到发射阶段不同机构的主要任务分工。

1）NASA 总部，华盛顿：在空间科学与应用办公室（OSSA）的指导下运行整个空间科学项目。哈勃项目属于天体物理学部门的一部分，太空望远镜项目负责人负责望远镜相关资源的使用策略、目标和管理，而项目科学家则负责科研策略。NASA 总部监督所有的领域中心，协调项目预算和机构内的指导方针，并向国会报告进度和结果。

2）马歇尔航天飞行中心，亨茨维尔，阿拉巴马州：是整个项目管理的领导中心，负责早期望远镜的开发及后续由航天飞机部署的仪器设备验证。它还管理了望远镜的成本、进度和技术性能指标。在项目的早期阶段，在马歇尔水池中进行了大量的仿真和训练，以补充在约翰逊和戈达德训练机构进行的在轨服务任务方面的其他训练成果。

3）戈达德航天飞行中心，格林贝尔特，马里兰州：负责望远镜研发中的科学验证，并通过望远镜地面系统协调望远镜每天的操作。它的工作与主承包商洛克希德公司和太空望远镜科学研究所

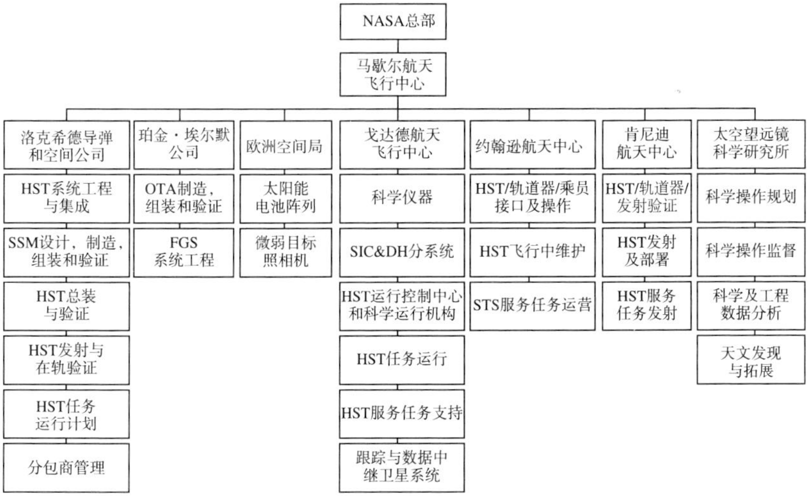

图 3-15 太空望远镜项目的责任分工（大约在 1990 年）

（STScI）紧密相关。它负责为在轨服务任务提供设备和仪器。太空望远镜操作和控制中心（STOCC）也位于戈达德。1988 年 9 月“维修任务”（第一次在轨服务）的负责方从马歇尔调整为戈达德。从那时起，开发后续在轨服务项目的责任就一直落在戈达德。

4）约翰逊航天中心，休斯敦，得克萨斯州：航天员之家，它负责航天飞机从飞离佛罗里达州的发射塔架到任务结束降落之前的所有操作。它也是航天员主要的培训中心，并负责轨道器和望远镜之间的所有接口。如果哈勃在轨服务有联合活动的需求，航天飞机乘组人员将通过休斯敦的任务控制中心与戈达德的 STOCC 进行联络。

5）肯尼迪航天中心，佛罗里达州：NASA 的发射设施坐落于卡纳维拉尔角空军基地以北的东部测试区。该中心利用 39 号发射区内阿波罗飞船的发射设施，负责在待发、发射和航天飞机在轨服务前的工作。它也是航天飞机任务结束后的主要着陆区（EOM），它得到了加州德莱顿飞行研究中心、新墨西哥州白沙测试机构及分布在全球的应急着陆区的支持。它也负责从海洋中回收固体火箭发动机及准备返回犹他州莫顿聚硫橡胶公司主承包商的设备。在哈勃望远镜项目中，KSC准备望远镜的发射及每次在轨服务任务的载荷。

6）空间跟踪和数据系统办公室：在太空望远镜项目中，它采用网络跟踪与数据中继卫星系统（TDRSS）及NASA卫星通信网络（NASCOM），管理地面与航天器间的通信。

7）太空望远镜科学研究所，约翰·霍普金斯大学，巴尔的摩，马里兰州：它与戈达德航天飞行中心的STOCC合作，负责管理和协调在轨服务任务之间的科学项目。围绕飞行故障和在轨服务任务规划的科学项目需要大量的团队合作，这种方法确保了在设备故障时具有最佳观测期和最大效率的时间管理方法。它还管理在轨维修时的哈勃系统开关时间，以及在首次部署和每次在轨服务任务后的测试和验证，以确保科学项目尽快恢复并尽可能安全。

8）洛克希德导弹和空间公司，森尼维尔市，加利福尼亚州：哈勃太空望远镜的主承包商，该公司负责管理望远镜的设计、开发、制造及组装，以及对支持系统模块的验证。它同时也是协作承包商，负责指导许多分包商。它参与了组装后的集成测试，在在轨服务期间向NASA提供支持。同时，洛克希德公司的一个团队协助STOCC进行控制和科学操作。

9）珀金·埃尔默公司：主要负责设计、开发和测试光学望远镜组件，随后被运输到洛克希德。该公司也负责开发制导传感器。

10）科学仪器承包商：对于哈勃上的每一件用于发射和更换的仪器，NASA与多个研究机构和分包商签订合同，共同开发、建立和测试这些专用仪器，并由一名首席研究员负责其设计和操作。作为努力的回报，将仪器运行前几个月的主要观测时间奖励给首席研究员。一共有15～20个承包商、分包商和PI来开发哈勃太空望远镜的硬件设备。

3.8.1　跟踪与数据中继卫星系统（TDRSS）

同步轨道卫星通信网络可以接收低轨航天器的数据并转发到白沙中心（WSC）或关岛远程地面终端（GRGT）。以哈勃望远镜为例，这些数据随后传输到戈达德的太空望远镜操作控制中心，进行处理并转发到巴尔的摩的太空望远镜科学研究所。

在大西洋、印度洋和太平洋上方都有正常运行（和备份运行）的跟踪与数据中继卫星（TDRS）。2014 年，有 9 颗在役的中继卫星，其中三颗为主份星，其余的作为备份。为了接收数据，至少需要有一颗卫星在哈勃望远镜的数据传输范围内。望远镜上的每一个高增益天线都配有一个双轴万向机构，以使它能够沿任意方向旋转 100°以跟踪地球同步卫星。STOCC 可以向哈勃发出更新升级指令或安装软件“补丁”到它的电脑。卫星在太空中的位置不会影响哈勃望远镜的观测行为，因为在开始观测之前一些必要的控制已经完成。当所有中继卫星均未处于哈勃的通信范围时，望远镜会将数据存储，在获得通信链路后再进行传输。

图 3 - 16　太空望远镜通过跟踪与数据中继卫星的通信链路（TDRS）
（出自英国星际学会）

TDRSS 项目创建于 1973 年，由戈达德航天飞行中心管理，旨在为 NASA 提供连续的、全天候的通信服务和改进的数据接收方式，减小对其他国家地面站的依赖。到目前为止，TDRS 项目已经开发了三代产品，每个航天器在发射前被指定一个字母，并在通过在轨测试后进行数字命名。迄今为止，已经发射了 12 颗卫星，其中一颗搭载于挑战者号在 1986 年失利。

9 颗在役卫星中的 7 颗目前仍在运行（两颗一代星、三颗二代星和两颗三代星），另外两颗一代星在寿命到期后已再入地球进行受控处置（TDRS－3 落入大西洋和 TDRS－5 落入太平洋）。经过 20 年的服务期，另外两颗一代星（TDRS－1 和 4）已经被关闭然后进入高于其他中继星 300 英里（482.7 千米）的超同步轨道。正常运行的 TDRS－6 和 9 都是在大西洋上运行，刚刚通过测试阶段的 TDRS－12 也将同它们一起运行在大西洋上；TDRS－7 和 8 运行在印度洋上；TDRS－10 和 11 运行在太平洋上。TDRS－M 预计在 2016 年发射，一颗另外的飞行器 TDRS－N 处于待定状态。

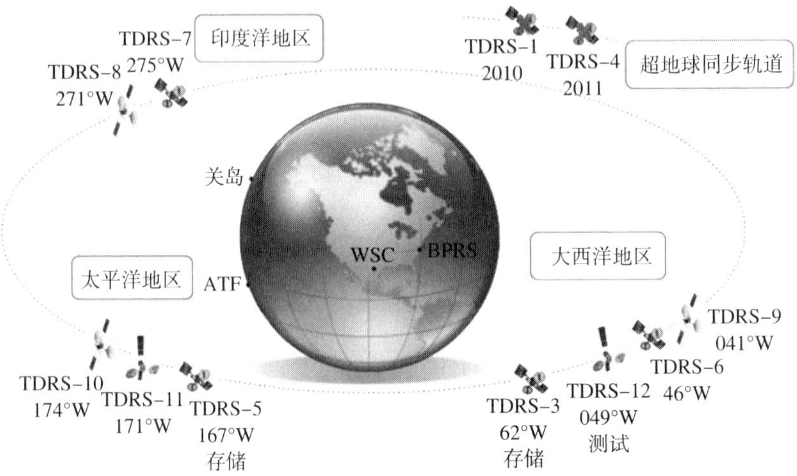

图 3－17　2014 年前后的 TDRSS 网络

表 3-4 NASA 跟踪与数据中继卫星系统

卫星	操作	发射	航天器	现状
第一代				
TDRS-A	TDRS-1	1983 年 4 月 4 日	STS-6，挑战者号	2010 年秋退役 2010 年 6 月废弃
TDRS-B	TDRS-2（原计划）	1986 年 1 月 28 日	STS-51 L，挑战者号	发射失利，未与运载火箭分离
TDRS-C	TDRS-3	1988 年 9 月 29 日	STS-26，发现号	2011 年 12 月落回地球
TDRS-D	TDRS-4	1989 年 3 月 13 日	STS-29，发现号	2011 年 12 月退役 2012 年 4 月废弃
TDRS-E	TDRS-5	1991 年 8 月 2 日	STS-43，亚特兰蒂斯号	2014 年落回地球
TDRS-F	TDRS-6	1993 年 1 月 13 日	STS-54，奋进号	正常运行
TDRS-G	TDRS-7	1995 年 7 月 13 日	STS-70，发现号	正常运行，代替 TDRS-B
第二代				
TDRS-H	TDRS-8	2000 年 6 月 30 日	阿特拉斯 IIA	正常运行
TDRS-I	TDRS-9	2002 年 3 月 8 日	阿特拉斯 IIA	正常运行
TDRS-J	TDRS-10	2002 年 12 月 5 日	阿特拉斯 IIA	正常运行
第三代				
TDRS-K	TDRS-11	2013 年 1 月 13 日	阿特拉斯-401	正常运行
TDRS-L	TDRS-12	2014 年 1 月 24 日	阿特拉斯-401	正常运行
TDRS-M	TDRS-13	计划 2016 年	—	—
TDRS-N	TDRS-14	待定	—	—

3.9 一个欧洲的合作伙伴

1974 年年底，为了争取项目资金，NASA 向欧洲寻求援助。其他国家的参与不仅有助于减少对国会的预算需求，而且有助于提高项目获得立项的概率。

1975 年，欧洲空间局（ESA）同意加入大型太空望远镜项目，并于 1976 年 10 月宣布其第六次会员国会议一致同意为该项目投资 8 000 万欧元。12 个月后，在 1977 年 10 月，两大航天组织签署了一项备忘录，其中欧洲空间局将提供一个微弱目标相机以及配套的光子探测器，可以在光谱的紫外线、可见光和近红外区域用于高分辨率成像。微弱目标相机将由德国的多尼尔公司和法国的马特拉公司进行开发。英国航天局提供的光子探测器能够探测到 24 856 英里（40 000 千米）的烛光。声明中解释道，“仪器在太空望远镜上工作时间越久越能发挥科学作用”。NASA 也同意 ESA 将为望远镜制造太阳电池阵并协助戈达德的太空望远镜操作和控制中心管理观测站及其科学项目。ESA 相关任务将由位于荷兰诺德维克公司的欧洲航天技术中心（ESTEC）统一管理。作为出资 15%的回报，欧洲空间局将获得望远镜“项目观测周期内”观测时间的 15%。欧洲空间局的 15 名工作人员将被分配到巴尔的摩的太空望远镜科学研究所开展工作。

根据洛塔尔·格拉克，一位曾于 1986—2012 年在 ESA 工作的哈勃项目工作人员的描述，欧洲空间局受益于 NASA 在航天技术和任务管理方面的经验。在他长期参与项目的过程中，格拉克对美国人的敬业精神印象深刻，并尽量缩小文化之间的差异。他唯一的负面回忆是在 2001 年 9 月 11 日恐怖袭击之后，当安全控制被加强到了一定程度以至于当时的情形让欧洲的 HST 团队非常不适。“我们在任何地方都需要被监护，甚至是休息室。”无论团队去哪都要严格监护。这是必须遵守的规矩，团队中的同事共事多年，都是同行和好朋友，没有人想惹事，他们只是想继续工作而已。

在 1977 年协议的基础上，NASA 和 ESA 的合作促使了两名欧洲航天员参与执行哈勃太空望远镜在轨服务任务。克劳德·尼科尔（瑞士）在 1993 年 12 月参加了 STS-61 的第一次在轨服务任务，任务中他作为 RMS 的主要操作手，然后作为 EVA 人员在 1999 年 12

月参加了 STS－103 任务。具有英美血统的 NASA 航天员迈克·福尔与尼科尔一起进行了太空行走，同时让-弗朗索瓦·克莱瓦（法国）担任 RMS 的主要操作手。

3.9.1　英国的加入

英国与哈勃及其在轨服务活动也有关联。位于英格兰布里斯托尔的英国航空航天公司地球观测与科学部作为 ESA 工作的一部分得到了开发太阳电池阵的合同，并在第一次在轨服务中更换了改进后的太阳电池阵。

虽然没有得到很好的宣传，但第二次与哈勃在轨服务有关的英国扩展了五项任务。他们开发、制造和供应专用的可重复使用的货盘模块作为货运工具。根据 ERNO（Zentralgesellschaft VFW－Fokker MbH）和 ESA 的合同，BAe 将生产这些单元，并将此作为 ESA 在航天飞机项目中的贡献。空间实验室开发的货盘在其 30 年的历史中被众多的航天飞机所采用，装载着各种各样的载荷和设备。对于哈勃望远镜项目来说，它们主要的作用是装载望远镜在轨服务中的更换单元。除了在 EVA 活动期间将科学仪器运送入轨和作为临时装载地点外，多用途货盘携带着仪器、工具和备件，供航天员在望远镜上工作时使用。

空间实验室货盘采用 U 型设计，能够与航天飞机有效载荷舱界面达到最佳匹配状态，同时最大程度地保护设备安装平面。为了满足任务要求，可以进行单、双或三平台配置，这种设计是为了满足用户最大的灵活性需求，它可以根据新的载荷进行快速更改。这种灵活性使它成为 STS 系统的一个理想元素，尽管这一点经常被忽视。精心设计的附件与轨道器的固定装置相辅相成，使得所有可拆卸物品可以互换。这种设置有大约 1 000 种不同质量分布和配置的“载重箱”（组合）可以选择，以配合各种各样的航天飞机载荷和操作。它们的轻量化设计使它们成为哈勃在轨服务中那些形状不规则设备的完美载体，并将旧设备返回地球。

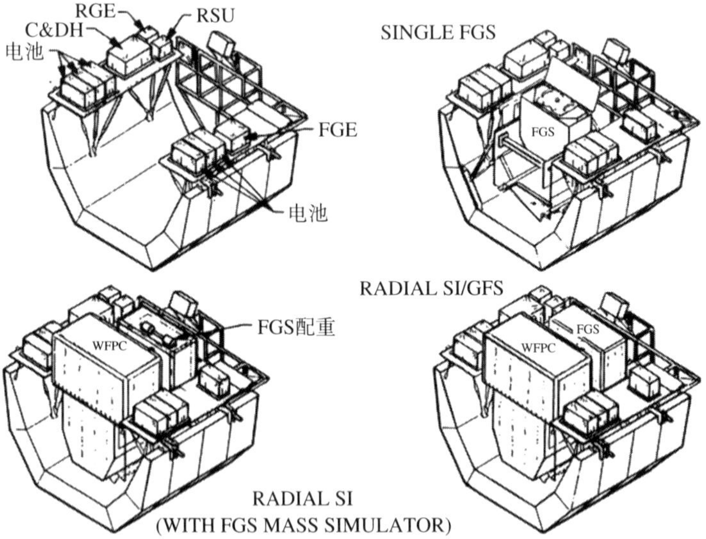

图 3-18　基于航天飞机的货盘系统，哈勃配置的四种在轨更换单元（ORU），由英格兰的英国航空航天公司地球观测与科学部提供，隶属于欧洲空间局（ESA）合同内容

每个货盘结构均采用铝蜂窝板，可以装载长度为 11.92 英尺（3.63 米）的有效载荷。托盘长为 9.66 英尺（3 米），但可以承载更长的载荷；其结构质量为 1 400 磅（636 千克），可以装载 9 086 磅（4 130 千克）的载荷。货盘有 24 个主要附着点，既可以适应特殊尺寸的装置又可以用来直接固定。此外，二级设备提供了内板上矩阵分布的 24 个附着点，可以用来安装较小物品。每个货盘有 10 年或 50 次任务的使用寿命，以哪个条件先满足为准计算寿命。

为适应不同的载荷，工程师开发了不同种类的平台并且每种平台都包含两层结构。平台组件由两种元素组成，平台和铰链。平台是矩形的，且设计成不同的尺寸，目的是在装载较小物品时保证最大的灵活性。平台由四个铰链连接，这种结构可以使装载物置于顶层或底层。由于是开放式结构，这些平台可容纳每平方英尺 90.7～181.5 磅（200～400 千克/平方米）的载荷。BAe 还提供了半货盘和四分之一货盘的设计，以备未来空间站选择。许多“货盘任务”的提议被评估是否适用于空间实验室项目，承载地球、恒星或太阳观测仪器在太空中自主飞行，它们可以由航天飞机进行部署和回收。

虽然这些选择没有像设想那样被开发，但是货盘元素是每次哈勃在轨服务任务中的无名英雄，它将新的硬件设备运送入太空，还可以作为临时或永久的 EVA 平台，同时，它还可以承载回收的硬件设备返回地球。

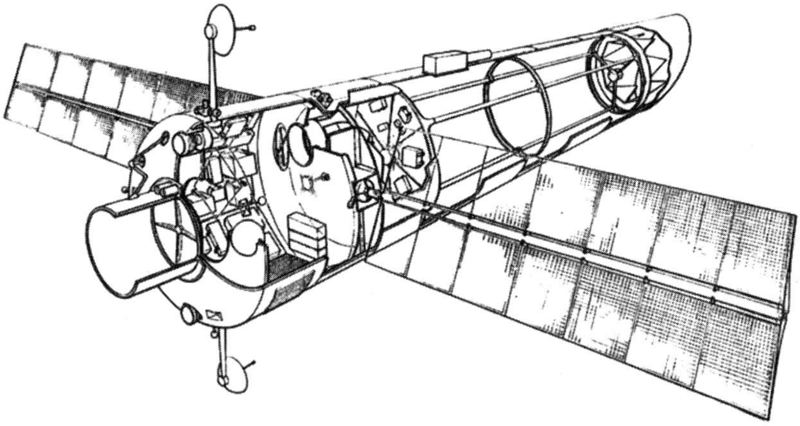

图 3－19　霍克·西德尔动力学公司于 1970 年前后提出的关于欧洲天文学实验模块的概念模型（出自英国星际学会）

3.9.2　英国/欧洲的哈勃望远镜

如果人们对大型太空望远镜的发展有兴趣，就会发现它并不专属于美国。1970 年秋，欧洲空间研究组织（ESRO，ESA 的前身）收到了位于英格兰斯蒂夫尼奇的霍克·西德尔动力学公司空间部的一份报告。以沃森·兰为首的团队，包括吉姆·希顿、约翰·法罗和约翰·戴维斯，希望参与后阿波罗活动。

他们建议“开展关于天文学实验模块的设计研究”，将焦点集中在一个具有 10 英尺（3.05 米）直径的主镜和里奇-克莱琴（改进的卡塞格伦望远镜）光学系统的太空望远镜。类似于MOT/LST设计，HSD机构将轨道高度定为海拔805英里（500千米），轨道倾角定为55°。轨道周期为94.48分钟，每个轨道周期内大约有37分钟的观测时间。预计太阳能电池将有5年或10年的寿命，电池寿命为3年。该太空望远镜使用自己的推进系统，每3个月在空间站停靠一次进行在轨服务，然后返回其运行轨道。总的使用寿命预计将长达10年。按计划，空间站将配置一个增压舱（类似于早期的MOT）用来为望远镜实施在轨服务。

3.10 污染防护

20世纪70年代霍克·西德尔动力学公司的研究包括多种需要被重点关注的污染源（今天仍旧如此），以确保硬件设备的每个部分在其离开地球的时候都没有被污染。对于哈勃太空望远镜来说，这适用于计划航天飞机维修或更换失效或过期部件的任务。任何与望远镜接触的物体都经过严格的防污染处理。必须经过严格的检查，以确认每一项硬件都以尽可能原始的状态被发射。污染的来源有很多，尽管经过严格的程序、检查和预防措施，佛罗里达州湿热的环境给这项任务带来了挑战，比如蚊子和飓风。

HSD研究列举出污染可能从生产过程中的废料中产生，可能由装配设备的工具产生，甚至可能由使用方法产生。例如，污染可能来源于金属或润滑剂，或者直接来源于工程师装配航天器的过程。如果人员防护不到位，头发、皮屑、头皮屑、手指油和呼出的气体都会给小物品带来污染，这些是肉眼看不到的。1984年，这一点在STS-41D中止发射事件中尤为明显。对失效部件的飞行后检查得出结论，发射中止的最可能原因是由人体体液造成的微小污染，体液很可能是由喷嚏或咳嗽引起，然后停留在电路中致使其短路，结果导致任务拖延而损失数百万美元。

即使在设备建造完成后，也必须被存储和处理，以形成整体载荷进行发射。这一过程造成了进一步的污染风险。除了在航天飞机上发射受到压力和振动外，排放的气体也有可能侵入货舱。经验表明，一些在轨部件与设计规范不符。载荷可能遭受水流冲击、气体、热变化，物理应力及小型空间碎片的冲击。航天员一次不经意地触碰或工具滑落都可能引起意外的发生。在地面上通过所有检测的仪器在太空中毫无缘由地失效也不足为奇。

在装配、集成、测试、发射到着陆的任何阶段都可能发生风险。工人们需要经过培训并配发防护服，他们严格遵守安全程序，在严格监督下确保硬件设备的每个部分都尽可能的纯净和可用，每一件事都必须这样做，从最大的部件到最小的工具，如螺丝、连接器或断路器。

对于哈勃来说，这种对细节的关注不能只持续到发射，而是要持续五次在轨服务任务近 20 年的时间。哈勃污染防治项目的经验教训后来被用于指导更复杂的国际空间站项目。

3.10.1 运行环境的考虑

建造期盼已久的哈勃太空望远镜面临的挑战不仅在于其星上系统和设备的可靠性及后续在轨服务和维护任务的规划，还在于对望远镜运行环境的认识，望远镜运行寿命的最初期望是 15 年，随后增加到 25 年以上，在写这本书的时候，可能已经超过 30 年。

在轨道运行过程中，望远镜承受了高水平的热量和结构应力。NASA 维护了一个关于空间环境条件的数据库，为航天飞机发展和操作在设计参数和设计原则方面提供了有力支撑。在 20 世纪 70 年代，这些研究笔记被用来确定望远镜飞行和运行的环境。这些环境因素有时阻碍（或有时辅助）仪器和系统的开发及任务的规则，它使太空望远镜成为一种可行、安全和可靠的研究工具。他们还确定了一个安全的环境，以保证航天员能出舱维护望远镜。

3.10.2 自然工作环境

在航天飞机行动计划中，这些报告中的标准涉及轨道高度上地球大气层的辐射特性和其他自然环境要求。NASA 不断更新大量的文件，以确保一个安全的飞行环境，在望远镜开发的早期阶段使用的文件有：

1）NASA TMX-64587，《美国空间飞行器陆地环境（气候）标准指南》，1971 版（1971 年 5 月 10 日由格伦·丹尼尔斯编辑）。

2）NASA TMX-64627，《空间飞行器的空间和行星环境标准指南》，1971 版（1971 年 11 月 15 日由 R·史密斯编辑）。

使用这些指南的最新版本，[①] 使航天飞机在为哈勃在轨服务时对飞行环境得到更好的理解。作为航天飞机的载荷，望远镜还需要接受进一步的环境检验，因为它还需要在航天飞机上进行装配、检查、发射和在轨飞行直至被部署；总之，望远镜需要符合“运输货物”的标准规范。[②]

在轨道高度上的大气层被制成环境剖面，包括其气体性质、太阳通量和地磁指数，这些数据提供了一种方法来预测 12～36 小时极

---

① 这些文件的当前版本是 NASA/TM-2008-215633，《航空航天飞行器开发的陆地环境（气候）标准》，2008 版，D·约翰逊主编，马歇尔航天飞行中心，阿拉巴马州；NASA 技术备忘录 82501《空间飞行器的空间和行星环境标准指南》，1982 版（11 卷），罗伯特·史密斯和乔治·韦斯特主编，马歇尔航天飞行中心，阿拉巴马州。这些准则提供了关于地球表面海拔高度和主要区域在 90 千米海拔高度的自然环境的最新信息。这些指南取代了 1993 年 8 月版的 NASA 技术备忘录 4511 和《航空航天飞行器开发的陆地环境（气候）标准》的所有版本。它被推荐作为开发航空航天飞行器和相关设备的设计要求和规范。《陆地环境（气候）标准指南》的由来可追溯到 60 年代初，最初由马歇尔航天飞行中心的格伦·丹尼尔斯构思，早期版本是在他的指导下编写的。他持续更新文件，直到 1974 年从 MSFC 退休。丹尼尔斯先生在 2004 去世后，后来的版本源于他的回忆。

② 2003 年发射的碎片撞击了哥伦比亚号，在 2009 年最后一次哈勃在轨服务任务之前开展了进一步的研究。这项研究表明，在 SM-4 任务中，航天飞机受到严重的碎片撞击的几率是 1∶229，这比想象的要低。在 1993 年的 SM-1 任务中几率为 1∶150，在 1999 年 SM-3A 任务中几率为 1∶761 和 2002 年 SM-3B 任务中几率为 1∶365。在早期任务中收集的信息为研究轨道碎片提供了有价值的数据，特别是考虑了自然因素及它们对不同类型硬件设备的影响，如太阳能电池板、金属材料和热防护材料。关于图像和回收素材的研究来自于太阳峰年卫星（1984）和 LDEF（1990），大量回收和维修的卫星、航天飞机轨道器及各种航天器回收的样本、各种实验，构成了一个巨大的空间碎片潜在风险和影响的数据库。

强磁暴下的均值。关于辐射的研究主要集中在带电粒子、太阳辐射最强和最弱时的宇宙射线、可吸收辐射和近地辐射带、同步轨道环境和太阳粒子活动上。

哈勃设计师检查了所有因素在常规运行中如何影响望远镜的组件，以及在在轨服务中发生的频率和可能造成的风险，从而确定对航天员影响最小化的防护需求。哈勃是基于有 95%以上的几率被流星碰撞损伤而设计的，所以必须提供给哈勃恰当的保护以避免功能性损伤。事实上，望远镜在相对较高的轨道运行，意味着它与轨道上人造碎片碰撞的风险更小。然而，一项研究发现在部署和在轨服务任务中航天飞机承受的风险是可以接受的。

3.10.3 确保安全性和完整性

由于哈勃是通过航天飞机发射的载荷，随后由航天员进行维护，因此需要进行大量的检查，以确保基本结构和部件符合 NASA 关于与航天飞机系统进行交互行为的严格规定。除了射前流程、发射和部署之外，这些检查还适用于每一次运送或回收科学仪器和设备的在轨服务任务。在很长一段时间内反复访问地球轨道上逐渐老化的航天器是一项具有挑战性的任务。然而，这一经验被应用于制定航天飞机与和平号空间站和国际空间站项目的安全政策。

3.10.4 航天飞机载荷安全性

由于航天飞机需要航天员，为了安全起见，所有任务中的载荷都必须严格满足指南的要求才能具备飞行条件，对可能导致灾难性危害的任何事项都应给予特别关注。在项目开始时，研究人员就制定了一个指南，它阐明了安全准则及载荷结构开发的要求。这一点尤其重要，因为航天飞机搭载的不仅是由 NASA 出资建造的载荷，它还承载着由国内外机构、私营公司和大学开发、建造和提供的各种硬件设备。

制定的指南在以下文件中列出：

1）《STS 和 ELV 组件和分系统的通用环境验证规范》。

2）《航天器结构设计的质量加速曲线》。

3）《结构设计和验证标准》。

4）《载荷验证要求》。

5）《国家航天运输系统（NSTS）载荷的安全性实施流程》。

6）《使用国家航天运输系统的刚度控制要求》。

7）《使用国家航天运输系统的安全准则和要求》。

当然，航天飞机上硬件或软件的设计不仅需要满足这些要求，还需要通过检查和测试以验证它是否按照要求去做。

3.11　广泛而深入的发展

关联和决策如何影响一些行为的结果是令人惊讶的。从一个大型光学望远镜进入太空的愿望出现起，在接下来的二十年，研究和计划精确地朝着这个方向发展。有时候，这些研究远远超出了他们的基本要求，并衍生出一个过于复杂的提议以至于它变得过于昂贵且难以实现。

政治、经济和公共领域赞成和反对的争论持续不断，设计师和工程师通过改进设计以满足不断变化的约束。我们希望，在经历这个项目的艰苦过程之后，即使没有太多突破性或无法满足各方的需求，至少也能得到一个有用的结果。

哈勃太空望远镜项目可以说是实现了这一目标，我们要感谢它的设计者、努力实现这些设计的人，以及项目策划者、工程师及完成部署和在轨服务的航天员。

几十年前做出的决定常常会导致几十年后的不同后果。望远镜上主镜尺寸的选择必须满足科学界的最低要求，但却要在预算中节省开支。镜面尺寸的减小也有助于重新配置需要维护的望远镜部件，从而使将来的在轨服务任务更加简单。航天飞机载荷舱的大小是由原本打算用它发射的大型军用载荷决定的。这使得望远镜能很容易被放入其中。如果NASA选择了其首选的30英尺（9.14米）到40英尺（12.19米）长的载荷舱方案，那么哈勃将达到43.5英尺（13.2米），以至于它将无法轻易地被装入航天飞机。60英尺（18.29米）的长度不仅适用于望远镜，还适用于望远镜的支持设备。在每一次在轨服务任务中，除望远镜的平台和货盘上用来运送维修设备和辅助设备的空间外，还有足够的空间使航天员舒适而安全地工作。除了一些小的实验外，在轨服务任务不携带其他的硬件设备，因为航天员将全身心投入到主要任务中。

航天飞机交会接近操作程序的发展，加拿大的RMS和欧洲太空实验室货盘都是整个航天飞机项目的一些标志性成果，它们为哈勃在轨服务任务提供了成熟的硬件条件，概念和流程。

TDRSS网络的开发极大地满足了NASA目标，其中最重要的当属哈勃太空望远镜。哈勃通过TDRSS与地面站保持持续通信，既能接收命令又能回传工程和科学数据。当然，这个地球静止轨道通信网络同样支持与每次执行哈勃任务的航天飞机进行通信。

最后，机构在早年建立并持续更新的无数的检查、测试、流程、指南和规则为每次任务载荷提供了安全性和完整性保障，同时也加深了对望远镜和航天飞机飞行环境的认识。一个强大的管理团队确保了每次任务中望远镜和航天飞机的工作人员都能尽可能安全。

3.11.1 一个几乎完整的拼图

到了20世纪70年代末，太空望远镜项目已经确定，开发硬件设备已经得到授权。然而，要完成这项计划仍需要努力争取资金支持。除了关于预算的争论还在继续，其他的拼图已经就位。一个关键的决定是在其计划的15年寿命期间进行全面在轨服务，而不是每隔几年回收望远镜进行地面维护（每隔2.5年或5年维护一次）。要做到这一点，需要航天飞机载荷舱具有足够大的尺寸，只有这样，才能确保有足够的空间携带望远镜进入太空并为其提供在轨服务。镜面尺寸的减小不仅减轻了资金压力，也使得望远镜更容易装入载荷舱，同时重新考虑组件布局对在轨服务起到了简化作用。

为了支持在轨服务，航天飞机相关部件需要开发、制造和测试，包括远程操作系统，它在所有的望远镜任务中起着至关重要的作用。其次，航天飞机交会对接中常规和应急情况下的操作方法、软件准备、技术决策需要被开发。在 19 世纪 70 年代到 80 年代之间，该项目的主要支持者持续争取着科学、经济和政治上的支持。同时，航天员和工程师开始在巨型水池中开发和训练望远镜相关的 EVA 任务计划。在研制科学仪器期间，美国也在寻求来自欧洲的国际合作。合作不仅限于科学仪器，还包括太阳电池阵以及经常被忽视的用来携带望远镜在轨可更换单元的货盘支持系统。此外，工程师还开发了防止硬件设备受到污染的系统和流程，对望远镜常规运行和由航天飞机提供在轨服务的环境加深了认识。同时，工程师进行了航天飞机、系统和乘员安全性和完整性的评估。

在这一切进行的同时，在轨服务任务的详细规划也开始了。航天员搭乘航天飞机飞行通常看起来很简单，这实际上归功于发射前地面上许多人进行的大量规划。就纯粹的复杂性而言，哈勃太空望远镜几乎排在榜首。

参考文献

[1] Roman Oral History，2000.

[2] NASA Oral History Project，Nancy Grace Roman，September 15，2000.

[3] Hubble's Legacy，page xii.

[4] Skylab America's Space Station，D. Shayler，2001，pp16 - 17.

[5] The Hubble Space Telescope，Chapter 12，Power to Explore：History of MSFC，Andrew Dunar and Stephen P. Waring，The NASA History Series，SP - 4313，1999，pp473 - 425.

[6] Power to Explorer：p488.

[7] Power to Explorer：p479.

[8] Power to Explorer：p484.

[9] Roman，Oral History，2000.

[10] The Space Shuttle Decision，NASA's Search for a Reusable Space Vehicle，T. A. Heppenheimer，NASA SP - 4221，1999.

[11] Heppenheimer p139.

[12] Letter Hansen to Myers，June 21，1971，in 1999 Heppenheimer，p226.

[13] Skylab America's Space Station，David J. Shayler，Springer - Praxis 2001，p40.

[14] RMS Press Briefing transcript，Part 1，November 2，1981，AIS archives，STS - 2 Box File.

[15] SRMS History，Evolution and Lessons Learned，Glenn Jorgensen and Elizabeth Bains，NASA JSC，AIAA Paper；Canadarm STS - 3 Press Kit，1982，AIS Archive STS - 3 Box File.

[16] Rendezvous and Proximity Operations of the Space Shuttle，John L. Goodman，United Space Alliance，Houston，Texas，AIAA，2005；Hubble Servicing Challenges Drive Innovation of Shuttle Rendezvous Techniques，John L. Goodman，USA，and Stephen R. Walker，NASA JSC，AAS，

AAS - 09 - 013, 2009; also To Orbit and Back Again: How the Space Shuttle Flew into Space Davide Sivolella, Springer - Praxis, 2014, pp411 - 417.

[17] Rendezvous and Primary Operations of the Space Shuttle, John L. Goodman, USA, 2005 AIAA; forthcoming Space Shuttle Space Station Assembly Missions, David J. Shayler, Springer - Praxis, publication planned for 2016.

[18] AIS interview with Robert L. Crippen, January 23, 2013.

[19] Tracking and Data Relay Satellite (TDRS) NASA, http://www.nasa.gov/directorates/heo/scan/services/network/text_tdrs.html last accessed December 18, 2014.

[20] Europe's Space Program To Ariane and Beyond, Brian Harvey, Springer - Praxis, 2003, pp211 - 213.

[21] AIS interview and subsequent emails, Lothar Gerlach February 8, 2013.

[22] Pallet and Half Pallet Shuttle Dedicated, Re - Usable Carriers, 3rd Edition, 1981, British Aerospace Dynamic's Group.

[23] Presentation Copy (photocopy) of the Astronomy Experiment Module, presentation to ESRO, Paris, September 30, October 1, 1970, (Contract 1035/70/HP), Hawker Siddley Dynamics, Space Division, Stevenage, UK, archived in the library of the British Interplanetary Society, London.

[24] Presentation made to the British Interplanetary Society, by David R. Woods, June 7, 2014.

[25] Natural Environment Design Requirements for the Space Telescope, by George S. West and Jerry J. Wright, Space Sciences Laboratory, Science and Engineering, NASA MSFC, Alabama, July 1976, NASA TM X - 73316.

[26] The estimation of galactic cosmic ray penetration and dose rates, March 1972, NASA TN D - 6600, M. O. Burrell and J. J. Wright.

第 4 章　任务演进

这个发展阶段一直是该计划的重要组成部分，而且花销巨大。一般来说，客户希望以经济型轿车的价格购买一辆 F1 赛车，而行业则想要以法拉利的价格出售经济型小轿车的技术。

——洛塔尔·格拉克

在讨论如何开发哈勃在轨服务技术之前，首先要回顾 1972 年大型太空望远镜（LST）A 阶段设计及其服务计划，本章还简要描述了哈勃太空望远镜的主要组成部分和相关系统，因为它们要始终保持飞行状态并且与在轨服务任务密切相关。

4.1　1972 年的大型太空望远镜（LST）设计研究

经过几十年的规划和提议，20 世纪 70 年代初，大型太空望远镜已经进入设计阶段。尽管许多障碍依然存在，但总体来说已取得稳步进展。

1972 年，A 阶段的研究已经完成，此研究阶段改进当前计划中望远镜的想法，并将未来的努力导向了最终的计划。这项研究基于空间科学办公室（OSS）所提供的广泛任务指南中定义的 LST 的概念，这是该办公室与科学界共同提出的科研需求，同时也考虑了当时 NASA 的远程规划。

A 阶段采用了低成本的设计方法，促进了标准航天器硬件的应用，在系统设计方法中采用黑匣子理念及技术，增加了系统潜力，降低了维修活动的成本。当时，航天飞机被认为是降低发射成本的方法。另一种方法是出售载荷空间。原本的想法是利用未被维修硬件所占用的载荷舱空间，并在与望远镜对接之前部署商业载荷来抵消在轨服务任务成本，因为在轨服务任务本身是没有经济收益的，但这种方法并没有被采用。

表 4-1 空间项目的 ABC 阶段

阶段	阶段进度
A 阶段前期	概念研究阶段，最初的想法被首次提出、研究和评估。目前，科学工作组的建立是为了制定科学目标和要求，并对实验征求合理的建议
A 阶段	初步分析阶段，在该阶段创建早期的设计和项目计划
B 阶段	定义阶段，包括对 A 阶段的一系列评审，其中有系统要求、系统设计和飞行准备评审。本阶段采用由 A 阶段提出的初步计划，并将其转换为基线技术文件，从而可以建立设计和开发方案
C 阶段和 D 阶段	该阶段是设计开发阶段，其中包括关键设计评审、试验准备评审和飞行准备评审，重点关注飞行硬件的总装、测试和发射
E 阶段	最后一个阶段是实施阶段，包括任务运行和数据分析（MO&DA），其中包括主要任务和（更频繁的无人卫星或空间探测任务等）可选择的扩展任务

注：哈勃太空望远镜等主要太空装备的设计流程通常是漫长而又不固定的，但大都遵循这一任务流程。

4.1.1 任务描述

最初，任务规划了一个口径为 10 英尺（3 米）的小望远镜，提供接近衍射极限的性能，计划在大型太空望远镜发射前 5 年进行发射。但是到了 1972 年，这个计划被取消了，因为通过定期维护和修理将使单个 LST 运行 15 年。初步指南中还包括 LST 需要能够兼顾航天飞机和大力神 III 运载火箭要求，但到 1972 年，只有航天飞机还在考虑之中。计划将按照要求进行在轨维修，以便更换失效或退化的部件，并升级独立的科学仪器。当时正在考虑的另一种选择是在“几年”之后将望远镜返回到地球进行彻底维修和仪器更换，但前提是新的仪器无法在现有的望远镜支撑结构上在轨进行安装。

1972 年 2 月 25 日，由马歇尔航天飞行中心编写的初步研究报告是 A 阶段研究的起点。这种设计提出了在轨维修、分系统更换和仪器更新，并被采纳为 B 阶段的参考设计配置。在进入下一阶段之前，还将 A 阶段的设计理念灵活应用于探索替代概念、系统和分系统设计。

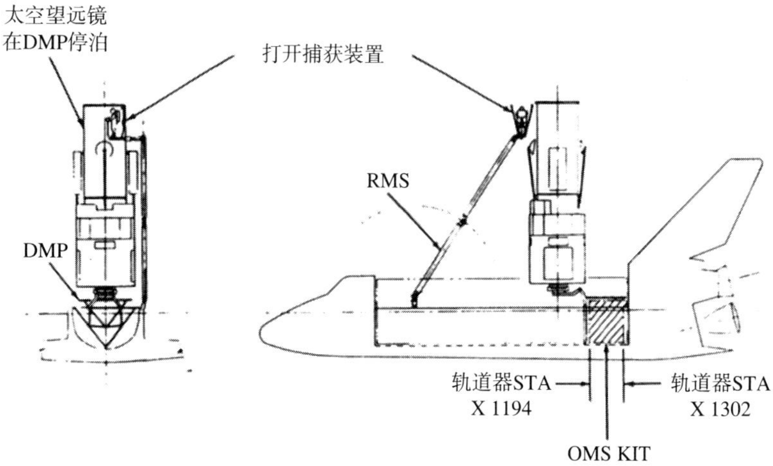

图 4－1　大型太空望远镜在轨维修概念

4.1.2　轨道选择

卫星设计的一项重要任务是选择在运行条件约束范围内能使任务性能最优的轨道。LST 的主要限制因素是航天飞机或其替补大力神 IIIE/轨道调整级（OAS）将从佛罗里达州发射，由于望远镜本身没有推进系统，所以其运行轨道必须能够到达航天飞机的初始部署位置（如果适当的话），并能够支持在轨服务和返回地球。当然，这个轨道必须提供 5 年的最小寿命。下一步是考虑轨道环境将如何影响硬件和系统的设计。

轨道运行能力需满足的任务性能参数如下：

1）有效载荷能力。

2）轨道衰减率。

3）地面站覆盖时间。

4）目标能见度。

5）目标观测时间。

影响系统设计的轨道环境有：

1）被捕获粒子的辐射。

2）磁场。

3）外部干扰。

4）微流体通量污染。

5）杂散光。

对 LST 设计研究进行常参数及轨道分析，以确定完成任务的最低高度要求；计算参考轨道的寿命和衰减历史，评估其对航天器构型的敏感性；使航天器与航天飞机的性能相匹配；确定跟踪网络覆盖；制定初步的任务时间表。在考虑了这些参数之后，决定 LST 轨道为与赤道夹角 28.5 度、初始高度为 611 千米（380 英里）的圆形轨道。之所以选择圆形轨道是因为通过分析没有发现任何在航天飞机（甚至是大力神运载火箭）能力范围内的椭圆轨道能带来更显著的优势。

选择肯尼迪航天中心正东 28.5 度的倾角发射是因为：

1）较低的轨道倾角需要有偏航机动，将大大减小载荷能力。

2）较高的倾角迅速减少了地球阴影的观测时间。

3）这个倾角包络了大多数航天飞机任务，在进行大型太空望远镜维修之前，可以将另一个卫星部署在这个位置。

4）其他性能参数对 28.5 度到 40 度之间的敏感程度都很小。

在选择轨道高度时同时考虑了下列因素：

1）大力神的有效载荷能力。

2）轨道衰减率。

3）被捕获粒子的辐射。

大力神的有效载荷能力和已知的辐射环境都倾向于选择较低的轨道，但对于衰减率而言，选择高轨更好。根据 1978 年发射的初步规划，折中方案为初始高度 380 英里（611 千米），因此这是望远镜最初选择的高度。为了在 1980 年的“太阳周期”峰值附近发射，预计高度将能够减小到大约 354 英里（556 千米）。在报告发布时显示，由于大气条件导致 LST 性能下降是决定最终轨道选择的一个重要因素。如果要求辐射环境暴露减少 30%，或者大力神载荷能力增加 400 磅（181.5 千克），这个发射日期就满足要求。

4.1.3　运载能力分析

1972 年的报告分析了航天飞机作为运载器的能力，不仅需将 LST 部署到其计划的轨道上，还需用于紧急情况下的访问及寿命末期的回收。该研究评估了基于轨道器或平行燃烧固体助推器 OMS 储备为 50 英尺/秒（15 米/秒）的航天飞机的性能。它能够向 380 英里（611 千米）的设计轨道上运送约 23 587 千克（52 000 磅）的重物，包括在载荷舱体[①]中增加一个额外的 60 英尺（18.29 米）长、5 英尺（1.52 米）宽的 OMS 贮箱。在 LST 的早期设计阶段，该结构的一部分被设计为密封容器。所有任务模块都需要搭载一个 2 000～3 000 磅（900～1 400 千克）的对接模块，这个对接模块将占据 7 英尺（2.13 米）的空间。虽然携带额外的贮箱和对接模块将占用航天飞机和其载荷舱的可用空间，但报告指出："航天飞机可以提供充足的载荷舱容量和优良的性能"。由此推断，增加第二个 OMS 组件将使航天飞机能够到达大约 520 英里（880 千米）的轨道，尽管载荷将减少到约 40 000 磅（18 000 千克）。第三个这样的模块将使航天飞机能够到达高度 683.5 英里（1 100 千米）的轨道，载荷为 26 500 磅（12 000 千克）。当然，在载荷舱内，有多达 3 个 OMS 组件和它们的支持结构，意味着可以通过部署额外的有效载荷来降低望远镜在轨服务任务的发射成本。

报告编写完成时，航天飞机尚未获得正式授权，不能确保发射。为了考虑到所有可能性，A 阶段研究还分析了单次使用火箭作为替

---

① 这一概念类似于计划维修期间对航天飞机进行的升级，以及 1992 年延长轨道飞行器任务期间，在有效载荷舱中运载的额外低温贮箱组。

补的方案，包括：大力神 III C；IIIC－IA；IIIE/半人马上面级；IID/阿金纳；IIIE/OAS；IIID/燃烧器 II 和 IIIE/整体式上面级。大力神 IIID 在与轨道调整级（OAS），整体式或半人马上面级飞出东部测试区时被标记为大力神 IIIE。大力神 IIIC－IA 和大力神 IIIE－OAS 是最可行的竞争者，因为其他竞争者在技术兼容性方面太复杂并且太昂贵。在研究时，计划中的高能天文台（HEAO）运载火箭是大力神 IIIE－OAS，它也被选为大型太空望远镜的后备运载火箭。

4.1.4　系统配套和设计

在 A 阶段的设计中，大型太空望远镜长度为 41.66 英尺（12.7 米），包括三个主要组件。

光学望远镜组件（OTA）长 25.25 英尺（7.7 米），直径为 12.33 英尺（3.68 米）。它主要包括主、副反射镜、测光桁架、主承力框及连接框、望远镜的防护罩、遮光罩、精细导星敏感器和相关设备、望远镜特有的传感器以及科学仪器。科学仪器模块（SIP）长 10.16 英尺（3.1 米），包含所有仪器、次级结构和配套支持设备。系统支持模块（SSM）为密封舱，允许航天员进入内部。它长 16.41 英尺（5 米），前端直径 12.33 英尺（3.68 米），与光学望远镜组件兼容，另一端最大直径为 14 英尺（4.27 米），装有一个直径为 3.3 英尺（1.02 米）的对接机构和转运通道。SSM 安装有主连接框后面的所有承重结构、姿态控制设备、电源和配电设备、通信和数据处理设备、热控设备以及污染控制设备。

4.1.5　科学仪器模块

敞开的桁架结构能够放下所有设备，通过系统设计优化了这些仪器的布局以方便拆除而不影响其他仪器。为了最大限度地减少航天员在更换仪器时对灵活性和特殊维护技能的需要，设计采用了自动调节装置和导轨。所有的成像传感器都能被移除、替换或重新布置，而不必移除相关联的光学元件或其他仪器的配套组件。模块化

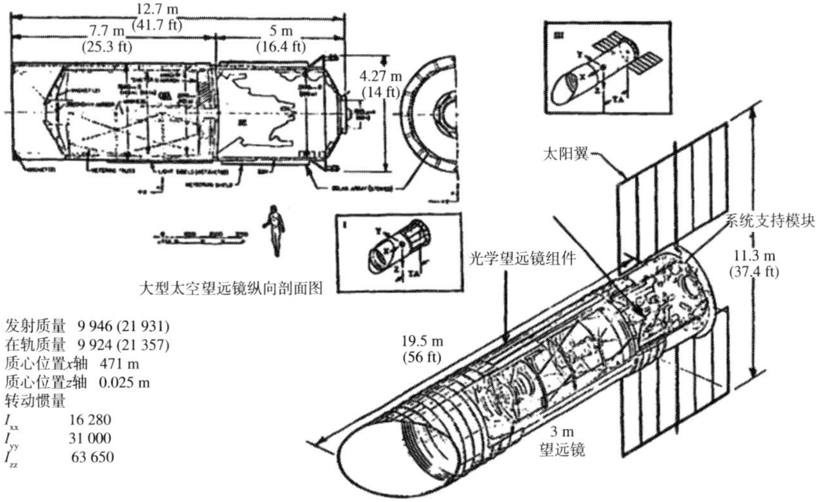

图 4-2　大型太空望远镜的部件和尺寸（低像素的原图）

设计将允许定期在轨维护、修理、升级或更换先进仪器。

1972 年，载荷的选择仍在进行中，但考虑到当时的科学目标和技术能力，暂定的载荷为：

1）高分辨率的相机（f/96）。

2）两个高分辨率光谱仪。

3）三个微弱物体摄谱仪。

4）傅里叶干涉仪。

5）广角相机（f/12）。

4.1.6　系统支持模块

系统支持模块连接着光学望远镜组件（OTA），为该单元和 SIP 提供电源、通信和数据处理、环境控制、粗略的姿态传感和控制、运载火箭结构和电气接口以及用于在轨服务或回收的停靠结构。系统支持模块主体是一个圆柱形的结构，在其尾端有一个浅锥体，支撑着一个标准的对接组件。上述内部系统在为航天员服务的同时，也为自身和科学仪器提供热控保障。

4.1.7　污染控制

污染控制系统主要由管道和过滤器组成，用于将干净的空气从航天飞机送到系统支持模块的前端，并通过高效微粒空气（HEPA）过滤器进入 SIP。设备包括风扇、微量污染吸收器、氧化剂和过滤器。航天飞机上有一个微量污染回路，但是为了加强对航天员的保护，通过一种特殊的织物过滤器将污染与轨道器的其余部分隔离开来。这种望远镜的设计采用了一个主被动对接单元和通道以进入 SSM，因此航天器污染控制设备将保证 SSM 内的污染环境得以控制。

4.1.8　系统可靠性

在 A 阶段的研究中，对可能导致望远镜损坏或者需要航天飞机进行维护的 LST 单点失效故障进行了评估。只要有发生的可能，就需要合理的冗余设计，包括“使用现有设备或与其他计划共同使用的设备”。这进一步反映了在设计中降低成本的必要性。报告还指出，最好是在已建立的系统中加入更多的冗余，而不是重新开始一个失败可能性较低的全新设计，更不是将关键因素排除在分析之外；实际上，由于缺乏可靠的数据，有些因素不得不被排除在外。可靠性分析中最能够排除的是镍镉电池及其充电单元，这些电池在设计时已经考虑了冗余问题。这是一个有趣的现象，因为在哈勃望远镜上的镍氢电池的使用寿命是 19 年。不开展可靠性分析的另一处特例是科学仪器，因为这些元件如果出现任何错误都必须对它们进行修理或替换。

4.1.9　系统维护

人们认识到，对望远镜合理的维修以确保和维持高水平的运行性能是必要的，需要做到：

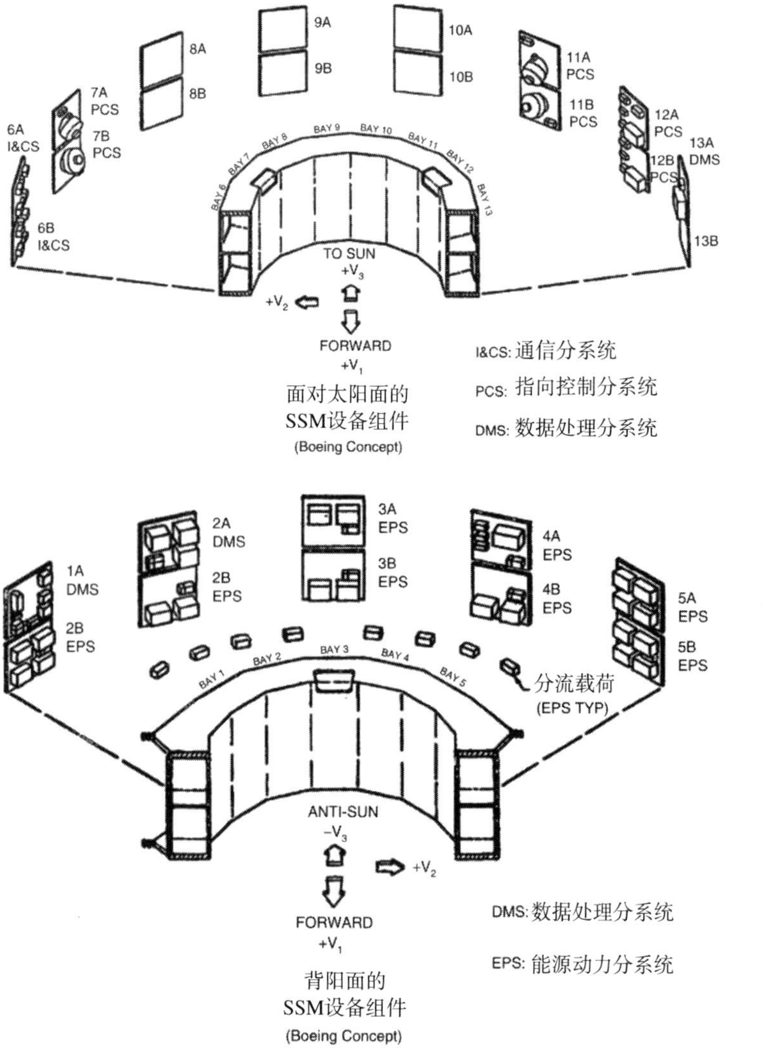

图 4－3　LST 的 SSM 设备部分

1）在技术进步或科研兴趣不断增长的情况下，促进仪器更新换代。

2）确保长期操作的系统性能。

3）尽量减少 LST 项目的总成本。

1972 年的研究表明，前两个目标可以通过使用一些消耗性（不能重复使用）的 LST 或更少的可维护（可重复使用）的 LST 来实现。通过消耗性的办法，只要现有的望远镜性能低于最佳水平，或者被认为有必要更换一个仪器包，就会发射一个新的望远镜。通过可维护的方法，可以在太空中更换退化或非正常工作的部件，以便迅速将 LST 恢复到全面运行的状态，或者将望远镜返回地球进行维修和仪器更换，然后重新启动。

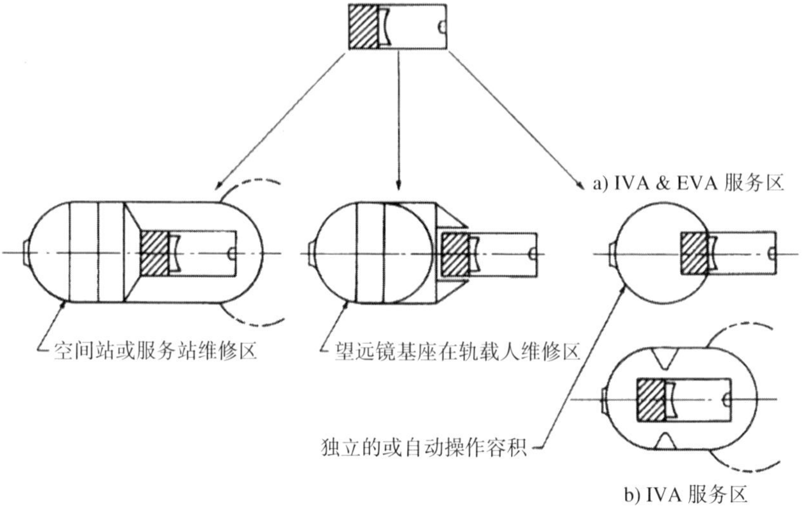

图 4-4　大型太空望远镜的几种维修方案。具有 EVA 维修能力的载人航天器的选择方案演变成哈勃维修任务

在这 15 年项目中，估计需要两个可维护的或八个可消耗的大型太空望远镜。可维护望远镜将包括前 5 年运行的模样或测试单元，然后是后 10 年的先进设备。据估计，根据组件寿命推测，每个消耗性单元将有 2 年的寿命。在 15 年的计划中，每两年需推出一个新的 LST，由于高昂的发射成本，消耗性望远镜的总成本估计是两个可维护单元总成本的 1.8 倍。因此，报告建议采用可维护的方法作为

设计方案，不仅因为它成本低，而且对轨道科研项目造成的影响较小。

为了确定可维护方案的可行性，分析了以下四种维护方案：

1）加压在轨载人维护。

2）无压在轨载人维护。

3）在轨机器人维护。

4）返回地球维护。

考虑从以下因素进行比较，包括可以执行维护的水平、可能的任务数量和复杂性、所需时间以及设计成本、发展潜力和灵活性等。1972 年，工程师们很难确定哪个是最有效的备份方案，因为从理论上说，它们在技术上都是可行的，而且每个方案都具有两面性。据推测，由于在轨维修模式在发射过程中没有充分利用航天飞机的全部载荷和舱容量，因此这种模式可以通过与其他设备共享货舱空间来抵消成本。工程师们对小型运载火箭上的商业卫星和科学载荷进行了研究，以确定可能的载荷以共享维护任务。

初步分析表明，在四种选择方案中，加压在轨载人维护方案为任务的成功及灵活性提供了最大的潜力。它将为航天员提供直接进入设备的机会以消除繁琐的操纵，也可以避免重复返回地球和重新发射的环境问题。虽然在报告时没有做总体成本比较，但初步的数据表明，加压在轨载人维护方案在成本上略有优势。因此，被定为 A 阶段的可行性方案。然而随后的综合分析发现，加压在轨载人维护模式太复杂以致于不能进一步实施。

4.1.10 小结

A 阶段研究的结果倾向于使用直径为 10 英尺（3 米）的主镜与 f/12 卡塞格伦光学镜的望远镜。它将由航天飞机（主方案）或大力神 IIIE/OAS（备份方案）发射并运行至少 5 年。虽然仍然有相当多的工作要做，但很多所需的技术可以从其他项目中获得，使用经过验证的设备既可以降低成本，又可以提高可靠性。

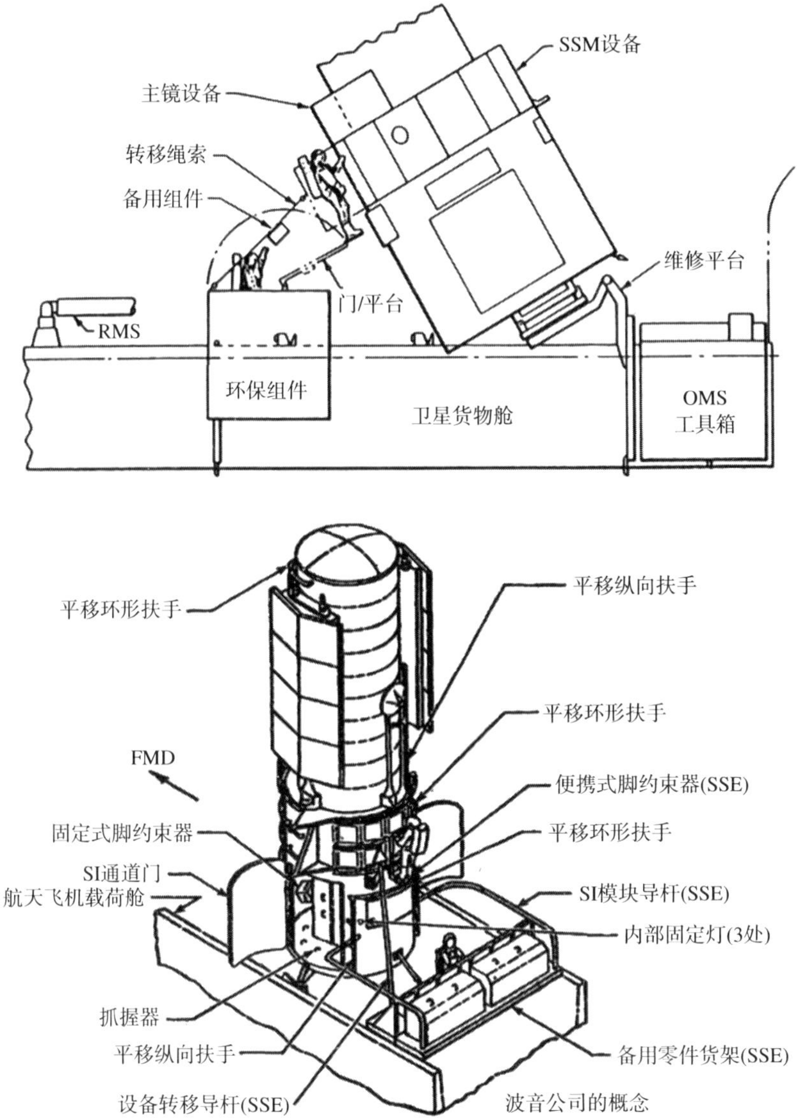

图 4-5　航天员为大型太空望远镜进行在轨服务的早期概念

1972年的报告指出，“在LST这样的无人卫星项目中，无论使用什么配置，使用人工服务模式都显得更有效，而且在硬件设计上比对阿波罗或天空实验室项目的影响要小得多，这是由于任务性质的不同和已有项目经验”。报告还指出有人主导的维修方案是一种“划算的方法”，因为在更长的任务范围内，航天飞机的频繁访问将使设备的寿命需求减少到仅为2.5年。

在维修飞行中共享载荷空间是一种降低成本的手段，而且与其他项目共享可以进一步降低费用。一项分析表明，SSM中大约42%的部分与HEAO卫星相同，另有13%来自“其他方案”。有人指出，如果这种方法经济有效，那么可以对现有硬件的13%进行调整，而用于大型太空望远镜的硬件中约23%需要新设计而不是新技术。

4.2 A阶段设计完善

在A阶段报告发布八个月后，工程师根据指南和新数据的变化发布了更新后的方案。地面维修服务仍是首选方案，但在轨EVA的呼声越来越高。这些新数据来得太迟以致于不能归档为A阶段的文件，但作为B阶段研究的参考却是非常重要的。有一些方案选择使用返回模块作为媒介，着重考虑保持部分程度的在轨维修能力，而不是那些维修能力广泛但更难以实现的在轨维修方案，尽管后者并不能完全排除，但使用范围太有限。

工具的优先级已经在单独的OTA/SI工作指导中说明，该研究对基于A阶段定义的工具进行了补充。但是，如果有利于维修活动，可以允许有微小的变化。例如，移动径向器械靠近SSM的外壁以允许径向器械通过舱口转移而不需要长距离跨过望远镜，可能是更加有利的方案。

4.2.1 维护级别

维护级别被确定为：

1）小规模维护（支持EVA），更换失效或寿命有限的设备和仪器传感器。

2）紧急维护（支持 EVA）的任务将少于小规模维护，并允许拥有比日常维护更低的限制（例如更低的污染风险）。

3）适中维修（返回地球），更换失效的、寿命有限或过时的设备和仪器传感器或整个仪器（计划每 2.5 年一次）。

4）大修（返回地球），包括更换失效的、寿命有限和过时的设备和仪器传感器或整个仪器，重新铺设热控表面，修复微流星撞击损伤，重涂光学器件表面，更换不易更换的设备（如太阳电池阵和次镜面结构），清洁以消除污染，以及更加广泛的测试验证计划（计划每 5 年一次）。

A 阶段的更新文件表明地面返回维护是主要的维护方案，但包含了代价相当高的在轨 EVA，这是对 LST 的设计产生最小影响的方案。

4.2.2　与 A 阶段相比的关键变化

在 A 阶段报告公布后的 8 个月内，LST（在其他项目和支持领域中）的发展发生了重大变化，需要对方案进行一些重要的修改。

1）LST 虽然与 HEAO 系统能很好的兼容，但是由于最近方案的变化，需要重新评估兼容性。

2）资金削减意味着需要删除备用望远镜或模样望远镜，同时单个飞行器的在轨寿命要能够达到 15 年。

3）为了实现 15 年这个目标，LST 将不得不进行升级、维修和维护。

4）返回地球维护仍然是第一次维护飞行的主要方案，预定飞行任务时间为 2.5 年，但“进一步的研究将确定在返回地球方案之外，进行非常有限的在轨维护。该研究还将确定在初始返回地球之后，部署更广泛的在轨维护项目的影响”。

5）通过减少飞行硬件降低成本的方法变得更为迫切。

6）取消使用大力神运载火箭作为部署望远镜的备选方案。这将大型太空望远镜与太空运输系统联系在一起，无论存在什么样的延误、限制和挫折都会使其受到影响。

4.2.3 地面维护

大型太空望远镜返回地球进行地面维护的操作将从使用航天飞机进行望远镜回收开始，望远镜将被控制处于前盖关闭且太阳电池阵收拢的待机模式。一旦轨道器到位，要么与SSM对接，要么用它的操纵器来抓取望远镜，无论哪种方式，望远镜都将被装载在载荷舱中，以便返回地球。

据报告估计，从航天飞机共享任务完成且LST观测结束起，到与望远镜交会、安置到载荷舱中大约需要3～4小时。进入大气层和着陆将在大约6小时后进行。

回到地球后，LST将被拆分、检查并准备运输到一个“特殊集成维护设施”（可能在肯尼迪航天中心以外）进行升级。这些活动显然取决于维修计划以及需要修理和维护的严重程度，预计需要两周时间，然后望远镜将使用“超级古比鱼”运输机运回发射场进行处理并希望在离开轨道几周之后返回太空。

4.2.4 小型在轨载人出舱维护

在这个方案下，大概有38小时的在轨维修时间可用，在一个共享任务中可能其前34小时将被预留给“其他载荷”。然而，飞行任务最少需要4～5名航天员，时间不会超过7天。

4.2.5 小型在轨远程操作系统维护

使用机械臂可以更换17个满足适配需求的设备或模块。除光学或科学仪器外，多个分系统元件都能被替换，完整的更换时间大约需要12小时（包含了航天员休息的时间）。之后，在另外24小时内（包括休息时间）EVA将更换科学仪器。因此这项望远镜维修任务将执行36小时。

4.2.6　阶段 A 后的主要更改

A 阶段之后的主要变化仍然集中在返回地球维修方案上，在轨维修的限制主要在有限的 EVA 上。然而很快出现了其他可能的选择，人们对在有限规模上开发在轨维护操作机器人的技术越来越有兴趣，其不会影响望远镜的设计也不会要求其返回地球。最新的研究还评估了其他层面，例如在未来的某个时间点进行更广泛的在轨维护。

“货盘式”货包方案的设计可用手动或机器人操作。有人认为，这个系统的开发将能够使航天员快速更换大量设备。这项方案也会降低成本，因为货盘将因 EVA 航天员或 RMS 的使用而变得标准化，并且不需要添加任何专用设备。

4.2.7　机械臂的约束

在这个时候（1973 年），RMS 技术仍在发展中，它的总负载能力还没有完全确定。在约 10 磅（4.5 千克）力的作用下，托盘上载荷物品的包装必须小且紧凑以确保机械臂可以执行指定的功能。报告中指出，如果 LST 采用开放的桁架结构，机械臂将以最大限度进入，并且通过精细的定位系统可以将其安装在托盘式模块上以便维修。

4.2.8　设计要素

在改进后的报告中指出，将在发展后续潜在维护操作时将考虑下列因素：

1）结构：将有 17 个以上的结构配置。分为三种基本类型：壳体、桁架或桁架结合非承重壳体、系统支持模块。

2）维护模式：返回地球或在轨维护模式，需要进一步研究密封模块。在轨任务还包括 EVA、航天飞机操作手、内部机器人、外部机器人和混合配置。

3）在轨维护的程度：无、轻微或广泛。

4）模块化级别：通过仅使用部件、货盘、包装袋或箱子来实现。

5）组件布局：外部或内部。

6）对接和处理技术：可以通过使用发射段锁紧机构或对接模块的附件，将望远镜锁定在载荷舱中完成。在研究中没有考虑的一个选项是让航天飞机的 RMS 在整个维护活动中都抓持望远镜，因为这样做风险太大。

7）进入方法：通过轴向舱门、铰接的舱板、侧壁舱门或不带舱门的侧壁通道进入。

8）太阳电池阵：刚性或柔性卷绕式设计。

4.2.9　联合布局

一种方案是在桁架或壳体构型中使用 SSM，通过科学仪器和 SSM 之间的接口将其隔离，以便于拆卸或更换。在该方案下，所有的 SSM 设备都置于科学仪器的后面，并且没有一个在它们周围。使用更长的适配器，系统支持模块就可以满足在紧靠科学仪器后部的位置与系统支持模块前方设备实现物理分离。目前不倾向于从在轨光学望远镜组件或科学仪器的其余部分移除 SSM，尽管后来的方案可能允许这样做，以便将 SSM 在物理和功能上与光学望远镜组件或科学仪器彻底地分离。这种在轨能力的使用还需要进一步地分析和开发，但是在地面维修、服务和测试期间，将 SSM 与其他装置分开是非常有用的。

4.2.10　可操作性

判断操作性是否良好的难点之一就是准确评估 RMS 和 EVA 在地面或轨道上维护望远镜的能力。此外，随着航天飞机技术的成熟，航天飞机将不断更新换代。报告中提到，一旦航天飞机的设计完成，“可以更改 LST 的配置以适配最新的航天飞机”。

当发现无法通过 RMS 在 SSM 圆柱壳模式下操作控制力矩陀螺仪（CMG）和电池模块时，在轨维护程度变得更加有限，这种情况下由机械臂进行在轨维护将不够经济。为了保护 EVA 航天员，设计了允许航天员进入的可移动微型防护板，由于它是不加压的，因此舱门不需要复杂的压力密封设计。

通用性是 LST 项目最大的设计特征。望远镜的主框架组件作为通用结构，可用作国内通信卫星的“平台总线”。由于当时航天飞机是搭载望远镜的唯一运载工具，所以其框架组件是在轨服务及返回地球维护的理想选择，这个设计与其他卫星的通用性表明，该设计可能最初是为航天飞机设计的，且航天员是具有维修能力的。

总之，报告指出，“桁架最初提出的原因是，对于穿着压力服或控制机械臂的人来说，它比壳体结构更容易获得设备。然而，经过更详细的分析，最初（在当时报告时）认为的有利途径即开放式桁架被认为是不适合操作的，因为壳体设计提供了充足的扩展空间。”因此将桁架设计从 EVA 维护方案中删除了，但保留作为 RMS 的维护方案。

有趣的是，该报告指出，最适合和最需要维修的是科学仪器。然而不幸的是它们的位置和性质不适合或不方便使用机械臂来维护。因此，在设计阶段的早期就确定，所有的仪器均由航天员通过太空行走来完成更换。

在 15 年使用寿命期间，任何设备都可能发生故障，RADC 可靠性手册建议，故障可能以每百万小时 15 次的概率发生，其中涉及的大部分仪器传感器（照相机）替补件将于在轨维护阶段进行更换，由于这些活动必须由 EVA 进行，并且可能不需要更换其他设备，所以可以由 EVA 而不是由 RMS 来完成。因此，桁架结构形式从 LST 项目中进一步被抛弃。

4.3　可维护性

除了开发 LST 概念及其维护能力之外，研究还考虑了如何在望远镜的使用寿命期间保持正常服务。在最初计划的服务任务中（名义上在发射后 2.5 年），一些设备将接近其设计寿命上限，科学仪器将进行升级换代。另外，还会出现随机故障和物理性能退化。

配件清单汇总指出了研究认为需要维护的设备类型，其中不包括光学望远镜组件和科学仪器，按预期维护次序降序列出，并按更新的最低、中等或较高接受维护概率进行分类。

望远镜大修需要返回地球进行。该过程包括更换热控表面、修复由微流星体或空间碎片引起的损害、光学元件表面修复、更换太阳能电池以及拆卸和清洁整个 LST、在测试和模拟程序中对所有机载系统进行验证。地面维护还可以解决涉及主体结构的任何问题。对主要分系统的可靠性进行深入研究，并控制所有可能的污染问题。

表 4-2　按预期更换需求降序排列的大型太空望远镜的小型在轨维修备件

（由可靠性，运行时间和重要性排序确定）

分类		总质量		总体积		EVA 活动总时间
	数量	千克	磅	立方米	立方英尺	小时
电池组	7	235	(518)	0.397	(14.03)	3.5
磁带式存储器	3	19.6	(43.2)	0.036	(1.26)	1.0
精细的部件	1	139	(308)	0.145	(5.12)	1.0
f/96 相机	3	241.7	(532.8)	0.012	(3.6)	1.0
暗天体摄谱仪(FOS1)	1	67.0	(147.6)	0.15	(5.25)	1.0
高分辨率中阶梯光栅光谱(FOS1)	1	62.0	(136.8)	0.242	(8.55)	1.0
高分辨率中阶梯光栅光谱(FOS2)	1	62.0	(136.8)	0.22	(7.8)	1.0
暗天体摄谱仪(FOS2)	1	54.4	(120)	0.276	(9.75)	1.0
狭缝照相机	1	50.6	(116.7)	0.41	(14.55)	1.0

续表

分类		总质量		总体积		EVA 活动总时间
	数量	千克	磅	立方米	立方英尺	小时
暗天体摄谱仪(FOS3)	1	53.3	(117.6)	0.111	(3.9)	1.0
f/12 相机	1	81.6	(180)	0.048	(1.71)	1.0
暗天体摄谱仪(FOS4)	1	21.7	(48)	0.15	(5.25)	1.0
陀螺装配等级	1	12.5	(27.6)	0.017	(0.6)	0.7
DPA	1	7.6	(16.8)	0.009	(0.3)	0.7
控制力矩陀螺	1	96.8	(214)	0.69	(24.5)	1.0
调节器	1	4.3	(9.6)	0.012	(0.45)	1.0
远程解码器	1	0.6	(1.2)	0.005	(0.15)	0.8
DAU	1	0.6	(1.2)	0.000 6	(0.007 5)	1.0
备件汇总		1 210	(2 670)	3.02	(106.8)	19.7
载人出舱活动工具包		6.3	(36)	0.13	(4.5)	
货舱配件汇总		1 226.3	(2 706)	3.15	(111.3)	
两套航天服		90.7	(200)	0.33	(11.8)	
载人出舱活动消耗品		170	(375)	2.0	(72.0)	
舱内配件汇总		260.7	(575)	2.33	(83.8)	
汇总		1 487	(3 281)	5.48	(195.1)	

4.3.1　返回地球问题

将望远镜带回地球被视作一次重大维修。某些硬件的寿命将受地面服务间隔时间的限制，通常会在地面上更换太阳能电池板和热敏涂层等物品。

返回地球的一个主要问题是望远镜在飞行途中会受到不同程度的污染。将望远镜放回载荷舱并关闭舱门，仍然不能保证内部密封的原始状态。在进入载荷舱的过程中，受到污染的热气也会流入密封舱，无论多少时间，都会增加对望远镜的影响。还有人担心，望远镜每 2.5 年返回一次地球将会受到着陆和重新发射时的载荷影响巨大载荷。很有可能一旦望远镜重新回到地面上，就可能会被安排比预定的任务更多的工作，以致于增加意外损坏的可能性，这会延长在地球上的时间，推迟再次发射，破坏原本精心策划的服务计划。

4.3.2 在轨问题

普遍认为，LST 的配件清单如果像“购物清单”一样会更好，而不是一个特定的载荷，因为配件会随着望远镜的需求而改变。除了精细导航组件，科学仪器并没有列入清单，即使有几个仪器传感器被列为高损坏率的组件。随着时代的发展，将会为仪器的升级换代提供最先进的替代品，可能会更轻、更紧凑、更智能，并具有更长的使用寿命。

如果货盘托架的数量增加，则需要更广泛的 EVA 操作。在这种情况下，操作级别将增加到中等水平，密封的集装箱将位于载荷舱内，并为扩展的 EVA 操作提供必要的备件和工具。

为了进行有限的在轨维护，LST 必须以水平状态固定于载荷舱内，SSM 面向前方。如果望远镜的另一端需要维修，报告指出，“操纵器会将其从舱内抬起，旋转 180 度并放回舱内”（这样会使“有限的”维修情况变得过于复杂化）。报告还指出，如果选择机械手维修模式，那么由航天员更换大件设备的货盘方案将是首选。

4.3.3 设计问题

在地面或轨道上，方便快速进出舱是能否成功且及时完成有计划的维护任务的关键。在地面上，控制环境、通信网络、接入平台、灯光以及各种本地资源都可以使 LST 得到很好的维护。在轨道上的维护工作将只能由航天飞机完成，因此会有更多的限制。在轨服务对设计的要求如下：

1）必须有与航天员相匹配的能够接触到需维护设备的物理通道。

2）任何电气或机械连接器的设计都必须便于操作，无论是通过手套或其他工具。

3）扶手和足部限位器必须能够承受由于拆卸和更换物品而产生的扭矩和负载。

4）必须提供充足的照明。

5）航天员维护的时间和能量消耗取决于分配给该任务的紧固件和连接件的设计是否正确。

在这项研究中，认为磁带式存储器和电池等寿命有限的物品需要经过特别设计用于优化 EVA，并且其连接器和工具将被制造成允许手套操作，在可行的情况下只用一只手就可以实现操作。

对于许多预料不会失效且一旦失效就需要更换的项目，报告鼓励使用更简单的设计，即使需要提供特殊的在轨工具。所有的操作都要对一到两个 EVA 航天员操作进行评估，以确定可达性和扭矩要求。采用标准设计会减少航天员的时间和体力消耗。对于主要的 EVA 任务，更可靠的设计理念将有助于降低失败的风险，通过设计使移除和更换大质量硬件变得更加有效和方便是非常必要的。

该报告计划在两年半的轨道任务期间进行第一次在轨维护，而且第一次返回地球的时间不得早于 5 年。这个决定会影响太阳电池阵、热控涂层、微流星体防护结构和光学镀膜的设计，所有这些都需要至少 5 年的使用寿命。按照这个计划，在望远镜的 15 年使用寿命期间将安排三次地面维修。

在上述规划中，早期望远镜方案的问题之一是它不会提供轨道维护的可能性，设计灵活性降低、成本更高，这就是取消它的原因。报告指出，虽然在当时返回地球维修是首选，但如果望远镜的最终设计提供了更广泛的 EVA 维护能力，这将提高灵活性，且对整体设计的影响最小。这是一个有趣的结果，它质疑了将望远镜返回地球维修是最有效的方案，转而支持提高 EVA 能力。

4.3.4　结构

在设计适应返回地面或在轨维修的 LST 时，必须考虑 SSM 结构的完整性。除了在维护期间提供最佳硬件更换机会之外，设计人员还必须考虑结构在地面装配、测试、发射以及进入太空过程中的载荷条件。返回地球阶段的再入和着陆过程将对结构施加额外的载荷。而且在着陆状态下，必须考虑可能发生的更加恶劣的应急着陆情况。

除了“坠机模式”着陆之外，航天飞机舱内望远镜承受的过载被认为是“名义上的”，发射阶段的过载为（＋3.25～－1.30）g，着陆阶段的过载为（－0.75～－3.50）g，设计需考虑1.4倍的安全系数。然而，应急“坠机模式”着陆时的最大过载将达到9.0 g。在这种情况下，须确保望远镜和航天飞机舱体不会发生冲击破坏，尤其是着陆冲击时望远镜碎片不会穿透乘员舱结构以确保航天员的安全。此外，在设计时，在考虑有10%的计算误差前提下，LST最大设计质量是17 740磅（8 047千克）。望远镜系统设计、铝合金主框架材料选用及其结构变形设计均须与上述载荷环境相适应。

4.3.5　热控

望远镜应是一个较好的平衡设计。长期计划允许通过维护和维修来延长其使用寿命，但设计者必须尽可能减少维修活动，以尽量降低总成本和非科学项目时间。望远镜在没有干预的情况下能够正常工作的时间越长，那么科学投资得到的回报就越大。

望远镜长时间在轨运行面临的挑战之一是热管理。轨道每90分钟都会在太阳面接收极端的热量，而在地球的阴影区则是极端寒冷。工程师研究了各种涂料、散热板、百叶窗、绝缘材料和抛光铝箔。使用恒温控制加热器、组件分组、隔离电池舱以及控制望远镜在太空中的方向都有助于控制结构内部和外部的温度。一旦望远镜进入太空，硬件、科学仪器和服务系统间的热平衡将受到各部件加热和冷却效率的影响，而能够解决这些问题的设计将直接影响到望远镜的成功运行以及未来所有的维护和服务。

4.3.6　电源

LST 电源系统的发展得益于 OAO 和 HEAO 等天文台的经验、以及 Skylab 和其望远镜的安装，或许还得益于空军的分类项目。使用柔性卷绕式太阳电池阵而不是刚性折叠电池阵的决定很有意思。该报告指出，卷绕式设计拥有更小的质量和更紧凑的能量存储能力，并且由于其“易于收回”而更适合在轨维护。（有趣的是，在 20 年后的第一个哈勃太空服务任务中，太阳电池阵的收回并不像 LST 预期的那样容易实现。）

4.3.7　控制和数据处理

更新后的报告表明，在修订后的维护方案中，新规则对控制和数据处理（C&DH）系统的功能没有影响。

4.3.8　姿态控制

报告指出，“反应控制系统的在轨无压条件维护将由 EVA 完成”。在轨维修将以快速断开连接和柔性软管操作为主要特点，以便于更换。但在地面维修时，会使用硬连接和钎焊连接。报告还指出，“LST 维修方案的选择对姿态控制系统影响很小”，所以没有提到将在轨姿态控制系统推进剂补加作为机械臂维护或 EVA 维护任务。

4.3.9　分系统可靠性

LST 分系统的可靠性如下：

1）姿态控制：第一年为 0.987 83，第 2.5 年为 0.885 55。

2）电源：0.947 69（考虑 1 年周期）和 0.851 13（考虑 2.5 年周期）。

3）C&DH：0.998 07（考虑 1 年周期）和 0.986 74（考虑 2.5 年周期）。

4）SSM：0.934 35（考虑 1 年周期）和 0.743 28（考虑 2.5 年

周期）。

这些可靠性预测值和它们的下降速度都在设计准则和计划范围之内，为已使用 2.5 年的望远镜提供服务，并且在 5 年后完成任务返回地球。

4.3.10　污染物控制

在开始 B 阶段研究之前，修订后的 LST 规划中介绍了 Skylab 项目的经验。

在 1973 年 5 月发射无人 Skylab 时，其中一个主要的太阳电池阵以及一部分微流星保护罩、热保护罩受损。这些问题的定位及解决方式直接影响了 LST 的设计。包括望远镜材料的选择、内部和外部环境的控制、事件的调度、部件的清洁、软件的验证、管理和人员配置等。

污染物可能会严重影响实验或硬件设备，此时 Skylab 的经验再次应用于 LST 中。硬件设备内部的颗粒沉积物受到了特别关注，因为这些颗粒难以控制，严重损害望远镜的光学质量。这不仅在望远镜的建造过程中，在运输、测试、清洁、发射、轨道运行、EVA 维护、返回地球进行地面维修和重新发射时都是一个主要问题。LST 不得不在运行过程中一次又一次地面临这个问题，这一事实令人们更加担心，在某些情况下严重的污染将使航天员处于危险之中。

4.3.11　最新研究得出的关键结论

在 A 阶段研究及后续更新设计完成后，项目将进入 B 阶段，同时得出了一些结论。

显然，预计的地面维护不会影响望远镜的配置，尽管合理的舱间通道是需要考虑的重要因素，但任何限制都可以通过拆卸望远镜或在侧壁上开设通道口来解决。

对于维修望远镜的航天员来说，报告指出，“在最小配置条件下，可以在很大程度上进行在轨 EVA 维护”。但是这要求在设备之间要有足够的间距以适应航天员配戴手套或采用专用工具等所需的操作空间。另外，研究还得出结论，电连接器和机械紧固件的设计必须与手套和工具兼容。必须有适当的照明以及便于航天员手脚固定的扶手，以便减小他们的工作负荷和劳累程度。

报告指出，在未来的设计中可能不包括预计的 LST 对接系统。如果这个系统取消，那么在望远镜结构上将节省 437 磅（198 千克）的质量。取消轨道器上的对接模块将减轻 3 000 磅（1 361 千克）的质量，并在载荷舱内多出 7.5 英尺（2.2 米）的空间。此外，不进行对接系统的开发、制造、集成和测试所节省的成本不会对望远镜的回收或地面维护造成不利影响。

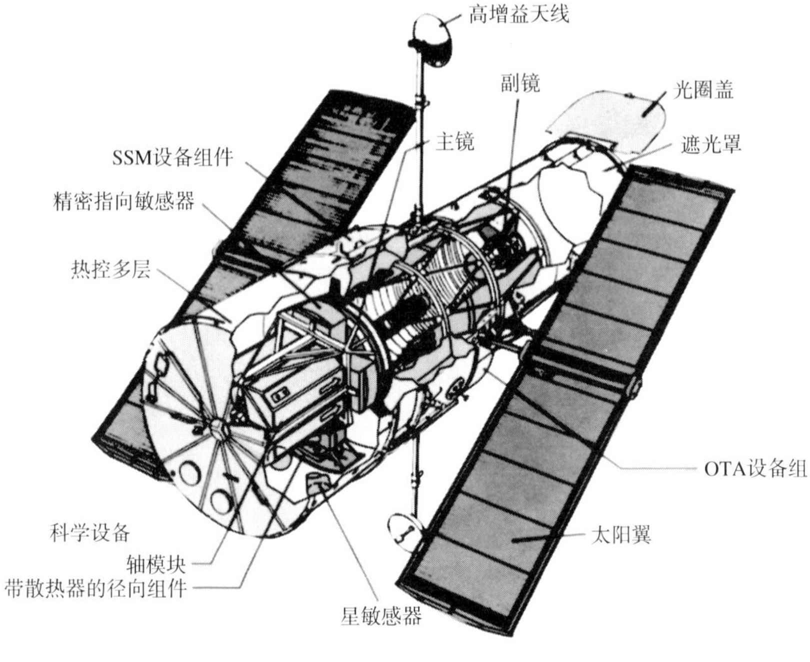

图 4－6 太空望远镜配置剖面图

4.4 LST 载人舱外活动

在 20 世纪 70 年代和 80 年代早期的许多研究都致力于挖掘航天飞机 EVA 的潜力，包括是否能将新兴的太空行走相关的硬件、技术和程序应用到预期的载荷（如 LST）。道格拉斯公司的一项研究（1976 年 6 月出版，第二卷）详细介绍了 LST 的 EVA 潜力，以支持在轨维护和服务及辅助返回地球的方案。报告的前言指出，“从经济方面考虑，载人出舱活动（EVA）是对在轨载荷起重要支持作用的主要方案”，并且“服务、修理和升级载荷是更重要的经济措施，这些既可以在地面又可以在轨进行操作”。尽管对于 LST 来说地面的服务被认为是最重要的，但是越来越多的证据表明，在轨维护可以提供像返回地球维护再重新启动一样效果的服务（而且在某些方面将远远超过地面服务）。然而就 LST 而言，几乎 10 年之后才决定选择在轨服务而不是返回地球，这主要是由于所涉及的花销。

本研究由 NASA 总部生命科学办公室生物工程处资助，并在 JSC 飞行运行管理局飞行梯队训练和程序处的技术指导下进行。1975 年 6 月开始的为期 12 个月的研究，目标是制定航天飞机 EVA 系统的综合基线，确定并选择 EVA 应用程序的候选载荷，并完成 EVA 操作程序和时间表相关的操作指南。4 个候选的载荷被用来制定这些规则，分别是 LST、基于太空试验室模块的先进技术实验室（ATL）、低成本模块化航天器（LCMS）和航天飞机红外望远镜（SIRTF）。LST 的研究报告在第二卷中占据了 98 页，几乎占整个文件的三分之一。

由于光学望远镜组件和科学仪器存在潜在污染，以及在这些区域收集的数据质量存在风险，所以服务系统模块的正向壳体或光学望远镜组件的内部结构没有规划 EVA 任务。但是，通过 EVA 实现检查、清洁和更换等在轨任务被认为是未来的目标，例如那些使用寿命有限的设备，但这些都取决于移动单元和相关设备的变化，这样可以防止交叉污染。需要进一步研究的一个领域是为红外仪器补充低温流体，而不是更换整个仪器。在研究中，红外仪器被设计成一个两级低温冷却系统，至少要保障运行 12 个月以冷却探测器。报告给出建议，设备增加比更换更具成本效益。

对于 LST，这项研究列出了计划、不定期和应急三类 EVA 维护。计划内和非计划内的 EVAS 是“对 SSM 和焦平面组件上（包括 SI 模块）外部可接触的预期磨损的定期和不定期的维护”。超出承包商预计的 EVA 维护能力范围的活动将需要额外的设备来进行。通过 EVA，可以将失效的分系统修复到运行状态。应急（不定期）维护“用于部署或检索故障（即提供手动操作）”以解决 LST 在轨时遇到的问题。研究设定两名航天员配合完成 EVA，而第三名航天员可以“在载荷舱进行 EVA 保障系统操作和航天员活动监测”。从本质上讲，这第三个角色已成为 EVA 的舱内指挥。当研究进行时，报告指出 LST 设备的物理和功能接口还没有准确的设计细节，并且 EVA 支持设备的概念设计被假定或开发以满足程序和计划要求。

显然，工程师正在开发大量的 EVA 技术，以支持 LST（和其他载荷）的服务操作，同时正在开发基线航天飞机 EVA 准则和设备。随着望远镜的研发延续到 20 世纪 80 年代，EVA 维护的保障系统概念得到了推动，最终其也成为保持望远镜运行时间最长的最具成本效益的手段。

4.4.1 LST 演变为 ST

太空望远镜（ST）的基线是在这些早期的 LST 研究中确定的。但正如前一章所述，由于资金获得困难以及航天飞机没有能力发射 10 英尺（3 米）长的望远镜，导致了 1974 年至 1976 年期间的设计需要修订。设计减小了望远镜的尺寸，改变了支持系统的布局，最终使得地面服务比在轨服务代价更高。望远镜返回地球的花费太高（并且确实太冒险），所以再次重新启动了在轨维护项目，并且在轨维护不是一次，而是两次或三次。最后决定在 15 年运行寿命期内将望远镜始终留在太空中，并每隔两三年对其进行系统维护和升级（M&R）任务，并在其寿命结束时回收。其他的在轨更换部件和EVA任务被合并设计来保证航天员在轨活动。NASA在1990年发射哈勃太空望远镜时指出，航天器上的70个项目可以实现在轨更换，包括制导和控制系统的组件、计算机、太阳电池阵和科学仪器。

到了20世纪80年代初，早期的航天飞机正在为望远镜服务开发所需的技术，在此基础上，现在的太空望远镜（哈勃太空望远镜）得以开始建设。到1985年，望远镜返回地球进行维修的方案被彻底放弃了，因为载着过重的有效载荷着陆太过冒险，还要求不造成损坏，任何损坏均会延迟其重返轨道的时间并影响其重要的科学计划。

4.5 哈勃状态概述

本节提供了哈勃太空望远镜及其主要部件的简要说明，作为后续章节关于航天飞机服务任务的基础。它侧重于服务和维护，而不是在科学计划期间的操作。

表 4-3 设备的主要供应商

设备	承包商	设备	承包商
电源控制执行器	P-E	卸载装置	ESA
舱尾机构锁,太阳电池阵	LMSC	光学望远镜组件	P-E
天线指向系统	sperry	光学控制电子产品	P-E
电池	Eagle Picher/GE	示波器	Frequency Elect
充电电流控制器	LMSC	光电倍增电子管	P-E
循环器开关	Electromagnetic	定向安全模式电子组件	Bendix
太阳敏感器	LMSC	电源控制单元	LMSC
计算机	Rockwell Autonetics	配电装置	LMSC
数据接口单元	LMSC	主展开机构	ESA
数据处理单元	LMSC	主镜组件	P-E

续表

设备	承包商	设备	承包商
展开控制电子产品	ESA	射频多路复用器	Wavecom
高增益天线充电设备	GE	射频开关	Transco
电源/热能控制设备	P-E	射频转换开关	Transco
固定头星敏遮光罩	Bendix	高速陀螺组件	Bendix
暗天体相机	Domier	反作用轮组件	Sperry
微弱对象光谱仪	MMC	修复模式组件	Northrop/Bendix
精细导航电子产品	哈里斯	旋转驱动机构	Schaefer
精细导航敏感器	P-E	SAD接头	ESA
固定头星敏	Ball/Berdix	科学仪器控制和数据处理	Fairchld/IBM
焦平面组件	P-E	S波段单向发射机	Cubic
前置固定太阳能阵列	LMSC	科学录音机	Odetics
戈达德高分辨率光谱仪	Ball Aerospace	辅助部署机构	ESA
高速光度计	Univ. Of Wis.	次镜组件	P-E
合页式垫门	LMSC	传感器电子组件	P-E
铰链高增益天线	LMSC	太阳能电池板	ESA
图像解剖相机组件	P-E	太阳能阵列驱动机构	ESA
仪器控制单元	LMSC	太阳能阵列电子驱动单位	ESA
互连电缆	LMSC/P-E et al.	星导航仪伺服	BEI
锁紧式垫门	LMSC	温度传感器	LMSC/P-E
固定高增益天线	LMSC	恒温器和加热器	LMSC/P-E
低增益天线	LMSC	脐缆驱动单元	Sperry
应答机	Motoral	波导	LMSC
磁力矩器	Ithcao/Bendix	宽视场行星照相机	JPL
磁感应系统	Schoenstadt/Bendix	机构控制单元	LMSC
金属支撑杆	DWA/LMSC	热控多层	LMSC/P-E

4.5.1 大型观测站

NASA 的大型观测站计划包括四个大型的太空望远镜，每一个望远镜都装备在不同的电磁波谱区域进行观测。他们打算全部由航天飞机发射，设计者考虑到了在轨服务可能性，但最终只有哈勃能够完全拥有这一能力。该计划包括：

1）哈勃太空望远镜（HST）：于 1990 年由 STS－31（发现号）发射。到 2015 年春天，在开展在轨服务任务更换了原来的科学仪器后，开展对近红外、可见光和近紫外波段进行测量。

2）康普顿伽马射线观测站（CGRO）：1991 年由 STS－37（亚特兰蒂斯号）发射，它能够观测到伽马射线和 X 射线。其没有接受在轨服务的能力，所以当一个陀螺仪损坏导致姿态控制受损后，卫星于 2000 年离轨。

3）钱德拉 X 射线天文台（CXO）：在纪念先驱天文学家被命名为钱德拉之前，被称为先进的 X 射线天文台（AXAF）。它于 1999 年由 STS－93（哥伦比亚号）发射。曾经参与两次哈勃任务的天文学家航天员史蒂夫·霍利也是这个观测站在轨部署任务的成员。截至 2015 年，它仍在正常运行。

4）斯皮策太空望远镜（SST）：因为它最初计划通过航天飞机发射，并使用半人马上面级到达其运行轨道，所以最初被称为“航天飞机红外望远镜天文台”（SIRTF），但是在 1986 年挑战者号失事后，半人马上面级运输的载荷舱被取消了。由大力神和阿特拉斯发射的两个计划都由于成本太高而取消了，后来望远镜更名为太空红外望远镜（保留首字母缩写 SIRTF）。2003 年 8 月以一个较小的规模，由德尔它 II 火箭发射。几个月后，为了纪念哈勃太空望远镜之父莱曼·斯皮策，它被重新命名为“斯皮策太空望远镜”。2009 年，当供应的冷却液耗尽时，大部分仪表已经损坏失效。

4.5.2 纪录创造者

哈勃望远镜被列为航天飞机上的“大型载荷”，因为它重24 500磅（11 110千克），长43.5英尺（13.1米），最大直径为14英尺（4.27米），在遮光罩和前锥壳位置部分减少到10英尺（3.1米）。在轨运行时将卷绕式的太阳电池阵展开，载荷舱内空间就会被释放。两个原始阵列尺寸均为7.8英尺×39.4英尺（2.3米×11.8米），存放在横截面直径不大于15英寸（38厘米）的圆柱体中，并且随望远镜主体外形进行布局。

虽然哈勃望远镜是一个令人印象深刻的有效载荷，但并不是乘坐航天飞机进入轨道的最大载荷。这个纪录是1999年7月23日由钱德拉X射线天文台创造的，该天文台质量为50 161磅（22 753千克），超过了两倍哈勃望远镜的重量。然而，由于载荷舱的尺寸约束，它们的直径和长度是相似的。为了到达其运行轨道，钱德拉由两级火箭上面级（IUS）推动，且安装在其支撑平台上，占据了60英尺（18.3米）×57.1英尺（17.4米）的空间。作为没有推进系统的载荷，哈勃望远镜仍然是航天飞机发射重量中最大的一个。

4.5.3 太空中的哈勃

1990年4月，发现号航天飞机在距赤道353英里（569千米），夹角28.5°的圆轨道上部署了哈勃望远镜，在每97分钟的运行中有28至36分钟处于地球阴影区。这个高度足以使望远镜进行有计划的科学研究，而不会出现画面模糊不清的情况。这同时也在航天飞机的维修和服务任务范围之内。

哈勃望远镜的坐标系有三个轴。主轴V1与望远镜的光轴重合，V2轴平行于太阳电池阵，V3轴平行于高增益天线撑杆。当望远镜旋转时，指向系统使用三个轴使其瞄准预期的目标天体，太阳电池阵列朝向太阳，或以其他方式改变其方向。

4.5.4 主要组成

哈勃太空望远镜包含三个主要模块，使其能够与地球上的光学观测站和辅助设施配合开展观测。这些模块包括系统支持模块（SSM）、光学望远镜组件（OTA）和科学仪器实验模块（SEP）。

系统支持模块（SSM）：SSM 是航天器的主要模块。它的系统支持功能包括供配电、数据通信、姿态控制和机动。此外，一对太阳电池阵产生电能并为蓄电池充电，天线系统接收来自地球的指令并发回数据。SSM 同时需支持与光学望远镜组件、科学仪器控制和数据处理（SIC&DH）单元以及科学仪器进行通信。

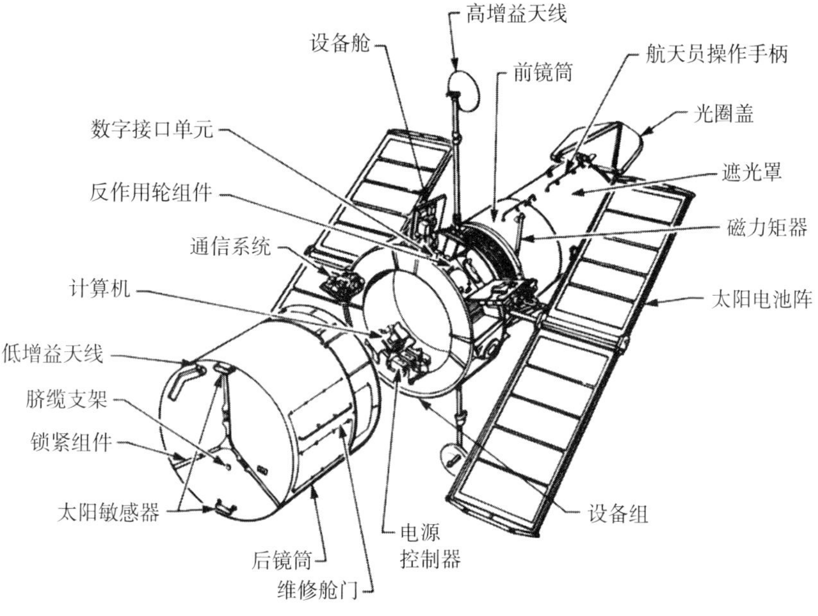

图 4－7 哈勃太空望远镜主要部件分解图

SSM 的具体设计特征如下：

1）外部结构由互锁壳体连接组成。

2）使用四个反作用轮组件（RWA）和磁力矩器来调整、定位

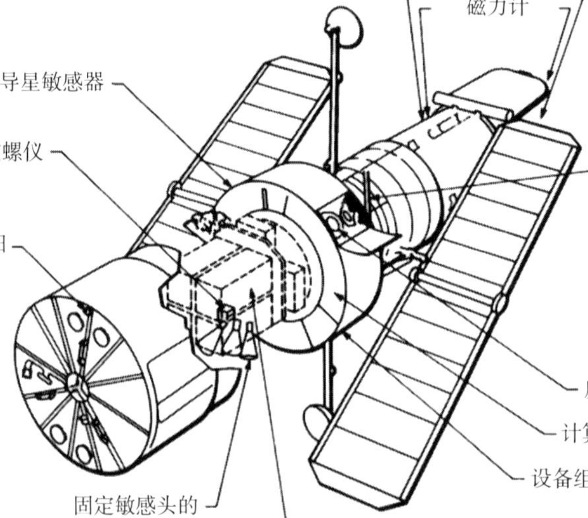

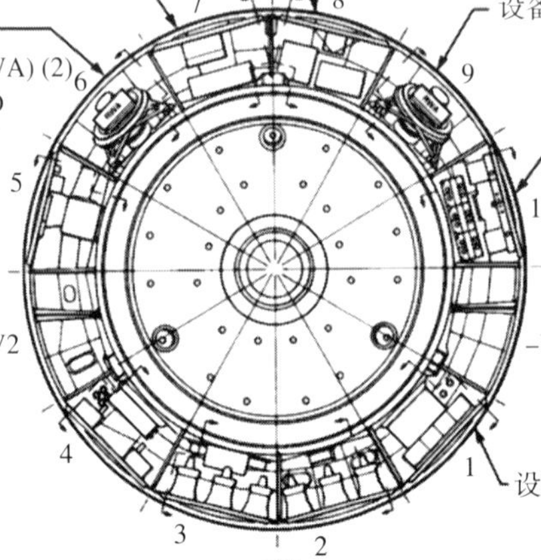

图 4－8　主轨道更换单元和设备舱位置细节

和稳定望远镜的姿态。

3）使用两个太阳电池阵（SA）发电。

4）通信系统包括一对高增益天线（HGA）和一对S波段单通道发射机（SSAT）。

5）在望远镜镜筒周围安装了十几个设备舱，其中十个装载了各种辅助设备：

- 1号设备舱，数据管理硬件。
- 2号设备舱，电源设备。
- 3号设备舱，电源设备。
- 4号设备舱，电源设备。
- 未编号的耳轴（起支撑作用）设备舱。
- 5号设备舱，通信硬件。
- 6号设备舱，反作用轮组件（RWA）。
- 7号设备舱，机械控制硬件。
- 8号设备舱，指向控制硬件。
- 9号设备舱，反作用轮组件（RWA）。
- 10号设备舱，科学仪器控制和数据处理（SIC&DH）单元。
- 未编号的耳轴（起支撑作用）设备舱。

6）用于操作系统和处理机载数据的计算机。

7）反射面和加热器组成的热控体系。

8）用于协助航天员进行在轨维修任务的外舱门、弹簧锁、扶手和落脚架。除了225英尺（68.5米）的扶手外，还有75个足部固定点。

SSM的七个主要分系统是：结构与机构系统、仪器与通信系统、数据管理系统、指向控制系统、电源系统、热控系统和安全应急系统。

4.5.5 结构与机构

SSM的外形是一组圆柱壳体：底部是后舱壁，前面是后镜筒，再往上是设备区、前镜筒，最前面是带有光圈盖的遮光罩。

光圈盖的直径约为10英尺（3米），其唯一的任务是遮挡遮光罩的开口端。它由铝蜂窝板制成，外表面覆盖有太阳光反射材料，内表面被涂成黑色以吸收一切杂散光。从完全关闭的位置开始，最大可以打开105°，这对于以+V1轴为中心的50°视角望远镜光圈是足够的。光圈盖组件包括一个保护驱动机构，可以在60秒内自动关闭。当阳光接近+V1轴的35°范围以内时，避光传感器可以自动触发光圈盖关闭以防止损坏内部光学元件。

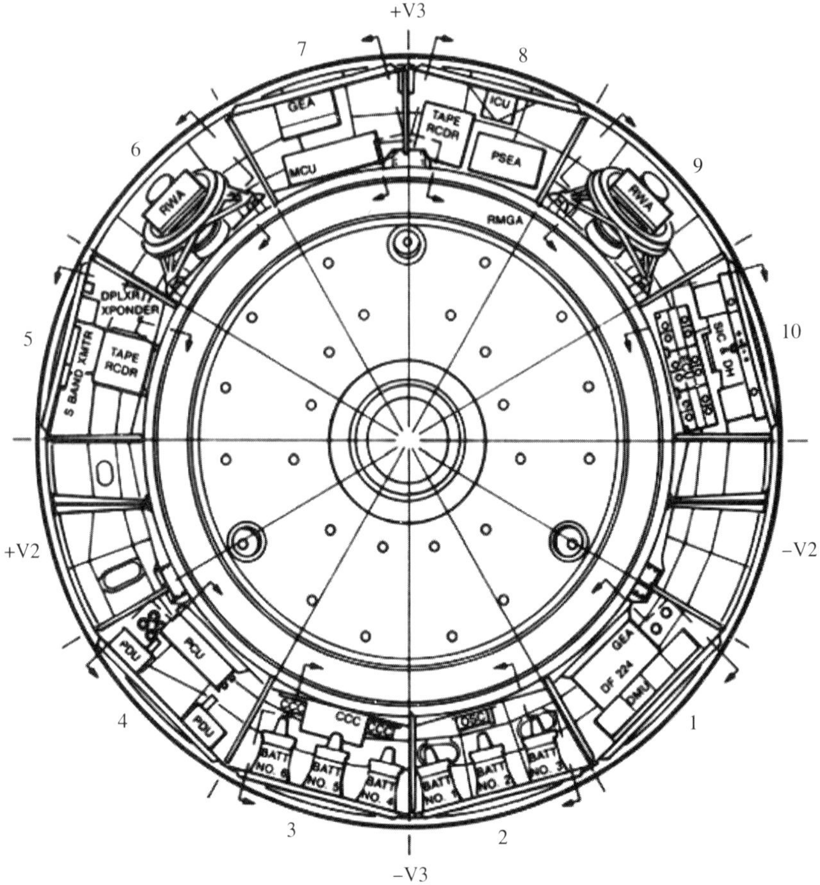

图4-9　哈勃望远镜设备舱放大视图

当太阳处在＋V1 轴 20°范围内时，将会使光圈盖完全关闭。如果观测任务进入上述 20°的限制范围内，太空望远镜操作和控制中心的控制器可以控制前盖不进行关闭操作，例如当月亮的暗边缘挡住明亮天体的部分光线时的观测工况。

遮光罩连接着光圈盖和前镜筒，旨在防止杂散光进入望远镜。它长为 13 英尺（4 米），内径为 10 英尺（3 米），采用坚固的镁质波纹壳，具有绝热保护层。遮光罩内的十个挡光板涂有均匀的黑色涂层以抑制杂散光的传播。

维修工作支持设施包括在每侧放置一个外部弹簧锁，用于固定收起的太阳电池阵（SA）和高增益天线（HGA）。在这些弹簧锁及装置附近有用于保护太阳电池阵（SA）的 30 英寸（76.2 厘米）金属磨损防护板。当望远镜被锁定在航天飞机的载荷舱中时，遮光罩弹簧锁也用于支撑低增益天线（LGA）及其波导。这部分区域还有两个磁力计和两个太阳敏感器。环绕着遮光罩安装了一系列的扶手，并且有一些用于辅助航天员 EVA 的嵌入式足部固定点。

前镜筒是望远镜的中心部分。它装有光学望远镜组件（OTA）的主镜和副镜。它长 13 英尺（4 米），直径 10 英尺（3 米），由铝板机加工制成。为了增加强度，前镜筒设计有外部加强环以确保内部光学望远镜组件（OTA）和内部加筋板的安全间隙，其外部还进行了隔热包覆。

在装载位置，太阳电池阵（SA）和高增益天线（HGA）都被锁定在前镜筒和遮光罩的两侧。四个磁力矩器以 90°的间隔围绕在前镜筒的圆周。高增益天线（HGA）驱动机构旁边的两个适配器将允许航天飞机的机械臂将望远镜从其运行轨道捕获，并在服务任务结束时重新将其放回运行轨道。在服务期间，停泊系统将望远镜锁定在载荷舱中，这部分区域还设有一些 EVA 扶手和足部固定点。

环形设备区设有 10 个设备舱和 2 个支持舱。这些设备舱内装有大约 90％的系统电子设备，这些电子设备在科学考察和维修任务期间都持续运行。环形设备区位于前镜筒和后镜筒之间，该部分由连

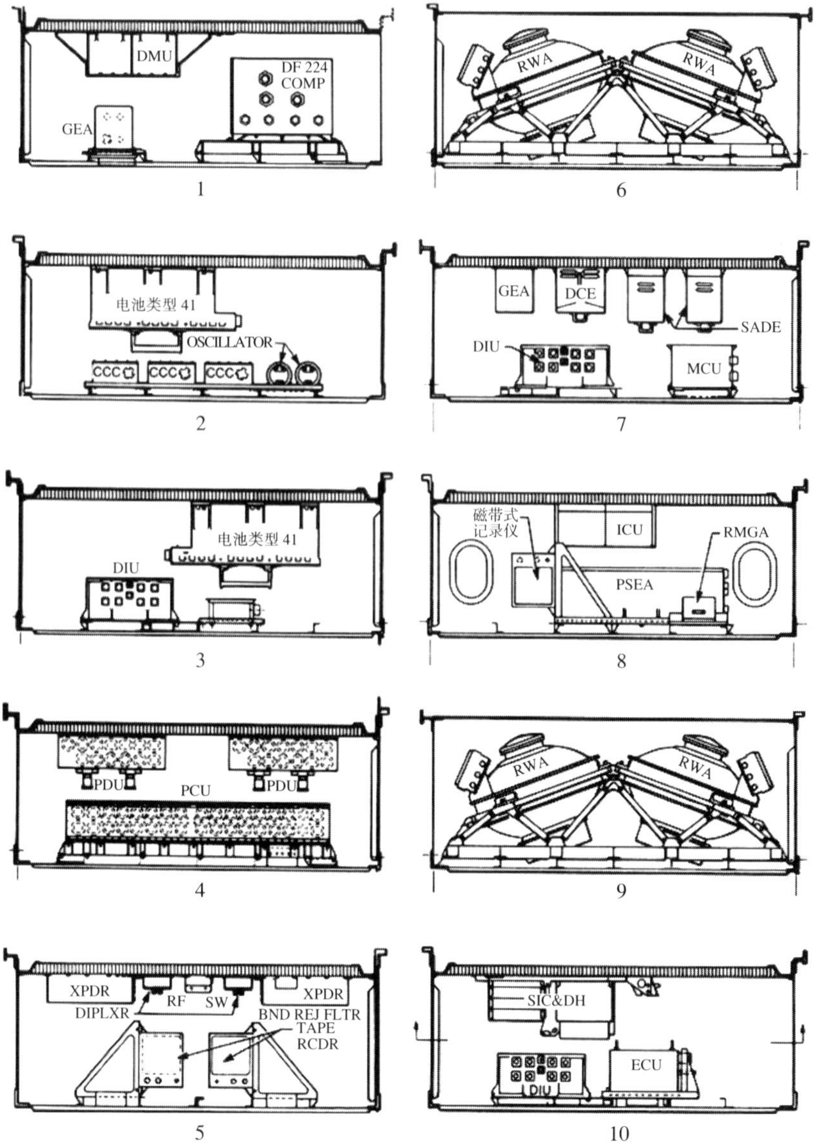

图 4-10　各设备舱内部细节示意图

接到内部铝制舱壁的机加工强化铝框制成。每个设备舱的形状都是梯形，外径（检修门）尺寸为 3.6 英尺（1 米），内径尺寸为 2.6 英尺（0.78 米）。每个设备舱宽度为 4 英尺（1.2 米），深 5 英尺（1.5 米）。6 号和 9 号设备舱还具有用于保护反作用轮组件的热处理加强舱门。其他 8 个设备舱装有铝蜂窝舱门，内部安装设备。设备区由前端框结构和后舱壁围成，光学望远镜组件（OTA）通过 6 个支架固定在该结构的内部。

后镜筒和舱壁组成了该部分的主要结构。它包含轴向科学仪器的焦平面结构（FPS），也是 1993 年至 2009 年期间 COSTAR（太空望远镜光轴补偿矫正光学系统）安装的位置。三个精细导星敏感器（FGS）和广角/行星照相机（WFPC）沿径向安装，它们靠近后镜筒和系统支持模块（SSM）设备区的连接处。这部分结构长 11.5 英尺（3.5 米），直径 14 英尺（4.3 米）。设计师使用了 16 根用于支撑的外部和内部纵梁，由铝制强化壳组成，此外还有内部面板以及加强环。该舱壁由 2 英寸（5.08 厘米）厚的铝蜂窝板制成，具有三个径向铝质支撑梁。后镜筒和舱壁装有一个在发射之前使用的防止科学仪器污染的气体净化系统，气体出口不透光，以防止杂散光进入望远镜的焦平面空间。

在尾罩外部的铰接舱门允许 EVA 航天员在扶手和足部固定点的辅助下移动和更换设备和科学仪器。隔舱内部配置有照明灯具，在维护过程中可以满足照明要求。在发射和维修任务期间，位于尾部舱壁区域的脐带电缆连接装置可以为位于载荷舱的哈勃供电。

外部的 SSM 结构还带有一些机械装置，例如用于固定太阳电池阵和天线的锁定装置；用来操作舱门、展开太阳电池阵和天线的铰链驱动机构，用来驱动锁定装置和铰链机构的电机以及移动高增益天线（HGA）的平衡架。高增益天线（HGA）使用 4 个锁定装置，太阳电池阵也有 4 个锁定装置，舱门则应用了一个锁定装置。锁定装置由旋转驱动器（RDA）的步进电机驱动，并采用了四连杆系统。高增益天线（HGA）使用 3 个铰链驱动器，舱门使用一个铰链驱动器，全部使用 RDA 驱动。在 RDA 发生故障时，航天员可以使用六角扳手手动操作铰链或锁定装置。

图 4-11　哈勃望远镜结构上的 EVA 扶手

4.5.6　仪表和通信

哈勃和地面之间的通信主要通过在地球静止轨道的侦查与数据中继卫星（TDRSS）网络来进行。所有的数据由数据管理分系统（DMS）进行处理。高速数据流通过高增益天线传递并且被作为重要的科学数据存档。高增益天线（HGA）安装在带有双轴万向节和电子设备的撑杆上，它可以在任意方向旋转 100°来跟踪中继卫星。两个低增益天线分别位于后舱壁和遮光罩上，呈 180°对称分布，其作用是处理用来接收来自地球的命令和传输工程数据的低速数据流，它们也被用于检索、调度以及在安全模式下的操作。

图 4－12　低增益天线（其中之一）与 EVA 扶手

4.5.7　数据管理

数据管理系统接收来自 SSM、OTA 和科学仪器的各种系统的数据以及通过 TDRSS 转发的来自太空望远镜操作和控制中心的指令。它允许处理和存储信息。除了数据接口单元（DIU）位于设备区外，其他均位于 SSM 设备区。

1）1 号设备舱中的计算机用于星载数据计算。它还用来记录遥控和遥测数据，处理所有操作控制、指向控制和姿态控制的指令；生成使 SA 朝向太阳以及操纵 HGA 的指令；监视航天器的“健康”状态。安装在哈勃望远镜上的计算机配备了一个带有三个中央处理器的 DF－224 单元（其中两个作为备份）和六个存储单元（其中两个作为备份）。该计算机的尺寸为 1.5 英尺×1.5 英尺×1 英尺（0.4 米×0.4 米×0.3 米），质量为 110 镑（50 千克）。1999 年，设备舱安装了一台新的计算机，速度为原来的 20 倍，内存为原来的 6 倍。

2）数据管理单元（DMU）位于 1 号设备舱的内部门上。数据管理单元与计算机相连，它通过编码数据将信息传输到特定的望远镜设备和所有 DMS 单元，为振荡器供电，同时也是望远镜的主要定时系统。它还接收和解码所有传入的命令，然后进行转发。来自 SIC&DH 单元的科学数据以及每个单元的工程数据或存储在记录仪上，或传输到地球。数据管理单元的尺寸为 26 英寸×30 英寸×7 英寸（60 厘米×70 厘米×17 厘米），质量为 83 镑（37.7 千克）。

3）四个数据接口单元（DIU）提供数据管理分系统（DMS）与各种电子设备之间的命令和数据连接。OTA DIU 位于 OTA 设备区，其他位于设备区的 3 号、7 号和 10 号设备舱。每个 DIU 实际上是两个完整的单元（一主一备），其中任何一个都能够执行 DIU 的功能。DIU 的尺寸为 15 英寸×16 英寸×7 英寸（38 厘米×41 厘米×18 厘米），质量为 35 磅（16 千克）。

4）三台工程/科学存储器（E/STR）单元最初位于设备区 5 号和 8 号设备舱中。两个用于正常运行，第三个备用。它们可以存储高达 10 亿字节的信息，包括无法实时传输到地面的工程和科学数据。每个 E/STR 单元尺寸均为 12 英寸×9 英寸×7 英寸（30 厘米×23 厘米×18 厘米），质量为 20 磅（9 千克）。它们后来通过航天飞机对望远镜维修任务替换为固态数字存储单元。

5）两个振荡器（计时时钟）可以为望远镜系统提供非常稳定的中央定时脉冲。其主要装置和备用装置均位于设备区 2 号设备舱中。它们呈圆柱形，长 9 英寸（23 厘米），直径 4 英寸（10 厘米），质量为 3 磅（1.4 千克）。

4.5.8　指向控制

一个独特的系统，使哈勃能够在 0.01 角秒内瞄准任何目标，并且在长达 24 小时的观测期间持续保持精确度为 0.000 7 角秒，同时还以 17 500 英里（28 157 千米）/小时的速度绕地球运行。通过选择

图 4－13　哈勃的科学仪器控制和数据处理（SIC&DU）单元

导航星，使两个精细导星敏感器控制望远镜时相对于导航星保持稳定。当需要观测另一个目标时，指向控制系统会选择最合适的恒星，并调整望远镜达到所需姿态。指向控制系统包括计算机、姿态传感器、制动器和航天器安全模式组件。

五种类型的敏感器构成了指向控制分系统（PCS）：

1）五个粗定姿太阳敏感器（CSS）布置于遮光罩和尾部保护罩上以测量望远镜相对于太阳的方位。

2）磁感应系统（MSS）由磁力计和电子器件组成，用来测量望远镜相对于地球磁场的方向。其中两个组件位于遮光罩尾部的前端。

3）三个固定敏感头的星敏感器（FHST）。光电探测器与恒星追踪器一起使用，以定位和跟踪视野内的特定恒星。它们位于焦平面结构后面的后镜筒中，旁边是 RSUs。

图 4－14　三个速率传感器单元中的一个，每个包含一对陀螺仪

4）三个速率陀螺仪组件（RGA）。每个组件由一个速率感应单元（RSU）和两个速率传感器以及一个用于测量其轴向运动速率的电子控制单元（ECU）组成。RSUs 位于后镜筒中，但是 ECUs 位于 SSM 设备区 10 号设备舱中。PCS 使用 RGAs 来控制望远镜的方位以及在机动过程中提供姿态测量。

5）三个精细导星敏感器（FGS）提供相对于目标恒星的角位置。该敏感器使用精确指向调整，系统精度可以达到几分之一角秒。其中两个单元用于系统指向测量，第三个单元用于测量天体研究所需的特定恒星位置。

两种类型的执行机构器被设计用来将航天器制动到所需的姿态，然后提供控制力矩，使航天器在该位置指向稳定：

1）反作用轮组件（RWA）通过旋转大型飞轮，加速到 3 000 转/分或减慢速度并根据需要反转它们来控制望远镜的动量。反作用轮组件共有四个 RWAs，其中有三个飞轮用于望远镜轴向姿态机动。组件位于 SSM 设备区的 6 号和 9 号设备舱。每个飞轮的直径为 23 英寸（59 厘米），质量约为 100 磅（45 千克）。

2）磁力矩器通过反作用于地球的磁场在航天器上产生力矩来改变反作用轮的速度。反作用力产生于降低飞轮速度的方向上，它们在垂直于地球磁场线的方向提供力矩，还可以作为应急模式下轨道姿态稳定的备用系统。它们位于系统支持模块（SSM）的前镜筒上，每个部件长 8.3 英尺（2.5 米），质量为 100 磅（45 千克）。

4.5.9 电源

电源分系统（EPS）为哈勃的其他系统和科学仪器提供电能。当望远镜在航天飞机的载荷舱内进行维修时，航天飞机的轨道器通过脐缆为其提供电能。在进行检修任务的轨道飞行期间，其展开的太阳电池阵会将太阳能转换成电能储存在电池中，然后由电源控制器和配电单元供电。在维修完成之后，直至望远镜电池完全充满电才会被航天飞机释放。

EPS 由以下部分组成：2 个太阳电池阵（SA）和相关电子器件、6 个镍氢（NiH_2）电池、6 个充电电流控制器（CCC）、1 个电源控制单元（PCU）和 4 个配电单元（PDU）。除两个太阳电池阵安装在望远镜两侧外，该分系统的其他部件都安装在 SSM 设备区。

两个太阳电池阵是电源的主要来源。每个太阳电池阵都有自己的电源子系统，其组成部分如下：SA 驱动电路（SADE）单元，用于向帆板组件发送指令；调度控制电子单元，用于驱动电机来展开和收拢帆板；二极管网络指示电流。太阳电池阵最初的设计为一对长度为 39.38 英尺（12 米）的双展帆板，每个双展帆板由两块装有 5 个发电模块的柔性基板组成。发电模块使用的是尺寸为 0.78 英寸×1.57 英寸（2 厘米×4 厘米）的晶硅电池片，在 25 ℃ 时其电阻率为 0.39 欧姆·英寸（1 欧姆·厘米），转换效率为 12.7%。发电模块之间使用直径 0.001 3 英寸（0.035 毫米）的银质导线网相互连接，用于补偿热膨胀系数的不匹配。电能传输使用夹在裸露的卡普顿（轻型耐高温塑料）材料之间并用玻璃纤维布加固的柔性银质导线网来实现。在发射阶段会将帆板收拢起来，并在太阳能电池片之间插入卡普顿箔片来增加保护作用。太阳电池阵的设计寿命为 5 年，相当于±100 ℃下经历 30 000 次循环，2 年后基本功率需求为 4 kW。

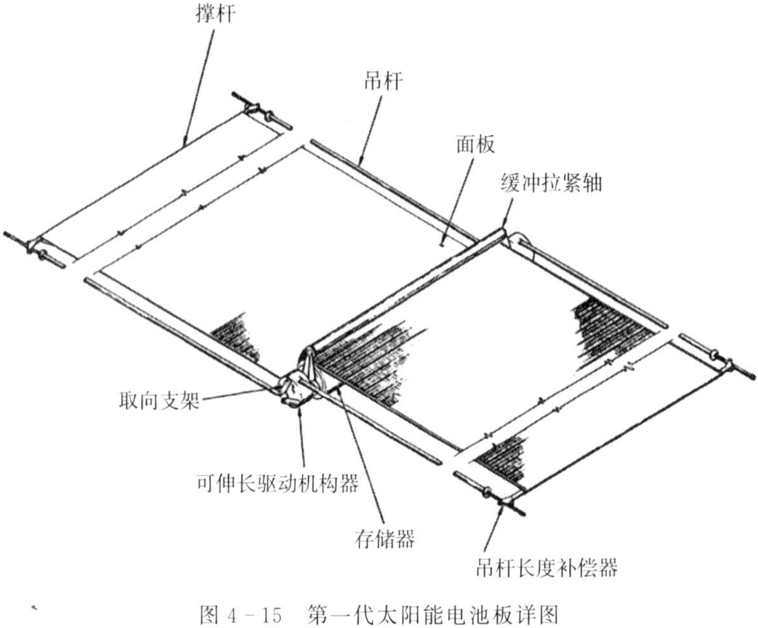

图 4-15　第一代太阳能电池板详图

哥伦比亚号航天飞机在 1981 年 4 月首次飞行任务后所进行的检查中首次发现其飞行轨道的原子氧对其暴露的表面具有显著的侵蚀作用，尤其是对卡普顿材料。从 STS-3 维修任务可以看出，卡普顿材料厚度减小 35%，STS-8 维修任务证实了卡普顿材料侵蚀速率很高，并通过飞行试验确定了不同材料的侵蚀速率——在轨道试验中仅一星期就显示银质材料厚度降低了 0.004 微米。这是哈勃太阳电池阵电池片之间接连导线网总厚度的 30%。这意味着最初设计和制造的太阳电池阵不适合在高度 372.84 英里（600 千米）的计划轨道使用。临时的解决方案往往是不可靠的，因此太阳电池阵基板以及太阳能电池片互连导线网必须重新设计并验证是否合格。

图 4-16　1981 年 7 月在位于布里斯托尔的英国航空航天公司进行的第一代太阳电池阵展开测试（图片来自英国星际学会）

洛塔尔·格拉克在欧洲讲述了哈勃项目中这些早期研究：“从 1978 年到 1986 年，我在德国韦德尔的‘AEG 德律风根’公司工作。我曾与进行太空太阳能电池研发的团队合作，团队成员分别来自开发、制造和测试部门，我参与了太阳电池阵设计、建造和管理的相关工作。通用电气公司（AEG）负责哈勃柔性基板的开发和制造，当时基板的初始设计已经完成，大部分飞行硬件也已经完成。但是，之后就出现了航天飞机首次任务所发现的原子氧（ATOX）侵蚀问题。于是很快得出结论，当时的哈勃太空望远镜（HST）基板不适合哈勃的任务，因为原子氧（ATOX）会在几个星期内破坏基板，而且没有办法对已有的基板进行升级。最后的结论是——回到最初方案设计阶段，因为需要重新设计。我自此加入哈勃团队，作为太阳能电池设计与开发团队中的一员，我们所开发的太阳能电池可以避免原子氧的（ATOX）侵蚀，并且拥有超过 10 年的寿命。幸运的是，第二代太阳能电池的开发非常成功，使我们能够将太阳能发电性能提高 10% 以上，这使得 NASA 可以提高对星载仪器的功率分配。”

尽管最初计划于 1983 年 10 月发射，但 NASA 经历的一系列财务和技术困难导致计划重新调整了至少五次，最终计划延迟三年至 1986 年 10 月。然后，当哈勃望远镜终于被调整至可以发射的状态时，发生了挑战者号航天飞机灾难。由于事故调查建议重新确认每个现存航天飞机的可飞行时间，导致发射再次推迟了三年半。对于 ESA 来说，这有好几个方面的影响。一个问题是太阳能电池阵早在 1986 年便交付到卡纳维拉尔角的发射场并安装在哈勃望远镜上。在挑战者号失事后，随着航天飞机全部停飞，人们担心进一步推迟发射可能会赶上太阳活动的活跃期，在此期间将会出现具有潜在破坏性的太阳耀斑。并且有人担心，在计划部署高度，太阳能电池片之间的银质导线连接网络可能会很容易受损。另外一个问题是 NASA 计划增加用电量，这会使得之前的功率预算至少处于临界水平。最终导致 ESA 决定将太阳能电池组件运回欧洲进行升级。在接下来的两年里，这些太阳电池阵经过改造，除了具有更高的电性能外同时拥有了可以抵抗原子氧侵蚀的电池片和连接导线网。1988 年，改进后的太阳电池阵再次被运到卡纳维拉尔角发射场并安装到望远镜上。

哈勃配置了 6 个氢镍（NiH_2）电池，当电能需求超过太阳电池阵的最大供电量，或者当哈勃在执行观测任务时处于地球阴影区，

图 4-17　将折叠的太阳电池阵列安装到主望远镜结构上
（图片来自英国星际协会）

以及当哈勃处于安全模式时，这些氢镍（NiH_2）电池可以满足设备对电源的需求。三个 22 片电池片组成一个模块，尺寸为 36 英寸×36 英寸×10 英寸（90 厘米×90 厘米×25 厘米），质量为 475 磅（214 千克）。其中有两个模块的电池通过专用充电电流控制器（CCC）从太阳电池阵中充电。当 1990 年 4 月部署哈勃时，一个充

图 4-18　第三代太阳能电池阵在 ESTEC（欧洲空间研究与技术中心）测试（图片来自 ESA）

满电的电池蓄电量为 75 安·时，这足以维持正常执行的科学任务长达 7.5 小时（绕行地球 5 次），并为所有安全和应急模式提供储备，而且可以满足发射以来所有对望远镜观测任务的增加。这些氢镍电池单元安装在 SSM 设备区的 2 号和 3 号设备舱，这些单元的设计使其在进行检修服务期间可以安全地进行操作。每个模块都有两个大的黄色扶手，航天员能够轻松安全地将其从舱体中取出并安装替换件。这些电池单元一直为哈勃望远镜供电长达 19 年，最终于 2009 年在一次 EVA 维修任务中被替换。

三个充电电流控制器（CCC）通过监测电压-温度并测量充电操作的进程来控制每个电池单元的充电过程。PCU 作为主电源总线，可连通并切换太阳电池阵（SA）、蓄电池和充电电流控制器（CCC）之间的电流。PCU 位于设备区 4 号设备舱，尺寸为 43 英寸×12 英寸×18 英寸（109 厘米×30 厘米×2 厘米），质量为 120

磅（55 千克）。2002 年，原来的电源控制单元（PCU）被升级后的 PCU 替代，更换过程要求望远镜自发射以来首次断电。这个过程中大家非常紧张，直至望远镜再次启动时才如释重负。有四个配电单元（PDU）用于周围设备的配电，配电单元包含本地电源总线、交换机、保险丝和检测设备。其中有两个配电单元用于维持 OTA、科学仪器以及 SIC&DH 单元的运行，另外两个用来给 SSM 配电。PDU 与 PCU 均位于 4 号设备舱中。每个配电单元尺寸为 10 英寸×5 英寸×18 英寸（25 英寸×12.5 英寸×45 厘米），质量为 25 磅（11 千克）。

图 4－19　哈勃的主电池组

图 4-20　航天飞机在 SM-4 飞行任务中更换安装在 SLIC
（超轻型可互换装载系统）上的电池组

图 4-21　一个功率控制单元及其连接导线
（其手柄上标有“仅限航天员使用”）

4.5.10 热控

为了保护望远镜使其免受太空环境的影响，超过 80％的舱外表面覆盖有隔热多层。另外，使用电加热器使其温度保持在规定的安全限制水平。SSM 上的热控分系统（TCS）用来保持设备区、科学仪器和 OTA 接口结构中的温度在规定的范围内。即使在最恶劣的温度变化情况下，即当望远镜从地球阴影区的“低温”突然转到太阳区的“高温”时，TCS 仍然可以保持安全的操作环境。它还可以排散星载设备运行时产生的多余热量。

热控系统的特点如下：

1）位于遮光罩和前镜筒的隔热多层（MLI）由 15 层镀铝卡普顿薄膜制成，最外层装有由镀铝聚四氟乙烯制成的柔性光学太阳反射器（FOSR）。

2）光圈盖的朝阳侧装有铝质（镀银）带状 FOSR。设备区的设备舱外部舱门上装有特定形态的 FOSR 和 MLI。内部舱壁上也装有 MLI 以维持设备舱之间的热平衡。

3）每个设备在设备舱中的安装位置，必须符合温度要求。设计师要充分利用每个设备舱内的可用空间，例如，通过在设备区旁边安装散热装置使其在正常操作期间达到与大部分远离太阳时间相同的效果。

4）为了给精巧的科学仪器提供额外的保护，后镜筒和舱壁外部裹有镀银的 FOSR 带，内部装有 MLI，后镜筒内部安装有防辐射材料。

5）航天器的内部和外部安装了超过 200 个温度传感器和恒温器来持续监测每个部件温度并控制加热器的运行。

这些覆盖层结合反射性或吸收性涂料，可以确保望远镜适应空间低温环境的同时反射太阳热量，使其能够在其标准设计温度下运行。

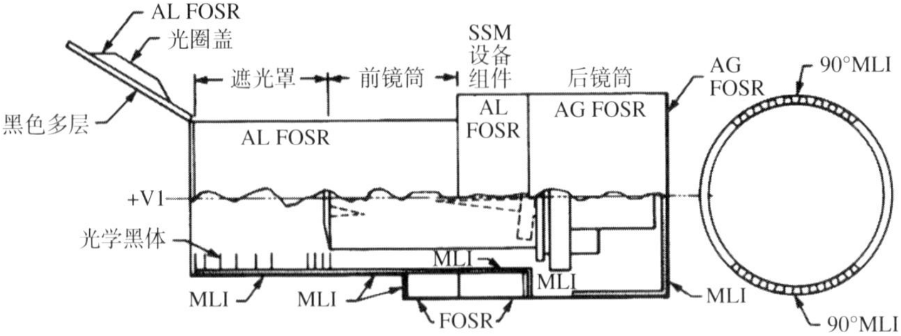

图4-22 哈勃表面绝热层初始分布示意图

4.5.11 安全应急系统

无论在何种情况下，系统中的重复、重叠或冗余设计为应对潜在的故障提供了必要安全措施。除非再建造一个完全相同的航天器，否则永远不会有完全可靠的系统备份，因此只要有可能，增加应急或备用选项就会提高任务的安全性。

安全系统保证了哈勃可以在紧急情况和发生危及其“生命”的严重故障时仍可运行。该系统除使用专门的指令式安全电子组件（PSEA）之外，还利用了大部分指向控制和数据管理组件。它可以“自主”运行而不需要地面控制。安全系统的功能包括稳定望远镜的姿态、调整太阳电池阵指向以获得最大的阳光照射角以及最大限度地降低用电量以节约电源。

在正常运行期间，安全系统使用星载计算机生成的“持久连接”信号自动监测各系统运行是否正常。一旦检测到故障，安全模式会自动激活。系统有多种可用的安全模式，可根据故障的严重程度选用不同的模式。如果发生的故障实际上不会导致设备失效，那么安全系统会将其置于软件“惯性保持模式（SIHM）”中，在该模式下，望远镜被“保持”在距离检测到故障之前的最近的执行状态。如果故障发生在系统正常运行时，需要安全系统足够智能，可以使其完成机动，然后将望远镜保持在该命令执行后的最终状态，同时暂停所有的科学运作，这种情况只能通过地面控制命令才能解除。

如果末端电源系统故障或指向控制分系统的安全检查失败，航天器将自动进入所谓的“软件太阳跟踪模式（SSPM）”，在该模式下望远镜将会进入机动以便太阳电池阵持续面对太阳，从而不断吸收太阳能进行发电。热控分系统设计为确保在故障期间所有的机载设备均在其工作温度范围并高于生存温度，并等待系统恢复正常运行。地面控制人员必须在重新开始科学任务之前定位并排除这个故障。

哈勃自1990年发射以来，已经安装了一些安全系统计算机软件的改进和升级版本，使其响应更为可靠，但是如果遇到这些措施解决不了的更糟糕的情况，必须通过手动操作将系统控制权交给“硬件太阳跟踪模式”下的“指向电子安全装置”，在“硬件太阳跟踪模式”下，计算机将通过关闭所有非必要的设备来保存电能。执行顺序为：首先为科学仪器添加保险，使太阳电池阵朝向太阳（如果之前不是朝向太阳的话）；然后将对于望远镜生存非必要的设备断电，以上步骤执行结束之后关闭计算机，并在2小时后关闭科学仪器控制和数据处理（SIC&DH）分系统。如此严重的问题发生时将会提醒地面控制人员（他们可能已经意识到或没有意识到系统及性能的严重退化）。此时NASA管理层将组成一个故障分析小组来研究并探讨可选择的措施。研讨小组将由“戈达德航天飞行中心”的高级管理代表负责，“戈达德航天飞行中心”是太空望远镜运行控制中心主管，不仅有权召集来自NASA和望远镜生产厂家的专家，也能召集参与哈勃计划的其他组织的专业人员。一旦研讨小组发现问题所在，就会向戈达德的更高层提出纠正措施，如果要进行硬件更换或计算机软件配置的更改将需要申请NASA的一级授权。随着2011年航天飞机退役，不可能再次规划维修任务。在接下来的几年里，随着哈勃系统逐渐老化，系统和部件将会逐步失效或者被关闭，届时将不得不做出结束哈勃一切运行的决定。

指向电子安全装置由40个电子印刷电路板组成，即使在发生内部电路故障的情况下，该印刷电路板也具有可以对哈勃进行操作的冗余功能。该装置位于设备区 8 号设备舱，质量为 86 磅（39 千克）。还有一个专用的备份陀螺仪，被称为“恢复模式陀螺仪组件”（RMGA），也位于 8 号设备舱，它拥有三个比 RGAs 质量更低的陀螺仪，因为它们不会在观测期间使用。

4.5.12　光学系统

光学望远镜组件（OTA）主要由主镜和主支撑框组成。镜片收集并聚焦入射光到望远镜的焦平面上。OTA 的构成有：主镜（由内部的主支撑框支撑）、反应屏、执行器、以及主挡板和控制挡板。次镜组件由悬臂结构悬挂在主支撑环的前面。

在 1990 年 4 月发射后的试运行过程中，发现了由主镜形状制造误差导致的球面像差。这个问题通过 1993 年 12 月在航天飞机 SM－1 飞行任务中安装的 COSTAR（太空望远镜光轴补偿矫正光学系统）组件对其进行了修正。航天员没有直接接近主镜，他们通过位于焦平面结构中的 OTA 设备区和轴向科学仪器（见下文）进行操作。

①光学望远镜组件（OTA）设备区

这是一个包含各种系统的大型半圆形隔舱，位于航天器外侧的 OTA 前镜铜上，这里有 OTA 的电源和热控电子系统、精确制导电子设备、执行机构控制电子设备、光学控制电子设备以及数据管理分系统（DMS）的第四个数据接口单元（DIU）。

OTA 设备区的 9 个设备舱中有 7 个用于安置存储设备，另外两个用于支持。所有 9 个设备舱都设有向外打开的舱门，以方便在维修任务期间打开进行操作。每个设备舱都安装有电子连接器、加热器和温控绝热层。

1）电源/热控电子设备（EP/TCE）将来自 SSM 电源系统的电源分配给 OTA 系统，并通过恒温控制器调节镜面温度为适宜状态。EP/TCE 也可采集热量传感器的数据传输到地面。

2）精确制导电子设备（FGE）为每个精细导星敏感器提供电

源、监控和遥测功能。

3）执行机构控制电子设备（ACE）直接为 24 个安装在主镜上的执行器和 6 个安装在次镜上的执行器提供遥控和遥测接口。

4）光学控制电子设备（OCE）对“光学控制传感器（OCS）”进行控制，每个精细导星敏感器（FGS）分配一个光学控制电子设备（OCE）。这些光学控制电子设备使用白光来测量 OTA 的光学质量，并将测量数据发送到地面。

5）数据接口单元（DIU）是连接 OTA 中的电子设备与主镜遥控以及遥测系统之间的电子接口。

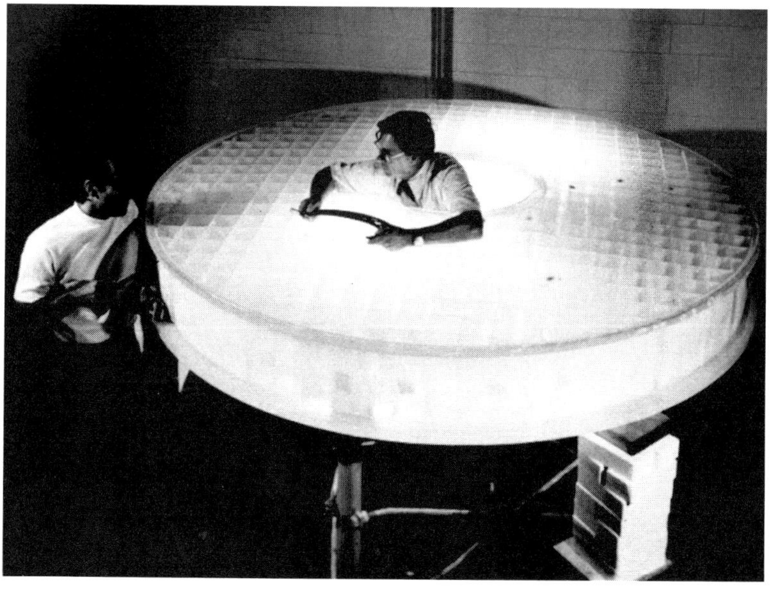

图 4-23　主镜结构

②科学仪器

哈勃望远镜上的四个主要科学仪器位于航天器尾部的焦平面结构（FPS）中，这四个仪器位于航天器周围并与三个精细导星敏感器距离很近。这些仪器（除了精细导星敏感器）由科学仪器控制和数据处理（SIC&DH）分系统控制。来自每个仪器的数据被传送到

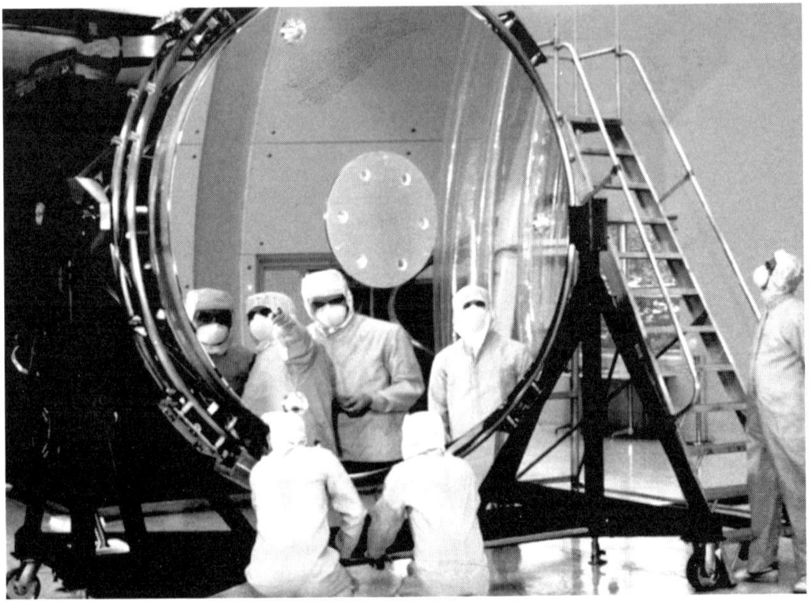

图 4-24　主镜外观检验

星载计算机进行处理（编码），然后被临时存储在航天器上或者实时发送到地球。

表 4-4　科学仪器更换

设备舱	1990 年 发射部署	1993 年 服务任务 1	1997 年 服务任务 2	1999 年 服务任务 3A	2002 年 服务任务 3B	2009 年 服务任务 4
A1	GHRS	GHRS	STIS	STIS	STIS	STIS
A2	FOS	FOS	NICMOS	NICMOS	NICMOS	NICMOS
A3	FOC	FOC	FOC	FOC	ACS	ACS
A4	HSP	COSTAR	COSTAR	COSTAR	COSTAR	COS
R+V3	FGS-2	FGS-2	FGS-2	FGS-2R	FGS-2R	FGS-2R
R+V2	FGS-1	FGS-1	FGS-1R	FGS-1R	FGS-1R	FGS-1R
R-V3	WFPC-1	WFPC-2	WFPC-2	WFPC-2	WFPC-2	WFPC-3
R-V2	FGS-3	FGS-3	FGS-3	FGS-3	FGS-3	FGS-3R

其中：

A1 轴向 1 号设备舱

A2 轴向 2 号设备舱

A3 轴向 3 号设备舱

A4 轴向 4 号设备舱

R+V3 径向设备舱（上）

R－V2 径向设备舱（右）

R－V3 径向设备舱（下）

R+V2 径向设备舱（左）

GHRS 戈达德高分辨率摄谱仪

FOS 暗天体摄谱仪

FOC 暗天体照相机

HSP 高速光度计

FGS# 精细导星敏感器（1，2，3）

FGS#R 精细导星敏感器升级版（1，2，3）

WFPC# 广角/行星照相机（1，2，3）

COSTAR 太空望远镜光轴补偿矫正光学系统

STIS 太空望远镜影像摄谱仪

NICMOS 近红外线照相机和多目标分光仪

ACS 先进巡天照相机

COS 宇宙起源摄谱仪

科学仪器更换：

GHRS 在发射时安装，在航天飞机 SM－2 飞行任务期间拆除

FOS 在发射时安装，在航天飞机 SM－2 飞行任务期间拆除

FOC 在发射时安装，在航天飞机 SM－3B 飞行任务期间拆除

HSP 在发射时安装，在航天飞机 SM－2 飞行任务期间拆除

FGS# 在发射时装有 3 个单元；1 号单元在 SM－2 期间拆除 2 号单元在 SM－3A 期间拆除；3 号单元在 SM－4 期间拆除

FGS #R 1 号单元在 SM－2 期间安装；2 号单元在 SM－3A 期间安装；3 号单元在 SM－4 期间安装；所有单元仍在工作

WFPC# 1 号单元在发射时安装；2 号单元在 SM－1 期间替换原 1 号单元；3 号单元在 SM－4 期间替换原 2 号单元；3 号单元仍在

工作

COSTAR 在航天飞机 SM－1 飞行任务期间安装；在 SM－4 飞行任务期间拆除

STIS 在航天飞机 SM－2 飞行任务期间安装；仍在工作

NICMOS 在航天飞机 SM－2 飞行任务期间安装；仍在工作

ACS 在航天飞机 SM－3B 飞行任务期间安装；仍在工作

COS 在航天飞机 SM－4 飞行任务期间安装；仍在工作

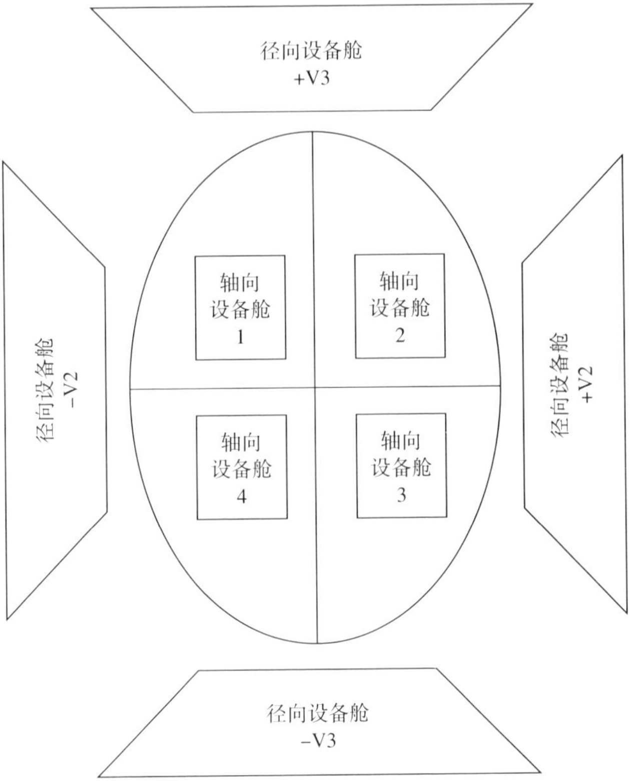

图 4－25 哈勃望远镜轴向设备舱及径向设备舱分布

安装在哈勃望远镜上的科学仪器多年来一直在改变，2015 年哈勃望远镜所使用的科学仪器与 25 年前发射时安装的科学仪器已毫无

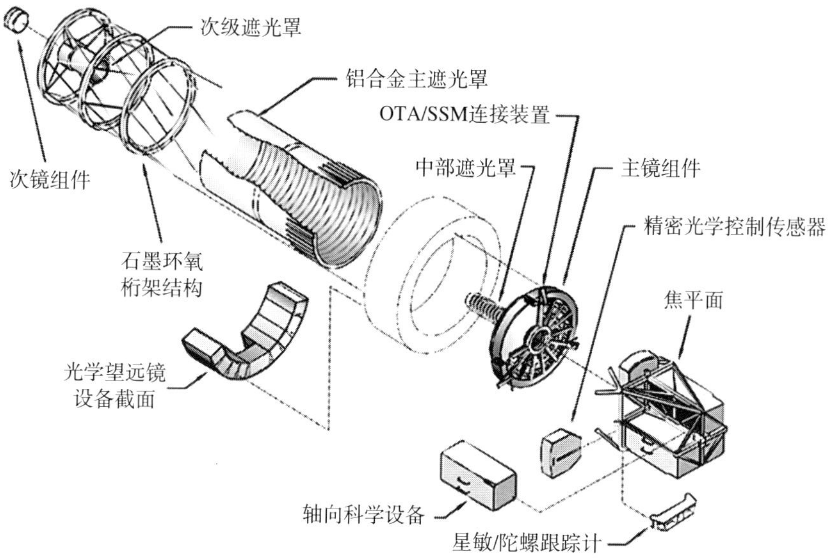

图 4-26 光学望远镜支架分解图

相似之处。作为参考，以下对科学仪器更换情况进行介绍：

1）先进巡天照相机（ACS）：在 2002 年 STS-109 维修任务中安装，替换了暗天体照相机（FOC），然后在 2009 年 STS-125 维修任务中进行了修理。它用于研究其他恒星系中行星的“气候”以及研究星系的性质和分布，该相机同时进行宇宙测量，它目前仍在工作。

2）宇宙起源摄谱仪（COS）：于 2009 年在 STS-125 维护任务中安装，替换原 COSTAR（太空望远镜光轴补偿矫正光学系统），目前仍在工作中。

3）暗天体照相机（FOC）：在发射时安装，然后于 2002 年在 STS-109 维修任务中（由先进巡天照相机 ACS 取代）拆除。它使用望远镜的光学分辨率来观测深空中的天体，这比以前可使用的技术获得的图像更清晰。暗天体照相机研究了恒星形成、星系和类星体等的演变过程，也被用来追踪太阳系外的行星。它由 ESA 设计，由西德的多尼尔系统公司、法国的马特勒公司和英国航空航天公司建造。该照相机的光子探测器系统有两个相同的探测器。当来自目标光源的光子进入图像增强器后被转换成电子并被高电压加速，再以每个电子 10 万个光子的速率重新将电子转换成光子，于是便生成了增强的图像并存储在视频处理单元中用于之后的数据传输。

4）暗天体摄谱仪（FOS）：在发射时安装，然后在 1997 年由 STS－82 维修任务拆除（更换为近红外线照相机和多目标分光仪 NICMOS）。暗天体摄谱仪（FOS）由马丁·玛丽埃塔公司建造，原本打算与戈达德高分辨率摄谱仪配合使用。该摄谱仪研究光线非常微弱的天体，而戈达德高分辨率摄谱仪（GHRS）更详细地研究明亮天体，因此它们的研究存在部分重叠。

5）戈达德高分辨率摄谱仪（GHRS）：在发射时安装，然后在 STS－61 维修任务期间安装了一个电气连接盒（GHRS 电源冗余设备）。该仪器在 1997 年由 STS－82 维修任务拆除（更换为太空望远镜影像摄谱仪 STIS）。由于其对紫外线敏感，因此主要研究恒星和巨型气体星云的组成、温度以及密度。

6）高速光度计（HSP）：在发射时安装，然后由 SM－1 维修任务拆除，为 COSTAR（太空望远镜光轴补偿矫正光学系统）的安置腾出空间。它测量了从紫外光到红外光之间光谱的强度和颜色，以此来精确测量恒星的亮度从而搜寻变化多端的脉冲星，并通过搜寻其周围的环绕气体来验证黑洞理论。

7）近红外线照相机和多目标分光仪（NICMOS）：由 STS－82 维修任务于 1997 年安装，代替了 FOS。1999 年由 STS－103 维修任务为其添加了冷却剂。然后，在 2002 年的 STS－109 维修任务中为其安装了低温冷却器和散热器，使其恢复运行。该仪器通过红外光来观察被宇宙尘埃和气体遮蔽的物体，其第二代图像/摄谱仪被称为哈勃的热传感器，目前仍在工作。

8）太空望远镜影像摄谱仪（STIS）：由 STS－82 维修任务于 1997 年安装，取代原 GHRS。2009 年由 STS－125 维修任务通过更换故障电源帮助其恢复正常工作。该摄谱仪可以提供相关天体的温度、密度、运动及化学成分的信息，目前仍在工作。

9）广角/行星照相机（WFPC）：在发射时安装，然后在1993年由STS－61维修任务拆除并用WFPC－2替换，WFPC－2又在2009年STS－125维修任务中被WFPC－3替换。广角/行星照相机是望远镜的主要摄像系统，通过使用48个滤波器可以研究从紫外光到近红外光波长范围内的光谱，因此几乎可以观察任何物体。其中，WFPC（即WFPC－1）可以生成图像和光谱，进行光度测量和偏振测量，使其成为望远镜上最“全能”的仪器。WFPC－2改进了电荷耦合器件（CCD）探测器，使其比数码相机中使用的现代CCD更灵敏。WFPC－2原本是一个备用相机，但在球面像差影响WFPC－1（需要用太空望远镜光轴补偿矫正光学系统COSTAR进行修正）的问题出现之后，这个备用件被用于进行自身的光学校正。WFPC－3由从WFPC－1（航天飞机SM－1飞行任务之后）和WFPC－2得到的原件升级改造而成，目前仍在工作。

10）精细导星敏感器（FGS）：其中第三个传感器可以通过测量恒星相对于其他恒星的位置来测量恒星的质量和距离。

11）太空望远镜光轴补偿矫正光学系统（COSTAR）：由航天飞机SM－1飞行任务安装；在2003年SM－3B飞行任务中通过研究确定其已不再需要，并在2009年被SM－4飞行任务拆除（由宇宙起源摄谱仪COS取代）。COSTAR不是一个科学仪器，而是一个带有五对光学反射镜的装置，旨在重新聚焦有缺陷主镜的光线，从而使第一代仪器能够正常工作，这些仪器停止使用后COSTAR也被拆除。

③科学仪器控制与数据处理（SIC&DH）单元

这个系统监督和协调所有科学仪器的工作。科学和工程数据由数据管理单元处理并传输到地面，以此向地面人员报告望远镜的状态、各种系统的状态以及科学数据。它由安装在SSM设备区10号设备舱门上的ORU电子部件组成，并且在每个单独的科学仪器上安装一个小的远程模块。

科学仪器控制和数据处理（SIC&DH）单元的组件在发射时属于冗余部分，这些组件分别为：

1）一台 NASA 标准航天器计算机，型号 I（NSSC－I）。

2）计算机的两个标准接口（STINT）电路板单元。

3）两个控制/科学数据格式器（CU/SCF）单元。

4）两个中央处理器单元模块（CPM）。

5）一个电源控制器（PCU）。

6）两个远程接口单元（RIU）。

7）各种存储器、数据及命令通信线路（总线）。

8）总线连接器单元（BCU）。

4.6 从 LOT 到 HST

NASA 喜欢缩略语，而在多年的技术世界里，缩写词几乎成了 NASA 自己的一种语言。从某种程度上说，哈勃的演变是通过这些缩略语来进行描述的。

从 20 世纪 40 年代人们开始构想哈勃，斯皮策在 20 世纪 60 年代中期提出了“大型轨道望远镜（LOT）”的概念，这个概念后来又演变成短暂的“载人轨道望远镜（MOT）”。接着又出现了“大型太空望远镜（LST）”的构想，这个构想在 70 年代中期被认为太过昂贵，于是又被修改成“太空望远镜（ST）”。在 1983 年，“哈勃”这个名字被加入以改善其公众形象，这就是我们今天所熟知的“哈勃太空望远镜（HST）”。

所以在 NASA 自己的语言中，哈勃望远镜的演变过程被描述为：由 LOT 变成了 MOT，MOT 变成了 LST，LST 又变成 ST，最终变成 HST!

除了对于望远镜名称描述的用词之外，斯皮策当时建议将光学望远镜放置在太空中以免受地球大气层的影响，在 40 年之后，这个想法已经有了可行性。这是一场漫长的斗争，由于当时技术的选择和限制以及受到政治因素、竞争、延期甚至是悲剧事件的影响，整个过程充满了艰难和牺牲，同时这个过程中还要努力去说服那些决策者来拨付项目资金以及签署对项目的授权。尽管存在很多问题以及未来还会出现更多的问题，但哈勃终于在 1990 年 4 月 25 日被发射入轨。时间已经证明了为哈勃望远镜诞生所付出的一切努力都是值得的。

图 4-27　在洛克希德的一个特殊的洁净间里的哈勃望远镜内部结构，未装保护外层（图片来自英国星际协会）

图 4-28 哈勃望远镜组装、测试以及热真空和系统兼容性评估的部分过程（图片来自英国星际协会）

图 4 - 29　望远镜的光学组件被安装至系统后镜筒（图片来自英国星际协会）

图 4 - 30　哈勃噪声及力学试验（图片来自英国星际协会）

图 4 - 31　将望远镜从洛克希德转运到 KSC 的运输集装箱（上图）；手动转移（下图）（图片来自英国星际协会）

图 4-32　组装完毕的望远镜在 KSC（肯尼迪航天中心）进行测试

（图片来自英国星际协会）

图4-33 哈勃包裹在保护罩内，从KSC（肯尼迪航天中心）垂直处理设施的东部测试单元移动到西部测试单元，然后转移到发射台（图片来自英国星际协会）

参考文献

[1] Large Space Telescope, NASA Technical Memorandum NASA TMX - 64726; LST Phase A Final Report; Volume 1—Executive Summary; December 15, 1972; NASA MSFC.

[2] LST Phase A Design Study Update, NAA Technical Memorandum TM - X - 64763, August 1, 1973, NASA MSFC.

[3] Skylab, America's Space Station, D. Shayler, Springer - Praxis 2001, pp163 - 184.

[4] Application of Shuttle EVA Systems to Payloads, Volume I EVA Systems and Operational Modes Description; Volume II Payload EVA Task Completion Plans, MDC W0014, June 1976, NASA CR - 147733.

[5] Hubble Space Telescope Media Reference Guide, Lockheed Missile & Space company, Inc. , February 1990.

[6] Information supplied by Lothar Gerlach, by email February 15, 2013, and Power Point presentation on ESA's involvement in the Hubble project: Good Luck Hubble, Thirty Years of Challenge and Excitement, Lothar Gerlach, ESA Hubble Space Telescope Project Manager, Head of Solar Generator Section, ESA, dated June 9, 2011.

[7] Email from Lothar Gerlach February 12, 2013.

[8] The History of the Hubble Space Telescope and ESA Involvement, R. J. Laurance, ESA Bulletin No, 61 February 1990, pp8 - 11.

第 5 章　模拟服务

到达哈勃或者任何有很多事情要做的短期飞行，都必须经过大量训练，对于时间管理来说看上去不是很有效率，但是一旦犯错，还是远远不够。

——迈克·福尔，STS－103 的任务专家

通过在轨航天员维护和维修空间飞行器的提议最早出现在 LST/ST/HST 项目的研究里。然而，最初的计划是望远镜要么返回地球进行翻修和升级，要么开创性地使用机器人进行服务。然而，如果必要，航天员仍能进行 EVA。随着项目的进展，当地面服务被放弃时，允许航天员在轨进行扩展维修和服务的任务就变得更关键。从这个观点出发，通过一个连接到航天员所在舱的气闸舱，航天飞机将拥有支持太空行走的能力。有一系列的设备可以辅助航天员去执行 EVA 任务，最值得注意的是远程操作系统（RMS）、支持固定装置、扶手、足部限位器和一个扩展工具箱。在一段时间里，甚至连载人机动单元（MMU）都被规划为有用的在轨服务工具。

为太空望远镜的维护服务进行准备是一项长期而复杂的工程。它最初诞生于 20 世纪 60 年代，那时卫星还不是很可靠。为了克服昂贵的维护费用难题，卫星生产的质量控制技术得到了极大的提升，部件和固定装置的通用设计方法被采用，用于支持在轨维护和维修的工具和设备也被研制出来。这使人们相信，已处于发展中的卫星维护计划在接下来的 10 年里将被强化和扩展。

1950 年之后，在国际空间站上的常规太空行走证明了舱外的太空行走是多么的常见。尽管这种舱外活动永远不可能真正成为日常活动，但国际空间站和哈勃的操作却清楚地显示了自 20 世纪 60 年代中期的开创性一步以来，事情发生了怎样的变化。

有几件事促成了这一成功，包括对空间维修和维护重要性和价值的认同、支持这类活动的工具和程序的发展、简化服务的太空硬件兼容项目的设计、以及由人推动的想法——如果一个硬件在太空中失效了，并不总是需要用一个完全崭新的航天器来替换它。这一概念发展出服务卫星和维护哈勃太空望远镜的能力。从这些工作中获得的技术也适用于ISS的装配和维护，并导致了机器人和人类空间（在轨）服务概念的发展。未来的几十年里，这些发展的应用不仅会在地球轨道上结出果实，还会在月球和小行星或火星上显现成效。

5.1 创造一个概念

20世纪60年代中期，在太空中放置物体仍然是相对较新的概念，当时确保卫星能够承受上升到轨道期间的极端振动，并能长时间暴露在恶劣的太空环境中，还要返回有用的数据的技术同样比较新。如果系统出现故障了，那时还不能到卫星那里现场修复或让它返回地球。相反，人们认识到，改进的制造标准以及设计之间的高度共同性可以降低失效发生概率，而且引入在轨服务系统，更换不可修复的失效物品将成为可能。

当时，大约1/4的NASA航天器在发射后几天或几个月内就会失效。这既昂贵又令人沮丧。那时的解决方案是让硬件更加可靠。问题是无法确认承包商在向NASA运送货物之前是否进行了足够的检查。而NASA没有对其承包商进行适当的检查，使这个问题变得更加严重。在这段时间里，作为一名年轻的工程师，弗兰克·切波利纳在戈达德航天飞行中心从事轨道天文台（OAO）项目的工作。作为领域中心和大部分项目的管理者，确定卫星的故障并建议应采取的补救行动是戈达德的责任。切波利纳被赋予了这项任务。他调查的一些失效案例让他所在的机构非常尴尬，正如轨道地球物理观测台（OGO）所遭遇的尴尬一样，它成功地到达了轨道，然后在发出指令以开始其科学研究时失效了。事后分析显示，陀螺仪是反向连接的，因此造成它反向旋转，然后失效。这样的错误应该在装配过程中和地面测试时被发现。

5.1.1　弗兰克·切波利纳

1963 年，在航天工业中被称为“Cepi”的弗兰克·切波利纳加入了 NASA 的戈达德成为一名航天器工程师。在被他的老板约瑟夫·珀塞尔分派之前，他从事过各种各样的项目，这些项目旨在找出卫星出了什么故障以及为了防止如此多的失效应该怎么去改进。

到 20 世纪 70 年代早期，阿波罗计划被使用剩余阿波罗硬件的 Skylab 所取代。当时，副局长乔治·洛急迫地寻找方法以尽可能显著地削减 NASA 的成本并且让局面变得更可靠。Skylab 项目被认为是一个很好的例子，因为其重复使用一个项目的设备来执行另一个项目。当 Skylab 在 1973 年遭受严重破坏时，一项补救措施很快就被设计出来。为了保护它受损的外壳，航天员们上去在太空实验室的外部安装了一个太阳能保护伞，还手动展开了一个被污染的太阳电池阵。这是人类聪明才智的一次令人印象深刻的展示，它展示了航天员如何使用工具并抓住时机来恢复一项原本在发射时不得不被取消的任务。获救的太空实验室使 3 名航天员非常成功地完成了为期 28 天、59 天和 84 天的 3 次任务。

切波利纳在他口述的 NASA 历史中指出，“这是 60 年代末和 70 年代早期的信念。找到一种更好的方法，找到一种能利用人类在轨优势的方法，以便能够修复、维护航天器并延长有价值的空间资产的寿命。这就是我们当时的理念。”

20 世纪 60 年代末，太空探索成本的增加再加上预算的限制，迫使 NASA 重新考虑其策略并寻找思路以降低到达近地轨道的成本。1972 年，国会授权发展一种可重复使用的被称为“国家空间运输系统”的航天飞机。这将取代一次使用的阿波罗计划。该航天飞机的设想任务之一是被称为维护和升级（M&R）的项目，它将服务在轨卫星。切波利纳意识到，为了让这一项目可行，卫星需要进行匹配设计从而能接受这样的在轨服务。

图 5-1　弗兰克·切波利纳（戈达德航天飞行中心）

5.1.2　在轨服务

1975 年，切波利纳写了一篇题为“在轨服务”的文章，并解释了多任务模块化航天器（Multi - mission Modular Spacecraft，MMS）的概念。第一，组件应尽可能标准化。第二，使用相同的基本型航天器来支持不同的任务。第三，充分发展航天飞机提供的更换卫星系统或在卫星上安装新仪器的能力是很重要的，这样就不需要把卫星返回地球修理它然后重新发射。

在此期间，NASA 要求 3 家航空航天公司审查目前的几个选择，以确定使用航天飞机来延长卫星寿命的最具成本效益的方案。格鲁曼航空公司、通用电气公司和 TRW 系统公司提出了 4 种不同的方案来完成这个任务：

1）通过一次性使用的助推器发射一颗替代卫星。这是传统的方案，也被认为是解决这个问题的昂贵的方案。

2）在航天飞机上发射替代卫星。这可能会更昂贵且更有风险，因为一名航天员的涉入而增加了该方案的复杂性。

3）通过一个消耗型助推器或者航天飞机发射卫星，但使用航天飞机回收失效的卫星以将其返回地球进行整修。这将增加把一颗报废卫星带回家，修复它，或许还会进行第二次发射的成本。

4）让航天飞机上的航天员更换卫星上失灵的系统以恢复其运作能力。这是切波利纳的首选方案，也被认为是最具成本效益的方案。

在解决这个问题时，切波利纳在戈达德组建了一个由卫星制造者和工程师组成的专门团队。他们的方案是，通过将卫星能够运行的主要组件“拆分”为模块，并使这些模块可以从航天器框架的外部插入。然后这个设计可以被标准化，从而可以根据需要，简单地将相似的仪器、分系统和组件插入，必要时还可以在太空中进行。因此，姿态控制、命令和数据处理，以及供电和配电模块都能以插入单元的形式存在。如果安装的框架与总线是兼容的，即使是独特的科学仪器也可以从外部插入。当需要时航天器的预定任务可以被更改，而无须重新设计整个航天器。

切波利纳说："我们称这是一种多任务模块化航天器。航天飞机很容易对其进行维护和修理，它可以通过航天飞机发射或者可以由传统的一次性运载火箭发射，但这并不重要。只要航天飞机能够到达并抓住它，航天员就可以对它进行修理和升级，并且做任何其他所必要的事情。"

5.1.3 多任务模块化航天器

从主航天器外操作"即插即用"单元的想法对于大型太空望远镜的设计者非常具有吸引力，戈达德当时正处于 LST 的设计之中。从航天器的外部到达工作区减少了身穿航天服的航天员试图挤进里面维修的危险以及航天服撕裂的风险，并且不需要在航天器内部设计复杂自动控制装置。它也解决了航天器设计者们一直面临的有限的体积、质量，当然还有成本的挑战。因为通用的航天器可以用于各种各样的任务，可以通过维修单独的分系统模块或者移除一个旧设备用一个新设备代替来进行维护。

切波利纳解释说："我们对多任务模块化航天器（MMS）概念拥有所有权。"这一概念逐步形成了哈勃望远镜中的在轨可更换单元（ORU）。他的团队将这一概念应用于陆地 4 号和 5 号卫星、太阳峰年卫星、高层大气研究卫星（the Upper Atmosp here Research Satellite，UARS）和康普顿伽马射线天文台，以及一些较小的卫星如极端紫外线探索者（the Extreme Ultra - Uiolet Explorer，EUVE）中。据切波利纳估计，在 1980 —1994 年，有 16 个不同的航天器使用了多任务模块化航天器（MMS）。这个想法对国防部也很有吸引力，他们将它应用于一些机密的卫星。

尽管 MMS 有诸多显而易见的优点并解决了许多卫星故障的初始问题，但它并没有吸引 NASA 的某些管理层。制造一种能够执行多种任务的卫星平台，采用具有更高可靠性和模块化的系统，从而可以在太空中修复或替换这些系统以延长卫星的寿命，这些想法严重限制了一些管理人员在发展以最新技术为特色的新卫星项目中所扮演的角色，因此他们反对这个思想。在切波利纳的观念中，最新的技术并不总是需要的，这经常导致双方的摩擦。可靠性是通过使用经过验证的系统而获得的，而新技术是有风险的。但是 Cepi 是一名坚定、努力工作且亲自动手的工程师，还非常渴望解释和推广他的概念。他直言不讳的态度可能会导致一些困难，但最终他常常被证明是正确的。因此，在 NASA 以及外面的很多人看来，他是太空计划中的英雄。正如一位前同事告诉作家罗伯特・齐默尔曼“每个为 NASA 工作的人都应该为他工作一段时间”。在我为写这本书而进行的调研中，弗兰克・切波利纳经常因为他提出的哈勃在轨服务任务概念而受到赞扬。哈勃在轨服务任务的概念是近年来 NASA 的亮点之一。即使在 2009 年哈勃的最后任务之后，Cepi 也没有退休的计划，尽管已经 70 多岁了。他对齐默尔曼说：“我的计划是发展无论在太空中的任何位置都能修复和维护卫星的国家能力。”当他继续提出由机器人在太空中为航天器补加推进剂时，谁会去怀疑他呢。

将模块化应用于空间望远镜，就可以开始确定航天员通过航天飞机开展服务的方法和程序了。

5.2　建立指南

1965—1967 年，作为 NASA/工业界对光学技术系统和实验研究的一部分，在“人因工程学”背景下对航天员与大型太空望远镜相互作用的前景和局限性进行了分析。这些研究帮助建立了早期航天员试验指南。

到 1972 年中期，洛克希德公司开展了一个航天员系统活动项目，包括开发全尺寸的望远镜结构模型和大量的人在回路模拟。这段时间里，在与 NASA 的合作下，建立了 LST 计划的目标，确定了接口，建立了在轨航天员系统设备（还有潜在的地面服务选项）。这些早期研究的总体目标包括发展一项影响广泛的在轨 EVA 维护的能力，最小化项目成本，减小设计/操作的复杂性，提高运行的可靠性，以及减小发展的不确定性。人们也认识到，针对计划或可能的维护任务开发出一种灵活的设计方法——尽可能使用现成设备，同时也能最大程度地保证望远镜和航天飞机中的航天员的飞行安全——在开发一种平稳、灵活的与现有和计划中的航天员系统相结合的 EVA/维护系统中是很关键的。

5.2.1　关键设计和操作问题

在对 LST 系统和计划中的载人 EVA 维护模型的分析中发现了几个关键问题。这些问题引出了一些操作和开发设计的关注点，需要在可能的 EVA 操作下进行更深入的研究：

1）航天员、航天飞机和太空望远镜的安全性（按此顺序）。

2）兼容 Perkin - Elmer、李顿系统和 NASA 的科学仪器布局。

3）望远镜/航天飞机对接和（或）泊位操作及硬件。

4）用于手动取出/展开可部署设备的原理。

5）轴向与径向科学仪器的移除/替换。

6）主要科学仪器模块的尺寸和配置。

7）备件：数量、装载量和体积（如果在有效载荷舱中）。

8）在 EVA 期间的航天员时间表；综合套装与可捆绑的/系于脐部的环境控制和生命支持系统的使用。机械手和舱外航天员（或两种功能的组合）。

9）在轨校验模式和验证计划。

5.2.2　航天员系统基本需求

基于大量分析、模型验证及仿真测试，确定了几个航天员系统的基本要求：

1）由一名 EVA 航天员进行操作。

2）移动辅助装置设计为望远镜的一部分。

3）为一只带手套的手或手持工具所设计的组件/模块。

4）可更换模块（ORUs）。

5）为航天员安全所设计的所有硬件和空间框架。

6）所有舱门/通道门的尺寸都允许模块、科学仪器和组件在太空中（或在地面上）撤出或放入。

7）所有组件/模块的尺寸都易于由一人或两人来管理（尤其对于地面维护）。

8）为地面或 EVA 航天员提供足够的内部空间以操纵组件、模块和科学仪器。

9）受到最少干扰的航天员地面/EVA 转移路径。

10）到备件托盘和工作平台的最短路径。

11）太空中航天员保障设备的最低需求。

12）直接、整洁的疏散路线和救援通道。

13）RMS 的选择使用。

14）最大限度地发挥航天飞机航天员/系统能力。

经过 4 年多的人因工程研究，出现一种首选的维护方法，该方法支持独立的有人操作的维护望远镜的舱外操作。科学仪器维护的主要方式是从仪器外部径向地一次一个舱室进入设备区。在望远镜外部一组扶手的帮助下，航天员们会组合使用 RMS 和移动工作平台到达不同的地点。门的存在使在轨和地面维护期间的进入更为容易。

在轨望远镜维修的一个基本要求就是航天飞机有能力到达会合点并与望远镜对接，并在将它释放回轨道或返回地球之前的维护期间内，使其安全地固定在载荷舱中。到了 1975 年，大量的行业研究证明，最简单和最低成本地实现这一目标的有效技术是将望远镜横放在载荷舱中。研究评估了航天员在不同工作平台上的位置，在舱室的备件位置以及各种工作平台与太空望远镜的距离。其他驱动因素是 RMS 的操作包络线和其他航天员从轨道飞行器舱尾外舱板观察和支持 EVA 进程的能力。早在 1972 年中期，一个全尺寸、高逼真度的可用于航天员中性浮力水槽人在回路模拟的项目就开始了。这个模型是由洛克希德公司与马歇尔航天飞行中心合作建造的，作为设计和验证工具的一部分，它适用于望远镜有关的每一个主要工程和系统学科。这些研究结果支持如下理论：在望远镜的设备区，硬件的EVA安装和移除是相对简单的。这个结论很大程度是从弗兰克·切波利纳及其团队在戈达德发展模块化组件概念的工作中得到的。

5.2.3 小结

自从第一次EVA出现，仅过去了10年，除了阿波罗登月期间的15次月球表面的短途旅行和3次深空EVA外，只有22次EVA是在地球轨道上完成的。在航天飞机机组人员对一般的EVA进行研究的同时，还制定了在大型载荷上多次开展EVA的计划，其中不仅涉及笨重的物品，还涉及复杂的维护和维修任务。从一张白纸开始来开展一个可靠的望远镜维修计划是一件令人望而生畏的工作。另一方面，航天飞机中会影响望远镜的在轨维修服务方式的程序本身和硬件正在积极发展和建造中。

到20世纪70年代中期，已经在进行的研究表明，对望远镜的EVA维护不仅是可行的，而且在一名航天员的能力范围内。1 *g* 模拟和中性浮力人在回路模拟清楚地表明了这将是最有效、最切实可行的前进道路。Skylab的航天员在EVA期间取得的"看似不可能"的成功，让设计师相信这样的维护计划也可以而且应当应用于望远镜。更令人鼓舞的是，Skylab的EVA是在几乎没有EVA移动辅助设备或工作平台的位置完成的。这强化了下面这个计划和建议，那就是如果航天员可以维修，那么为在轨服务分配载荷将是一项节约时间和成本的投资。这也会使这些载荷的用户受益，因为延长的寿命会增加投资的回报。

当授权和资金的争夺在权力走廊里进行时，卫星在轨服务领域中的起源正不断地获得动力，太空望远镜就是一个例子。这些技术将在更大的太空结构上有重要的应用，包括在近地轨道上建立永久空间站的夙愿。距离这一项目的开始还需要几年的时间，而且没有人能预想到，它的建成需要将近30年的时间，但是完成这项艰巨的任务在一定程度上得益于从哈勃的在轨服务任务中积累的经验。

除了为太空望远镜提供服务外，在 20 世纪 80 年代早期，航天员还对以下卫星进行了在轨维护：

1）太阳峰年卫星；

2）高层大气研究卫星；

3）陆地卫星 4；

4）伽马射线天文台；

5）高级 X 射线天体物理设备；

6）航天飞机红外望远镜设备。

还有一些未公开的军事卫星。

5.3　航天员办公室的参与

想到在太空中进行维修和开发硬件是一回事，但除非使用机器人，否则维修任务就需要由那些熟悉程序的航天员来完成。然而，在 1975 年最后的阿波罗任务和 20 世纪 70 年代末预期的航天飞机发射之间，在役航天员很少。当时被分配给航天飞机和太空望远镜开展 EVA 程序的两名航天员是布鲁斯·麦坎德利斯和斯托里·马斯格雷夫。

麦坎德利斯已经在载人机动单元（MMU）工作一段时间了，1978 年 8 月，在 JSC 的办公室里，“我接到了乔治·艾比的电话，这很奇怪，因为他很少给我打电话。他建议我说，MSFC 在做一些关于可进行 EVA 的大型太空望远镜的事情，从航天员的角度出发，如果我认为这事对我有好处，我就应该去那儿，从第二天开始一直到问题解决。我从来没有理解过他的‘问题解决’的意思；停止它，或者帮助它发展，我选择了后者，最终我们胜利了。我曾短暂地得到过安娜·费希尔、香农·卢赛德、凯西·沙利文、戴夫·格里格斯和其他一些人的支持。望远镜在森尼维尔市研制至它被发射在轨道上之前，我确实试过得到尽可能多的人的帮助，尤其在 1990 年发射日期临近时。”

“我非常熟悉马歇尔项目办公室和两个主要承包商洛克希德和珀金·埃尔默。我们每个季度均有项目评估，我认为这很有价值。他们通常把200人聚集在亨茨维尔4200号楼的第10层阁楼里，在‘禁止吸烟’前的日子，烟的高度通常在离地5英尺的地方，但每个人都参与进来了，而且效果很好。”布鲁斯·麦坎德利斯回忆说，他们曾讨论过一些安全问题，比如确保电源在连接完成或断开前关闭，或者确保一名EVA航天员不会被困在舱尾而无法出去。在马歇尔航天飞行中心有一个很大的水缸，我们从简陋的模型开始研究问题，比如，是否可以拿一个美国电话亭大小的仪器让它出去又回来，或者对于没有直线负载路径或非常小的间隙的保持机构有什么要求。它更像是在观察望远镜中使用的仪器大小以及望远镜是否适合于载荷舱。我们讨论在仪器四周的间隙是1/10英寸（2.54毫米）还是0.05英寸的问题。麦坎德利斯是航天员办公室中在轨服务的倡导者之一。“当我们最终发射它时，我很自豪地说，唯一‘不能在轨服务’的物品是主线缆和主次镜，当然它们永远不需要服务！”

马斯格雷夫回忆说他到哈勃工作时间更早。“1975年，我在做其他空间飞行器的工作比如在太空实验室中进行仿真。他们告诉我，我将会照顾大型太空望远镜，识别每一个可能出现的问题，并提出一个太空行走的解决方案。”马斯格雷夫在航天员办公室接触过EVA的问题，1972年他从罗斯提·施韦卡特手中接管了这一角色。“当然，在1975年我们没有望远镜，只有一个想法；我们甚至没有得到国会批准。但是人们认为望远镜应该可以通过一个太空行走者进行维护，所以这个项目有一个被设计为可以维修的要求。于是凭借我的想象力，在没有图纸和硬件的情况下，我就直接开始了。我从家里开始，我有气球、气球望远镜、气球航天员和其他各种各样的东西。当我开始获得组件时，它就从图纸变成硬件，再变成组件，然后望远镜的结构就不断变化。”马斯格雷夫解释说，这并不像移除一个组件和在替换中滑动一样简单。这些项目必须被证明是安全的。“他们决定在某些组件上实现可服务性，在其他组件上则不是。我所要做的是让所有的组件都是‘友好的’而不是‘可验证的’；这是有区别的。有一些组件是被认证过的，它们工作得很好，但是还有一些甚至没有被触碰过，它们对太空行走者并不友好。因此，他们在 STS－61 中花了大量的时间，去做那些没有被设计用于在轨服务的东西。”

图 5－2　1980 年为 NBS 模拟做准备的航天员麦坎德利斯（前）和卢赛德（后）（图片来源：MSFC）

5.3.1 团队工作

JSC EVA 分支机构的罗伯特·特维诺回忆了在发射望远镜之前 NASA 和承包商这些不同团队的早期工作。“洛克希德公司在森尼韦尔市的几个工程师对 EVA 非常了解，他们符合 NASA 的 EVA 标准和要求。马歇尔有项目管理的需求并且他们有一些曾在 Skylab 工作过的优秀工程师。20 世纪 80 年代，洛克希德公司有一项展示了哪些部件将是 ORUs 的初步设计。他们同样也有 EVA 的把手、扶手和便携式足部限位器应该安置在哪里的最初想法。我在 EVA 业务分支任务理事会工作，也是 NASA 团队中的一员，该团队负责规划哈勃的中性浮力模拟测试，并验证全部 EVA 把手、扶手和 PFR 套接口的位置、尺寸和数量，以完成 ORU 的更换。幸运的是，我们有很长的时间来做所有的测试，并且在需要时可以添加和重新定位 EVA 移动和辅助工具。经过长时间验证，证明结果良好，因为我们的主 ORU 控制得很好，戈达德和洛克希德公司增加了不在原计划中的一整套新 ORU 设备。”

5.4 EVA 服务支持设备

一旦航天飞机与哈勃进行了对接，RMS 机械臂就会抓住它并将其垂直地安置在载荷舱尾部的平台上，这样机械臂就可以收回了。这使得 EVA 航天员得以在有辅助支持设备的稳定载荷上开展修复任务。事实上，对于在轨服务任务，轨道器携带了多种空间支持设备（SSE）。望远镜被固定在一个称为飞行支持结构（FSS）的旋转维护平台上。在轨可更换单元（ORU）安装在轨道可更换单元装载器上，在其中轴向装载器上附加有额外的储存位置。除了每次航天飞机任务中所携带的标准 EVA 工具包和支持设备，一些对于哈勃望远镜而言独特的维修工具和硬件已经被开发出来，用以支持其在轨服务任务。

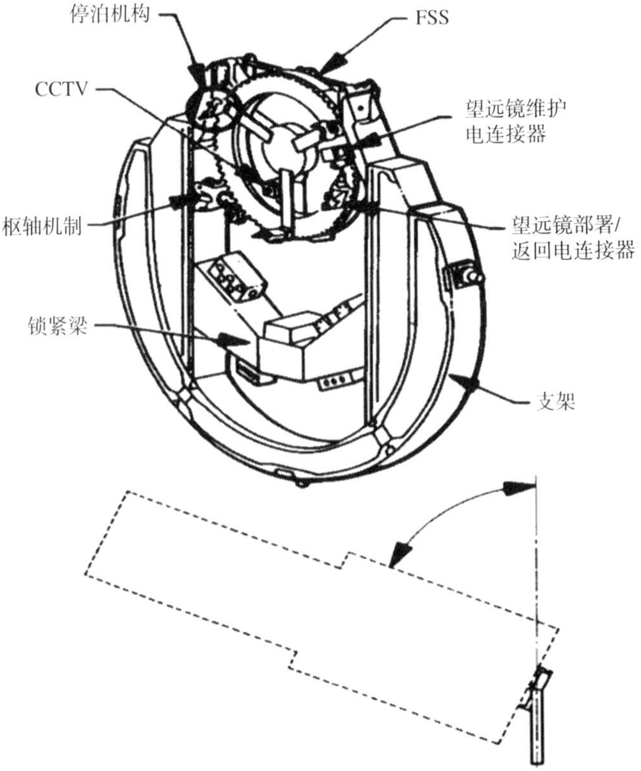

图 5-3　与哈勃太空望远镜一起使用的飞行支持结构图

5.4.1　飞行支持结构

飞行支持结构（FSS）硬件安全并稳固地把哈勃望远镜固定在轨道器的载荷舱中，对于在轨服务任务来说，它不是唯一的方法。在航天飞机项目中发展出了多种布局方案用以容纳大型载荷。1984 年，在太空望远镜部署之前，飞行支持结构已被用在 STS-41C 太阳峰年卫星的维修任务上。它包含了两个主要的部件：直接与载荷舱连接的接口（是一个提供支撑的锁紧梁，也提供了与轨道器的结构上和电气上的连接）和一个马蹄形的支架。望远镜放置在一个称为停靠和定位系统（BAPS）的环形装置中，该装置可使望远镜在舱内保持稳定。它可以通过在枢轴上转动（倾斜）和旋转（转向）来减轻航天员的工作量，简化到达望远镜所有位置的路径，以及提高后视甲板上非 EVA 航天员的能见度，来监控其同事的进展和安全。

发射和着陆时，BAPS 环被锁定在向下旋转的位置；在轨道操作时，它被旋转 45°，从而与望远镜基座上的停靠设施对接。FSS 上的一台电视摄像机提供了一个方便的视角以便 RMS 操作人员将望远镜放到环上。在望远镜的底部有 3 个销子，像一个毛巾架，被 3 个在 BAPS 环上的远程控制锁紧机构卡住。当连接到环上时，一个在飞行支持结构上的遥控电脐带连接器与望远镜连接，并对其供电，从而避免望远镜耗尽电池中的电量；高增益天线上安装的通信链路给在戈达德的太空望远镜操作和控制中心提供了遥测数据并且上传遥控指令。这个环可以在合适的角度倾斜以使哈勃望远镜可以承受轨道飞行器的再推进操作，并在维修结束后，重新部署望远镜。在每一个任务的第一次 EVA 期间，航天员将安装一个 BAPS 支撑柱 BSP，在 EVA 运行和随后的再推进期间，BSP 对支持和隔离望远镜提供了一个附加连接。通过抵抗高扭矩而维持 BAPS 不移动，BSP 同样抑制了振动。望远镜被释放后，BSP 将保留在原位，并且不会因为着陆而把它收起来。

5.4.2　在轨可更换单元装载系统

在轨可更换单元装载系统（ORUC）使用了一个改进后的太空实验室的无压托盘，装备有隔板和防护外壳，当任务需要时可以容纳多种 ORU。所有的科学仪器和替换单元都位于专用的防护罩内，以防止污染并维持其温度在设计限制范围内。为了简化设计和方便使用，仪器是由相同的手动锁紧装置安装在望远镜内的。精密仪器安装在弹簧系统上，以减少发射和着陆时的振动。还有两种大小的 ORU 保护罩，一种是小 ORU 保护外壳（SOPE），一种是大 ORU

保护外壳（LOPE）。这些装载体中的ORU被安装在运输模块中，并被泡沫或粘弹性材料所包围以减少发射和着陆时的振动。

在维修过程中更换设备时，被提取的科学仪器暂时储存在ORUC的托架上。然后将新仪器从保护罩中取出并安装在望远镜上。航天员将被替换的物品从托架转移到专用的保护罩内以返回地球。

ORUC热控分系统的电能来自FSS，FSS也在整个单元内提供了温度遥测，用于在轨和地面进行数据判读。

5.4.3 第二轴向装载系统

基于戈达德托盘组件，用于哈勃任务的第二轴向装载系统（SAC）能够携带服务硬件，如太阳电池阵和后来的NICMOS仪器。它通过增强能源分配和转换单元（EPDSU）从轨道器直接接收到能源。增强单元是一种适用于能源、遥控和遥测要求的模块化的航空电子设备。该装载系统横跨货舱，并在一个龙骨耳轴和四个长龙骨处与运载结构相连。主动隔振器（类似于汽车上的减震器）用以减小在发射和着陆时的振动冲击。

5.5 航天员辅助工具

由于EVA是通过航天飞机进行控制的，大部分的太空行走装置和程序都是由该项目发展而来，其中有一些项目经过修改以用于哈勃望远镜的任务。

5.5.1 从航天飞机开展太空行走

从航天飞机上进行太空行走的能力是其设计不可或缺的一部分。一开始，轨道器就被提升为太空服务的运载工具，适应太空的航天员可以通过它到达舱外执行各种任务，包括维护和修理卫星。这些操作将由两名舱外航天员完成，并由他们舱内的同事加以支持。为了达到这个目的，开发了一个在太空行走的同时允许加压的气闸舱。

图 5－4　在 KSC 进行处理的一个在轨可更换单元装载系统

无论在计划内、计划外，还是不可预见的紧急情况下，都具有从航天飞机上执行 EVA 的能力。不是所有的任务都需要 EVA，但至少有两名航天员要接受过 EVA 训练，如果需要的话，支持设备应至少可以完成一次应急太空行走。

航天飞机的 EVA 类别为：

1）计划中的 EVA 在发射前已完成规划，并且已包括在名义任务时间表中。

2）计划外的 EVA，不包括在名义时间表中，但这些计划外的任务在特殊事件或失效时执行，以便取得操作上的成功。

3）应急 EVA 是指通过“紧急太空行走”以应对对航天员或飞行器安全产生严重威胁的事件。

在航天飞机项目中完成的一系列的 EVA，列举如下：

1）实验和评估：STS－6 开展了第一次航天飞机 EVA 来评估被称为舱外移动单元（EMU）的新样式航天服；STS－41B 评估了载

人机动单元（MMU）；STS－64评估了EVA救援简易设备（SAFER）和EMU背包。

2）成功修复任务：STS－114，以及在轨道器腹部的防热系统中移除松散的填料。

3）在轨服务航天器：STS－41C（Solar Max修理），STS－51I（Leasat修理），STS－49（Intelsat修理），当然还有一系列的哈勃在轨服务任务。

4）空间结构在轨构建：STS－61B和在EVA（EASE）中的实验装配结构，以及可组装的空间结构构建概念（ACCESS），加上STS－49基于EVA的空间站装配方法（ASEM），推动了大型空间结构的发展，包括建造空间站的潜力。

5）偶然性和计划外：STS－51D是计划外试图激活失效的Leasat卫星的“苍蝇拍太空行走”，以及独特的STS－49，3人EVA去取回一颗Intelsat卫星并将其放入推进舱中。

5.6　基线设备

对于哈勃望远镜EVAs，航天员们有一套为通用航天飞机项目开发的设备。事实上，发展哈勃望远镜的在轨服务任务的复杂性与航天飞机EVA系统的开发直接相关。

5.6.1　舱外移动单元

舱外移动单元（EMU）是一个完全独立的系统，允许操作者连续8小时在航天飞机的引导下实施EVA。它提供了必要的环境保护、适当的轨道操作机动性、一个足够的生命维持系统（15分钟出舱，7小时有效的工作，15分钟入舱和30分钟储备量）以及与其他EVA航天员、飞机上的航天员和任务控制人员的通信。完整的EMU是一个集成系统，由两个分系统组成：太空服组件（Space Suit Assembly，SSA）和生命支持系统（LSS）。太空服自身包括：

硬质的上半身（Hard Upper Torso，HUT）及其集成的袖子；一副外部 EVA 手套；下半身组件（Lower Torso Assembly，LTA）；配有集成灯具和相机的头盔和 EVA 面罩组件（EVA Visor Assembly，EVVA）；液体冷却和通风服（Liquid Cooling and Ventiloction Garment，LCVG）；可操作的生物检测系统（Biomed）；“Snoopy”通信装载组件（CCA Comp Cap）；一个一次性饮料袋（DIDB）；最大吸收服（MAGS）；以及废物管理系统。

该系统由 Hamilton Standard 和特拉华州多佛的 ILC Industries 在 1974—1977 年开发，然后合同被授予康涅狄格州 Windsor Locks 的 Hamilton Standard。它的第一次飞行是在 1981 年的 STS - 1 上，但因在紧急模式下，所以它没有被使用。穿上它的在轨测试是在 STS - 4 上进行的，但没有进行太空行走。由于偶发问题，STS - 5 上的 EVA 尝试中止了，所以第一次 EVA 是在 1983 年的 STS - 6 上发生的。最初的航天服配置在 1998—2002 年被逐步淘汰，取而代之的是支持 ISS 操作的改进版。从 2002 年开始，它被专门用于航天飞机一直到项目结束，然后它在空间站上继续被使用。

生命支持系统包括一个给用户提供氧气、电源、通信和冷却的主要生命支持分系统（PLSS）。它能使系统保持适当的压力和内部热环境，也可以循环氧气，除去氮、湿度和微量污染物。污染物的控制是通过一个污染控制盒来进行的，它是氢氧化锂（LiOH）粉盒（或称“METOX”粉盒），用于去除二氧化碳和微量污染物。虽然从未在任务中使用过，但在紧急情况下，一个第二氧气包（SOP）可以在 EVA 中自动激活，以在开环净化模式中提供最多 30 分钟的氧气。它也有一个空间到空间 EMU 无线电（Space - to - Space EMU Radio，SSER）和一个提供航天员警告消息、EMU 参数和 EMU 控制的悬挂式显示和控制模块（Display and Control Module，DCM）。在所有 EVA 操作中，实时数据系统（RTDS）将 EMU 的状态参数和生物医学数据传输到位于休斯敦的 EMU 飞行控制台。

因为实施望远镜维修与维护的航天员在任何时候都与航天飞机

拴在一起，他们都没有穿戴进行 EVA 救援的简化装备，该设计是用于在航天飞机出现紧急状态的情况下，将一名在太空中分离和漂浮的未系绳的航天员带回到航天飞机的安全措施。当在接近哈勃望远镜执行哈勃 EVA 时，为已经很笨重的 EVA 太空服增加更多的装备将会妨碍接近和机动。由于一名航天员在 RMS 上，另一名拴在航天飞机上，因此认为出现航天员漂浮的可能性是很低的，而且在任何情况下，载有哈勃的航天飞机上原则上（尽管有困难）都能够采取机动来恢复。安全设备（SAFER）是航天员在 ISS 外太空行走时使用的，空间站没有任何的追逐手段，这个单元的任务仅仅是可使航天员靠近并重新握住结构以恢复系绳，它不是一个 MMU “飞行背包”的替代品。

5.6.2　气闸舱

在轨道飞行器中提供了一个完整的气闸舱，为穿着太空服的航天员提供了在乘员舱和载荷舱之间移动而不需要对机舱减压的能力。气闸舱可以被安装在舱尾中部或前方的载荷舱，这取决于任务的要求。在第一次在轨服务任务中，它位于舱板中部区域，但在 STS-109 上气闸舱被安装在舱板外面，以提供更多的空间。在 EVA 准备和 EVA 后的操作期间，气闸舱为 EMU 提供了氧气、能量和冷却条件。它还将在 EVAs 之间补充消耗品（氧气、电池和水）。该设施可以很容易地容纳两名穿着航天服的航天员和一名没穿航天服的航天员协作进行 EVA 准备工作以及 EVA 后的操作。某些情况下，气闸舱可使 3 名航天员（STS-49）同时进行太空行走。

5.6.3　EVA 设备

为执行特殊任务，航天飞机为航天员提供了一系列的特殊设备，同时为每个 EVA 提供了下列的通用设备：

1）系绳——有 55 英尺的安全系绳、两个腰部和手腕系绳。协议是“所有的设备和航天员在任何时候都拴在一起”以及“总是在断开连接之前先进行连接”。

2）迷你工作站（MWS）——将一个小框架连接到 EMU 前端以用于携带小工具。一个 MWS 末端执行器和可伸缩的系绳给在工作地点上的航天员提供了约束。

3）身体约束系绳（BRT）——与 MWS 相连的，也有一个末端执行器在选定的工作地点上，对航天员采取半刚性约束。这是很有用的，因为它花的时间比一个可移动的足部限制器要少，并且比 MWS 的末端执行器更稳定。它也被用来进行 EVA 中小物件的传递。

4）足部限位器——通过插座连接到一个结构上的，并在选定的工作地点给一名 EVA 航天员提供刚性约束。只有航天飞机的便携式足部限位器可用于维护哈勃。

5）远程操作系统（RMS）—— RMS 在每一次哈勃服务 EVA 中均提供了关键的支持。在舱尾的 RMS 操作员与 EVA 航天员、其他航天员以及在地面上的控制人员一起行动，在机械臂末端将航天员重新安置在足部限制器上或系在机械臂上，以便移除、回收或更换硬件。机械臂也可以用来让航天员接近望远镜的上部，从而节省他们宝贵的 EVA 时间和体力。

5.6.4 专属工具

哈勃在轨服务任务的独特性意味着必须发明、设计、制造、测试，并批准用于特殊任务的工具和设备。

5.7 EVA 任务剖面

每个航天飞机 EVA 被分为 3 个阶段：预备任务、实际太空行走，以及后续任务。

EVA 前的活动：为 EVA 做准备。工作始于检查 EMU 与气闸舱，并且必须在第一次进行 EVA 前的第一天和第二天飞行日期间执行。在随后的日子里，随着太空行走计划的进展及航天员的工作效率和工作经验的提升，EVA 的准备工作就可以减少了。在每次 EVA 之前，检查并准备好所有的服装和小型设备。提早降低舱室气压，有助于净化氮气以防止发生“减压病”；在飞行任务完成后，它将恢复到正常的压力。

EVA 操作：大约 30 分钟的时间，完成对气闸舱的减压，随后分配了 15 分钟的时间，让航天员们转移到载荷舱。一旦走出来，航天员将遵从准备好的时间表，这个时间表由在航天飞机和在休斯敦控制中心的同事所支持。此外，休斯敦和戈达德的支持人员以及太空望远镜科学研究所和承包商的支持人员在主控制室进行支持，在每次太空行走中处于待命状态。在 EVA 的最后阶段，进入舱内的情况是反过来的，15 分钟的时间被分配进入气闸舱，30 分钟的时间再增压。所有舱外航天员都必须经过训练，以完成各种应急任务以及计划内、计划外的任务。所有航天飞机的应急 EVA 任务包括：

1）气闸舱锁紧装置或执行器失效任务；

2）远程操作系统失效任务；

3）有效载荷舱门散热器或 Ku 波段天线的人工配载；

4）手动关闭有效载荷舱门；

5）有效载荷舱门锁紧工具的安装。

EVA 后的操作：在进入气闸舱和再加压完成后，EMU 被摘下，航天员重新进入乘员舱。EMU 维护程序包括对氧气瓶和电池进行充电，重新充填水箱，重新生成 METOX，更换 LiOH，清洗航天服，以及（如果适当的话）为下一个用户调整航天服。

5.8　地面支持系统

休斯敦 JSC 的 3 名主管负责 EVA 的支持和管理。EVA 办公室（邮件代码 XA）负责 EVA 长期活动范围规划、采购飞行硬件、航天飞机操作的总体复查，以及在更广泛的项目中计划哈勃望远镜

EVA。工程部（EC5）负责用于 EVA 的飞行硬件的开发和测试。任务操作指挥中心（DX32 和 DX35）负责操作的发展，航天员和飞行控制团队的培训，以及实时任务操作。

5.9 EVA 培训

有一系列的训练设备可以用来支持从航天飞机中开展哈勃太空望远镜 EVA 操作。

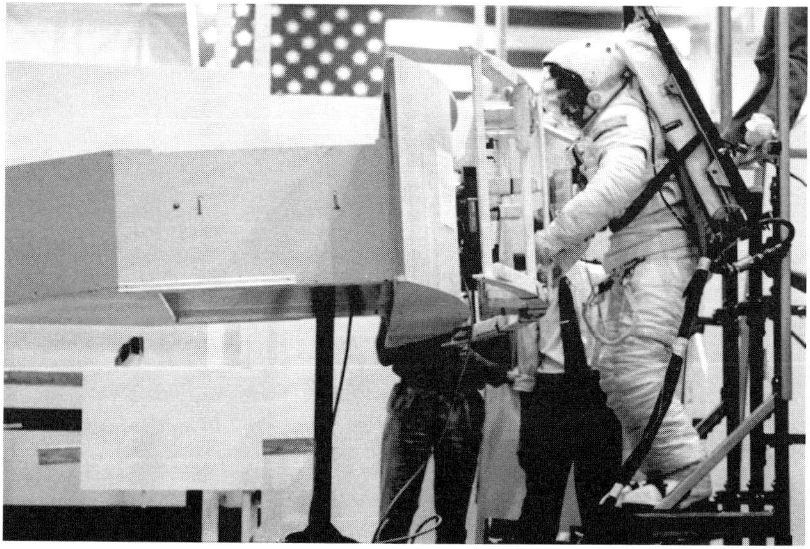

图 5-5 杰夫·霍夫曼为 STS-61 在 JSC 的气浮台上训练

在约翰逊航天中心有：

1）全尺寸航天飞机模型训练器，包括乘员舱训练器和全机身训练器；

2）精密气浮台（PABF）；

3）EVA 通信训练器；

4）虚拟现实实验室；

5）真空室，包括在 7 号楼的 11 英尺的航天飞机气闸舱环境测试台，它是航天员和热控分系统部门的一部分；

6）失重环境训练设施（WETF）——长 24 米，宽 9.8 米，深 7.6 米，含有 182 万升的水；

7）位于 Ellington 空军基地的 Sonny Carter 训练设施的中性浮力实验室（NBL）——长 61.56 米，宽 31.06 米，深 12.18 米（6.09 米高于地平面，6.09 米低于地平面），包含 2 818 万升水；

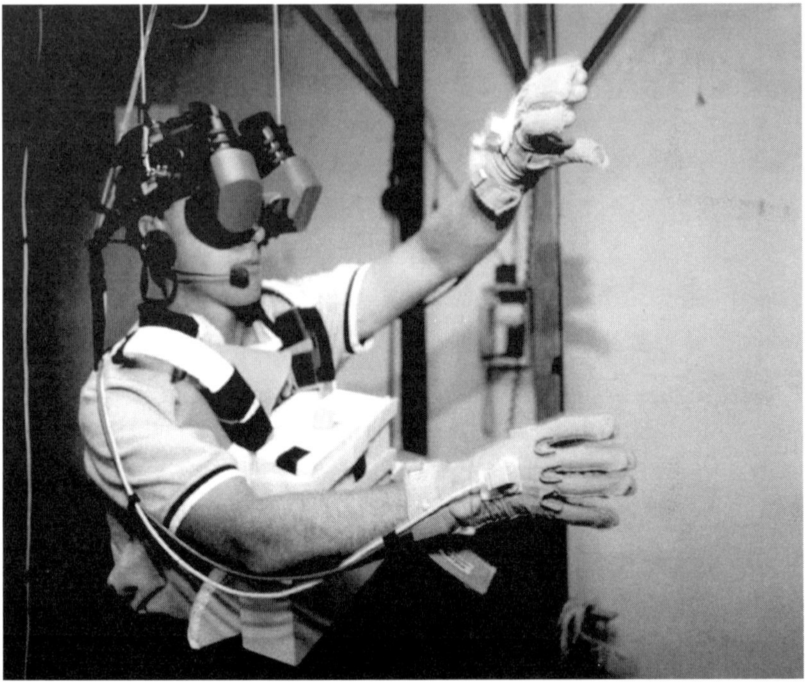

图 5-6 迈克·福尔使用早期虚拟现实设备为 STS-103 进行培训

8）EMU 的警告和预报系统（ECWS）训练器；

9）KC-135 抛物线训练机；

10）哈勃 1-g 模型；

11）哈勃 WETF 模型。

在马歇尔航天飞行中心有：

1）中性浮力模拟器；

2）HST 部署航天员训练器；

3）HST 维护教练；

4）哈勃 1 - g 模型。

在戈达德航天飞行中心有：

1）高保真机械模拟器（HFMS），是一个用于轴向和径向科学仪器替换的 HST 焦平面装配舱的模型。

2）航天器电气测试系统（VEST），是一个电源支持系统设备区的模型，它还包括一些较小的 ORU，像电脑、盒式电子设备和磁带录音机。

3）外部模拟器设施（ESF）模型复制了望远镜的前壳体，用于外部构件和绝缘设施的训练。

4）尾部保护舱门训练器（ASDT）模型允许航天员在上面训练锁紧、开门和关闭技术，以及各种意外操作。

5）功率控制单元训练器（PCUT）是专门为第 4 次服务任务（SM - 313）建造的高保真训练器。第 4 次服务任务被命名为 SM - 3B，模拟了当在 PCU 中更换 36 个电气连接器时，非常紧凑有限的工作空间。

5.9.1 EVA 潜力

在 LST 研制过程中，由于地面维护是首选方案，因此航天员参与维护的预期及计划是有限的。所以决定将组件在模块或托盘中安装，以简化在地面上或在太空中由 RMS 或航天员进行的在轨维修。到了 1973 年，双子座、阿波罗和天空实验室的经验让人们对哈勃服务任务的复杂程度有了更深的认识。进一步的评估确定了放弃（当时仍处于发展早期阶段）的机器人服务，到了 1985 年之前地面服务被认为过于昂贵。于是，望远镜的维护变成了执行服务任务的航天员的责任。

图 5-7　STS-82 EVA 训练期间建造的休斯敦 JSC 29 号楼的失重环境训练设施

图 5-8　在 JSC，与 RMS 训练模拟器一起使用的包含“气球”模型（右）的 HST 1-g 模型

图 5-9　JSC 9 号楼里的 HST 1-g RMS 训练器

图 5-10　JSC 9 号楼里的位于 RMS 训练器末端的航天员模拟器

在望远镜上安装设备时，必须考虑确保有足够的空间允许航天员访问。虽然加压手套能提供一些灵活性，但轻而易举地操作小物件仍然是困难的。这个要求的缺点是不仅增加了移动的空间，也增加了工作的空间，这将受到望远镜尺寸的限制，因此每个维修任务都涉及一定的权衡。提前制定在轨服务任务的顺序并进行实践，这有点像在舞台上编排复杂的舞蹈动作，但在失重环境和压力服里这样做时会遇到额外的好处和问题。确保固定装置、工具、约束和支持设备的设计能减轻航天员的工作量而不是增加，这是很重要的。时间表、编排和步骤在高保真的排练中用试错法去精制。需要考虑的因素包括工具的选择，照明条件，任务需要一名还是两名航天员，在任务中是否需要 RMS，以及一个可能会阻碍 EVA 后续计划的行动被执行的后果。另一个需要考虑的因素是时间。在太空中每一次航天飞机任务都有一定的时间限制。这必须与计划中的 EVA 相适应，每个操作也受硬件设计和航天员能力的限制。双子座及 Skylab

的教训表明，地球上一项简单的任务在太空中可能需要比训练时更多的时间才能完成。

自 20 世纪 60 年代中期以来，人们对大型水池进行了评估，并用其进行航天员太空行走训练。建在 JSC 及 MSFC 的专用水池来支持这项工作。它们在开发哈勃在轨服务任务 EVA 技术方面至关重要。许多经验教训对 ISS EVA 的规划都是有益的。MSFC 的中性浮力模拟器（NBS）是使用水下方法模拟 EVA 活动的首要设备。

5.10 水下哈勃

1979 年，Essex 公司开始参与开发太空望远镜模型和一系列在轨服务任务水下模拟评估，包括 ORU 的更换。最初，哈勃 ORU 被赋予部件和分系统的特征，这些部件和分系统被设计成任务关键点，并且用于早期更换。后来，光学望远镜装配设备区（OTA－ES）和系统支持模块设备区（SSM－ES）中的其他项目同样考虑到了在轨更换，因为它们在设计中使用了对 EVA 航天员来说是可访问的且与 EVA 兼容的电连接器和机械紧固件。

1984 年秋，Essex 公司的人员在与 MSFC 的会议上，确定了初始测试目标和模型设计要求，以及指导测试的一些基本准则：

1）主要目标是评估航天员获得潜在 ORU 及其电连接器和机械紧固件的途径。

2）ORU 将被安装到螺栓板上，而该螺栓板将被安装到适当的设备区的结构上。这将允许移除特定设备的 ORU 并对其进行修改、修复或更换，而不需要移除其所在部分的全部设备。

3）不可测的长寿命组件将被替换为“类似部件”。

4）采用无针电连接器。

5）洛克希德公司将提供 OTA－ES 和 SSM－ES 的图纸和照片，以协助建立模型单元。

1984 年 12 月，设计和制造 14 个非 ORU 模型的合同被授予

Essex，这些模型用于在马歇尔的中性浮力模拟器（NBS）中评估替换任务。合同后续又增加了 3 个额外的非 ORU 模型。这些单元的设计、制作和测试仅仅是为了评估潜在的 ORUs，它们有实际的接口，并且能够在水下工作。在可能的情况下，模型硬件会制作得非常接近飞行版本，用“类似飞行”硬件与电缆连接，将高度模拟从望远镜到相应硬件模块的使用。在 MSFC NBS 的替换研究中，对以前未指定为 ORUs 的硬件，仍然进行了评估。由 Essex 开发的这些模型被称为所谓的“高保真度模型”，与在望远镜上使用的完全相同。模型被安装在尽可能接近真实情况的位置，使用与实际情况相似的接口和电缆连接。

在水下使用的模拟望远镜组件包括以下部分：

1）有一个数据管理单元（DMU）与 1 号设备舱舱门相连，共有 22 个紧固件。还包括 38 个连接电缆的连接器。

2）在 5 号设备舱舱门上有 2 个多通道应答器（MAT）。每个 MAT 使用 18 个紧固件，还包括 15 个电缆和接口连接器。

3）2 个太阳电池阵驱动单元（SADE）位于 7 号设备舱舱门上，每个单元总共使用 12 个紧固件，10 个连接器和电缆。

4）有 3 台录音机。2 台被安装在 5 号设备舱的后面，每一台由 4 个紧固件固定。每个单元都有 3 个连接器和相关的电缆。第 3 台磁带录音机是为在模型上替换而制作的，用于再现飞行器的精度。

5）在 7 号设备舱后部安装有 2 个数据接口单元（DIU），每 1 个单元有 6 个紧固件，20 个连接器和电缆。

6）配电单元（PDU）。2 个单元被建造为符合高保真标准，另一对为低保真。每一个都由 10 个紧固件固定在适当位置，包含 14 个连接器和电缆。

7）一个部署控制电子（DCE）单元位于 7 号设备舱的舱门上。它由 6 个紧固件连接，包括 14 个连接器和电缆。

8）有一个电源/热控制电子单元（EP/TCE）位于 OTA 设备区 H 号设备舱的后面。它包括 4 个紧固螺栓和 28 个连接器/电缆。

9）一种光学控制电子（OCE）在 C 号设备舱的舱门上，并附有 4 个螺栓，13 个连接器和电缆。

10）一个单通道发射机（SAT）位于 5 号设备舱的舱门上，使用了 5 个连接器和 8 个螺栓。

11）一个机构控制单元（MCU）位于第 7 号设备舱的内侧 DIU 之上，有 4 个螺栓和 6 个连接器/电缆。

从请求到评估，为每个组件创建了包含以下 4 个步骤的程序：

1）在任务 1 中，Essex 工作人员分析了由 NASA 提供的太空望远镜非 ORU 项目和配件的图纸。在任何有航天员接口的地方——连接器、航天器支架和模块连接点——就可以建造一个高质量的模型。只要有可能，就会采用订购的电连接器（没有引脚的），如果想要的连接器无法获得，就替换为近似的。

2）任务 2 依据任务 1 获得的信息来制作模型图。工程制图已经准备好，而且在一些情况下，图纸将希望特别关注的航天员接口用红色标出。每一幅图纸都由 NASA 代表审查批准。

3）任务 3 涉及硬件的制作，但只有在项目的尺寸和配置被项目经理审核和批准后才能进行。非 ORU 使用 6061－T6 铝制造，采用不锈钢紧固件连接。航天员操作的机械紧固件与飞行件相同，由 300 系列耐腐蚀钢制成。电连接使用与飞行单元相同的特性，即电线的数量和线束的尺寸相似。

4）任务 4 包括硬件的交付和安装，以及一个测试程序。在交付时，Essex 在设备区全尺寸模型中安装了非 ORU。Essex 公司的工程师护送模型到马歇尔，然后公司潜水员协助 NBS 人员将其放置在水池中，并支持随后的测试活动。

5.10.1 关注细节

整个测试程序都进行得很顺利，但在它的最终报告中，Essex 强调了一些一开始没有预见到的问题。

1984 年 11 月，Essex 公司要求洛克希德公司提供非 ORU 的图纸和照片，因为在 MSFC 没有这类图纸。但当接收到图纸后，他们发现图纸经常缺少一些关键的尺寸，而且有些图纸还与照片不同。于是继续要了两次图纸。但当与照片进行对比时，他们发现洛克希德公司和供应商的图纸并不总是在所有领域兼容的。

例如，就 MAT 而言，洛克希德公司与 Motorola 公司的尺寸相差不超过 0.2 英寸（5.08 毫米），但这仍然足以造成紧固件不匹配问题和工具/紧固件错位。报告建议组件应根据“已建造”图纸制作，并作为备件安装在飞行器上以备维护和修理。“制造模型时应该关注的不仅仅是获得洛克希德公司的图纸，还要得到承包商和供应商的图纸”。有趣的是，在与 Perkin - Elmer 图纸有关的报告中没有任何差异。

在合同开始后，对连接工具的评估增加到了工作安排中。这涉及获得高性能的连接器和相关的电缆包。Essex 报告中说，幸运的是，这些迟来的评估并没有影响到整体的成本、交货时间或信息。虽然，在评估时一些连接器由于供应商的发货延迟到达了。

由于所得到信息的准确性和在图纸完成后硬件的潜在修改等问题，Essex 对于 MAT、SAT 和 DCE 模型没有表示出自信。Essex 还表达了对在 DMU 上的同轴连接器的保真度问题的担忧。在所有的情况下，模型都是为满足 NBS 的测试时间表而生产出来的，并依赖于当时可用的图纸。

这个问题表明，在引入计算机辅助设计（CAD）之前的时代，由不同的供应商为同一个项目准备图纸，在外形尺寸上有细微的差异。这些事件强调确保不同来源图纸的兼容性，以及定义一个“母版”标准作为最终硬件生产依据的重要性。

5.11　渐进系统分析

在 MSFC 进行的水下模拟继续研究 ST 机械系统，以及它们对于航天员接口的兼容性和功能性，目标是界定航天员辅助设备的类型和位置，这些辅助设备将整合到望远镜中以帮助维护 ST 机制。

NBS 测试从低保真模型开始，在 1979 年 8 月—1981 年 8 月的 24 个月里，逐渐发展到高保真模型。后来 NBS 测试和训练极大地受益于这些早期在通过一系列接受或拒绝测试来确定航天员工具的需求过程中的结论和发现。更重要的是，对于在最初被认为是可通过预定或紧急维修任务在轨替换的整个分系统进行测试以确认它们是否是潜在的 ORUs。

5.11.1 关键测试结果

测试结果对于那些与太空望远镜没有特别关联的领域有启发作用。例如，经过项目评估了的一种足部约束装置，达到了灵活、低重量、易操作的要求，那么因此可以很容易地适应各种 EVA 操作。

哈勃各种各样复杂的维护程序揭示了对多种通用工具的需求，在 NBS 进行的测试产生了一个独特的手动棘轮扳手，但同时也证明了需要使用电动工具来减轻航天员的疲劳并辅助完成单手任务。在水池中测试及模拟的成功和失败，为 EVA 领域新工具和新技术的发展提供了有价值的起点，并远远超出了为望远镜服务的设想。

在 24 个月的时间里，水池训练评估得到的最重要的结果包括：

1）长时间使用工具完成任务会造成手和手指的疲劳；开发电动工具将消除这些问题。

2）任何足部约束都必须在上升、俯仰、滚动和偏航中可以调节。

3）将为望远镜的特定功能开发特殊工具，但是有人建议，这些工具应该相结合使其对未来的 EVA 任务有用。

4）用于将 ORUs 从载荷舱转移到望远镜上的转移装置，在转移操作时，应该提供足够的约束。

5）在 EVA 中使用的带有螺纹紧固件的装置，应与紧固件有足够的摩擦力以保证扳手在执行棘轮操作时不会反转。

6）需要安装一个反馈装置来显示科学仪器的校准装置已经找准

位置并且准确使用，因为捕获装置常常并不在操作者的视线中。

7）必须设置导轨以将大型/笨重的ORUs滑入或滑出飞行环境。这些导轨必须提供足够的约束，而无须在导轨上绑定或施加高动态载荷。

8）远程操作系统（RMS）对拆除无用部分有很大帮助。

9）便携式足部限位器（PFR）为执行指定任务的航天员提供一个通用、便携的工作站，航天员可以在其中进行操作。一个简单的12孔插座即可将它安装在望远镜的任何位置上（如果合理配置的话）。

5.11.2 模拟程序

随着EVA的发展，通过在“实时模拟”使用NBS，可以合并全尺寸模型来验证航天器硬件的设计理念，并能从中得到在轨时任务的规划经验。

评估航天员辅助设备，也有助于评估应急行动预案。如果一切顺利，那么执行计划任务的概率将是100%。因此，模拟的一个主要任务就是确定哪些航天员辅助设备可以被使用，并且选择最合适的位置来放置它们以用于特定任务。这对于安装尺寸与电话亭相近的在轨可替换单元（ORU）显得尤为重要。可以通过在模拟之前预估航天员辅助设备的精确类型、数量和位置，然后在水池中进行评估，从而重新确定任务的顺序和时间安排。另一方面，发生意外状况时，只有在水池中对使用各类航天员辅助设备进行补救的方案进行评估进而选出最优解决方案后，才会采取补救措施。多数这类事件通常会被提前识别，并提前对其设计出一系列的解决方案。在紧急情况下，故障也可能发生在航天员不可达的位置，因而不能使用航天员辅助设备。在这种情况下，规划方案更多的是一种分析评估。此时，最简单、最不受影响的方法便是最好的方法。但由于实际情况中发生此类事件的可能性很低，所以并不能作为花费大量经费对此建模以及在NBS中进行实时全面模拟的依据。

水下实验也常被用来确定在NBS模拟中使用的相对简易的低保真模型是否能逐步升级，以及是否能达到准确反映飞行硬件精度的水平。如果可以，那么模型将可能会被用作航天员训练装置，然后随着计划的改变以及系统和硬件的改进，做进一步完善。因此，在模拟实验中用于评估早期系统及程序的设备是后期制造航天员训练高保真模型的基础。这最大限度地节省了训练硬件的经费。此外，它也有利于航天员的训练，模型越接近航天器的真实情况，就越能保证水下模拟时的硬件与任务与未来在太空中实际工作时的相似性。模拟硬件及程序越准确，航天员们就越熟悉，才能在实际工作时更加冷静。这也正是Essex寻求准确图纸以生产出“完美”复制品来用于测试和训练的原因。

5.12　中性浮力模拟器

中性浮力模拟器（NBS）是一个大型复杂金属结构，位于美国阿拉巴马州亨茨维尔的NASA马歇尔航天飞行中心的西南角，该金属结构的代号为4705号楼。它由一个大型钢制水槽及其附属设备，以及一个相邻的控制室和一系列的支持设施组成。水槽建在一个原本设计用来容纳土星IB运载火箭模型的隐蔽地点。大型门与可拆卸屋顶为大型硬件设备的运输提供了便利。该模拟器于1968年建成，其水槽的直径为75英尺（22.86米），深度为40英尺（12.19米），可容纳140万加仑（520万升）清水，能将一个全尺寸太空望远镜模型完全淹没。除了水，模拟器也支持使用空气和氮气进行试验。在水槽边上，是用于监督试验的控制室与保障设施。所有的模拟试验都会记录在带音频的录像带上，用于日后进一步分析，以及对时间表、事件和任何纠正措施的评估。

测试对象包括MSFC的工程师和航天员，并得到了一组潜水员和技术支持工程师们的帮助。参与早期太空望远镜研发的测试者身穿阿波罗A7LB型航天服，执行模拟失重环境下的各项任务。这套航天服曾在阿波罗计划 J 系列、Skylab 和 ASTP 任务中使用过，它比在航天飞机上使用的舱外移动单元（EMU）更笨重一些，也不那么灵活。试验人员认为，如果一项任务能够让航天员即使在水下穿着一套笨重的航天服也能够完成的话，那么当他穿着一件更灵活的航天服（即 EMU）时，就可能在轨道上完成同样的任务。

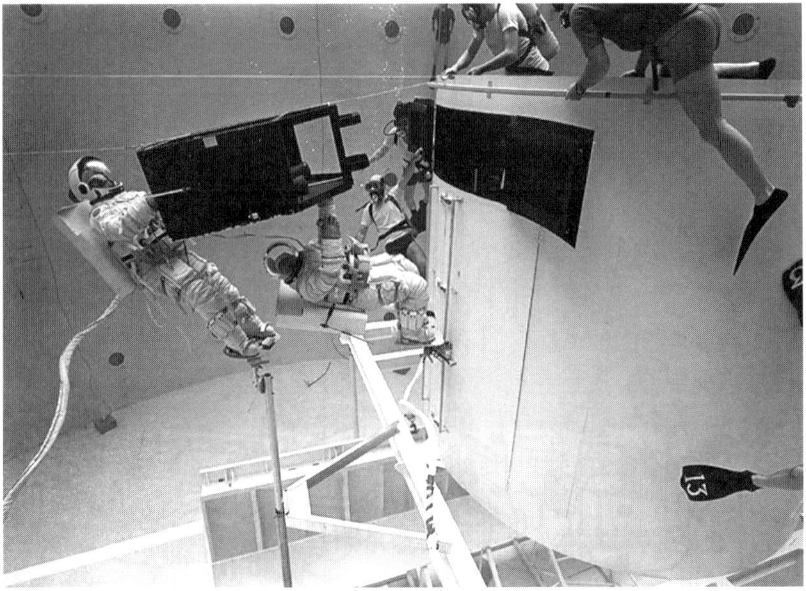

图 5-11　MSFC 4705 号建筑内的中性浮力模拟器综合设施

（图片来源：马歇尔航天飞行中心）

1965 年 6 月，在航天员阿列克·谢列昂诺夫进行世界上第一次太空行走的几周后，航天员埃迪·怀特成为第一位进行 EVA 的美国人。这些事实已经清楚表明，人类可以在进行 EVA 后存活下来。但即使如此，在航天器外工作的效率仍存在着些许问题，例如：如何操纵那些具有较大质量和惯性而重量很小的大型物体？研究人员仅仅在这几次短暂的 EVA 中便已经发现，在失重环境下，只需要在物体上施加一个微小的作用力，物体即可稳定运动，但想要让物体停下却非常困难。这会导致航天员们在使用大型物体进行工作时遇到试验人员在NBS中增加了一个RMS模拟器来放置航天飞机的载荷舱的模型。此时的RMS由60年代后期试验中使用的早期机械臂的组件改装而来，通过一个位于水槽外的控制面板进行操纵。虽然这个系统仅仅只是个初级系统，但却准确模拟了航天飞机外舱板上的RMS操作。尽管由于很难保持中性浮力，它不能模拟真实机械臂的全部运动，但它证明了这一概念。1993年，随着第一次哈勃太空望远镜维护任务准备工作的全面展开，RMS-II在中性浮力模拟器上启用，并通过一个建在水槽三层控制站的航天飞机尾部飞行甲板的模拟件进行操纵。后来，研究人员在机械臂上增添了一个摄影机，从而当进行模拟操作时，能准确记录整个过程。这些记录使得工程师、培训人员和航天员在测试后能够对整个流程进行分析。由于航天员已经忙于各种模拟试验，无暇顾及视频拍摄，而潜水员由于要在现场保证航天员的安全，也无法进行拍摄工作，所以将摄影机添加到RMS-II中，不仅将航天员从这项任务中解放出来，同时也证明，在机械臂上使用摄影机来评估航天器外部工作环境具有重要价值。这一点在哥伦比亚号航天飞机事故后更得到了充分的证明。

对哈勃太空望远镜的维护任务来说，NBS水槽的投入使用是无价的，同时也为太阳峰年卫星的维修和早期空间站EVA技术的评估提供了重要帮助。1980年，JSC终于获得资金支持，将原先用于放置载人离心机的“飞行加速”大楼（29号大楼）改建为用于训练航天飞机航天员的失重环境训练设施（WETF）。然而，马歇尔的水槽能够试验的模型尺寸规格更大，所以其进行的太空望远镜模拟试验一直持续到20世纪90年代末。1997年1月，一个更新、规模更大的中性浮力实验室（NBL）在JSC附近的Sonny Carter训练中心建设完工，以承担国际空间站（ISS）的航天员以及最后一批哈勃望远镜的维修航天员的训练任务。随着技术的发展，马歇尔航天飞行中心的中性浮力模拟器的水槽最终被关闭并排空，其曾在1985年10月3日被授予“美国国家历史地标”（National Historic Landmark）称号。

5.12.1 样机和支持设备

1979年8月，在NBS中进行了首次望远镜试验（编号为第23次中性浮力试验，NB-23）。此次试验中使用了SSM的后镜筒的全尺寸样机，其固定方式类似于其在航天飞机载荷舱中的固定方式。这些试验中用到的设备包括：

1）焦平面组件结构；

2）装有独立遮光罩的固定头星敏感器（FHST）；

3）速率传感器单元（RSU）；

4）设备托架；

5）SSM后镜筒；

6）航天飞机有效载荷舱；

7）支持结构（专用样机）；

8）可调节式足部限位器；

9）航天员辅助设备（扶手和系绳）；

10）工具（带有多种扩展口和插孔的棘轮扳手）；

11）广角/行星照相机（WFPC）；

12）精细导星敏感器（FGS）；

13）传送绳（ORU的转移装置）。

1979年8月13—17日的NB-23试验：这项试验包括在哈勃望远镜的模块化部分的样机上进行模拟拆卸/更换科学仪器试验。

3个月后，即1979年11月，测试在安装有改进的RSU/FHST与轴向科学仪器的样机上继续进行。此次试验还使用了气动（电动）棘轮扳手。轴向科学仪器有4个独立的机构，分别负责以下系统不同的拆卸和更换方式：电路连接系统、在焦平面组装和尾罩扩展时采用的仪器导轨系统、一个预载荷分系统和一个锁紧系统。

就在这个月，最后一批模型完成交付，以进行太阳电池阵的测试，并将这些模型安装至样机上。这一装配过程必须为紧配合，因为当安装完成后，样机完全竖起时，样机的顶部距离水面只有5英它在延伸轨道上滑入或滑出航天器舱体多远的距离。

在马歇尔航天飞行中心的水槽中，航天员们练习了计划中的各项动作，然后对扶手和设施进行了评估，评估哪些可以工作，哪些不能工作以及是否能将其做出相应改变。他们研究了每一个硬件操作流程，如“你如何身穿航天服把这个巨大的盒子从那个大洞里拿出来或放进去，或者放到机械臂上，或者放到你想要放的地方”。这一流程始于进入水槽前的一系列加速度为 $1-g$ 的测试。“我们会去检查外舱板上的硬件设施，而布鲁斯·麦坎德利斯则会带领我们，与我们交流并给大家详细解释我们将要执行的任务。我会说，‘让我们拿起工具，然后尝试一下’，并从科学家们那里得到一切和我们可能用到的仪器相关的帮助。”这个系统在解决问题时会从在特定的地方放置特定的仪器开始，他们会对这些想法进行评估。然后，他们会转而考虑“万一发生意外”或者事情出错时该怎么办。他们为电池、星敏感器服务，并检测替换设备的工具。所有这些活动背后的驱动力就是弗兰克·切波利纳。乔治·纳尔逊（“小手指”）称，他是在深思熟虑后能完成杰出工作的人。

在水槽中模拟所花费的时间取决于所需要的任务或者模拟 EVA 的要求，或者由马歇尔航天飞行中心的支持力度决定。通常一次任务会持续大约 3 小时，之后会有一次对任务情况的汇报。乔治·纳尔逊（“小手指”）回忆起，有一次当手边可用的工具太少时，他努力尝试找到合适的工具的经历。“那时简直太疯狂了，我还记得我曾经想弄清楚哪些工具可以使用，”因为这些工具并不像它们今天的样子。“我们找到了一家生产车用手工工具的公司。他们通过卡车卖货，所以有一天我们拦下他们的卡车，通过他们的存货清单来订购我们需要的额外工具。在完成太阳峰年卫星项目时，我就去当地的一家五金商店，买了一把电动螺丝刀，拿回来并告诉他们，我想用的就是这个！”

在水槽中进行的这项太空望远镜模拟试验，帮助研究人员完成了很多原本计划在太阳峰年卫星项目中验证的工作，发展出了处理涉及大尺寸、公差小的笨重物体的复杂工作的能力。乔治·纳尔逊和其他工作人员从事的这项研究工作，帮助定义了哈勃望远镜和其他 EVA 任务的行动。乔治·纳尔逊还特别称赞了一位航天员同事早期以航天飞机为基础在开展 EVA 程序上所做出的杰出贡献，这位同事就是吉姆·布克。乔治·纳尔逊称他是“一位在太空计划中被众人遗忘的英雄”。吉姆·布克牵头的这项技术革新主要是为了应对航天飞机上的各类突发事件，例如安装散热器、关闭载荷舱门、安装哈勃望远镜所使用的 Ku 波段天线（乔治·纳尔逊说，这是出于一项任务的需要）。吉姆·布克还建议将 T 型杆装置放置在航天服正面，这被证明是一个有用的工具。

乔治·纳尔逊回忆说，在水下工作比在太空中工作要更加困难。他讲述了一次他在水下测试时遇到的危险经历：“通常，出于安全考虑，负责救助的潜水员会与我们保持距离，但那次我必须请求他们的帮助。当时我正在轴向仪器舱里，突然脐带电缆脱落了，紧接着，一切都安静了下来，空气静止了，收音机也陷入了静默。我意识到，用不了多久，二氧化碳就会在太空服里堆积起来，所以我赶快游了出去，（潜水员们）抓住了我，并把我带到水面上。现在，这种事情已经称不上危险状况了，但还是会让人不舒服。”

5.13　全尺寸模拟试验

所有部件模型都将在最初的一系列模拟试验中投入使用。这也是试验人员第一次有机会进行全尺寸模拟试验，以评估拟定机制和配套设备位置是否合适。这次试验也为工程师设计后续项目及模拟试验提供了清晰的目标。

5.13.1　分系统开发

通过一系列测试，研究人员对望远镜各分系统的最新进展进行评估，并结合硬件设施在水中的模拟试验情况，提出分系统可能需要做出的一些改进。

5.13.2　轴向科学仪器

这 4 个轴向科学仪器是望远镜上最大的 ORUs，并且，在当时是航天员们安装过的最大的物体。每个箱子长 86 英寸（2.10 米），体积为 62 立方英尺（18.90 立方米），质量高达 700 磅（317.8 千克）。在处理这些组件时，必须保证其组成部件的精密性。舱外活动的测试对象不能想当然地抓住仪器的任意部位进行安装。仪器中唯一可以抓着或安装至滑入导轨的位置是供航天员使用的 4 根垂直扶手和用于地面支持设备连接的固定点。每更换一个部件都涉及一次复杂的顺序编排。其中两上试验仪器使用了 RMS 和足部限位器来执行一系列复杂动作排序。

图 5－15　MSFC NBS 里的轴向仪器更换模拟试验（1980 年前后）

（图片来源：马歇尔航天飞行中心）

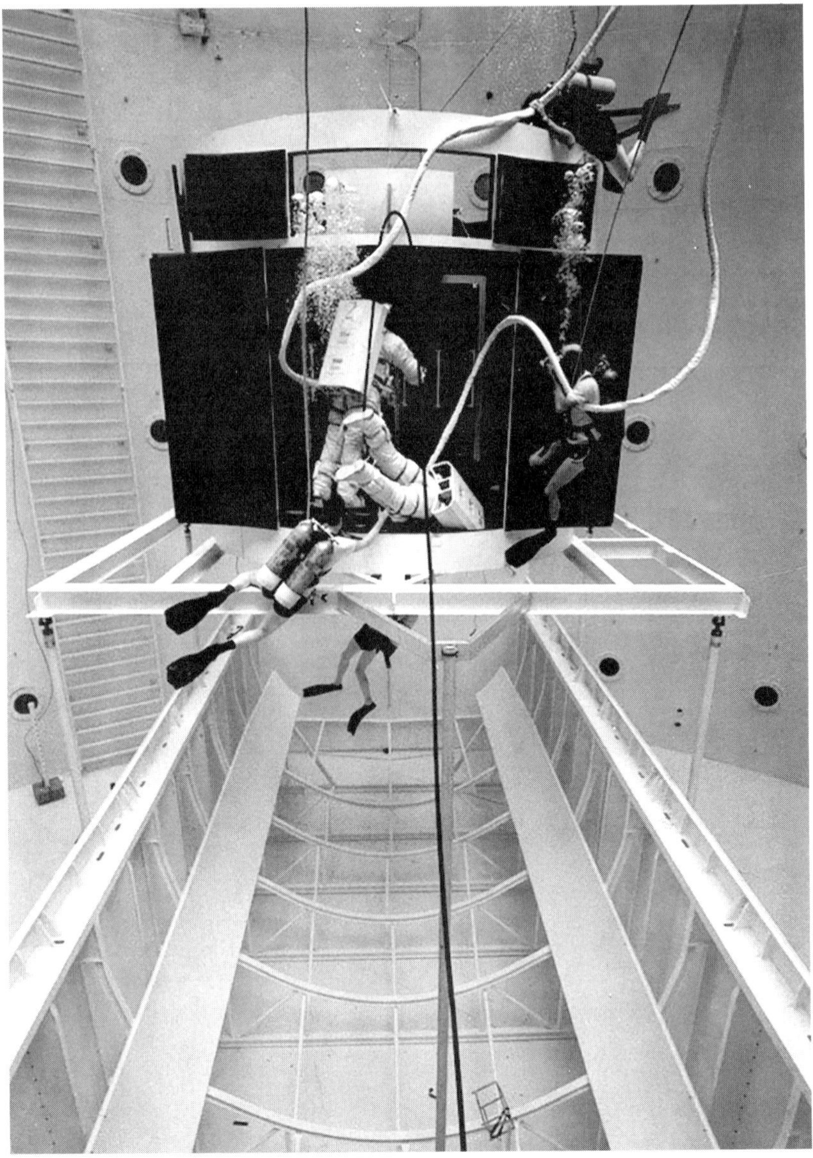

图 5-16　布鲁斯·麦坎德利斯和乔治·纳尔逊参与的早期太空望远镜模拟试验（1980 年）（图片来源：马歇尔航天飞行中心）

5.13.3 径向科学仪器

有了安装轴向科学仪器时的经验教训，研究人员在安装径向科学仪器时就容易了很多。当然，这其中也是由于径向仪器只有广角/行星照相机这一件设备的原因。相较轴向仪器，广角/行星照相机的体积小很多，可视性及操作性也提高了很多。

5.13.4 精细导星敏感器

想要靠近这些敏感器非常困难，因为它们被安装在后镜筒内部，只有打开舱门才能触碰到。通过水下模拟试验发现，加装一个足部限位器即可将任务大大简化。因为它可以使航天员免于在门打开时的活动范围受限。此外，它还允许航天员可以近距离接触后镜筒，从而在其内部距表面约 12 英寸（30.48 厘米）处的敏感器上开展工作。

5.13.5 固定头部星敏感器/速率传感器单元

这是说明水下模拟试验如何帮助制定程序的一个范例。虽然这些程序最初并未设计用于 ORUs。固定头部星敏感器安装在门内部的 V3 轴上。在星敏感器组件上安装的速率传感器被视为 ORUs。因此，如果需要的话，研究人员可以申请进行替换。但是在更换前，必须先移除星敏感器的遮光罩。在 1979 年 8 月的水下模拟试验中，研究人员发现由于遮光罩表面的保护罩位置狭小，因此在更换时只能采取单手操作。也正因为更换工作的空间不足以让一名航天员站在足部限位器上进行更换，所以航天员只能一手抓着遮光罩以保持平衡，另一只手操作紧固件。布鲁斯·麦坎德利斯是这项训练的测试对象。他设计了一个“J 型钩”，在移除遮光罩时用处很大。但使用起来有一定难度。他所遇到的问题是如何在扭动六角螺栓的同时，保证速率传感器处在合适的位置。事实证明，在工作时想要找到这样的位置是很困难的。由于解决这个问题的首选方案（将速率传感器移动到最方便的位置）成本过高，研究人员采用了另一种解决方案，即将速率传感器移动到另一个能够工作但是没那么合适的位置。这种方案虽然不像之前的那么具有吸引力，但是更加廉价，对成本没有影响。

5.13.6 系统支持模块设备

SSM－ES 也进行了水下模拟试验。因为最初的试验表明，安装额外的扶手对于开启 2 号、3 号和 10 号设备舱的门至关重要。此外，概念舱门锁是为单手操作而生产、测试的；研究人员在早期模拟试验中就研制出了这种产品，帮助航天员完成无法使用双手来完成的任务。因此，为了应对航天员需要抓住某些物体来保持平衡，或者由于增压服对于灵活性的限制使得航天员在工作空间无法双手同时操作的情况，研究人员研发了大量可单手使用的设备。

5.13.7 光学望远镜组件

这项模拟维修任务涉及在 3 个舱门位置拆除和更换精细导星敏感器的所有电子 ORUs 组件，以确定放置辅助设备的最佳位置并确保 ORU 上的紧固件易于航天员操作。

5.13.8 太阳电池阵

1979 年 12 月，在水槽中进行了第一批太阳电池阵试验。这次试验旨在评估太阳能电池阵和二极管盒（Diode Box）组件的应急机制，以及抛弃一块电池阵的可能性。测试集中在前后连接释放装置的动作上以验证抛弃动作。然而，在对低保真模型进行测试前，设备已经过时。因为在模拟样机升级前，大量的新设计理念就已出现。直到 1981 年 2 月，该问题才得到解决，结果是一旦生产出新的飞行标准设备，就去采购以便在水槽中进行测试。正如一份报告所说：

“这种情况是由于没有飞行状态的连接器，并且反映了一个贯穿整个测试程序中的常见问题——即通过调度约束强制手段，在设备设计通过关键设计评审（CDR）前进行测试”。

1981 年 2 月对高保真太阳电池阵和相关设备的测试，导致了对应太阳电池阵/二极管盒计划执行维修任务的 EVA 经受了相当复杂的审查。由于这些都是应急操作，所以必须用最新版本的硬件设备进行测试，以便航天员能够通过与航天器所用设备尽可能相同的设备进行训练。这样的话，如果在 EVA 期间发生了意外，他们可以避免不必要的（甚至是危险的）动作。幸运的是，由于测试中使用的硬件的质量很好，试验过程中很少出现意外，这种意外现象被工作人员称为“灌木丛的火灾”。试验报告指出，这一阶段的试验取得成功的部分原因是，一位来自 ESA/BAe 的承包商代表提供了“有关太阳电池阵的工作机理的宝贵的技术见解”。10 多年后，这段经历使得参加过第一次维修任务的航天员们和一支来自 JSC 的 EVA 团队组团专程访问了 BAe，并检查了几个月后就将被安装至望远镜上的第二代太阳电池阵的飞行硬件。

5.13.9 操作工具

1982 年，MSFC 系统分析与集成实验室的弗雷德·桑德斯在一份报告中写道：“经过一系列的测试证明，需要为太空望远镜来定义基准工具补充包。”为航天飞机研制工具包的确是可行的，但这个工具包是用来应对计划及紧急 EVA 的，比如关闭载荷舱舱门、重新安装碟形天线、捆绑或抛弃失效的 RMS、取下载荷支持装置。太空望远镜的设计及其相关维修任务，需要一种更准确的方法来提供一个合适的工具包。它包括一系列插座与扩展组件和手动扳手。模拟试验对不同类型的工具可以适用的具体任务进行了明确区分，并定义了满足工作地点所需的扩展组件的最合适长度（例如上文所述的固定头部星敏感器/ORU 的案例）。模拟试验结果显示，由于经常空间不够，航天员只能单手操作扳手，因而配备一个手动棘轮扳手显得至关重要。这是一个从试验中得到的教训。在测试项目的早期阶段，对试验时间没有进行有效限制，常常会使测试人员感到不适。在 2 小时的模拟试验中，拉伤和由此产生的疲劳感是非常严重的。

试验报告中对此提出的解决方案是通过腰间系绳，将试验人员系在相关的工作地点以限制其移动。但是这需要在望远镜上建立更多附着点，而这是不切实际的。单手操作也无济于事，因为如果人长时间牢牢抓住扶手，手会因为长时间保持抓握状态，在手套的压力下产生疲劳感。使用足部限位器将人的脚固定在一个位置被认为是最理想的解决方案。但是这又使得在望远镜上仅仅安装有限的附着点的情况下，仍然能够提供有效的活动范围成为新的挑战。报告指出，在使用有限的足部限位器的情况下，航天员们可以“向头顶方向抬起脚尖，使膝盖和脚踝之间的腿部肌肉收缩。通过保持这个姿势 15 秒，可以评估 2 小时模拟期间引起的疲劳感。”

1966 年，双子星任务期间，研究人员首次提出：显而易见，需要在足部限位器和操作工具方面开展更大量的科学研究，以研制出更合适的产品。在水下测试之后，试验报告确认了对电动棘轮扳手的需求。研制合适的工具不仅能满足望远镜项目的需要，还能满足航天员的舒适需求（正如下一章所解释的那样）。这要求在时间、资源和创新设计方面有较多的投入。

5.13.10　高增益天线

虽然在测试时还没有高增益天线的模型，但即使在没有“最原始的模型”的帮助下，研究人员仍有足够的数据来确定应该做什么以及应该在哪里放置辅助设备。利用来自太阳电池阵的模拟数据，研究人员可以计算出完成高增益天线的相关工作的合适的足部限位器的位置，然后让航天员们用一个“基础”模型将这些附着点确定下来。

5.13.11　光圈盖

与高增益天线一样，研究人员没有可用的光圈盖模型。这并不是一个失误。因为模型中省略了高 7.5 英尺（2.28 米）的遮光罩。如果安装它，模型高度将会超过水面 2 英尺（0.60 米），就无法完成中性浮力模拟试验。在这种情况下，通过分析，研究人员找到了放置辅助设备的方法。由于它位于遮光罩的底部，该区域没有“外装的或隐藏的连接紧固件”，只需要求承包商在太空望远镜上安装扶手和足部限位器插座以使航天员能靠近这个区域即可。

5.13.12　便携式足部限位器

寻找一个合适的便携式足部限位器已经成为工程师的个人追求。在模拟试验开展两年之后，许多设计已经完成制造及测试，并且在设计构造上变得越来越巧妙，随之而来的是越来越复杂的设计，但是距离完成仍有很长的路要走。

问题不在于限位器本身。提供一个能够与望远镜相连且能容纳航天员太空行走时所穿的靴子的物品，其实非常简单。问题主要在于——如何让足部限位器金属板与连接座相连；如何满足大量的繁琐要求，诸如如何保证航天员与望远镜间的距离既不会让航天员的面板紧挨着望远镜，又能保证航天员能够轻松地触碰到设备，以及如何一直保持设计的结构完整性。

由于预算有限，望远镜整体重量受到限制，所以在望远镜上随意布置足部限位器是不可行的。设计师面临的任务是在最有效的关键位置安装限位器连接附件。这看上去似乎不是一项艰巨的任务，但是随着减重需求的增加，诸如增加足部限位器位置之类的问题受到了关注。足部限位器结构并不是问题，这是一个可移动的独立单元。受到关注的是足部限位器的连接插座。每个插座重 3 磅（1.36 千克），包括用于固定的支撑结构。它们是减重的重点对象。当拆除 8 个插座时，立即减少了 24 磅（10.89 千克）。

图 5－17　STS－125 EVA 任务的成员在对 NBL 的水下测试进行讨论
（摄于 Sonny Carter 训练中心）

工程师和航天员在 NBS 所做的工作，对于确定剩余插座的最佳位置至关重要。需要在保证灵活性的同时，尽可能抵达更多的工作地点。解决方案是在足部限位器金属板和安装在望远镜插座上的固定螺柱之间安装一个 2 英尺（0.60 米）长的轴。这扩展了在任意方向上的可达范围，在俯仰（上或下）时，通过安装在两端的悬臂结构进行调整。在滚转（左或右）时，调整轴进行限制完成。在偏航（向前或向后）时，调整脚部约束。这促使产生了具有 4 个自由度的足部限位器，确保航天员可以抵达距离插座位置周围大约 6 英尺或 7 英尺（1.8 米或 2.1 米）的任意区域。因此，一个足部限位器插座可用于对 4 处不同方向进行维修，而不需要移动足部限位器。这是一个重大的进步。

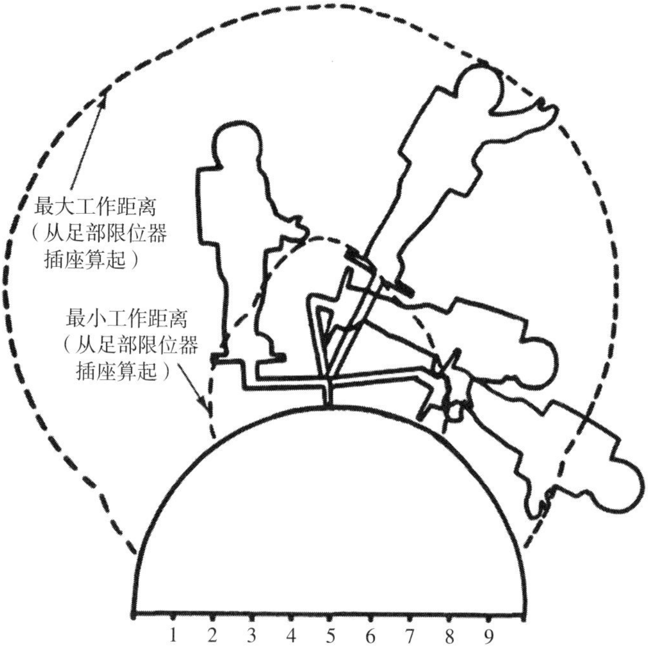

图 5－18 航天员使用便携式足部限位器所能到达的工作范围的二维示意图

5.13.13　扶手

我们可以进行一个合理的假设：扶手越多，那么在望远镜表面移动或在一个位置保持静止就越容易。事实的确如此，在早期的试验中，望远镜表面几乎布满了扶手。但水槽模拟试验表明，其中一些从未使用过。此外，经常发生的情况是，当执行一个特定任务需要扶手时，却发现附近没有可用的扶手。因此，研究人员对不需要的扶手进行了拆除，并加装了额外的扶手。减重所引起的便携式足部限位器的减少，也影响到了望远镜上安装的扶手的数量和总长度。随着扶手被拆除，相关的结构支架和安装支架也被拆除。用来决定扶手是否保留的原理非常简单。拆除那些与在工作位置间移动无关的扶手。那些从未在工作中为保持平衡而使用过的扶手也拆除。然后缩短留下的扶手的长度，并通过建立“路径”网实现在结构上移动。

大部分工作集中在为后续维修服务中所需的扶手进行定位。这涉及到多数扶手。在其他区域，当航天员在进行紧急 EVA 时，只有在遮光罩顶部有部分扶手，还有一条＋V3/－V2 轴之间的通向光圈盖的路径，而纵向的扶手一直通向高增益天线的前舱门锁紧装置。有效性还体现在如何选择轴向科学仪器和固定头星敏感器所需的扶手在舱门上的安装位置。在这里还安装了一个特定长度的扶手，以帮助航天员到达望远镜上部，而它的另一个功能是作为打开和关闭大舱门的把手。

5.13.14　舱门锁紧设计

除了一系列 WFPC 外，望远镜上的每一个 ORU，都位于一个必须由航天员打开和关闭的舱门后面。因此，舱门锁紧操作成为水槽中的 ORU 模拟的一个标准部分。锁紧装置必须是一项简单的设计，能够确保航天员单手使用基准工具即可打开，而且强度须符合要求，足以承受因发射振动和施加的扭矩引起的周期性应力。在模拟试验中对 3 种舱门锁紧设计进行了评估。使用一个可调节的把手，通过在旋转台上施加压力可以将门从 90°打开位置进行关闭并上锁，这个锁用于 OTA－ES 和 SSM－ES 的舱门。它可以使用电动或手动棘轮扳手单手操作。后镜筒的舱门采用了类似的设计，但使用了简单的 T 型螺栓。大舱门锁紧装置是这种设计的一种变体，带有一个中心锁定装置，可使门在被施加最终开锁扭矩之前保持关闭。

5.13.15 紧固件

对于 NBS 测试，棘轮扳手和所有的扩展组件都使用了 12 孔 7/16 英寸（11 毫米）的插座，这种插座可以适用于所有涉及与航天员接口相关的物品中的标准紧固件。

5.13.16 RMS 及相关活动

测试中使用的 RMS 是由早期项目的备用部件制造的，由于其局限性，仅限于局部区域使用。它被用于太阳电池阵拆除工作及验证航天员辅助设备新理念。RMS 全尺寸模型安装在载荷舱模型上。其末端执行器模型采用拆除太阳电池阵模拟试验中的便携式抓取装置。在机械臂的末端还安装了一个活动范围有限的便携式足部限位器。1981 年，在航天飞机 STS－2 任务中首次安装 RMS 之后，地面运行的 RMS 模型的操作保真度表明它与哥伦比亚号航天飞机上的 RMS 操作保真度相当，包括在太空中发生的振动。这为安装在水槽上的机械臂模型增添了真实性。

在 1982 年 6 月报告的时候，出于对在 40 英尺（12.19 米）长的机械臂末端的适应太空的测试对象进行水下测试的安全性考虑，最早的 RMS 未进行过载人 NBS 试验。但研究人员在这方面取得了许多进展，“没有进行大张旗鼓地宣传，航天员布鲁斯·麦坎德利斯通过足部限位器进入 RMS，并且很轻松地搬运了 700 磅（317.51 千克）的重物”。

图 5－19　MSFC NBS 试验中的 RMS 模拟器（NASA MSFC 历史办公室授权/美国国会图书馆美国历史建筑照片藏品；HAER ALA，45－HUVI. V，7B－11；1995，Jet Lowe 拍摄）

5.13.17　早期 NBS 测试结论

毫无疑问，对计划中的望远镜活动进行真实模拟，为设计师、工程师、管理人员、承包商和航天员提供了一个亲眼目睹这些活动的机会，并帮助那些平常只关注特定工序或部分设备的研究人员发现那些还没有完全被发现的困难领域。虽然这些早期的 EVA 模拟使用的是基线数据，但还是获得了大量重要信息，并直接用于航天器的硬件设计以及帮助制定了程序、指南和应急措施，这对于即将执行的维修任务是很有价值的。当然，有机会通过虚拟实时景象观察测试对象（无论是工程师还是航天员）在执行轨道任务时可能出现的情况，要比传统的仿真试验后的汇总，或阅读有关活动的报告，或者从数周或数月后的视图中获取信息要有价值得多。

在对哈勃望远镜的硬件进行两年的 NBS 试验后，得到了令人鼓舞的结果和经验。在新工具、新技术和更好的硬件设备的支持下，水下试验项目在接下来的几年里继续进行。得益于一系列潜水项目中工程师和航天员的贡献，得到了一个非常有价值的数据库。这些数据不仅可以用于望远镜维修，还可以用于支持其他后续项目和概念的研发。

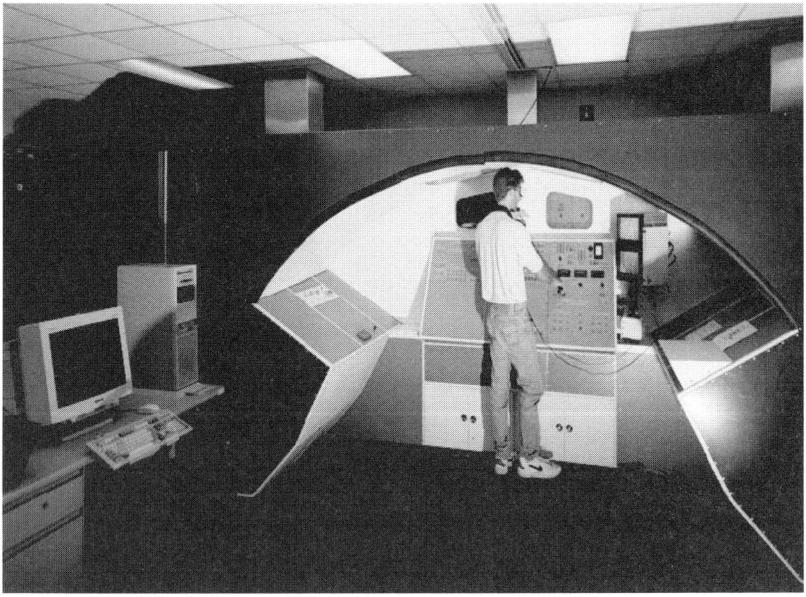

图 5-20　在 MSFC 的 NBS RMS 模拟控制室，将与飞行硬件相同的 RMS 控制面板安装到航天飞机的尾部飞行甲板上（注：通过佩戴眼镜，操作人员可以在尾部的飞行甲板窗口观看三维视频投影，因为操作员无法在控制面板上查看水槽中的操作。）（NASA MSFC 历史办公室授权/美国国会图书馆美国历史建筑照片藏品；HAER ALA，45-HUVI. V，7B-14；1995，Jet Lowe 拍摄）

5.14 1983—1990 年的 NBS 测试

1983 年 3 月，Essex 公司获得了一份合同。合同的内容为：为马歇尔航天飞行中心和休斯敦 JSC 新建的失重环境训练设施（WETF）设计并制造在 NBS 试验中使用的哈勃太空望远镜 EVA 训练硬件设施。1983 年 3 月—1990 年 12 月，这个项目的主要目标是设计和建造训练设施，研发新的硬件设备，聘请各种类型的潜水员、试验指挥员和试验对象进行测试，以建立数据库，来帮助 HST 项目的管理人员进行设计和项目决策。

Essex 公司与马歇尔航天飞行中心关于 NBS 的合作始于 1979 年。该公司不仅在开发期间设计、制造和安装了试验用的太空望远镜所有硬件设备，还提供了潜水员、试验指挥员和合适的试验对象，以帮助 NASA 的航天员们在水槽中工作。

5.15 升级的 NBS 训练设施

为了完成合同，Essex 公司对水槽模拟试验所使用的哈勃望远镜样机的训练设备进行了最后的整修和升级。主要进行了两处改进：一是安装了航天员应急 EVA 训练设施，以支持应急 EVA 时的人员调度；二是安装了航天员维修任务训练设施，以便为第一次维修任务打基础。

到 1990 年，HST 的航天员部署训练设施主要由二极管盒、后镜筒、SSM 设备区、OTA 设备区、OTA 前镜筒、遮光罩、光圈盖、高增益天线、太阳电池阵和航天员控制面板组成。此外，它还包含一个由紧急脐带电缆断开、收回装置和脐带电缆塔组成的设备模型。

HST 的航天员维修任务训练设施由后镜筒、后镜筒 ORU，SSM /设备区及其 ORU 附件、电连接器、电线、封装和紧固件，

OTA 设备区及其 ORU 附件、电连接器、电线、封装和紧固件，二极管盒、焦平面组件，3 个精细导星敏感器，以及广角/行星照相机组成。它还包含机械足部限位器、航天员工具、两个便携式足部限位器和几个 ORU 装载设备。典型的 ORU 装载器通常由两个空间实验室托盘组成。这些托盘包含带支架的 ORU 存储架和货架转接板、龙骨锁紧支撑结构、宽体龙骨锁紧组件、负载隔离系统、FSG 科学仪器保护壳、飞行支持系统支架 A、不同配置的太阳电池阵装载器、ORU 装载器的备用 ORU 外壳，外部 ORUs，以及低增益天线和 3 个粗太阳敏感器。

5.15.1　水下试验项目（1984—1988）

1984 年 3 月—1988 年 12 月，在马歇尔航天飞行中心的水槽中，使用太空望远镜的训练设备，至少进行了 12 次单独的测试项目。

其中两项测试于 1984 年完成。在 3 月份的 NB－45B 模拟试验中，测试对象评估了航天员操作部署/收回脐带电缆的情况，包括对第一代断开装置上指示标记的可操作性与可见性进行了评估。他们还测试了轴向科学仪器的低温通风口及 SSM 的 1 号、4 号、6 号和 9 号设备舱的连通性。然后在 7 月份的 NB－45E 模拟实验中，ORUC 的初步方案设计通过验收，并且评估了其 ORU 机制，以及作为工作平台和航天员及 ORU 的转运器来使用的 RMS 机械足部限位器。还评估了所有的航天员辅助设备。这些辅助设备也作为从望远镜上取出的返回地球的仪器的临时存放点。此外，仪器更换的预期时间表也在随后进行了修改。

1985 年进行了 4 个测试项目。同年 5 月，对 1 号和 7 号设备舱的 ORU 可操作性进行了评估。9 月，对便携式足部限位器和 Essex 公司生产的扳手进行了评估。该扳手支持扩展和防跌落功能，以防止意外掉落时沉到水槽底部。另一个被验证的项目是部署任务中出现的“晾衣绳”。这次测试提供了一个机会来建立一个时间基线，以协助航天员任务部署训练。10 月的测试评估了 Block II ORUs 的可用性。最后，在 11 月的 NB－45J 试验中，布鲁斯·麦坎德利斯和凯西·沙利文为任务时间表测评提供了一个从头到尾的时间表。该测试包括使用 RMS 将可替换固定头部星敏感器从载荷舱的装载器移动至尾部保护罩。本次任务的其他工作还包括对用于未来概念 ORUs 的航天员辅助设备、对工具和航天员辅助设备的管理以及工作场所的准备工作的研究。

1986 年进行了两次 NBS 试验。同年 2 月，即挑战者号航天飞机事故后的一个月，布鲁斯·麦坎德利斯和凯西·沙利文回到水槽中进行试验，以确定通过 ORUC 的足部限位器是否可以与 ORU 相连接。他们还定义了脐带操作的 EVA "平台 100 模型" 和 FSS 的高保真模型。此外，当月还进行了所有 FSS 应急情况下航天员辅助设备的安置与核查工作。两名航天员也能够确认，从 FSS 上现有的足部限位器可以进入望远镜的 LGA 部分。

1987 年完成了两项进一步的模拟试验。2 月，太阳电池阵装载器概念得到确认，确定了太阳电池阵上的航天员辅助设备的安装位置。当月还开展了第一代太阳电池阵拆除和更换时间表的工作。同年 9 月，第二次任务评估了所提出的太阳电池阵装载器的设计方案。

1988 年，在马歇尔航天飞行中心的 NBS 完成了水槽模拟试验计划的最后两次试验。4 月，对太阳能电池阵装载器的平底和 T 型框架设计方案进行了确认。测试对象对电子锁紧装置的潜力，以及是否有必要安装两个镜像锁紧装置进行了评估。测试还评估了执行太阳电池阵任务时是否需要安装额外的 EVA 扶手，以及是否需要安装多层绝缘装置和精细导星敏感器保持装置。最后一次试验是在 12 月，并为 HST M&R 模拟任务制定了从头到尾的时间进度表。这包括在水槽中进行两次 6 小时 EVA 模拟。测试还将 NiCd 电池更换为 NiH_2 电池，对 12 个新的 Block II ORUs 进行了路径和接入测试，并且评估了在 RMS 失效的情况下，手动更换太阳电池阵的应急操作。本次试验还包括对装有加长扶手的 WFPC 的拆除、放置以及重新安装，宽体龙骨锁紧装置的 EVA 接口测试，以及对与小型 ORU

装载器配套使用的隔热衬垫的评估。

5.15.2 试验成果

中性浮力 EVA 测试项目是在太空望远镜设备不断发展的同时，出于发展望远镜维修技术和设备的需要而开展的。然而在试验中却发现，模拟试验本身对望远镜上飞行硬件设备的改进和提升同样做出了重大贡献，显示出了一个完整的循环投资链。

试验中得到的成果包括：

1）轴向科学仪器导轨弹簧：通常对设备所做出的一些建议和修改都很小，这样可以保证大型任务能够更容易完成。在轴向科学仪器的发展过程中，需要处于在轨状态时将仪器在导轨上从望远镜中伸出，以便航天员能更顺利地进出狭窄的仪器放置舱。在水下测试中的一项评估是确定最佳的弹簧刚度，以将给定的仪器保持在导轨上部。因此，Essex 公司制造了 5 种不同的弹簧，每种弹簧的刚度都不相同。测试完成后，将结果发送到珀金·埃尔默公司，以便将最佳刚度的弹簧安装至飞行硬件系统。

2）飞行专用棘轮扳手：随着水下模拟试验的开展，各种在轨服务的工作场景开始出现。从 NBS 的试验中可以看出，为了克服在压力服、水下或太空中工作的限制，棘轮扳手的价值逐渐显现。为此，Essex 公司设计并制作了许多不同的棘轮扳手用于评估。最好的设计方案（获得了“Essex 棘轮扳手”称号），将用于后续的飞行任务中。

3）EVA 时间表：在模拟真实 EVA 时，考虑到水的黏性和 NBS 的局限性，使用水槽及其模型时应估计制定维修场景及执行每项任务所花费的实际时间。随着一个个服务任务目标的完成，模拟测试人员能够制定出相当精确的从头到尾的时间进度表，以提升他们的训练水平。

4）各种各样的航天员辅助设备的发展：通过在水槽中进行模拟试验（主要在马歇尔航天飞行中心，当然 JSC 也有），为部分乃至全部的 EVA 任务提供了模拟试验的机会。这在部署飞行任务的前几年，甚至到后续的第一次维修任务时，都是非常有帮助的。它使得工程师和航天员能够直接参与哈勃望远镜 EVA 任务的模拟试验，并能够在地球上的一个环境中进行试验。这个环境尽可能模拟接近太空的失重状态。长时间的模拟试验提供了真实的长时 EVA 体验。让承包商和管理人员有机会直接看到这些任务的操作过程，使他们增进了对任务和挑战的理解，找到了一些设备或程序相比其他工作得更好的原因，并明白了水槽中的经验是如何使研究人员获得设计工具和设备的新思路，如门限制器、连接器移除工具和棘轮扳手插座扩展装置之类的工具和设备。

5）中性浮力训练设施的油漆规格：通常在太空硬件的开发过程中，研究人员会从最初的概念、过程或项目中得出一些离奇的想法，而这些想法可以在其他技术领域，特别是在太空项目之外的领域中投入应用。NASA 多年来的巨大投资，使得这些太空项目的衍生品成为“技术服务社会大众”的有力证据。在 NBS 试验中有一个例子，Essex 公司的工人们当时正在准备并对模型表面进行喷漆。但由于长时间的持续浸泡，训练模型逐渐受到腐蚀。为了延长模型的使用寿命，Essex 公司研制出了新油漆，这种油漆不仅能防水，还适合 NBS 的工作人员在模型硬件表面上进行喷涂。后续发展也表明，这种油漆具有很高的商业潜力。

这其中还有一些贡献较小，所以没有对承包商或 NASA 以外单位/个人所报告的技术，但是每一项技术都对飞行任务的成功至关重要。许多想法、发展和技术都因为没有发展前景，或者由于成本、时间和复杂性而没有被研究人员采纳。当然，还有一些其他想法成功了。正是从阿拉巴马州的一个水槽的工作中获得的经验和程序，使航天员能够自信地在太空中对太空望远镜进行维修。

5.15.3　附加 NBS 试验

在 1990 年哈勃太空望远镜发射入轨后，通过中性浮力模拟技术，在哈勃太空望远镜模型上进行了一系列的检查程序，为支持既定 EVA 任务做好准备。几名航天员参加了他们例行技术和支持任务。航天员马克·李与里奇·克利福德曾在 1991 年 6 月 27 日参与执行该任务。同年 8 月 21 日，航天员吉姆·沃斯与杰伊·艾普特也执行了这类任务。

2013 年，斯托里·马斯格雷夫回忆了他在水中模拟 EVA 时遇到的挑战。他说："尽管水称不上是一个很好的模拟条件，但水绝对是一个恶劣的模拟条件。对可达性、能见度、搬运大型物体、观察轨迹来说，水是方便有利的。但它并不适合穿着航天服行动，当你穿着航天服上下移动时，很快你就会意识到，你并不是在失重环境中。如果有 170 磅（航天服的质量）压在你的锁骨上，你真的没法工作。所以在水里你只能选择不太舒服的姿势来完成工作——因为你必须在水里。在模拟试验中，你的航天服已经使用了1 000 小时，水会起到润滑剂的作用。而你在水槽中使用的航天服并不是你真正行动时要用的航天服。水不会限制你的移动，你只需要编排整个事情的顺序，然后完成你的工作。但是当你在执行真实任务时，你穿着航天服，思考着如何编排工具的移动顺序时，你会意识到这是多么困难。虽然动作编排保持不变，但是穿着航天服在水中运动可不容易。"

马斯格雷夫解释说，水的黏性可能是一个问题，"你很容易让自己产生在太空中实际执行时会很简单的错觉。黏性会帮助你更容易保持稳定状态，所以当你身处太空时，你的身体会更加趋于失稳状态。所以你必须一直提醒自己注意这些问题。但在大多数情况下，实际工作时会容易一些，特别是移动大型物体时，所以你会在太空中迅速完成这件事。"

5.16　EVA 经验积累

20 世纪 80 年代，研究人员在花费大量时间完成哈勃望远镜入轨项目的同时，还进行了数次 EVA 试验，并从中获得了大量经验。

JSC 的罗伯特·特维诺说："在 STS－41B 中，我们对很多工具和设备进行了测试，这些工具和设备都将会在 HST 上使用，其中包括 EVA 电动工具、多功能足部限位器、EVA 棘轮钣手等。这让我们解决了许多硬件设备中的问题。"

在 1993 年 12 月的第一次维修任务之前，即 1983 年 4 月—1993 年 9 月，研究人员只进行过 20 次航天飞机的 EVA。其中只有 10 次 EVA 与卫星回收、维护或修复有关。与此同时，在马歇尔航天飞行中心，NBS 试验仍在进行。但 1986—1992 年年底前，只有两次航天飞机任务有进行 EVA，而且这两次任务均为应急情况或计划外的 EVA。

在 1991 年 4 月的 STS－37 任务中，由于康普顿伽马射线天文台的天线未能正常部署，一项紧急 EVA 被临时添加入计划 EVA 中。当时执行 EVA 的成员杰瑞·罗斯和杰伊·艾普特走出舱，把它释放了。

1992 年 5 月，执行 STS－49 任务的 EVA 航天员在将搁浅的国际通信卫星－VI 固定到奋进号的载荷舱内时，遇到了困难。最终，航天员们进行了 3 次 EVA 才完成这一任务。其中，最后一次 EVA 是历史上第一次 3 人同时进行 EVA。他们是航天员汤姆·埃克斯、理查德·赫耶布和皮埃尔·苏厄特。最初的计划是航天员们进行 3 次 EVA，皮埃尔·苏厄特和理查德·赫耶布执行第一次和第三次任务，汤姆·埃克斯和凯瑟琳·索恩顿执行第二次任务，这样让他们都休一天假。但事实却是皮埃尔·苏厄特和理查德·赫耶布连续执行了 3 次任务，其中两次任务还是连续两天紧挨着完成。尽管这么做必然会使人感到疲劳，但它提供了人体工程学和人类忍耐力方面的宝贵数据。这些数据也为后续更加密集的哈勃望远镜 EVAs 任务，以及未来的 ISS 项目做出了重大贡献。在 1993 年的第一个维修任务中，显然需要更多的经验，以便研究连续数天在载荷舱内工作的影响。随着研究进一步深入，汤姆·埃克斯和凯瑟琳·索恩顿将会在第一次维修任务中组队完成 EVA。

5.17　DTO－1210

1986—1991 年，航天飞机 EVA 进入停滞状态，部分原因是由于挑战者号灾难后航天飞机停飞，还有一部分原因是因为在返航计划中没有 EVA 计划。因此成立了一个小组来研制 EVA 技术和程序，并测试新硬件以支持哈勃望远镜在轨服务任务和空间站 EVA 项目。因此，在 1992 年 11 月 25 日，NASA 宣布决定在未来 5 年内安排一系列的航天飞机 EVA 任务，以便训练航天员和飞行控制员，获得具体 EVA 操作经验并对空间站建造技术进行评估。这一行动将在详细测试目标（the Detailed Test Objective，DTO）计划内进行。DTO 1210（EVA 操作程序/培训计划）的目标是通过计划和实践扩展对 EVA 的认识。

在 STS－54 任务（1993 年 1 月 17 日）中，格雷格·哈保和马里奥·伦科执行了 DTO 1210 任务的第一次 EVA。其中一个任务是评估携带一个大的物体，但是由于此次任务中没有为航天员们增加任何硬件设备，所以他们只能轮流携带。这对航天员组合还手动定位了 TDRS 的倾斜台，并评估了他们在气闸舱支架上对齐大型物体（即彼此）的能力而气闸舱支架则支持 EMU。在 EVA 之后，他们对 EVA 的细节问题进行了解答。一返回地球，他们就在 JSC 的失重环境训练设施中重演了其 EVA 任务，以帮助改善未来的 EVA 训练。对哈博而言，这次经历很有价值。因为他在那年随后就作为第一次在轨服务任务的替补 EVA 航天员进行了训练，后来在 1997 年作为 EVA 航天员参加了第二次在轨服务任务。

在 STS－57 任务（1993 年 6 月 25 日）中，在连接甲板和有效载荷舱的太空舱模块的伸隧道中，从气闸看到了第一次 EVA。在这次任务中，DTO 1210 得到了 DTO 671（用于进一步 EVA 任务的 EVA 硬件设施）的补充，为第一次哈勃望远镜在轨服务任务和空间站项目测试了 EVA 设备。戴维·罗和彼得·维索夫演练了哈勃望远镜的故障光学部件更换过程。这需要戴维·罗将他的伙伴视为一个“大型物体”。南希·夏洛克控制完全伸长达 50 英尺（15 米）的 RMS，同时，戴维·罗使用安装在末端执行器上的足部限位器。他先抓住维索夫，再通过指令告诉夏洛克，让夏洛克利用机械臂将他和维索夫移动到载荷舱后的特定位置。这复制了第一次维修任务中计划的一些动作。在其他航天飞机任务中也进行了类似的测试，以评估 RMS 对大型物体的移动能力。但这些测试是为了给在维修任务中可能涉及的需要利用机械臂完成的一些精细动作提供数据。此外，研究人员还发现，一种新的扭矩扳手在太空中比在水槽中更容易使用。这让人们相信他们是在正确的方向上努力。在 RMS 上工作的同时，两名航天员对彼此间的相对移动、工具以及安全系绳的使用进行了评估。他们还发现，在离开载荷舱进入太空时，他们身着航天服，也会冷到颤抖，双手也感到麻木或疼痛。在飞行后的汇报中，两人都称这次试验“时间花得很值”。这也为南希·夏洛克提供了宝贵经验。9 年后，她（更名为南希·柯里）作为 STS－109 的 RMS 操作员，执行了第四次在轨服务任务，任务名为 SM－3B。

接下来的 EVA 是 STS－51 任务（1993 年 9 月 16 日）。吉姆·纽曼和卡尔·沃尔兹对固定在载荷舱底的临时装载组件（PSA）上的工具进行了评估。他们还评估了一种手套保温技术，其中包括将戴手套的手放在载荷舱的灯上。与第一次在轨服务任务直接相关的任务是评估涉及高扭矩和低扭矩的工作，以及将在第一次在轨服务任务（任务名为 SM－1）中使用的便携式足部限位器（PFR）。在任务完成后的汇报中，航天员强调了热真空测试（thermal vacuum tests）作为 EVA 培训和测试计划一部分的重要性。加热灯的加热测试很快使纽曼的手热了起来，这表明 EVA 手套并不像最初设想的那样具有良好的隔热效果。因此，研究人员需要对手套进行重新设计，但是在进行 STS－61 任务中的太空行走任务前，航天员们将没有新手套可用，因为仅仅不到 3 个月的工期实在是太短了。因此为了完成任务，航天员将戴上户外手套。在将他们的训练情况和在轨真实体验相对比时，纽曼和沃尔兹说，在失重环境训练设施里训练比在太空中更加困难。这大大增加了研究人员对准备并完成首次在轨服务任务的信心。

1993 年 12 月，STS-61 任务的航天员证明了这一预期是正确的，他们成功地完成了第一次哈勃在轨服务任务。这其中共进行了 5 次长时 EVA，由斯托里·马斯格雷夫与杰夫·霍夫曼小组，以及凯瑟琳·索恩顿与汤姆·埃克斯小组共同完成。

STS-51 任务的工作经历对吉姆·纽曼也有很大帮助，他后来在 1998 年 12 月和杰瑞·罗斯一起参加了第一次 ISS 组装任务（任务名为 STS-88）。2002 年 3 月，他还参加了 STS-109 EVA 任务，即哈勃望远镜第四次在轨服务任务。

STS-64 任务的 EVA（1994 年 9 月 16 日）更多是为了 ISS 而不是哈勃望远镜，在 10 年前首次利用 MMU 飞行之后，航天员们进行了第一次无绳太空行走。航天员马克·李和卡尔·米德对 EVA 救援简易设备（SAFER）进行了测试。该设备旨在让一名不系安全绳的航天员在紧急情况下返回航天器。这是一次成功的测试，但由于哈勃望远镜任务要求两名航天员在任何时候都系上安全绳或固定在足部限位器上，所以在哈勃望远镜在轨服务任务中没有使用这一救援设备（SAFER）。因为从理论上来说，航天飞机可以追踪一名被困的航天员。相比之下，原本计划用来取代自早期阿波罗登月任务以来一直使用的纸质袖口检查表的“电子袖口检查表”（ECC），却并没有表现得很好，因此需要进行进一步的评估。米德在 EVA 期间曾汇报他的脚很冷。这再次表明在进行长时间 EVA 时会遇到严重的温度变化。马克·李后来在 STS-82 任务期间再次执行了 EVA。这也是第二次哈勃在轨服务任务，任务名为 SM-2。

飞行任务 STS-63 是 EVA 试飞测试任务（EVA Demonstration Flight Test，EDFT）下的第一次太空行走（1995 年 2 月 9 日）测试，这一项目主要是为 ISS 组装进行准备，但它也为计划中的哈勃在轨服务提供了宝贵的信息。针对航天员在 EVA 期间感到寒冷的问题，伯纳德·哈里斯和迈克·福尔穿的 EMU 有较厚的内衣裤、改良的隔热手套，以及一个旁路开关，这个开关可以让他们通过在皮肤表面的液体冷却剂和通风服来减少水的流动。通过 RMS，将两名航天员举至距离载荷舱表面 30 英尺（9.1 米）高的地方，进行 15 分钟的“冷浸泡”。该计划是为了让这两个人尽可能地处于寒冷状态。白天，将飞行器转至远离太阳的方向；晚上，将飞行器转向“朝外”面向太空的方向。可将多功能足部限位器（MFR）和手套的数据记录仪的数据与后来航天员自己的回忆和评价进行对比。随着 EVA 技术的发展，他们使用 2 500 磅（1 100 千克）的 SPARTAN204 自由飞行器，福尔把它举起来交给哈里斯，以评估航天员处理大载荷的能力以及 EMU 处理附加载荷的能力。正是在这个任务中，两人都报告说自己“冷得无法忍受”。数据显示，福尔手套里的温度降到 20℉（零下 6℃）以下。而哈里斯的脚在与发现号结构接触后感到寒冷，因为它的温度已经下降到零下 130℉（零下 90℃）。在这两人结束其太空行走之前，缩短了 EVA 时间并利用阳光对载荷舱进行了加热。福尔后来在 STS－103 任务中再次执行了 EVA。该任务是第三次哈勃在轨服务任务，任务名为SM－3A。

在 STS－69 任务（1995 年 9 月 16 日）中，吉姆·沃斯和迈克·格恩哈特对 ISS 的 EVA 工具进行了评估，并测试了电动工具，拆除了载荷舱侧面的任务板上的保温层，以及操纵紧固件、ORU 箱、电连接器和系绳来为哈勃望远镜维修任务做准备。另外，每个人分别在载荷舱内深 30 英尺（9.1 米）的冷水池里进行了 45 分钟的浸泡。通过采用安装由 3.7 伏锂电池供电的指尖式加热器的新型 EVA 手套，保证了航天员们感到保暖和舒适。此外，他们还测试了新的 EMU 头盔灯和各种限位器。

剩下的三次 EVA 试飞测试任务中的两次，即 STS—72 任务（1996 年 2 月 15 日）和 STS－87 任务（1997 年 12 月 3 日）主要与即将进行的 ISS 任务有关。但是这些对载荷舱内的工具、程序和热条件的评估的经验对哈勃望远镜的在轨服务任务是宝贵的。当 STS－

图 5-21　在索尼·卡特训练中心的 NBL 进行哈勃望远镜维修任务的 EVA 模拟（注：至少有 7 名带着水下呼吸器的潜水员）

80（1996 年 12 月）任务中的外部舱门无法打开、ISS 任务的 EVA 被取消时，就需要对此高度关注了，因为这是紧急情况下从乘员舱进入载荷舱的唯一出口。因此，NASA 在航天飞机上增加了一套舱门工具，当发生紧急情况时，舱门可以从气闸舱内部打开（但这种情况并没有发生）。

在此期间的 EVA 演练提供了在载荷舱工作条件下的额外工作经验。到 1997 年 12 月，通过前两次在轨服务任务（STS-61 和 STS-82）增加了这方面的经验知识。在过去的 20 年中，在 1 g 重力环境下、在不同水槽中和在太空中对望远镜在轨服务技术开展的研究、模拟与实践都是值得的。

5.17.1　STS-125 任务后记

在完成 STS-125 任务，即第 5 次也是最后一次哈勃望远镜在轨服务任务（任务名为 SM－4）后，可以说，水下训练设施参与了所有在轨服务任务的准备工作。2006 年 12 月，在 Sonny Carter 训练中心进行了第 58 次 NBL 试验，为最后任务开展做准备。同时，由于哈勃望远镜和 ISS 的训练任务需要轮流使用实验室导致试验能分隔，所以试验时间被迫拉长。NBL 训练是为了 SM－4 任务的开发和验证而进行的。该项任务要求 NBL 试验的时间长度和 EVA 的实际时间的比值为 11.6∶1。正是有了这样的充足准备，才使得航天员们在太空中进行操作时显得轻而易举。

参考文献

[1] Frank Cepollina, NASA Headquarters Oral History Project, June 11, 2013.

[2] Skylab, America's Space Station, David J. Shayler, Springer - Praxis, 2001.

[3] Mr. Fix - It, Frank Cepollina takes repair calls to new heights, Robert Zimmerman, Air & Space Magazine May 2010 on - line version www. airspacemag. com/space/mr - fix - it - 10234989/? no - ist last accessed October, 20, 2014.

[4] A quote from David Martin, who worked for Cepollina from 1988 to 1994 in Mr. Fix - It Frank Cepollina takes repair calls to new heights, Robert Zimmerman, Air and Space Magazine, May 2010.

[5] Orbital Crew Extravehicular Maintenance Operations, H. T. Fisher, Lockheed Missile & Space Co. Inc. In The Space Telescope , NASA 1976, NASA SP392 Author's summary of paper presented 21st annual meeting of the American Astronautical Society, Denver, Colorado, and August 26 - 28, 1975.

[6] Full details of these and the latest developments in human and robotic satellite servicing will feature in a forthcoming title: Satellite Servicing: Applying the Skills of EVA, by David J. Shayler, Springer - Praxis in preparation. A follow on proposal to the 2004 title Walking in Space .

[7] Email from Bruce McCandless to D. Shayler, March 27, 2004; AIS interview with Bruce McCandless, August 17, 2006.

[8] AIS interview with Story Musgrave, August 22, 2013.

[9] AIS E - Mail from Robert Trevino, December 2014.

[10] U. S. Spacesuits (2nd Edition) Kenneth S. Thomas and Harold J. McMann, Springer - Praxis, 2006 pp271 - 340, 438 - 439, 444 - 445.

[11] Walking in Space, D. Shayler, 2004, Springer - Praxis, pp133 - 136.

[12] Walking in Space, D. Shayler, 2004, Springer - Praxis, pp136 - 138.

[13] Development of Space Telescope Non - ORU Hardware, Final Report,

December 31, 1985, Essex Report Number H－85－10, Contract NAS8－36384 (for NASA MSFC), NASA CR 178713 (N86－20492), Essex Corporation, Space Systems Group, Alabama, Prepared by Kem B. Robertson, David E. Henderson.

[14] Space Telescope Neutral Buoyancy Simulations－The First Two Years, By Fred G. Sanders, System Analysis and Integration Laboratory NASA, MSFC, Alabama NASA TM－82485 (N82－30942) June 1982.

[15] MSFC Neutral Buoyancy Facility, Historic American Engineering Record, National Park Service, Department of the Interior, Washington, HAER No. AL－129－B, 2006.

[16] mix. msfc. nasa. gov/abstracts. php? p=1753 last accessed September 14, 2014, MSFC negative number 8004566 dated May 6, 1980.

[17] Emails and AIS interview with Pinky Nelson, July 2013.

[18] Space Telescope Neutral Buoyancy Simulations－The First Two Years, By Fred G. Sanders, System Analysis and Integration Laboratory NASA, MSFC, Alabama NASA TM－82485 (N82－30942) June 1982.

[19] EVA Operations in Gemini: Steps to the Moon, David J. Shayler, Springer－Praxis 2001 pp269－302.

[20] The design, fabrication and delivery of a Manipulator Foot Restraint Mockup for Space Telescope Development Testing, Essex Corporation Final Report Contract No. NAS8－36366, April 11, 1986, Essex Report No. H－86－05 Prepared by Michael A. Hollingworth.

[21] Final Report for Contract NAS8－35318, December 31, 1990, 'The Design and Development of the Hubble Space Telescope Neutral Buoyancy Trainer', covering the period Match 1993－December 1990, Essex Corporation, Huntsville Alabama.

[22] AIS interview with Story Musgrave August 22, 2013.

[23] Email from R. Trevino December 2014.

[24] NASA News, 92－066 dated November 25, 1992.

[25] Walking to Olympus: An EVA Chronology, David S. Portree and Robert C. Treviño, Monographs in Aerospace History Series #7, October 1997, NASA.

[26] Email from Chuck Shaw, December 2014.

第 6 章　配套工具设施

一般来讲，工具的作用应该和它们在地面上使用时一样。航天飞机 EVA 特种工具中应该包含一些标准工具，另外一些则是望远镜专用的。

——NASA (1986)

发展哈勃太空望远镜来进行科学研究只是一个开端，因为它还需要适配火箭发射以及通过航天飞机进行回收，同时可以被维护——最初的设想是维护可以在地面和在轨进行，后来逐渐变为只能在轨维护。在轨维护为本就很先进的项目增加了复杂度，因此在维护工作中需要建立人员的辅助操作措施。此外，大型硬件部件的研发只是整个研发过程的一部分。飞行支持结构（FSS）、在轨更换单元的装载（ORUC）工具、在轨更换单元（ORU）、科学仪器、远程操作系统（RMS）和航天飞机上其他大型设备的配置不足以保证航天员完成望远镜部件更换或一些更复杂的维修任务。因此，为了充分地支持在轨服务任务需要一套配套工具。

需要投入充足的时间、工作量及智慧来研发小型手持工具以确保在轨服务任务中 EVA 的安全和高效。这自然是困难重重，但随着多种工具、工作流程及预案的建立，主要问题很快得到解决。ISS 装配任务对 EVA 工具的研发起到很大的启发作用，在很长一段时间内，它影响了在远离地球轨道的太空中人类及机器人操作技术的发展。

6.1　引言

和望远镜的研发历程一样，在轨服务工具的研发故事也很有趣，因为它也被严格的需求和限制所影响。很多人将他们的整个职业生涯致力于他们永远不会操作和使用的发明中，一些人的名字已经被淡忘。另外一些人则一直致力于确保在轨服务中能够使用最好的工具。在此，我们将重温他们的回忆，他们中的一员从机械工程师转变为航天员，难得有机会看到他自己研发的工具在第一次哈勃在轨服务中使用，后来在 ISS 组装工作中他还亲自操作了改进型的工具。

6.1.1　罗伯特·特维诺

1977 年，工程师罗伯特·特维诺加入 NASA。同年，太空望远镜项目获得立项。他被分配到 JSC 的工程和研发部，该部门当时由著名的马克斯·法赫特领导，他也是水星舱的总设计师。

当时，为满足航天飞机 EVA 相关研发工作需求，特维诺被分配到部门的设计组，开发新的 EVA 工具和设备。他早期的一项工作是设计手动关闭载荷舱舱门的工具。这项工作是航天飞机项目办公室最后的需求，因为他们意识到如果舱门不能自动关闭，轨道器在通过 EVA 手动关闭舱门前将无法再入大气层。办公室就 MMU 的概念同艾德·惠特塞特公司开展合作，MMU 也是为航天飞机研发的，并考虑应用于 Solar Max 任务。此后不久，特维诺又被分配到 JSC 的任务运行部，在这里他成为早期航天飞机 EVA 任务中的 EVA 训练员和 EVA 飞行控制员，他参与的任务包括 STS－41 C 对 Solar Max 的维修任务及 STS－51 A 对 Palapa 和 Westar 卫星的回收任务。特维诺也是执行哈勃在轨服务任务 STS－31 EVA 团队的一员。

1980 年前后，戈达德的弗兰克·切波利纳联系 JSC 设计部，表示需要在 Solar Max 维修计划中得到协助。因此，特维诺与戈达德合作来为这项任务开发合适的工具。尽管航天飞机已经多次发射，但自从 1974 年的 Skylab 项目后美国人还未进行过太空行走，NASA 计划重启太空行走来对卫星进行维修！与航天飞机在轨飞行测试阶段的策划和准备同时，相关机构也在为测试 MMU 的 EVA 做准备，以便在轨服务任务期间能应对各种任务工况。

图 6-1 罗伯特·特维诺（来源：罗伯特·特维诺）

特维诺的主要工作地点在休斯敦的 WETF 和亨茨维尔的 NBS，他在航天员训练部与 EVA 操作人员共同测试设备。全尺寸的轨道器气闸舱及载荷舱本应该被送往 WETF，但是它并没有在计划的 Solar Max 任务的细节测试的时间节点前具备测试条件。为了解决这个问题，特维诺设计了一个类似于 RMS 的固定装置，它能够在航天员为 STS-41C 进行准备工作而训练时将其固定在正确位置。

除此之外，哈勃望远镜进入最后的设计阶段，特维诺被委派到加州的森尼维耳市并与洛克希德公司的工程师一起工作。他参与研究 EVA 接口（如扶手和便携式足部限位器固定插座）的安装位置，这些设计可以使航天员在在轨服务任务中比较轻松地通过结构外表面，并避免触碰到脆弱的表面。特维诺也参与设计了 ORU 和紧固件标准化设计中的重要零部件。根据特维诺的回忆，航天员布鲁斯·麦坎德利斯在确定 7/16 英寸（11 毫米）的螺栓作为项目标准件的过程中起到了重要作用。

6.1.2　罗恩·谢菲尔德

早期开发哈勃在轨服务工具的另一个关键角色是罗恩·谢菲尔德。他曾 3 次远赴越南，以陆军航空兵中校身份从陆军退役后，他作为一名工程师加入了洛克希德公司。在参加了气动升运机拖运系统和 MX 和平卫士导弹的开发后，1985 年他被分配至哈勃项目，负责在发射前制造更多的可更换组件。用在轨服务代替地面服务的决策直接带来 ORU 应用数量的增长。然而，1980—1983 年，ORU 的种类被缩减至 14 种。到 1985 年，望远镜上只剩下 24 个独立的 ORU。在 1986 年挑战者号失利之后，由于航天飞机重新考核测试所造成的延期使谢菲尔德团队多了 4 年时间来完成他们的任务。

谢菲尔德面临的一个难题是如何在真实望远镜上获得安装 ORU 的授权。“完成任务的最大阻碍是我无法断开或移走望远镜的任何部件，除非在需要测试或维修的情况下。”但问题最终得到解决，“为了配合 EVA，共有 94 种 ORU 被升级，而到发射时共有 120 多个 ORU 和备件。”

发射前，谢菲尔德及其团队要进行匹配性检查，验证并记录望远镜上所有的备件和 ORU。他们要拍摄 25 000 多张部件和接口的照片，这些在在轨服务任务中的价值是不可估量的。他回忆到，“我们

图 6-2 SM-4（STS-125）期间，在 JSC 飞行控制室的一次慰问中，工程师罗恩·谢菲尔德（右）和史蒂夫·利特正在飞行日志中记录新的条目

还有 3 个多小时的 HST 活动的视频，然后我还会为 HST 部件接口制作 1 小时的视频。”这个视频用于培训分派有在轨服务任务的航天员。在早期 HST 部件匹配性检查中，谢菲尔德与布鲁斯·麦坎德利斯和凯西·沙利文紧密合作，他的团队记录了所有初期的 EVA 流程，从部署任务到最后的在轨服务任务，从未间断。他的团队同时建造了所有的 HST NBS 模型部件，为 NBL 的研究工作提供了条件，这些仿真试验通常需要运行 2～4 天。多年来，谢菲尔德一直规划和记录相关流程，还引导和记录了大量工作人员利用飞行硬件设备、高保真模型和真实的飞行工具进行的熟练操作。

在每一次任务中，谢菲尔德亲自领导 KSC 工作人员在载荷被安装到航天飞机上之前进行硬件设备的验收。在每一次在轨服务任务中，他也计划和指导 HST 硬件设备安装进载荷舱后的最终验收。他的团队记录了早期所有在轨服务的 EVA 流程，建立并推进了 HST 部件模拟系统，指挥了水槽活动。在任务执行期间，谢菲尔德在 JSC 的支持间工作，开发、升级和发布培训设备以辅助飞行人员及 HST 项目中洛克希德、约翰逊、马歇尔及戈达德的员工。这项工作需要熟悉即将开展的飞行中的支持团队及 EVA 行动和硬件设备的管理，以便为每次任务提供参考。工作内容包括制作 500 多个 HST 量化模型、HST 舱外剖面、ORU 舱内布局及载荷舱配置表。

很多航天员为罗恩·谢菲尔德及其团队帮助他们准备哈勃在轨服务而表示感激。

6.1.3　设计标准

1986 年 11 月，马歇尔太空望远镜项目办公室写道，“包括普通的扳手和改锥在内，一共有 80 多种工具用于哈勃在轨服务和维修任务。一般来讲，工具的作用与在地面上使用时相同。在航天飞机 EVA 应急工具箱中有一些标准工具，也有一些是望远镜专用的。”

随着哈勃发射时间的临近，为航天员研制的工具与一般工业界的工具，或家装商店出售的工具或家用 DIY 工具箱形成了广泛的对比。当然这些比较是有一些道理的，但为航天员挑选的工具中，有一些是他们很熟悉的，另一些则是专门为手头的任务所设计的。自然地，这些工具都是航天员在太空中穿着压力服时使用的。

最重要的考虑因素之一是工具对 ORU 的兼容性，因为 ORU 在望远镜上需要被安装、修理、维护或更换。每个 ORU 原本都由标准配件组成，以保证只需要数量有限的工具就能安装它们。但随着 ORU 种类的增多，修理它们的方法和工具也要随之增加。随着望远镜在轨服务决策的出现，ORU 的范围需要被重新评估，因为为了实现在轨服务需要携带很多工具进入太空。对于地面服务而言，航天员不需要在失重情况下戴着压力手套使用工具。为了适应这些在轨因素，进行重新设计显然已经来不及了，但还有时间修改这些配套工具。

最常见的用于安装 ORU 的配件就是 7/16 英寸（11 毫米）的双

头螺栓。这种螺栓被称为 J 型钩、系留紧固件或键孔紧固件。为了在 ORU 上使用这些螺栓，航天员需要使用一个加长的棘轮扳手套筒。它需要延长 2 英尺（0.60 米），否则将无法到达操作区域，结合力矩限制则可以防止紧固时拧得过紧。开发的套筒和改锥可以用来旋开螺栓和螺丝。此外，摆动套筒和弯头改锥可以在难以够到的位置进行操作。

6.1.4 特殊工具

随着 ORU 的数量逐渐增加，尽管所有检查期望能够通过标准工具完成，但仍有一些特例，大多数电连接器只能通过特殊工具进行操作。为了断开标准 D 型连接器，航天员必须先松开两个有槽螺钉，然后来回移动它们。一种戴着手套使用的可变颌口的钳子可以在不触碰电缆的情况下，辅助断开连接器。当重新连接连接器时，一对夹子可以确保径直出入外壳。有了这个工具，任何圆形连接器都很容易转动。

由于离其他连接器太近，有一些电子 ORU 线路盒上的连接器没有耳片，这导致用手指操作这些连接器非常困难，更不用说戴着手套操作了。如果要改进，就需要对耳片和连接器进行重新设计以避免尺寸增加，这导致成本增加。为了解决这个问题，通过另一种 EVA 工具改造而成的专用夹子（连接器夹）可以作为航天员手指的延伸部分，以达到紧握并旋转连接器套筒的目的。这显然避免了重新设计连接器。

6.2 在轨服务工具包

哈勃工具包中有许多辅助搬运和手持的器械，包括用来取出 ORU 的便携式把手，它可以在太阳电池阵和望远镜前盖的更换过程中发挥作用。还有工具盒、系绳、转移袋和各种盖子，盖子可用来防止更换的仪器和星跟踪仪受到污染。当然，不可能每项任务都需要携带所有的工具。一项确定的任务只需要 150～200 件工具，通常根据携带的 ORU 和指定的任务来选择工具。单独的航天飞机 EVA 工具包可以对专用工具包进行补充，在一些意外情况下，睿智的航天员、工程师和飞控人员通常可以发掘一种切实可行的可选方案。

在哈勃任务中，标准的 EVA 工具包括：

表 6-1　航天飞机 EVA 工具清单

SHUTTLE EVA TOOLS COMPATIBLE TO HST SERVICING MISSIONS(1993) 文档中列出了航天飞机 EVA 工具箱中可用的约 350 种工具。每一次任务并不携带所有列出的工具,该表里列出的这些工具支持了 HST 第一次在轨服务任务。航天飞机工具在项目进行过程中一直在被改进,但这些代表了标准航天飞机 EVA 工具箱的一个示例,在每次哈勃在轨服务任务中支持任务的特殊工具也会列在其中。	
背包,HST 工具包	PFR 插座(HST)
螺栓,EVA 固定螺栓	PFR 插座(转换器,90°)
连接器分离工具,D 型工具	便携式足部限位器
连接器插接工具,D 型工具	电动棘轮工具
连接器插针矫直器,多尺寸可调型矫直器	电动工具,EVA(HST)
连接器工具,圆形(HST)连接器专用	电动工具,旋转冲击钻
连接器工具,同轴连接器专用	棘轮工具,3/8 英寸驱动麦克绳专用
连接器工具,锁紧型电连接器专用	螺丝刀,覆盖式柔性螺丝刀
连接器工具,圆形同轴连接器专用	螺丝刀,覆盖式刚性螺丝刀
门保持器,可调节,SSM 专用	插座,5/16 英寸(HST)
门保持器,OTA 专用	插座,7/16 英寸可调节型
驱动单元预载工具	插座,7/16 英寸(HST)
熔丝转移容器	插座,扩展器及 7/16 英寸(HST)
抓取装置,便携式飞行可释放	存储箱,HST 工具
把手,可抛式/转移式把手	绳索,可调节设备(HST)
把手,大型便携式 ORU 把手	绳索,半刚性
把手,主分离机构把手	工具板,带缓震器的
把手,小型便携式 ORU 把手	工具小包,麦克包以及棘轮工具
钩子,J 型钩	可设置力矩的尖头扩展器(HST)

续表

灯，便携式覆盖性光源	力矩限制器，多档可调
机械手指	扳手，7/16 英寸及 1/2 英寸箱头扳手
PFR 扩展器	压缩螺母
PFR 进入辅助装置	

摘自：EVA 工具和设备参考书（早期 EVA 工具和设备名录）R. K. 富勒顿，NASA－TM－109350，JSC－20466 Rev B. 1993 年 11 月。

（1）螺丝刀

1）带盖弹性螺丝刀，4.8 英寸和 8.6 英寸（12.1 厘米和 21.8 厘米）轴；

2）封闭式刚性螺丝刀，3.8 英寸和 8.3 英寸（9.65 厘米和 21.0 厘米）轴；

3）扭矩设定提示工具＃ 10 轴，10.3 英寸（26.16 厘米）轴。

（2）扳手和套筒

1）直角驱动工具；

2）5/16 英寸（8 毫米）刚性六角捕捉工具，10.3 英寸（26.16 厘米）轴；

3）5/16 英寸（8 毫米）摆动六角捕捉工具，10.3 英寸（26.16 厘米）轴；

4）5/16 英寸（8 毫米）非捕捉摆动插座，7.3 英寸（18.54 厘米）和 10.3 英寸（26.16 厘米）轴；

5）7/16 英寸（11 毫米）和 0.5 英寸（12.7 毫米）箱头扳手；

6）3/8 英寸（9.5 毫米）防坠系绳棘轮及工具盒；

7）7/16 英寸（11 毫米）开口棘轮扳手；

8）7/16 英寸（11 毫米）刚性六角捕捉工具，10.3 英寸（26.16 厘米）；

9）7/16 英寸（11 毫米）摆动六角捕捉工具，10.3 英寸（26.16 厘米）；

10）7/16 英寸（11 毫米）延长插座，6 英寸，12 英寸，18 英寸，24 英寸（15.2 厘米，30.4 厘米，45.7 厘米，60.9 厘米）；

11）0.5 英寸（12.7 毫米）套筒棘轮扳手；

12）扭矩限制器，6.5 英尺/磅，9.0 英尺/磅，35 英尺/磅（1.98 米/千克，2.74 米/千克，10.6 米/千克）。

（3）电连接器

1）圆形连接器工具，0°和 90°的钳口；

2）同轴连接器工具，六角（有肩和无肩）和圆形；

3）安装和内外拆卸工具；

4）多尺寸销矫直机。

（4）照明

1）HST 便携式工作灯；

2）EVA 手电筒。

（5）手持和定位辅助工具

1）预加载工具（高增益天线/前盖）；

2）机械手指；

3）谢泼德钩；

4）可调节的门保持器；

5）便携式足部限位器，加扩展器和插座；

6）机械足部限位器；

7）便携式 EVA 夹具；

8）便携式手持板；

9）便携式 ORU 手柄；

10）工具板；

11）系绳组合；

12）工具盒及法国钩；

13）标准的工具盒；

14）抛盖手柄。

(6) 传动齿轮

1)“晾衣绳式”传动辅助器；

2) 转移袋；

3) 垃圾袋；

4) 多重传送系统；

5) 引线传送系统。

(7) 电动工具

电动工具，高扭矩/低转速。

(8) 剪切工具

1) EVA 剪刀；

2) 电缆剪切器。

(9) 保护盖

1) 广角/行星照相机镜盖；

2) ORU 电连接器盖；

3) 固定头星敏感器三角板盖；

4) 固定头星敏感器灯罩；

5) 精细导星敏感器镜罩；

6) 7/16 英寸 (11 毫米) 非捕捉摆动插座，3 英寸 (7.6 厘米)。

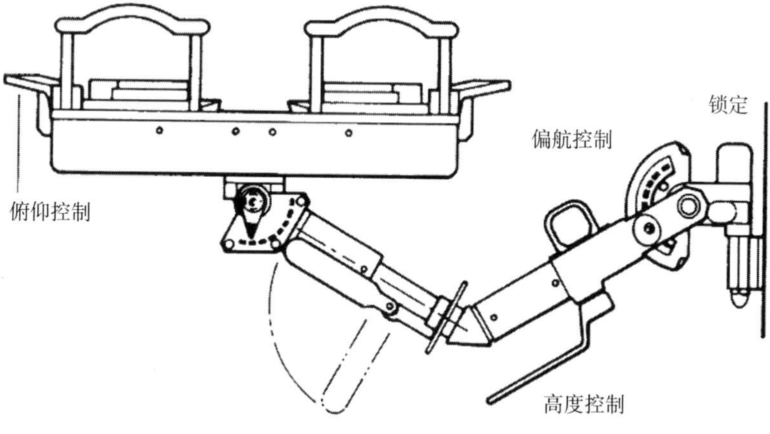

图 6－3　便携式足部限位器的运动细节

6.2.1　电动工具

第一次哈勃在轨服务任务使用了 3 种电动工具和一个扭矩限制器。HST 电动工具由 JSC 提供，它改进后由电池供电，可以控制扭矩和转速。它的设计包含一个 3/8 英寸（9.5 毫米）的驱动装置，可以实现顺时针和逆时针旋转。扭矩可调范围为 5～30 磅力·英寸（6.913～41.48 千克力·厘米）。它附带一个支架使其能够挂在航天服上。JSC 同样提供了电池驱动的小型电动工具，可以在空间有限且较大棘轮操作不开的情况下使用。这种工具在有无电源的情况下都能使用，它的输出轴可以在手动操作时被锁定。

戈达德为 SM－1 开发了电动棘轮（PRT）。它远比 JSC 的电动工具更结实。这个碳铝材质的工具的尺寸为 17 英寸（43 厘米），质量为 8 磅（3.62 千克）。在 28 伏锌银电池供电的情况下可以提供 2～5 英尺·磅（0.276 5～0.69 米·千克）的力，或在手动模式下可提供 75 英尺·磅（10.37 米·千克）的力。转速在 10～30 r/min 之间。相比之下，普通的手持改锥只能提供 2～5 英尺·磅（0.276 5～0.69 米·千克）的力。这种工具适用于需要控制转速、扭矩或旋转圈数的情况。它的特点是可以在直角的情况下使用，这大大增加了其使用灵活性。工具主要由电动棘轮、控制器、脐带电缆及电池模块组成。轨道器上还配备了一个备用棘轮。

PRT 在 SM－1 上的成功促成了一种更小且更有效的手枪式握把工具（PGT）的开发。在被用于哈勃在轨服务任务和 ISS 组装任务前，它被成功应用于多项航天飞机任务。PGT 是由计算机控制和电池驱动的带有一个手枪握把的 3/8 英寸（9.5 毫米）的独立的传动工具。因由计算机控制，它可以提供多种扭矩、转速和圈数限制。为了在特定任务中使用，可以提前为工具进行编程。工具上的发光二极管（LED）可以显示当前的力矩、转速及电机旋转的圈数。

LED 也可以显示一些错误信息。电动扭矩的范围为 2～25 英尺·磅（0.276 5～3.456 米·千克），转速的范围为 5～60 r/min，

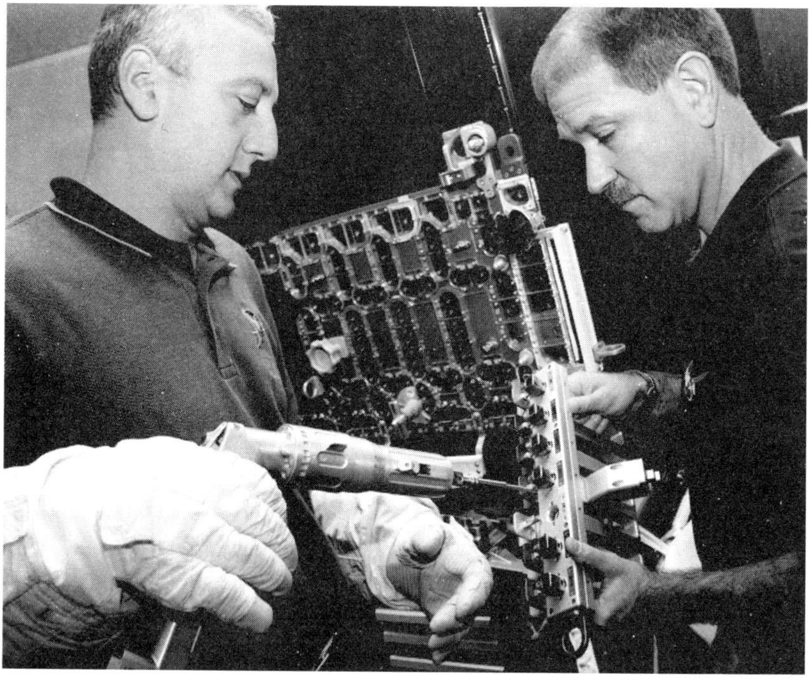

图 6-4　迈克·马西米诺和约翰·格伦斯菲尔德在在轨服务任务的 EVA 模拟实验中评估电动棘轮的性能

旋转圈数的范围为 0～99。手动模式下，可以提供 38 英尺·磅（5.26 米·千克）的扭矩。

6.2.2　工具存放

除了一些人员辅助设施，通常工具被存放在 FSS 上面（或里面）、ORU 装载器、HST 工具箱、载荷舱侧壁的适配器板上，以及自适应载荷装载器（APC）和临时装载组件（PSA）中。也有少数备份配载工具存放在乘员舱的储物柜内。

以下是一项服务任务中特定工具的例子，以 SM-1 为例：

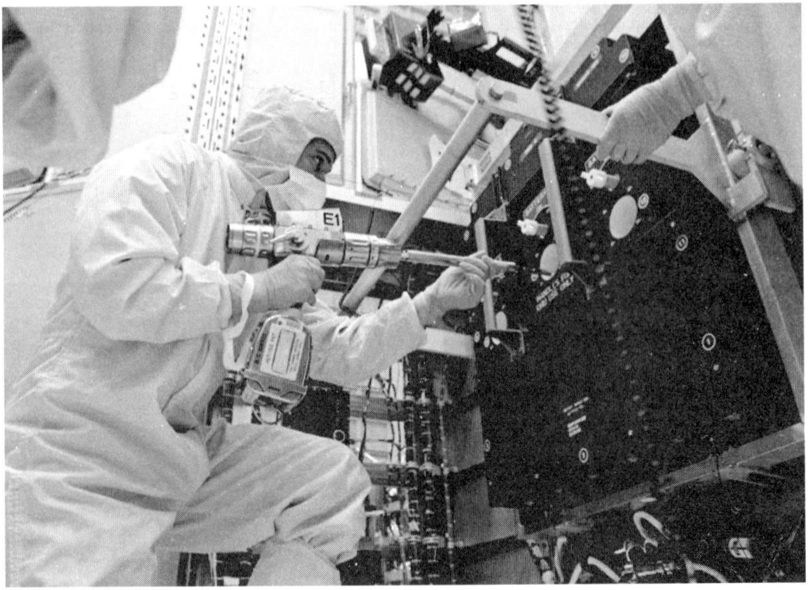

图6-5　迈克尔·古德（STS-125）在NASA的戈达德航天飞行中心的洁净室练习将电池模块安装到哈勃高精度机构模拟器上

表6-2　第一次在轨服务任务工具和人员辅助设施

工具/人员辅助设施	存放位置
轴向安全杆	ORUC(在轨可更换单元装载器)
BAPS支柱	FSS锁梁
协处理器/DF-224	—
稳定支柱	ORUC
COSTAR防污染盖	ORUC(发射);右舷PSA(返回)
三角板盖,FHST	右舷PSA
FSS扶手	FSS
FSS PFR插座	FSS
遮光罩,FHST	右舷PSA
低增益天线罩	FSS
ORUC BISIPE扶手	ORUC

续表

工具/人员辅助设施	存放位置
ORUC BISIPE PFR 插座	ORUC
ORUC 托盘扶手	ORUC
ORUC 支架扶手	ORUC
ORUC LOPE 扶手	ORUC
ORUC SOPE 扶手	ORUC
ORUC PFR 插座	ORUC
PFR 插座转换器(90°)	右舷 PSA
PFR 进入辅助设施	ORUC
便携式抓取夹具	太阳电池阵的装载器
太阳电池阵 PDM 手柄	太阳电池阵的装载器
太阳电池阵梁	太阳电池阵的装载器
太阳电池阵转换手柄	太阳电池阵的装载器
太阳电池阵 AFR	太阳电池阵的装载器
太阳电池阵扶手	太阳电池阵的装载器
太阳电池阵的装载器 PFR 插座	太阳电池阵的装载器
COSTAR 手持辅助设施	ORUC
高速光度计手持空气	FSS(发射)；HSP(返回)
脐带电缆 P105，P106，连接器盖	舱内储物柜
WF/PC 便携式手持压缩螺母	ORUC
WF/PC 导向螺柱适配器	舱内储物柜
WF/PC 镜罩	ORUC
HST 径向舱盖	太阳电池阵的装载器
7/16 英寸延长插座，长	舱内储物柜
7/16 英寸延长插座，短	舱内储物柜
连接器锁紧工具	舱内储物柜
多级设定扭矩限制器	HST 工具箱和舱内储物柜
电动棘轮工具扳手	舱内储物柜
电动棘轮工具控制器	舱内储物柜

续表

工具/人员辅助设施	存放位置
电动棘轮工具电池模块	舱内储物柜
电动棘轮工具转移袋	舱内更衣室

基于在太空和 NBL 仿真中的经验，决定适当删减、添加或改进用于在轨服务的工具。在 1990 年哈勃完成部署后，第一次在轨服务任务的准备工作持续进行，比如一些可调节的延长轴被用来减少航天员完成工具更换的时间。这取代了早期的固定长度的伸长杆，其特点是可以在 12～16.5 英寸（30.4～41.9 厘米）和 15～24 英寸（38～60.9 厘米）的范围内调节。当装载器完全缩回时，这些间隙比之前紧凑得多，因此不太可能对硬件和仪器造成损害，同样也不会伤害航天员。

为哈勃上的大型硬件设备提供在轨服务时需要多种特殊工具。例如，更换广角/行星照相机需要 WFPC 手柄、WFPC 导柱、快速释放压缩螺母、WFPC 可拆前盖、前向夹具、后向夹具和 HST 径向舱盖。更换带有 COSTAR 的高速光度计需要 COSTAR 防污染盖、COSTAR 手持辅助工具、HSP 手持辅助工具、前向夹具、后向夹具和轴向科学仪器防护罩（SIPE）安全杆。太阳能电池阵列的更换需要足部限位器、太阳电池阵主驱动机构手柄、太阳电池阵临时配载支架、太阳电池阵的传送手柄、太阳电池阵的抛盖手柄、太阳电池阵的梁，以及便携式飞行抓取夹具和环形夹等。维修陀螺速率传感器需要 PFR 插座转换器（90°）、固定头星敏感器（FHST）遮光盖和一个 FHST 三角板盖。

此外，还有多级设置扭矩限制，可以通过 7/16 英寸（11 毫米）插座、进入辅助设施（ingress aids）、便携式灯插座、锁紧连接工具、低增益天线盖、脐带电缆连接器盖、飞行支持架构（FSS）的停靠和定位系统（BAPS）支撑柱和多层绝缘修复套装进行扩展。

6.3 罗素·韦内斯及其工具管理

当罗素·L·韦内斯在2007年3月初宣布从戈达德航天飞行中心退休时，他的许多同事都感到惊讶，他们原以为他会等到2009年SM-4的STS-125任务。但是他没有，他在为政府工作了43年后选择离开，他工作生涯最后的15年，工作重心主要放在哈勃望远镜EVA工具上。对于罗素来说，这不只是工作，而是他的激情所在，决定离开是一个艰难的决定，因为他知道他将错过成为“哈勃人”的机会。但是到离开的时候了，他希望做一些其他事情，也许他将回去教书。他的老板弗兰克·切波利纳说，罗素的专业知识将是他们严重的损失，他很惊讶罗素在最后的在轨服务任务之前离开。

退休后，罗素并没有长时间远离哈勃，时至今日，他仍忙碌于教育和公共宣传工程中的哈勃工程进行公共教育宣传活动。

韦内斯是一名经过专项培训的机械工程师，但NASA倾向于认为他是一名航天工程师。1990年，他被指定为戈达德的哈勃人员辅助设施及工具经理，后来被调到切波利纳手下任EVA项目经理。在此前的20世纪80年代，他致力于空间站机器人技术开发，然后在为哈勃在轨服务开发EVA工具前被调去进行航天员培训。

6.3.1 反复测试

韦内斯解释说，当哈勃在轨服务的工具需求确定之初，顺理成章地从现有的JSC工具包开始。这些工具都是通用性设计，以应付可能发生在任意任务中的应急情况，例如关闭载荷舱门。哈勃望远镜的不同之处在于，尽管望远镜的结构保持不变，但每次载荷任务可能不同，因此需要一套定制的工具。研发团队不想开发不必要的新工具，而且通常标准的工具可以适应哈勃的使用，但是主要工具最终都是为了完成任务而专门设计或改造的。这是整个团队人员共同努力的结果。

图 6－6　担任 HST EVA 经理的罗素·韦内斯和一个哈勃模型
（来源：戈达德航天飞行中心）

韦内斯承认，完成工作确实是有压力的，而且需要做得很好。最初，在了解了发射载荷和运行环境的前提下，他的团队建立了标准。每个工具都有安全系数，加上严格的测试和验证规范。韦内斯清楚地叙述了弗兰克·切波利纳的一个主要目标："测试，再测试，然后重新测试。"这一理念根深蒂固地融入整个团队。这是非常重要的一课，因为在地面上开发工具所花费的时间将节省宝贵的在轨EVA时间，并降低成本。这些工具必须正确、安全、高效地工作。每一次航天飞机任务分配给载荷特定的质量，工具在其中只占很小的比例。据韦内斯说，他的团队所选择的工具从来不会使得整体的载荷质量大幅增加。

特定任务中工具选择的方法是由一个团队进行考量的，这个团队由NASA总部和戈达德的人员组成，他们讨论的内容是在任务中将完成哪些工作。讨论确定了计划的结构，明确了优先级。这一优先级影响了EVA任务期间航天员将要做的事情，哪些任务将由EVA完成，以及它们的顺序。这转而牵引出每天的"任务成功"目标。给定一个按时间排布的任务纲要，每套EVA任务工具即可以被确定并按它们被使用的顺序进行组合。工具目录被用作参考基准，但它也在不断更新中，随着新工具的出现，多余的工具将被删除。

韦内斯团队的人数根据工作需要有所不同，但戈达德部分的人数为15～20人，为了进一步获得在轨服务任务的信息并深入了解科学设备，团队的组成倾向于建造装载器和其他装置的科学家、工程师和设计师，或是在NBL的仿真人员。每次EVA任务，在休斯敦任务控制支持间内，大约有来自戈达德的50人进行技术支持，但这可能并不固定，这取决于事情的实时进展情况。

6.3.2　团队协作

对于韦内斯来说，成就感来自哈勃工作中的团队为完成任务而进行的通力合作。成功源于每个人的参与，不仅得益于他们自己的努力工作，而且还离不开同事的支持。在任务控制工作台的韦内斯团队分为 3 组，分别支持飞行控制操作的 3 个岗位，它们被称为轨道 1、轨道 2 和规划转变。在支持飞行控制的同时也支持戈达德小组的这些人被称为“系统工程师”。专注于手头的任务，“没有人真正在意自己的头衔——他们可能是 EVA 专家、系统专家、热学或机械专家，这并不重要，因为每 10～12 小时他们就要进行角色切换，角色切换可能只需要 1 小时，”他解释道。团队成员占据的支持室毗邻主 MCC 室，在那里他们通过 MOCR 跟踪飞行控制器并且可以与 EVA 小组密切合作。团队的努力不仅体现在实际任务中，而且在许多培训课程中也有所体现。尽管航天员培训项目众所周知，但戈达德的人并没有直接参与，不过他们被整合到一个更广义的团队中专门进行 EVA 培训。他们还参与了飞行后任务报告和评估的编写，以便找出经验教训并跟进进一步的注意事项。

哈勃 EVA 培训的一个领域是“虚拟现实（VR）”的开发，戈达德在这件事上并没有做出贡献。它在 20 世纪 90 年代初被引入，只在最后两三次的在轨服务任务中被使用，主要针对由 JSC 控制的大型科学仪器，正如韦内斯所说，“由于尺寸、质量和工具接口的问题，它主要是 JSC 公司培训的一项功能”。

6.3.3　保留团队

从哈勃部署任务到最后一次在轨服务的将近 20 年里，航天员办公室及其支持团队的人员不断更新。挑战在于保留住经验和知识。据韦内斯说，在 EVA 方面经验丰富的航天员的离开不会真正影响到戈达德的工作。“JSC 对其人员选拔系统很有信心，它稳固地保留了 JSC 的功能。”NASA 在确保新航天员向前辈学习方面很在行。戈达德则专注于在轨服务载荷、载荷/EVA 培训和 NBL 的继承性。

当某一次在轨服务任务尚未结束时，下一项任务的初始阶段已经开展。哪些航天员将执行下一次在轨服务任务是由 JSC 管理部门决定的，并且有许多因素影响这项决定，单个岗位需要考虑几位候选人。事实上，尽管在两个星期内需要经历一系列的 NBL 测试，航天员办公室通常会指定一些航天员参与体验测试并尽可能地评估他们在特殊任务中的潜力。韦内斯和航天员本人都不知道这些支持角色是否会参与到实际的哈勃飞行中。事实证明，一些多年来参加了NBL哈勃相关测试的航天员从未被选中参加在轨服务任务；例如香农·卢赛德、乔治·纳尔逊（“小手指”）、吉姆·沃斯、杰伊·艾普特和里奇·克利福德，而包括安娜·费希尔在内的其他航天员，或许也是如此。

航天员办公室一直通过各种知名和不知名的标准来挑选航天员。显然，有些标准来源于过去的经验及岗位和人员的兼容性，但很少有人知道所使用的全部标准。这是JSC严格的管理功能。韦内斯发现航天员轮换进入或离开哈勃支持岗位没有不良影响；他们大多转移到了ISS。“哈勃任务仍然非常受航天员欢迎，”他回忆说。一些航天员参与哈勃任务的经历及他们对工具开发的反馈是无价的。据韦内斯所言，天体物理学家约翰·格伦斯菲尔德“有超群的机械才能并对许多工具和流程的开发提供了反馈意见，迈克·马西米诺和斯科特·奥尔曼特亦是如此”。

在项目过程中，马歇尔和约翰逊在水池中的工作持续进行。韦内斯团队将从这些训练中所得到的见解写入报告，在适当的地方，训练的结果被纳入设计或流程更改中。这些年来，情况不可避免地发生变化，经验在管理和运作任务中不断得到积累。随着JSC的工作焦点转移到ISS的组装上，投入到独立科研和航天飞机载荷的精力越来越少，戈达德却一直将工作重心放在哈勃上。

戈达德的经验在哈勃工具开发中的作用清楚地体现在电动工具上。起初，JSC开发的电动工具被使用，但后来戈达德开发的手枪握把工具能够匹配一些特殊要求。该握把工具不那么笨重，还有可以记录扭矩、转速、方向、圈数等信息的电脑芯片。这些数据在飞行后被分析，以用来说明在EVA中哪种工具被选择使用、何时使用、使用多久及以何种转动速率使用。这样不仅可以测量指定任务中专用工具的有效性，还可以确定其在执行任务时所遭受的磨损程度，从而使工具能够更有效地工作。

韦内斯提到了在 2013 年的《地心引力》（*GRAVITY*）电影中的场景，演员桑德拉·布洛克所扮演的角色在哈勃附属的一个平台上进行工作，“这充满了娱乐性和动画效果，但那样的方式不能在真正的望远镜上实现”。但值得他鼓掌的一点是——这点经常解释给那些希望了解“看到太空‘工具’的运用情形”的人们——电影中的工具被标号，这还原了真实工具被编号的情形，它使得地面工程师们可以通过视频看到真实的 EVA 中工具的使用情况及如何发挥作用。

回到手枪式工具，韦内斯解释说，哪些工具应该在哪些任务中被使用的规划被写入内部芯片，与飞行中使用的实时数据一起存储。飞行前规划和飞行数据被工具团队用于飞行后分析，同时他们向飞行人员询问哪些工具起作用了，哪些没有起作用，以及是否有可以改进的地方。来自工具的数据，在太空中的使用视频，和航天员的个人主观说明的记录被分析，以获得工具在人体工学方面的有用反馈。然后，韦内斯及其团队进行改进。如果有必要，生产样机在 NBL 进行水下测试和 1 *g* 仿真。如果在下一次在轨服务之前要做出一些调整，那么航天员将从更好的工具中受益，这些工具将使他们的 EVA 更高效、更安全。

在太空中事情并不总是那么顺利，需要有流程和系统来处理故障和突发事件；这些通常都是由韦内斯的团队在飞行前几个月创建的。团队经历每项任务的各种场景，最初一步一步地经历没有故障的标准任务，然后识别出可能的突发事件，并记住它。韦内斯解释说，“没有人能预测每一种突发状况，但最好的方式是假设‘如果一个工具失效了呢?’或者‘如果扭矩有问题怎么办?’”

答案是尽可能多地分析潜在的突发事件。有些会议只不过是相关人员围坐在一张桌子旁，讨论在任何可能被认为是低级意外事故的情况下所能做的事情。备份流程总是被记录下来以备将来参考。其他突发事件中需要使用这些备份工具、替代操作，甚至是备用工具。基于 EVA 计划的灵活性考量，允许实时修改书面流程。因此，如果电动握把工具不能工作，其扭矩限制可以被改变。如果一个螺栓过于难拧，就应该降低扭矩系数并继续工作，同时保持在安全规则范围内，不能冒着损坏工具的风险进行操作。另一种选择是挑选一种替代工具或流程来达到预期效果。只要问题出现，EVA 人员、休斯敦的飞控人员和在 JSC 或戈达德技术支持间内的韦内斯团队，就通过承包商提供的网络进行通信，共同处理并解决问题，理想的情况是以一种及时又安全的方式解决问题。

这种支持一部分来自多年来积累起来的望远镜的照片和绘图库，这主要归功于罗恩·谢菲尔德及其在洛克希德的团队。因为哈勃制造于 20 世纪 80 年代，发射于 1990 年，大多数韦内斯的团队成员从没有看到过他们为之开发工具的真实的硬件设备，所以他们需要大量的图纸、表格、照片和模型。他们最终得到了大量关于哈勃的详细文档。例如，对于锁紧的配置，工具设计者联系了建造望远镜相应部分的工程师。科学共同体是这些仪器参考资料的重要来源。

至于在使用他的工具时所遇到的惊喜，韦内斯回忆起第一次在轨服务任务中的一件事。他们在戈达德建造了一个 1－g 的后舱门训练机，在其中航天员们练习锁门的顺序和所需的力量。事实证明，训练装置和飞行装置之间有一些差异。幸运的是，他们的训练和对意外情况的警觉足以使他们克服这个问题。韦内斯记得，机组人员向他的团队进行飞行后情况汇报中的最好反馈是，“一切都像你们在 1－g 或水下训练我们的那样，但不需要呼吸装置，而且我们没有看到任何水泡出现。”换句话说，仿真与实际非常相似，几乎没有什么区别，除了他们所处的环境。

罗素·韦内斯在项目中的工作重点是在航天飞机进行在轨服务之前进行最后一次检查，他为每一次 EVA 的成功完成感到骄傲。当被问到在戈达德从事哈勃望远镜工作这么多年之后，他本来是否可以在自己的职业生涯中做些什么不同的事，他回答说：“我应该更早地来到戈达德。”很明显，他是一个热爱自己工作的人。

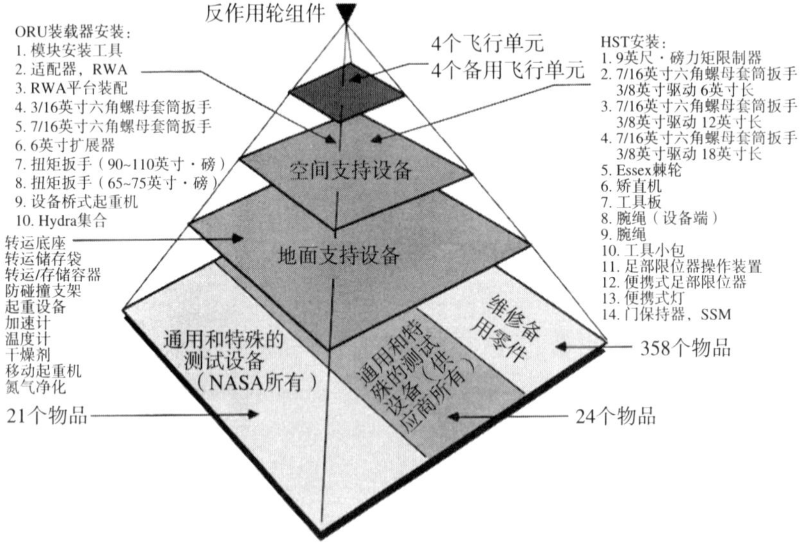

图 6-7　对于速率传感器单元的典型 ORU 支持金字塔

6.4　机械工程师保罗·理查德

20 世纪 80 年代末，作为戈达德的一名卫星机械工程师，保罗·理查德从事自由号空间站的飞行服务机器人的开发工作。这个项目被取消后，理查德决定做一些更有可能使飞行服务机器人进入太空的事情。1990 年，在刚刚发现望远镜存在“球面像差”缺陷之后，他加入了由罗素·韦内斯带领的哈勃团队。

理查德被分配了一项关于多级调节扭矩限制工具的兼职工作，这个工具能够确保螺栓不被拧得过紧。不久，他发现了机械上的设计缺陷，并开始重新设计。他也调研了最初的电动棘轮不能像预期那样工作的原因。这项工作使他逐渐成为了全职的团队领导，负责很多工具的再设计工作。他自己也发明了一些工具，其中包括第一个可调节延伸器，它在第一次在轨服务任务中起到重要作用。差不多在同一时间，理查德开始参与享茨维尔 NBS 的水下测试，据他回忆，“那是很有趣的一段工作经历”。

他的团队既开发工具的模拟件也开发工具的飞行件，然后在NBS对它们进行评估。由于工作关系，他与航天员一同在水槽中训练，并希望自己能够进入太空，估计他在水槽中的潜水经历促使他在几年后选择成为一名航天员。

每次模拟试验后，理查德都会记录事件和活动的细节，从而解释工具在水槽深处的作用；显然，其他人并不这样做。据他观察，随着在轨服务和ISS任务的临近，这项工作变得越来越重要。由于航天飞机任务时间很短，哈勃在轨服务任务需要在连续的飞行日中进行几次紧接着的EVA。在ISS任务中时间可能更加紧张。理查德解释道，“如果NASA和航天员不能按照严格的时间表在哈勃上连续进行4～5次从没做过的EVA复杂任务，那么ISS任务的前提是有问题的。”当时，在轨服务面临的压力不只是解决镜面问题和保证望远镜飞行的问题，还有为空间站的准备工作提供EVA反馈。在ISS EVA项目中，为了建立一个独立设施，并将其扩展为大型复合体，前所未有的挑战是要在连续组装飞行中进行一系列的EVA，这就是著名的“EVA模拟墙”。

理查德认为戈达德有着丰富的经验。加入哈勃团队，作为一名EVA设备和太空行走方面的新人，“我从‘灰胡子们’那里学到了很多，他们有20多年或30多年的卫星机械设计经验——我每天和他们一起吃午饭，一起散步，并向他们请教问题。我是一名学徒，在如何设计卫星机械装置和哈勃工具方面，我学到了很多。”哈勃对每个人来说都是一项新的挑战，让这种太空设备在轨飞行5年、10年或15年需要大量的新技术和操作方法。“之前从事的机械工作，只需要按照一定的方法去做特定的事情就可以。通常情况下，卫星的机械装置发生故障的概率最高，因为你必须在恶劣的环境下去移动一些东西。”理查德不得不学习新“技巧”来防止故障的发生，然后将这些经验应用到工具设计中。

6.4.1　新人的处境

戈达德不仅负责维护望远镜上的载荷，而且还负责一些新硬件设备的安装。因此，他们顺理成章地开发了为望远镜上这些新硬件设备进行在轨服务的工具。问题是 JSC 有自己的为航天飞机项目开发的工具，并且他们坚信它能适应在轨服务任务。这种重复自然造成了两个中心之间的竞争。理查德作为一名新人，在工具开发领域刚开始并不受欢迎，因为 JSC 认为所有的工具都应当由他们来开发。JSC 希望他们已经开发的电动棘轮工具和扭矩限制器将被 STS－61 携带，经过测试证明这些工具并不满足要求，因此被从未来的货单中删除，所以事情变得很不一样。

理查德回忆起当时让 JSC 接受在飞行中使用戈达德工具的艰难——在第一次在轨服务任务前不久，他和一位同事参加了 JSC 的一次会议，会上被告知他们的工具不再被需要，即使它们还没有在飞行中使用过。航天飞机将携带它们，但它们只能放在气闸舱，而且没有被使用的计划。理查德很困惑，因为不测试工具将使飞行后的汇报毫无意义。然而，尽管他的辛勤工作和奉献精神是公认的，他得到的建议却是他的工具“太复杂，太贵了，JSC 并不需要它们，因为他们已经有很多工具可以在哈勃任务中使用”。作为一名机械工程师，理查德目瞪口呆。拿着他在戈达德亲自制造的电动工具，他指出 JSC 的一个用于飞行的工具是一个“由铝带包裹的塑料工具，当你扣动扳机时，工具的有刷电机将中断你的通信信号”。电机会干扰 UHF 频段的电磁频率，此外，电机中电刷的特殊设计在真空中会出现问题，如果电池没有先停止供电，它们会卡住轴承。但 JSC 的代表坚持：任务中把携带的戈达德工具作为备份，在 EVA 过程中将被留在气闸舱中。理查德不再说什么，生气地离开了会场。

然而在 STS－61 期间，当航天员扣动 JSC 工具的扳机时，他们不能确定它是否正常工作。然后第一个工具发生故障。不久后，第二个工具也发生故障。第一次 EVA 中的一小时后，航天员返回气闸舱去拿理查德设计的电动棘轮。它功能完善，确保航天员完成了任务。在那次 EVA 后，杰夫·霍夫曼在太空中发言称，感谢保罗·理查德的棘轮，它很容易在轨使用，它可以轻易地“停在一角硬币上”，而且“可能是我用过最好的电动工具了”。这是对 JSC 所说的“永远不会参与飞行”的工具的真正表扬。

有了航天员的这种认可，事情迅速发生改变。与飞行前差点被取消的经历相比，理查德在飞行后的情况汇报是令人震惊的。突然间，休斯敦想让他重新设计所有的电动工具，并询问他是否能使它们更小。于是他开始工作，并发明了哈勃的手枪式握把工具。他还指出，如果他打算继续设计工具，他真的应该有一些在水下穿着 EVA 服的经验，以便更好地了解情况。这给了他更多的在航天员和 JSC EVA 专家面前曝光的机会，他可以在水槽中进行仿真试验之前向他们解释工具的作用。在哪些工具最有效或如何修改可以使它们更好地工作方面，他也提出了自己的想法。他熟练地穿上 EMU，并开始了自己的测试。

理查德解释了一个给定的工具是如何被选入哈勃任务及如何适应系统的问题，结合任务需求，改进或使用现有工具，但有时也需要为特殊任务设计一个专用工具，它也可能被改造以适应其他用途。

随着项目的发展，理查德看到了一个变化。电动棘轮工具和扭矩限制器在发射前与望远镜进行了匹配检查，但在 STS－31 之后研发的所有新工具都需要直接连接望远镜，不能进行匹配检查，因为此时望远镜在太空中。这些工具的开发有一些风险，因为在 EVA 期间这些工具可能不合适或不起作用。理查德解释说，“我们进行了大量检测以确保我们制造的工具在可忍受的公差范围内，小心地设计以确保直径不要太大或太小，太短或太长。”公差做到几千分之一英寸，就是一个有用工具和无用的硬件元素之间的分界线。幸运的是，为哈勃望远镜提供的大部分工具都是经过精心设计的，它们反映了理查德、谢菲尔德和其他参与准备飞行工具的人们的技术、奉献精神和辛勤工作。

有趣的是，尽管升级后的电动棘轮工具看起来与之前的版本相同，但内部完全是崭新的设计；新的设计适应原来的外形尺寸，但当然比原来的更好用。扭矩限制器同样如此。根据经验还开发了其他工具，如 24 英寸（60.96 厘米）的扩展器，这种工具在计划中只在一个地方使用一次，它被用来更换尾部保护罩中的 ORU。这个工具被放在 EMU 的中部区域。在享茨维尔的水槽中对它进行评估时，理查德发现，由于它太长，常常和绳索绞在一起，这种情况通常发生在他到处走动时。这使他思考如下问题："如果使扩展器更小，但可以通过延长来达到所需的长度，会怎样呢?"享茨维尔有一个机械加工车间，他的团队经常在这里维修工具而不需要经过提议、预算、模型评估和无休止的评审。附近还有一家小型工程公司，那里有几个手工操作的工程师，这些人只需要看一幅简易的草图，并有一个基本的解释，就可以了解他们的需求，然后在很短的时间里就能做好。还有其他的例子，理查德说，一名 NBS 的航天员或许建议"如果把手设计中有一个孔用来穿绳索"就太好了。作为航天员的水下技术支持，理查德或者他的一位同事会从水槽中出来，摘下呼吸装置，但仍穿着湿衣服直接跑到加工车间，根据需要钻一个洞，然后返回水槽中，将改进好的工具交给还在模拟试验中的航天员。航天员们习惯了"没有官僚作风的戈达德人，他们都是踏实做事的人，对飞行需求总能快速响应，而这在 NASA 通常不可能发生。"

理查德苦笑着指出，在他曾经作为 JSC 航天员的时候，他的一些关于空间站工具的建议将牵涉一系列漫长的商议、更改、图纸、改进的图纸、更多的会议和评审等等。"需要花很长时间去改变一些事，这从某个角度来看是好的，"他承认，"但也有不好的地方。"在哈勃模拟试验过程中，"需要迅速转变，因为航天员习惯了设计师的快速响应能力，他们作为工程师去机械加工车间，按照航天员的需求进行更改，并把它带回水池中立即使用"。

理查德说，在戈达德他不仅学到了设计机械装置，还踏上了参观美国各地贸易展览之路。他读了所有的商业杂志，买了电动工具并带到戈达德，为了把它们拆散再组装起来。“所以我做的事情与NASA的扩张型项目相反，我建立了一种汲取型方法，观察私人工业的做法，如果可能我会对它加以改进。”他甚至向电动工具公司提供了反馈，看他们是否会将他的建议结合进工具设计，他建议对一对齿轮组和不同的电机进行改进。其结果是第二次在轨服务任务证明了电动棘轮工具和手枪式握把工具是“非常成功的设计”，这是锂离子电池的第一次飞行。手枪式握把工具如此成功，以至于理查德最终把它出售给ISS项目，因为该装置的非重复性工作已经完成。理查德和他的同事们又多制造了8套工具，直至今天还在空间站上使用。实际上，作为在2001年STS-102访问空间站的成员之一，他获得了在太空中亲自使用这种工具的宝贵经历。

理查德从家得宝（Home Depot）商店购买DIY工具，同样也从提供高端、商业或工业工具的公司购买了一些。他参加了芝加哥McCormick中心的大型结构和装配展，那里最新的工具被引入到贸易和家装市场中。正是从这些经验中，理查德的手枪式握把工具诞生了，它主要模仿了汽车工业设计的工具。原始的工具在一侧有一个容纳电子设备的支架。理查德将电子设备缩减成两块电路板——一块模拟电路板和一块数字电路板。他说：“我接受了他们正在做的，而且做得更好。”为了防止重新设计，新版软件申请了实用新型专利，该工具本身也申请了设计专利。这确保了一旦该装置被商业化，该专利将保证所有权利归航天局所有，而不是直接由美国总财务部授权和商业化。

6.4.2 机械工程师成为“沙丁鱼”

理查德认为直接在哈勃太空望远镜上工作是一种难以置信的经历和特权。不仅获得了宝贵的经验，而且还让其他人看到了他所能取得的成就，这是他选择成为一名航天员的跳板。“人们常说，‘重要的不是你知道什么，而是你认识谁’，但我更相信‘知道你知道什么的人’才是更重要的。”

图 6－8　STS－102 任务期间，在发现号飞行舱内的保罗·理查德

1996 年 5 月 1 日，理查德成为 NASA 35 位航天员候选人之一，他第 16 个被选中。与 9 名国际候选人一起，他们成为航天局选定的最大团队。他们参加了当年 8 月份的培训。通过资格认证后，他被任命为任务专家。由于训练设施有限，在两年的训练计划中激发出他们的潜力是一个挑战。这种紧张的环境使得该团队的成员称自己为“沙丁鱼”。

1997 年，理查德参与了第二次在轨服务任务 STS - 82，他作为辅助成员被安排在支持间，然后提前为其他任务进行训练。他的经理罗素·韦内斯回忆起他得知理查德被选择参加航天员训练，因此要离开哈勃团队的那一天——那天他似乎“漂”进了韦内斯的办公室。

6.5 未配置 MMU

在哈勃在轨服务任务中一个不可用的“工具”是 MMU，它由马丁·玛丽埃塔在 20 世纪 70 年代到 80 年代初的这段时间内开发。航天员布鲁斯·麦坎德利斯在 1984 年 2 月 STS - 41B 任务中第一次将它带入太空。“小手指”纳尔逊在两个月后的 STS - 41C 任务中使用它来维修太阳峰年卫星。同年 11 月，在 STS - 51 中它被用来回收两颗卫星。在早期任务概念中，MMU 通常被描绘为航天飞机项目中在轨服务 EVA 的样子，但事实并非如此，并且该设备永远不会再参与飞行。

在构思航天飞机 EVA 时，开展了许多关于 MMU 在不同在轨服务任务中应用的研究，包括太空望远镜的在轨服务。1974 年 6 月，一项这样的研究开展并持续了 7 个月。它考虑了许多 MMU 增加 EVA 安全性和有效性的场景，指出了在 MMU 控制和附属设备方面的发展。MMU 任务的相关研究由位于得克萨斯州休斯敦的 URS/矩阵公司的生命与环境科学部来负责。由 NASA 总部的生物工程部生命科学办公室出资赞助。该项目的管理职责由 JSC 飞行操作理事会

图 6－9　保罗・理查德把他设计的手枪式握把工具通过 EVA 带到 STS－102 ISS 组装任务中

的中心训练与流程部承担。

该研究建议，MMU 应该在 RMS 发生系统故障时被用作载荷部署的备份方案。它还建议，MMU 也许能够在 LST 的机构类部件（如太阳能电池、天线、光圈盖及遮阳板）在轨释放之前或之后起到辅助作用。该研究进一步表明，乘坐 MMU 的航天员可以被加入到一项现有任务中以完成望远镜在轨服务，后者是作为任务主线目标之外的“支线”目标，这样做可以减少一次航天飞机的发射。这显然需要 EVA 使用望远镜支持系统模块。除了检查任务外，该研究还表明“MMU 也可以完成更换电池、记录仪、数字处理器及陀螺的在轨服务任务。”当时的方案是在望远镜外部安装一个临时的 MMU 配载/停靠站，MMU 停放在内部非增压区以备 EVA 操作时使用。但设计的 EVA 操作，无论在载荷内部或外部进行都不能对试验造成干扰。如果 MMU 独立飞行，势必需要进行合适性能和控制要求方面的设计，包括（如果需要）对望远镜进行消旋（10 年后，在 STS－41C 太阳峰年卫星任务和 STS－51A 通信卫星回收任务中使用 MMU 时遇到了这样的情况），总行程是从轨道器到望远镜再回到轨道器，MMU 携带的推进剂需要支持这个距离的运行同时还需要进行静态保持。像报告里所指出的那样，这些领域还有很多工作要做，正因为如此，距离 MMU 第一次测试飞行还有将近 10 年的时间。

尽管开展了不同的研究，但概念论证和提议中使用 MMU 进行在轨建造、营救航天员没有实现，甚至连简单的太空望远镜维护的想法都没有实现。

麦坎德利斯解释说，“使用 MMU 的主要考虑在于，如果望远镜进行不受控翻转，可以通过 MMU 将它稳定住，你可以靠近它并抓住两个抓取夹具中的一个，这与太阳峰年卫星任务中的行为相似。但是使用 MMU 进行在轨服务的概念从来没有推进得那么远，因为你需要做的是用绳索将自己拴在工作地点，以至于你不能使用 MMU 的推进器，只能停在同一位置。理论从来没有进展到适配耳轴销连接装置的程度，因为哈勃上没有停靠设施。尽管我们从来没有进展到那么远，但可能的情形是航天员搭乘 MMU 向它飞过去，抓住一个扶手，将绳索系到扶手的一个个支点上，然后用绳索捆住自己。如果决定推进这个方案，将在 HST 装配一些设备，比如 STS－51A 中的‘刺形’设备，但要比太阳峰年卫星的设计更加友好一些，因为它上面带有扶手和一些锋利的点。”

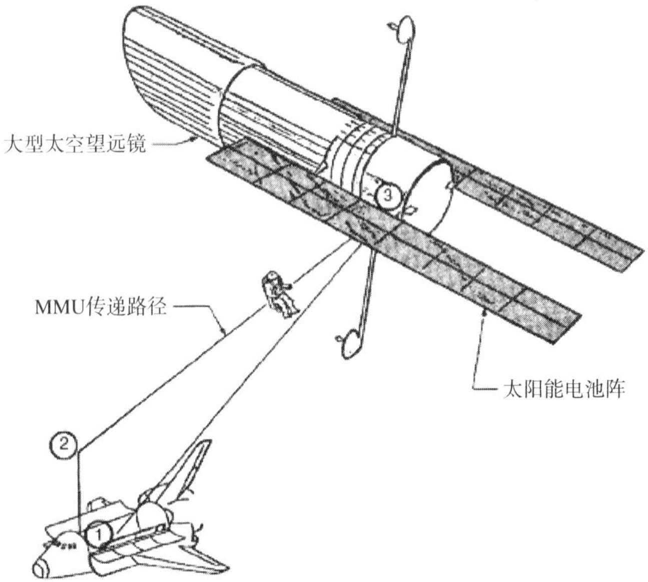

图 6－10　早期（1975）概念论证时想象的 LST 项目中 MMU 的应用

“小手指”纳尔逊指出，通过 RMS 捕获稳定卫星是一种更容易的方式。STS－49 任务表明了这种可能性，如果效果不理想，将改为手动抓取卫星。“MMU 是一个好想法，只是不那么实用。MMU 的长臂成为在轨服务的阻碍，虽然长臂可以折叠，但是那样一来，你就不能使装置飞行了。你要飞向卫星并通过足部限位器固定自己，将 MMU 长臂折叠然后开始工作，继而拆卸，展开长臂并飞离卫星。在实际的在轨服务过程中，MMU 被封存，然后你需要背负重物开展工作，长此以往是不切实际的。”

6.6 操作工具

工具和辅助设施的发展已有50多年的时间，包括阿波罗航天员进行EVA操作的月面工具套装、航天飞机的应急工具、空间站的组装和维修工具及哈勃的在轨服务工具。开发者需要考虑它们所要支持的EVA的特殊需求。有趣的是，尽管材料和技术已经革新，大多数普通工具仍保持不变：钳子、扳手、棘轮、延长手柄及装载器。渐渐地，电动工具补充了“蛮力”式工具的不足，使得现代在轨维护人员的能力足以媲美地面上建筑或维修工人的能力。

对于哈勃任务而言，这些工具的开发以及使用它们的技术是该项目中最成功的案例。尽管在EVA期间出现过一些富有挑战性的时刻，但通常情况下这些工具能够像它们的设计初衷那样完成任务。这要感谢罗伯特·特维诺、罗恩·谢菲尔德、罗素·韦内斯和保罗·理查德（以及他们的同事）倾注的大量时间、努力和确保航天员能使用最好工具的奉献精神，同样要感谢他们的知识、技术和有效使用工具的培训。

配备了一整套工具、支持设备，并经过地面专家团队的支持和技术培训，哈勃太空望远镜的发射及一系列在轨服务任务已经就位。随着焦点从地面活动转到太空运行，这些任务陆续开展，但如果没有地面上庞大的基础设施，这样的飞行仍然是不可能的。

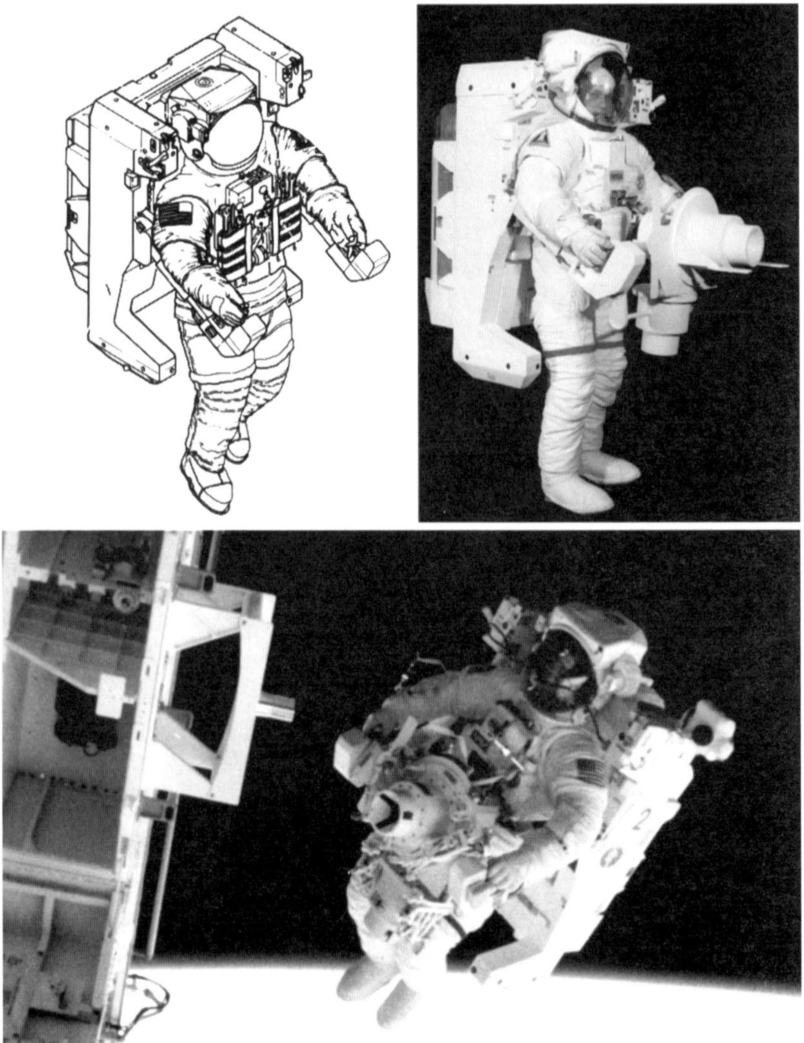

图 6-11　布鲁斯·麦坎德利斯通过耳轴销连接装置（TPAD）模拟 MMU 进行卫星捕获的演示，说明了 MMU 的作用是辅助在轨服务。在 STS-41B 中，他使用挑战者号载荷舱 TPAD 对系统进行了测试，这次测试作为 STS-41C 任务捕获太阳峰年卫星的预演。哈勃也考虑了类似的选择，但没有实施

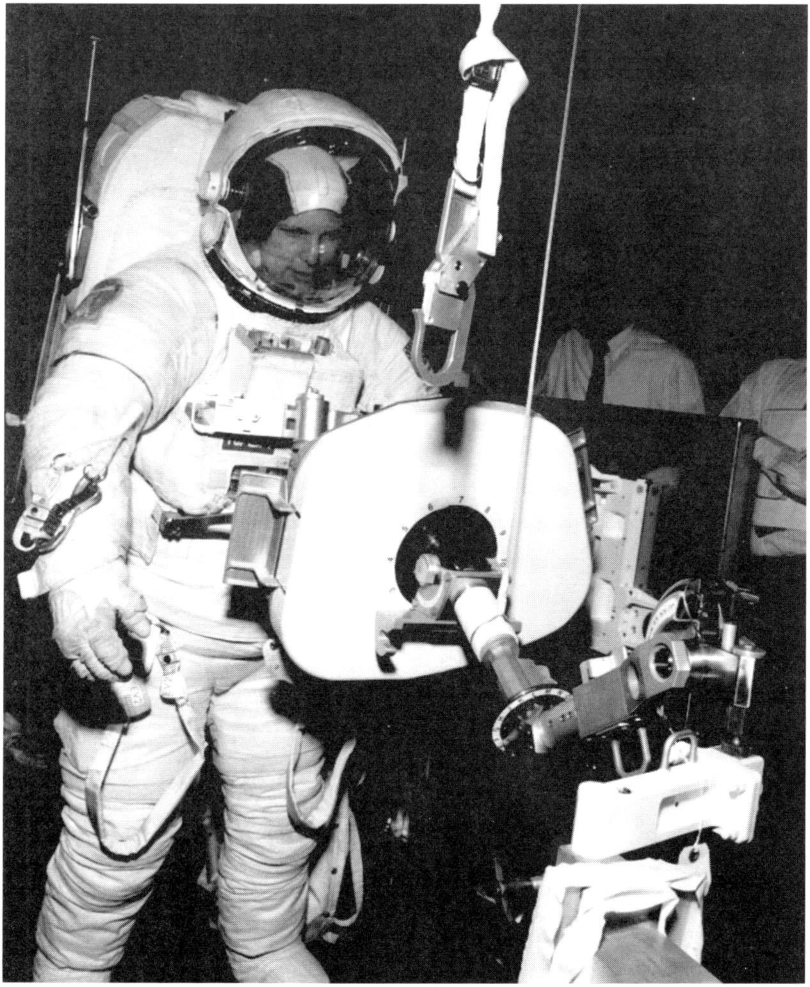

图 6－12　凯西·沙利文在 1 g 测试中评估早期（1990）工具和 EVA 设备

参考文献

[1] Email from Ron Sheffield, December 9, 2013.

[2] Designing an Observatory for Orbital Maintenance in Orbit: The Hubble Space Telescope Experience, Space Telescope Projects Office, Marshall Space Flight Center, NASA, November 1986.

[3] Goddard View, Volume 3, No. 5, March 2007, Employee Spotlight: Russ Werneth, From EVA Engineering to Retirement—A Hubble Engineer's Journey, by Susan Hendrix.

[4] AIS Interview with Russ Werneth, November 11, 2013.

[5] AIS interview with Paul Richards, November 24, 2013.

[6] Manned Maneuvering Unit Mission Definition Study, Final Report, Contract NAS - 9 - 13790, Modification No. 15, January 1975, 3 Volumes, NASA JSC.

[7] AIS interview with Bruce McCandless, August 17, 2006.

[8] AIS interview with Pinky Nelson, July 23, 2013.

第7章　幕　后

在规划和执行哈勃（即哈勃太空望远镜）在轨服务任务的大型团队中，我不认为哪个职位比其他职位更“重要”。系统正常运行是因为所有部分都很“重要”，任何执行其功能的部分损坏，系统都可能无法正常工作。

——飞行总监，SM-4任务指令长，查克·肖

太空任务中的可视部分是将硬件设备置于其轨道之上，对于载人任务而言，由航天员来完成这个目标。随着公众对哈勃在轨服务任务兴趣的增加，6名航天飞机航天员成为ST-135任务中最具标志性的一部分。当然，在执行飞行任务前后，他们有机会将其在望远镜上的经验和成就进行公共推广。但和所有航天任务一样，地面上还有一个庞大的支持团队，他们中许多人不为公众所熟知，如果没有他们，飞行任务就无法成功完成。如果把太空任务比作漂浮在海洋中的冰山，那么航天员就代表着露出水面的冰山，而地面上的庞大支持团队则是隐藏在水下视线之外的一大部分。

在哈勃项目的寿命周期中，从20世纪60年代直到其发射以及20世纪90年代和21世纪期间的在轨服务任务，依靠的是大量技术娴熟且富有激情的人，他们的职业生涯远不止于此。为了确保这项计划的成功执行，他们时常自愿地投入大量的热情和许多本应陪伴家人的时间。

对许多人来说，这不仅仅是“一份工作”安排，而是他们的整个职业生涯、他们的生活、甚至是他们自己的一部分。与哈勃项目中的许多人交谈，尤其是那些参与过在轨服务任务的人，他们的热情和激情就会闪耀出来。事实上，在哈勃望远镜上的经历使他们成就了今天的自己，他们成为了航天局的第一个大型天文观测站的成

员。很多人在该项目的飞行阶段结束时伤感离别，但令他们满意的是，正是由于他们的贡献，在执行最后一次维修任务5年后、在按照在轨运行15年任务计划发射的25年后、在距离大型望远镜这一想法开始被认为具有真正可能性的近50年后，哈勃望远镜目前仍在运行。

为保持哈勃的正常飞行，在安排哈勃飞行和在轨服务任务的同时，地面上还有另一个团队，他们夜以继日地工作，在两次任务之间对下一次飞行进行提前规划，以确保每个任务能够成功并安全地完成。

地面团队的主要角色和职责包括培训飞行乘组以便完成任务。地面团队包括戈达德项目办公室、NASA总部更广泛的管理团队、休斯敦的约翰逊航天中心（JSC）、亨茨维尔的马歇尔航天飞行中心（MSFC）、佛罗里达的肯尼迪航天中心（KSC），还包括每个任务支持团队中的航天员，以及在约翰逊航天中心任务控制中心和在戈达德的太空望远镜操作控制中心（STOCC）的飞控人员。此外，还有几名担负特殊职责的人，其中最主要的就是飞行指挥和任务指挥，后者专门为哈勃任务而设置。

7.1 飞行乘组训练

对航天飞机乘组的培训在地面稳步开展，大量的课堂学习包括为模拟器和“真正”的飞行硬件进行场景设定。一旦被确定为飞行乘组，他们就负责跟踪其各自任务的各类要素，同时执行正式的训练计划。这些要素包括将具体角色划分为主要角色和备份角色，重点在于交叉训练和团队理念。

7.1.1 乘组角色

每次航天飞机任务均由飞行员和专家组成。指令长和飞行员负责驾驶航天器。他们在航天器发射、交会和返回阶段扮演主要角色。

图 7－1 期待着望远镜能够准时发射、成功完成任务并安全着陆，训练有素的航天飞机乘组（STS－125）微笑着准备出发，他们登上将转移至 KSC 的发射台摆渡车

一般来说，其中一个任务专家（MS）担任飞行工程师（FE）角色，在关键阶段可以作为三岗监察控制或程序，并从手册中读取数据。这三人通常被称为轨道器飞行乘组成员。其他任务专家（MS）通常处理任务中“科学”或“操作”方面的问题，例如操作机械臂、部署有效载荷、实施太空行走以及操作实验和仪器。虽然有些任务专家是合格的飞行员，但他们更关注任务的操作对象。在每次任务中他们都被指派为 MS1、MS2 等。每个代号都反映在航天器座椅位置上，并且在上升和再入阶段担任特定角色。MS2 扮演发射和再入阶段飞行工程师的角色，位于驾驶舱中指令长和飞行员之间。一旦航天器入轨，飞行工程师还将担任完成任务目标的角色，同时许多飞行工程师还是遥控机械臂系统（RMS）的主操作员。MS1 和 MS3 在发射或返回过程中承担特定职责，资深航天员通常会与首次驾驶飞行器的驾驶员互换位置，给他们示范起飞与返回，以便将经验传授给“新手”。其他 MS 主要负责进行 EVA。一般来说，每次哈勃

飞行任务将指派4个人参与，每2人为一组，轮流进行EVA，并在其他时间互相辅助。

图7-2 STS-125乘组参加的许多会议和简报会之一，航天员培训的实际情况就是列席教室和会议室。乘组的背后是史蒂夫·霍利（绿色衬衫），他的左边是布鲁斯·麦坎德利斯（黑色敞开夹克和白色衬衫）
（图片来源：Ed Edung）

许多航天飞机任务中都有负责管理特定载荷的载荷专家（PS），他们并非职业航天员。但哈勃任务中所有飞行乘组都是职业航天员，没有PS。他们主要来自NASA，也有一些来自欧空局，这是20世纪70年代两个机构签署的哈勃项目合作协议的一部分。

出于对每次任务强度和重要性的考虑，经验对执行哈勃任务很有帮助。按照飞行任务的前期规划，同时基于航天员快速适应失重环境的需要（而并非前期耗费数天遭受“太空病”），所有资深航天员都是为哈勃部署而挑选的。通常情况下，EVA成员会被首先指定，因为他们需要完成大量的训练。随着任务初具雏形，逐步确定“轨道器”航天员。正式的任务训练从那时开始。一些航天员会执行多项服务任务，而通常哈勃新人会被指定参与完成这项工作。当一个新手被指定承担 EVA 角色时，他将与一名具有丰富太空行走经验的资深航天员合作完成 EVA。

7.1.2 从课堂到毕业

从 1990 年部署哈勃望远镜时开始的 10 多年来，航天飞机任务培训流程一直运作良好。负责航天员培训的主要中心是得克萨斯州休斯敦市中心以南的约翰逊航天中心。培训始于一系列课堂讲座，包括台式模型、照片、图表和视频。教学大纲包括对基准（“常规”）情况和紧急（“意外”）情况的全面规划。一名航天员会被分配各种任务，并学习相关系统、分系统和单机及其在主/备份状态中的作用。指令长、飞行员和 MS2/FE 专注于航天飞机系统，包括 RMS，而其余的 MS 则更多地处理 EVA 和载荷部分的问题。

JSC 有各式模拟飞行器，包括哈勃在轨服务任务中的航天器复制件、RMS 以及全尺寸望远镜、辅助设备和 ORU 模型。还有许多训练器和模拟器可用于发射、再入、应急出舱救援和任务的宜居性方面，但与哈勃有关的模拟航天器操作的主要训练工具是航天飞机任务模拟器（SMS）。这种模拟器通过计算机相连，用于练习望远镜的交会和接近操作以及它的返回和重新部署操作。对 RMS 活动的更深层次培训由机械臂开发中心（MDF）实施，对捕捉、停泊和重新部署望远镜的训练进行了改进，还附加了在 RMS 末端旋转和操纵的训练。在主航天训练大楼（9 号楼），还有一个配有充满氦气气球的全尺寸哈勃望远镜模型和一个气浮台，可以辅助完成 1 g 条件下的 EVA 训练。

JSC 的无重力环境训练中心（WETF）主要由 MS（主要针对意外事件）使用望远镜和 ORU 模块进行模拟 EVA 训练。一旦发射失败或落入水中，还会有应急救援训练。可惜的是，由于 JSC 的水池不足以实施全尺寸 EVA 模拟，20 年来，马歇尔的 NBS 一直是哈勃望远镜 EVA 的主要培训工具，直到 JSC 以北的位于艾灵顿的 Sonny

Carter训练中心开放；1997年，这里由STS-82的EVA乘组短暂使用，然后先后由STS-103（SM-3A）、STS-109（SM-3B）和STS-125（SM-4）使用。

轨道器方面的培训是必不可少的，只要有可能，航天员就会在真实的、在太空中工作的硬件上进行各种装配/功能和熟悉度测试。这弥补了使用各种模型、样机、训练器和模拟器进行工作的不足。航天员在JSC完成一系列独立的培训课程，他们有时还与马歇尔、肯尼迪和戈达德一起进行“集成仿真”。航天员经常访问美国本土和欧洲的承包商和分包商，有时在轨道器上工作以了解最新的设备状态，并与正在负责制造的工人进行交流。

所有这些训练都是在轨道器准备发射时达到高峰的，这便于航天员在正式训练结束后不久就可以执行任务。实际上，由于发射任务冲突、飞行任务变化或者在前期飞行中遇到紧急状况，经常会出现飞行推迟和取消的情况。由于望远镜遇到了需要快速响应并重新考虑在轨服务任务计划的问题，任务有时会发生变化。如果发射被推迟很久，为了保持航天员的操作熟练度，训练将继续进行，通过复习训练为新的发射节点做准备，并保持顶级水平。

总的来说，在发射前一年左右，首先会确定EVA航天员，随后确定轨道器成员。此时，新的培训硬件已经交付并完成所有旧硬件的替换。在飞行前6～8个月，会为航天员和地面支持人员安排一系列指令训练。在此期间，EVA训练计划会有所加强，指令长、飞行员和RMS操作员开始执行交会对接、停泊和部署等操作。航天员还接受为专项任务进行设备支持方面的培训。在距离发射2～3个月，指令长和飞行员会接受有效载荷训练。作为后备RMS操作员或作为IVA成员，他们主要负责协助准备EVA。任务管理团队（MMT）会提供指令训练素材，然后开始基于语音通信协议的综合模拟与培训。联合集成仿真（JIS）于发射前2个月完成。当准备检查硬件状态时，航天员会多次访问发射地，并在发射台上对航天器进行兼容性和应急程序训练。在整个训练过程中，指令长和飞行员将在特制

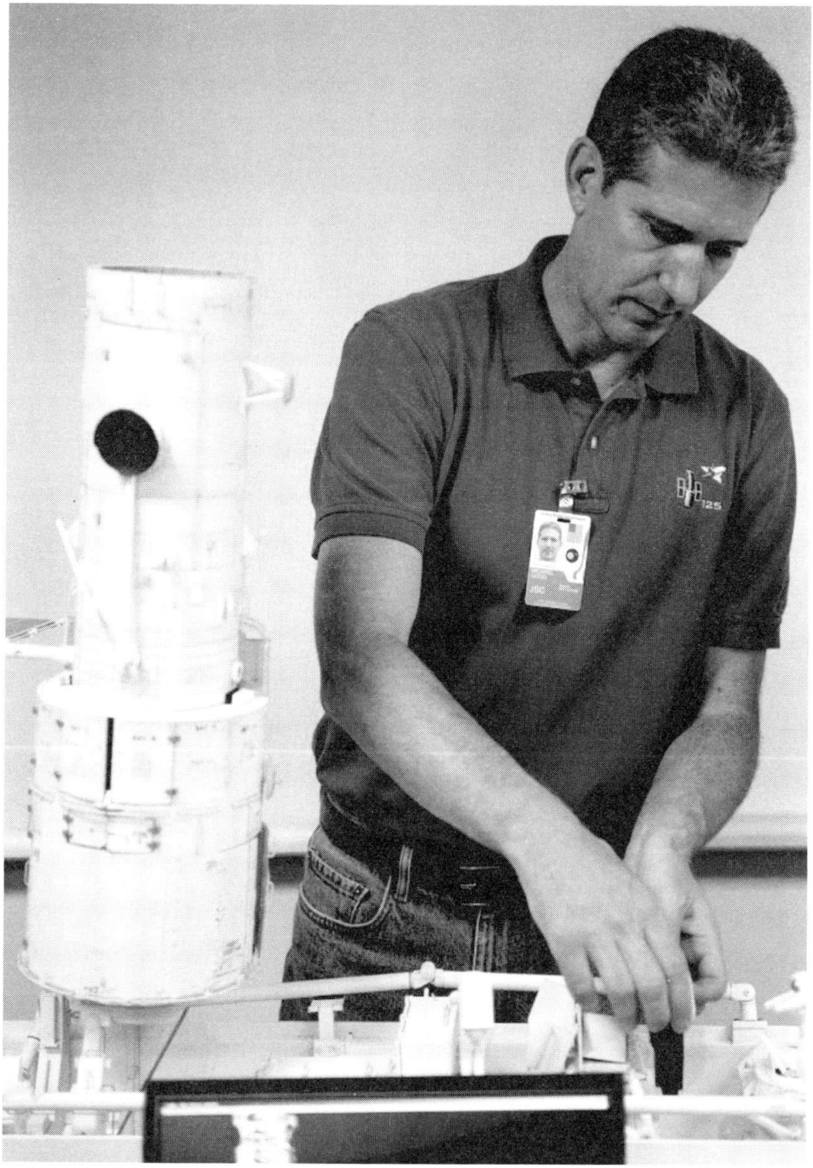

图 7-3　航天员的培训并不总是高科技的，他们首先在缩比模型上进行基于时间轴的 EVA 线上模拟，然后再转移到更大的模拟器上

图 7-4 熟能生巧。航天员使用飞行工具和设备参与 1 g 条件下的台架试验并熟悉流程

的飞行器中保持飞行能力，这些改装飞行器模拟了任务末期轨道器返回时的特有操作性能。

如前所述，多年来，许多航天员在中性水池中进行了各种 HST 研发试验和 EVA 模拟。这不仅对望远镜的发展和为其提供在轨服务的技术和设备而言是宝贵的，而且还为训练与实际飞行提供了比对机会。每次任务后，都会对训练设备和计划进行修改，以反映哈勃在太空中的真实状态。

7.1.3 训练与支持相结合

哈勃任务的重点是实施 EVA。因此，培训流程与 EVA 支持团队有一个融合点。这种支持不仅来自 JSC，还来自管理着在轨服务任务和航天员在太空工作所使用硬件的戈达德航天飞行中心，以及作为望远镜发展领导中心并拥有 EVA 培训所用的最大中性浮力系统的马歇尔航天飞行中心。此外，还对主要承包商和发射地进行培训交流，以便熟悉正在研制的飞行硬件状态。

正如罗伯特·特维诺所解释的那样，“航天员办公室（代号 CB）有一个 EVA 分支机构，在这里航天员将更多地参与 EVA 测试、硬件和操作评估。在确定全体乘员之前首先指定 EVA 航天员，因此他们可以尽早开始训练并参与到在轨服务任务中。JSC 参与任务运营的训练团队规模很小，仅有一部分人参与了 EVA 任务，而其余人员则参与了航天服训练。还有一个来自工程部更大的支持团队，为大部分工具开发提供支持。这些人包括戈达德和切波利纳办公室的成员、马歇尔项目办公室的成员、洛克希德森尼维耳市的望远镜设计成员以及汉米尔顿标准公司和 ILC（多弗公司）负责航天服的成员，还包括来自 JSC 和马歇尔的 100 多名技术人员（负责中性浮力舱以及其他各种训练器和模拟器）。”

当被问及 EVA 培训流程的演变及其如何与其他团队和成员配合时，特维诺回答道：“我们有一个 EVA 小组，他们被分配到每个航天任务中，即使在这个任务中没有安排 EVA，我们仍然进行了通用的 EVA 培训、轨道器培训和需要 EVA 支持的载荷应急培训。我们安排了至少两个人来制定培训计划，尤其是在水池中出现紧急状况的培训。任务管理团队设置了 EVA 任务的优先次序，比如 EVA 小组提出每个 EVA 需要 6 小时，而管理团队会为每个 EVA 进行统筹从而制定优先级，并将其纳入培训计划中。”

早期所学计划内课程包括在 EVA 期间由 RMS 操作员提供的支持。“从之前的 RMS 载荷部署任务中，我们了解到事情进展比计划要慢得多，而且每个人都想透过舷窗向外看。从 STS-41B 和 STS-41C 反馈得到的一个教训是，RMS 操作至少需要两名航天员：一名操作 RMS，另一名操作安装在手臂和载荷舱上的摄像机。在训练中，RMS 操作员同时控制 RMS 和摄像机。”

特维诺解释说，关于 HST 航天员培训的多种研究已经完成，但将这些数据集成为一个单一数据源将是一项艰巨的任务。数据源指示了任何航天员被指派执行一个在轨服务任务之前所需准备工作的深度和范围。EVA 培训开始于教室里，然后转移到一般任务的中性浮力训练、轨道器应急任务训练（使哈勃太空望远镜任务更容易学会）、EMU 模拟器和高空舱训练、EMU 培训、EVA 气浮台培训、RMS 模拟器和 9 号楼航天飞机 RMS 训练器、RMS 培训中的航天飞机电子设备和综合实验室、虚拟现实训练器以及一些 0 g 行训练。这仅仅是在 JSC 进行的训练。还有在马歇尔进行的中性浮力训练以及在戈达德和洛克希德进行的更多训练。甚至在哈勃之前，平均每小时的在轨 EVA，就要在水池进行 10～20 小时的训练。“你必须记住，有时这些培训时间还包括工具评估和程序开发的时间，尤其是在计划受到限制的任务中，这些事情与培训同时进行，当然这只是 EVA 培训。”

7.2 地面团队

在飞往哈勃望远镜的 6 次航天飞机任务中，专门的团队支持人员昼夜工作，不仅监控轨道器和望远镜系统，还需监测航天员的行动、表现和健康情况。有两个著名的主要中心支持在轨服务任务。一是位于 JSC 的任务控制中心（MCC），负责航天飞机及其航天员；二是戈达德航天飞行中心及其太空望远镜操作控制中心（STOCC），不仅负责管理望远镜的日常活动，而且需要在维修期间监测机载系统。

7.3 哈勃项目办公室

美国马里兰州格林贝尔特的戈达德航天飞行中心负责望远镜的常规飞行任务，管理每次在轨服务任务的载荷及其配套工具的开发，并在每次航天飞机任务期间建立戈达德和 JSC 的联合团队，主要聚焦望远镜作为航天飞机载荷处于舱内的时段。

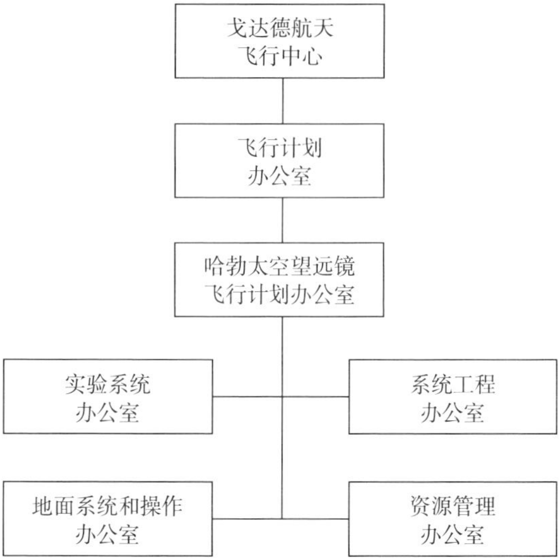

图 7-5　戈达德管理结构（1990）

GSFC 的职责：1）科学仪器的发展；2）地面操作系统的开发；3）科学验证操作；4）HST 操作；5）M&R 计划支援

7.3.1　项目经理普雷斯顿·伯奇

在 1991 年加入哈勃项目之前，作为地面操作系统的副项目主管，普雷斯顿·伯奇在私营企业中工作，所以对哈勃了解很少。在 1966 年高中毕业后，伯奇曾在格鲁曼的阿波罗登月舱上工作了几年，然后从事一些关于 OAO 卫星的工作。在 OAO-C 工作期间，他学习了地面系统、任务运营和测试主管的技能。他曾在私营企业工作 25 年以上，在经营自己的工程公司 8 年后，他决定加入 NASA，在戈达德从事公共服务领域的相关工作。

当时 NASA 正在为寻找一个 HST 项目的副主管犯难，这个职位要求在航天器系统、任务和飞行操作、科学运营、地面系统和飞行软件方面有广泛的经验。这些都是普雷斯顿·伯奇做得很好的领域。那时他的经历包括在伽马射线天文台、ATS-6 和其他几个卫星上的工作。1999 年，在他的前任退休后，他被任命为 HST 运营项目主管。2001 年，他被要求接任总主管一职。他说："这对我来说非常震惊。我想他们会看穿我的，我会寻找一份类似做汉堡或其他东西的工作。这是 20 多年前的事了，所有这一切都很好，因此我很开心。我对这个结果非常满意，尽管我从来没有想过我会这样做。"

图 7-6　在 STS-125 的联合任务仿真期间，戈达德 HST 管理部蓝色飞行控制室。左起：兰迪·金布尔，大卫·莱克龙，普雷斯顿·伯奇（均来自 GSFC），马特·芒廷（STScI），迈克·金伦和基思·卡利诺夫斯基（戈达德）

关于戈达德如何处理 HST 项目的管理，伯奇详细解释说："GSFC 被分成几个主要的组织层次，被称为指挥部，它们还被赋予了代码标号。在我看来，代码 400 是飞行项目部（FPD）。虽然计划名称被删除，但是它仍然对这里的所有任务负有重要责任。我们拥有所有的主管和所有的资金，所以我们永远是每个人最好的朋友。代码 500 是应用、工程和技术部（AETD）。这里的人数约占戈达德人员总数的 1/3，并负责所有工程支持，所以工程师们被分配到各个

图 7－7　哈勃太空望远镜项目主管普雷斯顿·伯奇
（图片来源：戈达德航天飞行中心）

项目。”他接着说，代码 300 是安全和任务保证部（SMAD，以前称质量控制部）；代码 200 是商业和设施管理部（BFD）；代码 100 是具有所有管理角色的中心主任办公室；代码 600 是科学理事会（SD）。

位于戈达德的 HST 项目办公室原本分布在各个办公室和大楼中，但在 1998 年即 SM－3A（STS－103）之前，它们被合并到 710－1529。710－1529 实际上是 4 栋独立的大楼，它们通过整合和综合试验设备而相互联系。伯奇赞成了这一举措，因为这样能及时做出有效的决策，确保管理团队始终清楚发生了什么。

作为副主管（代码 400）和 HST 飞行项目经理，伯奇直接向飞行项目主管汇报工作。虽然他们最初都是在华盛顿特区的 NASA 总部，其中一个主要角色现在被委派到领域中心，这使得官僚组织扩大到了现在这样。伯奇说，总部位于华盛顿的问题是“管理人员并没有接近行动和正在发生的事情，这导致各种各样的困难”。所以决定把一些项目办公室搬到戈达德去。

就哈勃项目办公室而言，它被归类为一个“超级项目”，包括后来成为HST运营项目部的HST运营和地面系统项目部，和后来被称为HST开发项目部的HST飞行系统和服务项目部。作为项目经理，普雷斯顿·伯奇负责办公室的所有工作，包括技术问题、进度安排和成本绩效等。

该运营项目部负责航天器的健康和安全、任务、飞行操作和科学计划。它还负责太空望远镜科学研究所（STScI），该研究所按照合同规定向项目办公室汇报。同时它还负责地面系统运行，并率先对望远镜的两台主机软件进行支持、重新设计和维护。除了处理器和科学仪器及其测试平台之外，它还负责维修业务、规划预备和所有操作程序，创建维护任务综合时间表（SMIT，发音为“Sermit”）、应急计划产品、维修规划和重新规划工具（用于生成SMIT的计算机化系统），以及任务、模拟和训练期间的即时重新计划。最重要的是，伯奇还负责位于戈达德的几个HST模拟器。

开发项目部负责开发新的科学仪器。发射时望远镜上有5台科学仪器，但随着时间的推移，需要替换这些仪器。高速光度计显然不是一种普通仪器，而且只有很短的观察时间，所以它是第一次在轨服务任务中显然要去除的目标，以给用于补偿反射镜中闪光的光轴补偿矫正光学套件提供位置。开发项目部还开发了用于安装到太空仪器上的WFPC-2、STIS、NICMOS、ACS、WFPC-3、COS和NICMOS冷却系统。当“热量短缺”导致NICMOS以3倍计划速率消耗冷却剂时，仅18个月就会耗尽供应，因此团队建造了一个反向循环机械冷却器，以恢复仪器的服务。他们还承担了大量的仪器和ORU开发工作，并为所有的轨道分系统开发“黑匣子”。开发项目部还负责戈达德的航天器电气系统测试（VEST）中心。这是必不可少的，它可以确保所有仪器在被送入轨道之前正常地工作。开发小组还处理高精度的机械模拟器，以确保将所有的零件正确地组合在一起，这反过来揭示了是否有哪些部件对于适配位置太大或太小，最重要的是它是否起作用。哈勃太空望远镜开发项目部还制造在发射时保护载荷舱中的仪器和ORU的容器。他们制造了许多保护箱，以适应所有尺寸和形状的硬件及其载体，他们还负责安装在其上的航天飞机平台和防护罩，以及所有乘员的辅助工具，并就载荷对航天员进行训练。此外，他们还执行了全面的系统集成和测试程序，并在发射地检查载荷。

伯奇说："HST项目办公室负责管理整个项目技术集成的1级和2级要求，从技术上讲，确保运营项目部和开发项目部以一体化方式办公。它还有一个系统管理功能，包括反馈在轨异常情况、组建调查小组以摸清异常原因，并尝试找出在未来在轨服务任务中可能要安装哪些新硬件来修复这个问题，或者我们在地面上可以用飞行软件或者地面系统软件做些什么工作来处理这个异常。（项目办公室）在维护任务期间通过整合运行所有主要的技术审查而做出重要的技术决策、分配计划、项目预算并予以执行，同时与戈达德的中心管理部门进行交互，正如总部、公共事务办公室和JSC进行交互一样。"

在每次在轨服务任务期间，伯奇会与一个小组一起去JSC，这样他们就可以在支持间里帮忙，并对航天员在EVA方面的工作做出及时的决定。如果乘员遇到问题，必须做出采取其中一个应急计划的决定，尽管与航天员安全有关的问题属于任务指令长的职责范围，但伯奇对那些事情有最终的决定权。

1991—2009年，尽管有很多团队成员留下，但也有一些员工离职，这意味着新成员的加入。但正如伯奇所说："大多数员工对于能够从事这个如此庞大、如此有知名度并具有国家和国际意义的项目都感到很荣幸，哈勃在科学发现方面已经是一个令人难以置信的项目，它彻底改变了我们的宇宙观和我们在宇宙中的位置。我们所有人每天都无比兴奋地投入工作中去做这样的事情。要诱导人们离开，需要花很多钱。但不可避免的是人会变老、要退休，但是其中一些人确实回来了并坚持干了下去，还有一些人换了别的地方，但总的来说，职员和承包商的人事变更率是非常低的。”

伯奇担任科学事务部副主任和HST项目经理，需要在任务、科学和维修事务的管理，地面系统和飞行软件的开发以及望远镜和配套基础设施维护之间找到平衡点。这是一个多样而复杂的角色，必须平衡好要求苛刻的科学计划与在轨服务所需的时间之间的关系。参与科学任务然后暂停该任务转而去负责在轨服务望远镜，然后在望远镜放回轨道后又重新启动科学任务，当他被问及在此过程中感觉有多么困难时，伯奇说：“这当然是一个挑战，但有一件事要牢记，那就是哈勃在轨服务任务的发展就像一列火车沿着与哈勃科学行动平行的轨道走下去一样，这将成为另一条轨道。两者之间的资源共享和互动有很多，除非到了应该维修的时候，科学任务从来没有真正停止过。”

正如伯奇进一步解释的那样，STOCC的控制人员在航天飞机进入轨道之后不久就将指挥哈勃退出科学模式。当航天飞机几天后抵达时，望远镜将会被动地准备对接。在EVA之后，为验证电气连接和基本功能，将对科学仪器和ORU进行一些冗余检查；这被称为“活力测试”。这是在望远镜还在航天飞机上时进行的，以便航天员能够处理任何问题。调试后的大约第30天，望远镜通过如FGS等再校准系统和检查科学仪器进行再次调试。科学仪器需要长时间的检查才能解释对太阳和地球光敏感的放气和紫外线极化污染物现象。然后进行科学仪器的功能测试，以调整各种光学器件使之聚焦，并确保没有普遍的退化和校准问题。为了测试最新改进效果并向公众推广望远镜，哈勃团队发布了一系列被称为早期版本观测（ERO）的图像。随着这些顺利完成，科学计划逐渐恢复。

在每次飞往哈勃的飞行任务中，因为有新的仪器需要安装、旧的仪器需要回收，参与日常研究计划的科学家们仍然是维护阶段的关键合作伙伴。“这为STScI的地面运营带来了很大的变化，”伯奇说。“有新的功能要去探索，每台仪器都需要校准，还有更多软件要更改，甚至还有更多的数据要存储。”大部分仪器都是由 Ball Aerospace 公司制造的，Ball 公司的所有综合测试中心的数据都被送到戈达德和 STScI 进行校准。通过比较存档的测试数据和来自最近安装的仪器上的数据来验证它们是否匹配。

在这一切发生的同时，全国各地的各个中心都在为下一次在轨服务任务做准备。根据伯奇的说法，每次在轨服务任务需要约 12 个月的准备时间，涉及与各个中心、承包商和审查员的协调。目的是使所有硬件和软件在发射时同时就绪并按照计划执行任务。这可以确保当哈勃望远镜装载于航天飞机载荷舱里或进行后期维修检查时，使科学任务的停机时间最短。时机必须恰到好处，直到航天飞机在轨并确认状态良好，科学任务才暂停。伯奇对于为每位航天员制定的大量培训计划表示赞赏，尤其是为 EVA 团队制定的计划，“他们于发射前 15 个月被选中，有很多东西要学，有很多事情要做。”尽管他们的技能非常出色，但仍然有很多东西需要掌握，特别是要掌握一系列工具和程序，以对望远镜上的硬件进行装配或移除操作。他回忆到，想到轨道上会出现什么问题或者在他们的精心准备中可能没有预见到什么，会使他发疯。在戈达德对航天员进行多个时间段的机械模拟器方面的培训，补充了马歇尔、JSC、发射地或承包商在水池进行的广泛培训。除了飞行乘组航天员外，还有几名航天员，多年来一直被安排在支持硬件和程序开发的岗位，并且很多人做得很好，但据伯奇所言，“一些航天员不会更换灯泡”，他们需要更多时间来处理其所承担的挑战。

到目前为止，在轨服务任务中最有价值的东西是为每个飞行日分配 6 小时 EVA 时间。伯奇回忆说：“每次太空行走就像精心设计的芭蕾舞，要试图消除从载荷舱到望远镜之间的不必要行程，并再次回来，以节省时间。”他还指出，很多戈达德的工作人员已成为 JSC 或 NBL 的资深公用潜水员，通过做最简单的任务帮助改进 EVA 的时间表和排序，如捡起掉落工具以节省航天员将其取回时所浪费的时间。虽然航天员在太空中不会遇到这个问题，但这启示他们要确保航天员与工具捆绑在一起。从高层管理人员到下级人员中，每个人都在学习新的做事方式，观察事情进展是否顺利。航天员经常就程序、工具设计和技术提出自己的想法，并且都努力在时间上寻找效率，从每次 EVA 中寻求最大效果。

7.3.2　运营和系统经理阿尔·维纳基奥

在参与哈勃望远镜项目的 17 年中，阿尔·维纳基奥在该项目上的角色不断演变。他曾担任 HST 地面/操作系统工程经理，他的大部分任务都与在轨服务任务有关，还担任过系统工程和验证经理。他在大学毕业后直接加入了戈达德工程部，并在短时间内开发了支持航天器计算机软件开发的测试系统。

图 7-8　HST 地面/操作系统工程经理阿尔·维纳基奥

（图片来源：戈达德航天飞行中心）

他解释说："我在 1985 年左右加入了新成立的分支机构，这里负责维护卫星计算机的飞行软件。我的工作是在哈勃望远镜发射之前提供支持，所以我们正准备接手飞行软件。在那之后不久，一直到第一次在轨服务任务，我在发射和激活阶段成立并领导一个团队。我们团队做了大量的软件修改以解决望远镜存在的各种问题，或在制导和控制计算机上增加科学家需要的新的或额外的功能。"他的团队并没有直接参与开发矫正光学套件来解决镜面的球面像差问题；这项工作更多关系到由弗兰克·切波利纳团队负责的飞行操作方面。维纳基奥解释说："我们只是参与了很小一部分，比如如何从地面操作这个东西，如何部署这些镜子并使它们就位，以及实现这个目标所需的指令等。在离开工程部之后，我来到哈勃项目的运营和地面系统部工作。那时候我担任地面系统工程经理的职位，在 1994—1998 年支持关于 SM-2 任务的科学行动。然后，我担任了哈勃运营维护任务经理的新角色。在在轨服务任务中，这是一个更为活跃的角色，在随后的时间里，基本上一直为科学部门提供新的仪器。

在戈达德的哈勃项目办公室共有两个"超级项目"，一个由弗兰克·切波利纳领导，负责在轨服务；另一个最初由普雷斯顿·伯奇领导，后来由阿尔·维纳基奥领导，负责运营和地面系统。维纳基奥管理望远镜的日常操作，主要负责操作望远镜及与其相关的地面系统。他还与在马里兰州巴尔的摩的太空望远镜科学研究所合作。此外，他的团队还负责准备所有的地面系统，以便为即将到来的在轨服务任务随机应变，比如安装一台新的仪器，"不仅从物理角度来看，照相机发挥更大的能力，而且还要从计算机角度来看，具有更高的数据传输速率。在一次在轨服务任务后，有很多需要在地面上完成的工作要做，以便有效且高效地运行 HST。在一次任务期间，我们负责执行望远镜的所有操作任务，所以当航天飞机与望远镜对接时，我们会操纵望远镜进入正确的方向，然后在航天员出去之前关闭系统，当对接完成之后，我们将测试这些系统，确保它们被正确地安装并且做过检查。"

维纳基奥的团队是哈勃科学部和工程部与休斯敦的飞行控制人员以及太空航天员之间的纽带，可确保双方平稳过渡。“我们在维修任务期间操作卫星，与JSC和弗兰克・切波利纳的团队紧密合作，以使所有这些活动尽可能地有效，特别是在航天飞机上的时间花费方面。要做到这一点，每次在轨服务任务都需要大量的准备和计划。”

当被问到在为一些航天飞机任务做其他准备工作的同时，为在轨服务任务做准备的模拟时间有多少时，维纳基奥说，对于团队中的很多人来说，这是一份全职的工作。“在某些地区，如果不是更早的话，一旦前一个任务完成，他们就会尽快开始下一个任务。但是这些任务之间都是互相联系的，第一个任务的计划会进入第二个中，等等。这包括电话会议而且还有相当多的出差，我可能每个季度都会去JSC与那里的航天员会面，但是参与规划目标的每个学科团队之间会更频繁地进行电话会议。并且我们会有自己的内部模拟，因为我们有自己的模拟器，会有10～12人来扮演我们正在处理的关键飞机接口的角色，并且我们会将小的模拟分解成两天或几天的模拟，以准备与JSC进行联合模拟。联合模拟时，电脑也会运行模拟器，就像在飞行任务中一样，这具有相当高的保真度，更接近航天员团队相互合作完成的任务。”

运营团队通常包括每天都在使用望远镜的工程师和操作员。然后，一个较小的团队扩大成了较大的团队，但完全集中在在轨服务任务的大约有10个学科领域，每个领域至少有两三个人。如果不是更多的话，支持一次在轨服务任务的整个系统小组，起码包含30～50人，这取决于要开展的活动。维纳基奥在接受本书采访时强调，有很多人参与了在轨服务任务——从科学家到工程师、设计师和分包商。在他的职业生涯早期，他曾经参与支持科学运作、飞行软件、运行和工程。总是提出有关如何解决具体任务的问题。例如，“我们需要做些什么以使得STScI操作望远镜的天体物理学家想做的一些活动成为可能。所以当独特的事物出现时，比如Shoemaker-Levy彗星撞击木星时，我们必须做一些事情来表明这是哈勃的一项新活动；当时我们没有跟踪行星，所以我们不得不从科学的角度去做一些软件的改变。然后从在轨服务的角度来看，当新的相机出现或有显著的升级时，就有很多工程需要实施，比如你如何将仪器中读出的数据翻倍或增至3倍，如何让它传到地面上，如何将它传到科学机构，以及那边的人会想办法怎么处理。这一切都和那台仪器的开发有很密切的关系，所以这从一台新仪器的开发开始，一直到在轨安装、检查和运行。所以我们有专注于每台仪器的团队，有一组工程师决定如何将仪器安装到望远镜上，决定我们将如何操作它并使之能应用于更广泛的天体物理学界。

预算更多的是切波利纳团队的责任，但如果要做出权衡，维纳基奥的团队会参与进来以组建一个综合团队，这样就给系统成员一个说法，同时确保仪器保持在预算范围内。

维纳基奥说，他被任命为哈勃运营维护任务主管依靠的是他最大的优势，即计算机背景和对哈勃系统如何工作的深刻理解。一位前任老板曾经告诉过他："硬件非常重要，但是软件人才是真正实现目标的人。"维纳基奥坚信这就是事实，"如果没有软件成员的帮助，现在的硬件不会走得很远。"他曾经的角色可以帮助他理解科学家和工程师提供给他的建议和计划中哪些是可能的、哪些是不可能的。这些建议和计划是科学家和工程师们以其希望的特定方式或能力完成自己想要做的事情。

7.3.3 异常响应团队

维纳基奥解释了在哈勃在轨服务任务期间，设立在戈达德和JSC的异常响应团队（ART）的作用。"在JSC和GSFC都有一个地面团队，为航天员们正在做的在轨服务工作进行精心编排。在戈达德控制中心，我们所有的部门都监测这些活动，并对其中的大部分进行预示；当你这样做时，你真的被"绑在座位上"了，你不能起身就离开，而且很早就要认识到需要一个幕后团队着手解决问题并将答案反馈给在线团队，这就是所谓的异常响应团队。"

“当在轨或在地面上出现问题时，我们有一批从实时操作中分派出来的工程师，他们能够解决问题。在一次在轨服务任务中，一名主管需要处理各种问题，因为从来不是只有一个单一的问题，所以我们不得不记录时间是如何花费的，包括什么时候得到答案的，以及如何部署团队的等。还有一个小得多的操作团队，在在轨服务任务中不太插手。在在轨服务任务中，特别是外面有航天员时，常常需要马上得到答案，你必须能够迅速作出正确的回答。所以这就是建立支持航天飞机乘组的 ART 的重点——航天员需要的所有一切，他们都能尽快得到。切波利纳的团队主要部署在 JSC，因为他们想要接近航天员，但是我们大多数人想要回到有我们自己的数据和我们操作望远镜的地方。从管理的角度来看，我们如何管理资源需求始终是一个挑战；特别是如果不直接涉及硬件——需要多少探测器，摄像机应该多先进，以及我们能够负担起什么。我们面临的挑战之一是，在操作望远镜的 30 年里如何保持其系统的现代性。你肯定不想操作来自 20 世纪 80 年代的设备，所以一路走来我们做了几次升级。在我们能够负担的花费和当时的技术之间应始终保持平衡，再加上如何将这些变化集成到一个操作系统中的进一步挑战，你如何在一个重大升级进入操作环境时使其不受干扰呢?”

“虽然哈勃有很多失败的小事情，但在任务的范畴内，出于国家资产的知名度，我们在做任何事情之前都会投入大量的资源来进行规划和准备。当然，在发射时你会遇到像球面像差这样的意外——这与我无关，但是在此过程中有时你得做出改变，并且会出现意想不到的反应。有时我们改变了软件，并没有意识到它会有反应或者有意想不到的效果。我们时刻准备应对那些不可预测的事情，通过程序把它们迅速拉回正轨。然后就观测站本身而言，它在处理故障和问题的能力方面，被设计得相当稳健。我们总有一种感觉，就是航天器会自己照顾自己，它必须这样做。”

7.3.4 乔伊斯·金的管理工程

2003 年 7 月—2005 年 4 月，戈达德工程师乔伊斯·金担任了

HST 的副运营主管职务，之后担任了 HST 运营部门的系统和工程主管。在此前的 1989—1994 年，她是佛罗里达州肯尼迪航天中心的一名机械工程师，负责载荷的机械整合。碰巧的是，她在 1990 年初的几个月中所做的其中一个载荷就被用到哈勃太空望远镜上。她的责任是确保将载荷安全可靠地放置在载荷箱中，以便将其运送到发射台上。1994 年，金搬到了戈达德，在那里她被安排到飞行运营部（代码 440），详细了解了第二次在轨服务任务的硬件（代码 442）的准备情况，最终成为 SM－2 的机械整合领导，负责管理建造 ORU 装载器和准备飞行支持结构的技术人员和工程师。代码 440 包括操作团队、控制着望远镜的代码 441 团队，以及在机械工程师、热工程师和代码 500 工程团队成员等的支持下，为每次在轨服务任务供应硬件的代码 442 团队。正如金所言，“我一直待在飞行运营部门，在‘441’工作，直到我被任命为哈勃副运营主管。”

作为哈勃的副运营主管，金向当时的运营主管克里丝·威尔金斯汇报工作。她负责飞行运营团队的日常操作，包括调度上行链路和下行链路、安排地面系统活动、组织用于升级机载软件和更新地面系统安全补丁的飞行软件发布计划。这需要进行大量的测试，并且作为副主管，跟踪支持每次在轨服务任务所需的所有飞行软件是她的职责。事实上，她唯一没有以某种方式参与的哈勃任务是 1993 年的 STS－61/SM－1。

JSC 的飞行控制人员和管理人员需要时刻关注航天飞机及其航天员，而戈达德的飞行运营小组则在维护阶段监视望远镜的健康状态和安全。哈勃并没有正常关机，虽然没有正常进行科学研究，但仍在报告自己的状况。哪些功能仍然在运作取决于 EVA 计划，通常只有航天员正在使用的仪器才会关闭。地面工作团队对每一个要处理的项目进行隔离，以保证航天员的安全，然后再次通电，以验证维修没有扰乱基本系统运行。因此，哈勃仍然“活着，能和地面交谈、为系统供电，并保持数据管理系统正常运行”。

2002 年 3 月，STS－109/SM－3B 中，航天员更换了被称为“哈

图7-9 哈勃太空望远镜任务执行/副运营主管乔伊斯·金
（图片来源：乔伊斯·金）

勃之心”的功率控制单元，整架航天飞机自发射以来首次断电。当EVA延迟时，意味着一旦EVA终于可以进行，望远镜就必须被启动然后再次关闭，这是一个令人有些紧张的时刻。据乔伊斯·金说：“为了完成这项任务，在地面上进行了大量的模拟培训。在另外一栋楼里，有一个训练中心和模拟整个电源总线的飞行器电气支持结构（VESS）。通过对软件的开发，我们能够提出‘超级代理’，允许团队一次性发送一个大的命令，而不是一个命令一个命令地发送，并且迅速恢复电源。这是在在轨服务任务的建立过程中完成的，然后实时地进行修补。我们完成了服务团队地面测试，因此在在轨服务任务期间发送的任何指令都要先在地面上进行测试。”金是这些评估的测试指导员。因此，当需要更换仪器或必须关闭电源时，她的团队已经在仿真中制定了断电顺序，以验证它是否能够正确工作。然后，在航天员更换仪器之后，她的团队按照正确的顺序再次给系统供电，在发送任何操作命令之前使系统恢复到所需的温度。接下来是“活力测试”，验证系统正在接收功率并发送信号。然后，在航天员睡觉时进行功能测试。“在夜里”进行测试，可以让航天员醒来时有足够的时间计划任何必要的补救措施。

对于最后一次在轨服务任务 STS－125/SM－4，金的团队在戈达德值班，以支持计划（轨道 3）轮班。这通常是一次平静的轮班，允许有时间回顾前一个飞行日完成的工作，对于金及其团队来说，不幸的是，因为这是最后一次对望远镜进行访问，所以航天员在其 EVA 期间要继续完成比预定更多的工作。她承认，这个“太难以置信了，”“但是我的轮班最终使他们在值班时间里做了更多的工作。每天计划的轮班将会在命令计划中断的地方继续下去，但也经常要重新计划，所以我们会重新安排第二天的时间表，并在当天（晚上）安排剩下的任务。当他们到达时，我们确定了时间表，所以我负责了重新计划会议，在戈达德的控制中心完成内部审查。”她负责管理约 125 人，包括科学家、管理、系统、热力、通信、硬件、机械工程师等。必要时，他们征求某一个特定领域的专家意见。由于计划的轮班已经在早期的模拟试验中进行过演练测试，所以她直接与飞行运营控制部门以及当班主管和休斯敦的飞行控制负责人合作。达成的协议是，任务控制部会发送指令给戈达德核实，然后把哈勃指挥小组交给戈达德，以与哈勃进行直接通信。

在计划轮班中，团队可以评估已经完成的工作，并根据预期的结果规划未来的行动以及第二天需要优先完成的任务，但这些仍然是一个悬而未决的问题。由于这通常比时间表提前，计划轮班也不断寻求承担更提前的任务，以确保 EVA 航天员总是有事情要做。例如，在 SM－4 中，航天飞机必须到达一个给定的位置，定位好太阳能帆板，使其在通过向阳面期间对望远镜的电池进行再充电。这使乔伊斯·金有义务与休斯敦就关于什么时候能进行这项工作而不会与JSC计划的活动相冲突进行协调。作为系统主管，她拥有来自不同分系统（电源、通信、光学望远镜、安全、科学仪器和数据管理等）的约30名工程师。在管理角色中她必须对望远镜的所有技术都了解，如指向控制、热力问题、仪器等。她必须彻底了解哈勃，知道如何去解决问题，知道行动的含义，“并且如果我不明白，我知道谁可以帮助我”。对于金来说，幸运的是，望远镜的太空系统与模拟非常接近，并且在在轨维修期间的仪器更换中得到的经验使模拟进展顺利。“我们开始清楚模拟与飞行模型之间的区别。WFPC就是一个例子，它已经通过了在模拟环境中心进行的热真空测试，该模拟中心模拟把广角/行星照相机放在太空轨道时的温度。但是由于我们在WFPC－3冷板和热管的可变条件方面上存在问题，导致他们在确保仪器不变暖和保持冷却方面也有一些问题。异常响应团队讨论了我们需要做的事情，工程师们聚在一起交流。”作为计划轮班的任务运营主管（MOM），异常响应团队向她介绍说：“这就是发生了什么，这就是它发生的原因，我们需要改变这个设定点，以便我们能够把它调整到正确的温度。”然后金会回到休斯敦，解释说：“这就是我们的问题，这就是我们需要做的。”休斯敦随后改变命令计划，经过一些测试后，他们用“操作请求”记录对命令计划的修改，接着签署命令，并让戈达德指挥小组向哈勃发出必要和同意的命令，然后指挥小组回到休斯敦的控制之下。所有这些都发生在航天员睡觉的时候。

7.3.5 系统管理地面测试

系统管理地面测试（SMGT）被应用到所有计划安装到哈勃望远镜上的新硬件上，以验证在名义上和“大型命令计划”下的计划指挥路径。这些测试可能运行长达24小时，并记录异常以供将来处理。一系列这样的循环会逐渐消除问题。乔伊斯·金主持SMGT，她的角色是“确保解决这些问题，然后通过确定问题所在并进行闭环，这就是我们所做的事情；有些任务很简单，有些则不那么简单，并且需要更多的测试和分析。”

在计划轮班期间，戈达德模拟团队进行了单独的调查模拟，他们再现了在轨望远镜上观测到的异常现象，以确定如何解决这些问题，然后将结果记录在案并进行了测试，如果有必要将转入下一次任务中。包括所有系统异常在内的维护后综合评估，是规划下一次在轨服务任务和为将来的程序编制档案库需要考虑的重要因素。后续在轨服务任务运营小组进行了可靠性分析，并研究了潜在的故障，以指出如果它们可能出现应如何处理。2008 年年底，当 SIC&DH 一方失败时，一种非名义情况出现了。经过两周的测试后，他们决定进入望远镜的“另一侧”，这种情况可能只是因为设计中已经存在了冗余。为了防止在最后一次在轨服务任务中发生“单一系统故障”，管理层指出，在 2009 年的 SM－4 中将对飞行备件进行升级、认证和安装。这增加了对已包装好的计划中新零部件的培训，但由于飓风袭击了发射基地，结果发射延期，压力得到了缓解。这个团队能够进行很多寿命延长计划、前瞻性规划和交叉部分。尽管一台仪器已经出现故障，但他们并没有选择更换整个设备。这使得望远镜能够继续在混合模式下工作，由于对这种情况进行了广泛的地面测试，控制人员能够充分地为这种情况做好准备，并将望远镜的停机时间降到最短。SM－4 任务结束后，后期维护团队的运作和人员配备都减少了，电子工程师数量也减少了，剩下的成员不得不交叉训练并增加任务。因此，戈达德的前热力部和机械系统部现在都是电源系统部的一部分。

在她的管理角色中，乔伊斯·金参加了戈达德的独立训练和在 JSC 的联合模拟，并常与航天员在 1 g 模拟条件下或中性浮力水池中工作。每一个模拟 EVA 计划都持续 6 小时，这大约是航天飞机任务中一个真正的 EVA 所持续的时间，但由于延迟，航天员很可能会滞后他们的任务。异常情况包括由于（理论上）航天服泄漏而导致的 EVA 延迟。任何“错过的”工作必须得到重新安排，包括重复计划轮班实施和重新规划综合会议（由“440”团队组成）的活动，以查看如何修改优先级列表。有很多技术性讨论，每个都有优先级，以至于如果需要缩短EVA，团队就已经知道如何重新确定时间表的优先顺序。为了提高保真度，项目主管将做出最后决定。金会与戈达德的管理层和在JSC就职的戈达德控制人员交谈，然后向JSC的管理层和飞行控制人员提出意见。

乔伊斯·金从她在哈勃望远镜上的经历中得出：“重视细节是很重要的。前瞻性规划是必不可少的，大量的应急计划也是如此。如果出现问题，我们可以快速响应，因为系统已经通过了应急模式测试。当然，时间对于太空飞行来说至关重要。训练是必不可少的。基本的核心训练可以通过模拟来处理地面上可能出现的问题，以便于飞行中发生某些事情时，由于这些训练、聚焦和决策，他们可以高效地做出反应。”

7.4　在轨服务任务支持团队

直接从航天员那里了解太空飞行的各方面知识总是很有吸引力的。从管理、计划、控制和支持任务人员，航天员训练员，硬件测试人员以及准备实验和载荷的人员那里获得对太空飞行的广泛认知同样是令人高兴的。这与筛选出的原始文件一起更能真实地说明所研究的任务或项目。在过去的25年中，随着互联网的发展，NASA已经扩大了信息覆盖范围，包括那些从管理和工程到任务控制和培训等方面完成支持作用人员的背景信息。最后3次哈勃任务从这个新的“拓广”中受益很大，特别是在SM-4期间，各种团队的职位公布于互联网上，说明哈勃一直是他们职业生涯中的一个焦点。

在最后一次在轨服务任务中，一些关键岗位反映了其所需的强大基础设施，不只是为哈勃服务，而是为了所有任务。

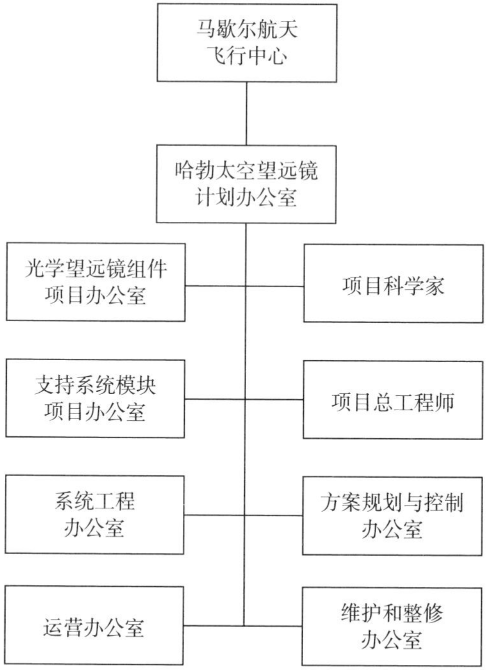

图 7－10　马歇尔航天飞行中心的组织结构（1990 年）

MSFC 的职责：1）HST 发展牵头中心；2）总项目管理；3）OTA 开发；4）SSM 开发；5）HST 的整合与验证；6）轨道核查操作；7）维护和整修计划

7.4.1　NASA 总部

位于华盛顿特区的 NASA 总部里，参与哈勃项目的高级职位包括：

1）天体物理学部主任：负责哈勃等 20 多个不同飞行项目的高层管理；

2）HST 项目科学家：负责监测和维护哈勃科学项目，同时确保任务仍然“符合 NASA 的科学目标”；

3）HST 项目主管：负责指导哈勃在 NASA 总部的所有计划活动（科学内容除外），以确保计划每天按照 NASA 的指南进行，并根据技术进度和预算要求对其运行情况进行评估。

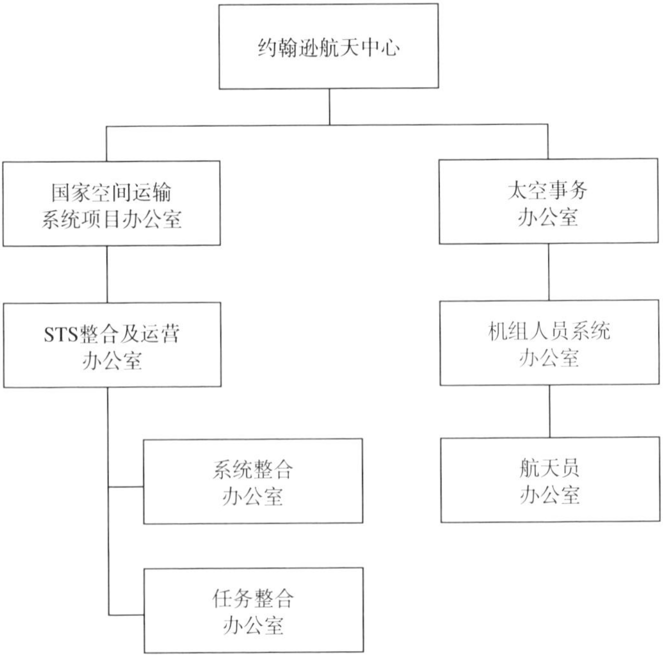

图 7-11　JSC 的组织结构（1990 年）

JSC 的职责：1）HST 与航天飞机对接——航天飞机系统整合；航天飞机任务整合；
2）航天飞机任务运营；
HST 与机组人员的交互——HST 的部署；
3）SHT M&R 的规划支持

7.4.2　马歇尔航天飞行中心

马歇尔航天飞行中心位于阿拉巴马州亨茨维尔，作为 HST 发展牵头中心负责整个项目的管理。其职责包括开发光学望远镜组件和支持系统模块，在发射前对望远镜进行集成和验证，以及在把任务交给戈达德执行科学计划并管理服务任务之前，执行初始轨道验证操作和维护与整修计划。

直到望远镜发射为止，马歇尔航天飞行中心的 HST 项目办公室包括：

图 7-15 洛克希德导弹与太空公司的工程师在戈达德太空望远镜运行控制中心（STOCC）的任务执行室的控制台前，在 1990 年发射望远镜之前进行一次模拟（图片来源：LM&SC）

这个团队负责监视最后一次在轨服务任务中的 EVA。

2）HST-任务系统总工程师：负责 HST 系统工程团队的开发周期。这包括规划要安装到望远镜上的任何仪器，从最初要求到设计、装配、测试、集成、发射和在轨运行。

3）HST-副主任/技术主管：负责所有计划活动的技术开发，包括维护、运营和研发。

4）HST-开发项目的副主管：负责在轨服务任务飞行硬件的开发。

5）HST-运营项目副主管：管理项目组的技术活动以及预算的

管理和答复，确保在在轨服务任务准备过程中如期完成工作，并管理好后期维护轨道核查工作。在在轨服务任务期间，领导归属JSC的团队，而在戈达德，则是哈勃太空望远镜运营的主要协调人员，以支持EVA每12小时一次的轮班。

6）HST-高级项目科学家：为该计划提供科学领导，包括管理科学计划和望远镜，新型科学仪器的开发以及在轨服务时间安排。这是一个广泛而全面的角色，旨在支持观测站的科学调查，并确保所获得的科学成果在很长一段时间内都是富有成效并且是成功的。作为高级管理团队的一员，高级项目科学家帮助制定每次在轨服务任务的计划和指南。在任务期间，他们将在JSC监视任务的进展，并在出现紧急情况需要由高层管理人员做出决定时能被找到。

7）HST-副高级项目科学家：与高级项目科学家一起为每次在轨服务任务的准备和执行提供建议。这个角色包括科学运营、新型仪器的开发、监视轨道上的异常情况以及一些公众关系和外展活动。

8）HST-运营项目科学家：在在轨服务任务中扮演了重要的联络角色。这个角色是项目管理的STOCC规划轮班与对每个新的或修复过的仪器的功能测试所得数据进行分析的各科学团队之间的联络点，然后他将结果报告给高级项目管理层。运营项目科学家还就科学重点和任何必要的权衡提供建议，并向运营项目主管提供建议、指导和监督。这项工作需要监测仪器和系统的性能，评估异常情况和采取的行动，支持每次在轨服务任务的执行，并监督当前的科学运营和未来的仪器开发。

9）HST-开发项目科学家：负责确保在在轨服务任务期间安装的任何新硬件达到其科学目标。

10）HST-观测站主管：负责领导一个团队。这个团队负责通过在轨服务任务增加到望远镜上的系统或组件的设计、开发、制造、组装及测试。该团队负责处理所有的航天飞机系统、科学仪器、辅助设备、工具及EVA辅助设备，并确保将所有硬件在发射之前汇集起来进行集成、测试和验证。

11）HST-仪器开发办公室主管：在天文台团队准备一台飞行仪器之前，必须首先开发这台仪器，并由仪器开发办公室主管领导的一个小组完成这个任务。这个团队负责新硬件的设计、制造和测试。这是遍布美国的许多个人和设施，以及戈达德人员的共同成就。

12）HST-装载系统开发主管：负责四大硬件装载系统，包括超轻型可互换装载系统（SLIC）、在轨可更换单元装载系统（ORUC）、多用途轻型设备（MULE）装载系统，以及飞行支持结构（FSS）。这些是在轨服务任务中构成“载荷”的一部分硬件。目的是将新仪器、设备和工具安全地送入轨道。为了达到这个目的，装载系统小组要确保所有硬件物品在发射和着陆时保持安全，在轨道上保持最佳温度，并确保要返回地球的物品安全地存放在合适的容器中。该小组还开发了维护任务中用于携带仪器、航空电子设备和工具的支撑结构。此外，他们还设计了新硬件，这些硬件在航天飞机发射时才会集成到装载系统上。

13）仪器主管：领导仪器团队，该团队负责确保在预算内准时建造一台达到技术要求的仪器。为了达到这个目标，仪器主管管理了分布于美国各地的10个机构中的一个由工程师、技术人员和科学家组成的团队。

14）HST-飞行维修项目热力系统主管：HST必须在恶劣的环境下工作，因此了解该环境的热力特性对于确保包括科学仪器在内的所有硬件单元能够在望远镜的整个生命周期内工作是非常重要的。这个团队的成员负责望远镜上的散热设计、实现、测试和硬件安装。它有3个主要的责任领域：新ORU系统、飞行支持设备和载体以及航天员辅助工具。

15）EVA办公室主管：他带领一个团队，参与在轨服务任务中EVA程序、技术和工具开发。负责对戈达德的航天员进行工程单元、高保真模型和飞行硬件的培训。团队主管还负责协调和管理航天员在水池里演习用的所有HST硬件，并在水下训练期间提供一支水肺潜水员队伍来支援航天员。

16）在轨服务任务操作主管（MOM）：就职于STOCC，管理一个由约90名工程师组成的团队，负责确保指挥望远镜的程序是正确的。在在轨服务任务期间，该主管在MOM控制台上工作12小时，与计划轮班任务操作主管交替工作。他们在哈勃望远镜交会、对接和停泊、每次EVA以及望远镜的最终部署期间值班。乔伊斯·金非常享受作为“哈勃的在轨服务任务操作主管”的时光，在她回忆起这段经历时充满骄傲和喜爱之情。

图7-16 太空望远镜操作控制中心（约1999年）

7.4.4 太空望远镜操作控制中心

太空望远镜操作控制中心（STOCC）位于戈达德航天飞行中心，自1990年4月哈勃望远镜发射以来，STOCC一直是哈勃运营的焦点，并已进行多次升级。所有的指令都是从STOCC发送到望远镜，并且科学仪器和机载系统的数据被传送到STOCC。这些科学数据再被转发到马里兰州巴尔的摩的太空望远镜科学研究所（STScI）。

STOCC位于任务执行室（MOR）中，用于控制和监视所有HST飞行运营、工程活动和科学活动。MOR还设有监测哈勃正常情况与安全情况所需的操作工作站和显示器。所有对望远镜的命令都来自MOR，MOR每天还监测所有的工程活动和科学活动。这项活动是在任务运行系统工程和软件开发（MOSES）合同的约束下进行的。该合同由管理哈勃项目的HST运营和地面系统项目部执行。

在在轨服务任务期间，太空望远镜操作控制中心的运营部（STOCC OPS）与位处休斯敦任务控制中心的JSC载荷操作人员保持着直接联系，而且负责作为服务任务综合时间表（SMIT）的一部分的指挥计划（CP）的业务应用，并且对STOCC所有的运营、任务调度事务和（或）活动进行协调。值班主管（SS）担任指挥望远镜的飞行操作团队的首席负责人，并负责地面系统的配置。这一角色包括实施计划中的活动、维护望远镜的健康状况、控制STOCC的命令以及在在轨服务期间协调从休斯敦MCC到STOCC的数据传送。

STOCC OPS由6个主要控制台工程师（CE）职位外加一个任务控制中心（CCS）支持平台组成：

1）控制中心系统支持：主要是一个支持平台，帮助STOCC的控制人员和工程师们解决计算机程序问题，并提供相关建议。

2）数据管理分系统/仪表与通信（DMS/I&C）：负责监测哈勃计算机的性能，管理机载数据记录仪，向望远镜发送命令流，确定适用的数据模式、遥测速率、格式以及为支持这些功能而对接收机和发射机进行设置。该控制器还指定了哈勃太空网络或地面网络之间的模式和双向链路，以维持望远镜高增益天线的正确指向，并监测太阳能电池阵的性能和状态。

3）任务支持分析师（MSA）：是太空望远镜操作控制中心的“时间线专家”，负责确保运营遵循SMIT和指挥计划。作为计划团队的成员，他们每天都会在服务任务期间更新这些计划，而且经常按照要求进行更新。

4）指向控制系统工程师（PCS）：负责旋转和稳定哈勃望远镜以便准确瞄准目标。此人在恢复科学项目之前的维护检查后期管理望远镜。

5）指向控制/科学仪器/机构控制员（PCS）：在科学计划期间，负责科学仪器、SIC&DH 和定点控制分系统的健康和安全。该人员监视机载计算机的状态、望远镜的回转、目标采集以及陀螺仪、反作用轮和安全系统。

6）电源系统（EPS）：负责将电能由太阳能电池阵输送至望远镜。

7）高级分析和校准（SAC）：运行用于校准指向控制系统硬件的计算机程序，包括精细导星敏感器、陀螺仪和反作用轮。SAC 也为望远镜增加了计算机系统负载。

8）地面系统管理员（GSM）：是涉及地面系统的所有活动的协调人员，并利用他们在控制中心系统（CCS）、数据流、网络以及 HST/JSC /轨道器整体运行方面的经验来支持服务。

在仿真模拟和任务执行期间，指派 GSM 辅助地面系统和网络故障排除工作，这些故障排除工作由任务执行室（MOR）和支持服务的邻近的服务任务执行室（SMOR）负责，包括在任务执行室持续控制望远镜日常活动的时段，为每次服务飞行而进行的准备、测试和模拟。SMOR 由以下职位组成：

1）任务运营主管（MOM）：掌握太空望远镜操作控制中心所有业务的“控制权”，与服务任务主管和系统主管共同协调处理所有常规业务和应急业务，并且为指挥计划（CP）和服务任务综合时间表（SMIT）重新规划活动。任务运营主管向服务任务主管通报运行状态，并协调所有的执行/不执行呼叫。

2）HST 系统：作为 JSC 载荷系统的接口，直接为系统管理员提供系统工程和分析支持，协调 STOCC、HST 系统支持、HST 工程分析支持以及 EVA 专家和空间支持设备系统之间的所有操作

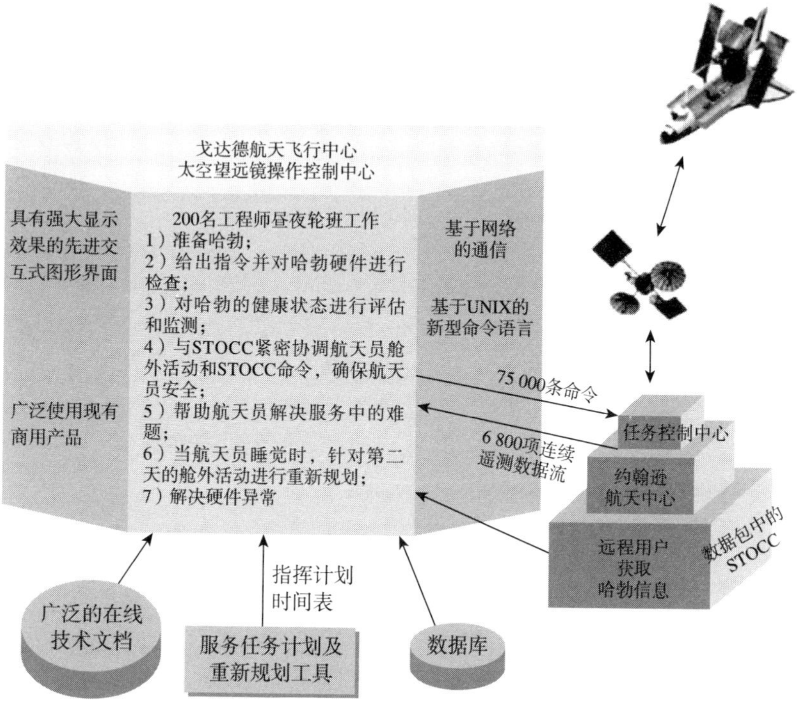

图 7-17　哈勃的 STOCC 任务控制网络（约 1999 年）
（图片来源：戈达德航天飞行中心）

活动。

3）HST 系统工程专家：该旋转控制台位置包括以下功能：

a）数据管理系统（DMS）负责数据管理。

b）电源系统（EPS）负责将电能由太阳能电池阵输送至望远镜。在服务任务期间，航天飞机是哈勃的主要动力来源。

c）仪器和通信（I&C）负责管理望远镜的机载通信。

d）机械系统（MS）直接支持 MOM，验证所有 HST 机械活动，包括太阳能电池阵的旋转，并分析机械运动。

e）指向控制分系统（PCS）负责指向控制系统/姿态控制系统的工程和分析支持。其中包括精细导星敏感器、陀螺仪和恒星跟踪器。

f）在轨更换单元系统工程师是为安装在望远镜上的ORU而配置的。这个职位包括监督主要光学元件和精细导星敏感器的光学望远镜组装（OTA）工程师，以及负责机载安全系统分析的安全工程师。

4）载荷运行控制中心（POCC）：通过协调与戈达德的MOR成员和NASA网络控制中心（NCC）的通信和数据采集，为所有HST活动提供支持。载荷运行控制中心配置了所有计算机处理器、数据接收和记录分系统、遥测和指挥设备以及使哈勃望远镜实现其目标所需的通信设备。

5）任务支持室（MSR）：在离线任务规划和数据处理的支持下，负责日常的飞行操作和工程活动。MSR与NCC共同为机载计算机生成科学和工程负载，并进行科学的工程数据处理。这也是发布更新的位置，以保持望远镜的航迹完整性和指向精度。

6）系统工程评估室（SEER）：通过提供深入的分系统分析和近实时的趋势分析，使用从航天器获得的工程数据进行后期分析支持，从而为任务运行提供支持。这个房间和MOR有相同的功能，可以作为备用操作控制室。

除了主要的MOR和SMOR之外，为了支持哈勃行动，还有一些较小的“后备”场所：

1）热分系统工程师监测主望远镜和新更换硬件的温度。

2）自1990年4月以来，工程师支持系统（ESS）可以访问与哈勃相关的所有历史数据，并可以查看电压、温度、电流、速度、扭矩、转接开关位置以及其他感兴趣的值。

3）异常响应管理器（ARM），前文已描述。

4）服务任务规划和重新规划工具（SMPART）：对详细列出服务任务要素的时间表和指挥计划进行准备并修改。主要工作是协调数百名工程师和控制员、航天飞机、望远镜和TDRS中继卫星的活动。

5）模拟小组（SIM TEAM）在 STOCC 于每次服务任务前对运营团队进行为期一年的培训。

6）电子数据控制中心（EDOCS）创建和维护一个内部互联网站点，为实时技术文件、战术数据以及准备执行服务任务的计划提供参考资源。

7.4.5 欧洲空间局（ESA）

ESA 与 NASA 关于哈勃望远镜之间的合作协议规定，可以允许最多 15 位欧洲同行加入太空望远镜科学研究所，以支持在太阳能电池帆板、弱物体摄像机等方面的研制工作。洛塔尔·格拉克写道：哈勃望远镜的每次服务都有着不同的目标。有时我们想更换一个摄像头，有时我们有一个陀螺仪出了问题。所以每当 NASA 要求我们重新审视我们所有的飞行规则和应急活动时，每次都会有轻微的神经过敏。当然，在一项任务中我们会一直监视，基本上不间断地监听 3 个并行的语音通道，试图识别出一些东西甚至任何东西、正在做出的决定或者任何其他事情，其中有些是飞行规则之外的事情，或者是突发紧急工作，以便我们可以提前报警。每个人都可以选择性地去听取上述 3 个频道。例如，我们 4 个人支持最后的服务任务，因为不需要更多的人工作，所以我们有两班 12 小时的轮班，一个班次集中在电子部分，另一班次集中在机械和结构部分。所以我们总是有两个电气工程师和两个机械工程师。然而，对于像我们替换原来的太阳能发电机的 SM－1 或者我们取回了第二组太阳能发电机的 SM－3B 这样的事件，我们有一个庞大的团队去承担，粗略估算有 10～15 人；所以它取决于涉及我们硬件的任务。

“在我们面前有一个箱子，可以从中监听 20 个不同的语音通道。我监听了在轨航天员和地球上的指令舱通信员之间的交流。我还监听了正在做出决定的工程管理频道。而且，因为我在为哈勃望远镜工作时是一名电子工程师，而非一名机械工程师，所以我监听了电源系统的频道。那是我听过的 3 个声道。在进行监控时，你会尝试提取与你的观点相关的任何内容。例如，在 SM-2 任务中，当航天员进入航天飞机货舱时，来自气闸舱的空气吹向其中一个太阳能发电机，并将其旋转推离对准位置，克服制动并将太阳能发电机推到远端。这是我们从未预料到的，也没有考虑到我们的执行计划中。这是第一次发生。然后，在晚上，机动岗提出了纠正措施或必须准备的其他信息。所以那天晚上我们和机动岗一起工作，讨论发生了什么，包括我们是否会损坏太阳能发电机，我们做了很多分析，得出的结论是太阳能发电机的性能绝对没有问题。它没有受到破坏，因为所有的能量都低于限定的标准。但航天员每天都从气闸舱里出来，我们不希望每天都有这种空气爆炸发生。所以我们给他们写了一个程序，作为一项纠正措施，让空气释放一定不要那么突然，而是有一定的规律。纠正措施写在计划轮班里，当他们醒来时发送给航天员，以便下一次我们到达同一点时，这个问题就不会再发生了。

7.4.6 肯尼迪航天中心

在佛罗里达州的肯尼迪航天中心（KSC），一个独立的团队接受并准备了飞行器的硬件：轨道器、双固态火箭推进器、外贮箱以及包括“载荷”及其相关装载工具的所有物品。这个团队包括：

1）飞行前任务管理团队主席与飞行中任务管理团队主席共担职位，协助全面管理、整合以及航天飞机项目运行。这项任务直接向航天飞机项目主管汇报。

2）经过载荷主管、航天飞机工程主任、发射气象官和安全主任的投票达成一致，并获得测试主任和任务管理主任的一致同意，由航天飞机发射主任负责制定最终的执行/停止发射计划。

3）测试主任领导航天飞机测试小组，负责在整个倒计时阶段摆渡车和地面支持测试的整合，负责所有人员的安全，包括在 ET 装载后平台上人员的安全。这项工作将向发射主任汇报。

4）任务主管带领一队工程技术人员组装和测试在哈勃服务任务上机载飞行的载荷。这是与载荷客户相关的主要接口，负责解决发

图 7-18　2009 年 5 月，KSC 的 HST ESA 团队：从左到右曼弗雷德·施密德，迈克尔·爱登，乌多·拉普和洛塔尔·格拉克。（图片来源：ESA 提供）

生的任何技术问题。

5）航天飞机轨道飞行流程主任。每次轨道飞行在其任务处理前都被分配了一位流程主任，负责处理所有载荷和硬件集成、发射调度和贯穿最后发射倒计时阶段的各种操作。

6）发射气象官从肯尼迪航天中心以南卡纳维拉尔角空军基地的莫雷尔行动中心监测发射的天气情况。发射和 RTLS 着陆地带的天气信息以及大西洋各中断站点的天气信息不断更新，以确定天气条件是否满足航天飞机发射实施标准。在倒计时期间，发射气象官与发射主任和着陆回收主任联系，并在发射前参与最后的审查。

7）助理测试主任支持测试主任，并负责发射队伍的管理和终端倒计时的启动程序。这个角色包括与地面发射定序器操作员一起对倒计时钟进行管理的人员，以及派遣到发射台去处理重大问题或紧急情况的“特殊人员”。

8）安全与任务保障主任，这是任务管理团队的咨询顾问角色，负责审查决策过程的基本原理，特别是确保任何不同意见都能得到鼓励而不是被忽视。它可以要求额外的资源来解决任何需要快速响应的问题。

7.4.7　航天飞机运营副主任克里平

在 1986 年挑战者号失败后，直到部署哈勃和准备首次在轨服务任务，曾参与前 4 次早期航天飞机任务的前航天员鲍勃·克里平也参与了航天飞机计划管理方面的事务。1987 年 7 月—1989 年 12 月，凭借在航天飞机运行方面的经验，他曾在 FSC 担任副主任，1990 年 1 月—1992 年 1 月在 NASA 总部工作。

克里平说，在挑战者号失败之后，人们把大量的精力放在飞行器返回上，许多人不仅在哈勃工作了很长时间，而且还在许多其他的任务中工作。“我们想要飞行，并且安全。第一个任务是看任务清单。发射的顺序是在休斯敦的总部制定的。”第一次飞行将是一个“简单”的任务，而那些将会“自然安排下来的”飞行也将是一个“简单”的任务。因此，跟踪和数据中继卫星（STS－26、STS－29），国防部任务（STS－27、STS－28、STS－33、STS－36），行星探测器（STS－30、STS－34），取回 LDEF（STS－32）和部署哈勃任务（STS－31）也是如此。

克里平说，他在华盛顿的时光里感受到了远超出酬劳对应的挑战，并且有一定的挫折感。他的责任基本上可以说是“如果出了问题，那将是我的错”。航天飞机计划主任的建议是，在挑战者号失事之后，有资历的航天员应该更多地参与到管理架构和决策过程中；在这一过程中经验被认为是很实用的。设立一个组织来设计新的组织架构，以确保各领域中心团结合作，实际上他们的竞争至今仍然存在。克里平的主要角色是在航天器上，特别是在轨道器上处理事务。有一个全面的举措来消除组织沟通问题。他没有参与每个任务的日常问题，如果事情进展顺利，他更像是一名监督员。在第一次服务任务 STS－61 的准备工作中，他多次访问戈达德以检查进展，并确信一切进展顺利。正如他指出的那样，STS－61 比当时的其他 21 项任务具有更高的优先级，“因为从挑战者号事故的悲剧中觉醒之后，NASA 对望远镜的镜子问题感到非常尴尬，这触动了太空机构核心层。他们的愿望是让所有的客户都高兴，包括国防部、商业客户、科学家等，但实际上要让每个人都高兴，几乎是不可能的。”

7.5 航天员办公室支持

除了被指定的航天员以及被分配到航天飞机任务的后备航天员之外，还有一批经验丰富的新秀航天员担任各种支持角色。其中的一些角色，如任务控制的指令舱通信员或发射台的发射支持也是“旅程”的一部分，“旅程”中包含同一支持岗位对若干个任务的覆盖。在某些领域的这种专业知识可以增强个人的技术能力，对于渴望接受第一次飞行任务的新手来说是一个重要的基石，老飞行员也是如此。这些支持方面可能包括：

1）指令舱通信员（CAPsule COMmunicator，Capcom）。是每个飞行控制组的航天员办公室代表，是航天员和地面控制员之间的联络点。每个飞行控制组至少有一名航天员：上升/再入/轨道 1、2、3，必要时还有轨道 4。指令舱通信员的角色起源于水星计划，是任务中最明显的一个航天员承担的支持任务。在 EVA 期间，控制台上的指令通信员通常是经验丰富的 EVA 人员，或者是在 EVA 培训期

图7-19 4月10日，STS-31在KSC发射控制中心发射。
左边是NASA总部航天飞机主任前航天员鲍勃·克里平。
在他旁边的是另外一名前航天员，航天飞行助理比尔·勒努瓦

间与航天员一起工作，熟悉所规划的任务和程序的人。

2）航天器分析（SPAN）。由一组航天员和其他分配给每个任务或者某一特定飞行日的支持人员，在整个任务中进行12小时轮班操作。这个小组通过审查从轨道器返回的分析数据来支持这一任务，以便实时提供支持或在发生失灵和设备故障时提供支持。

3）航天飞机航空电子和综合实验室（SAIL）支持。是在模拟飞行环境中唯一可以集成和测试航天飞机硬件和飞行软件的设备。航空电子设备模型被命名为OV-095（特指不飞行的“飞行器”），它是轨道器的骨架。支持团队可以准确地再现使用与飞行器相同的电子设备的飞行站点和程序。

4）航天飞机任务模拟器（SMS）支持。JSC的5号楼设有两个航天飞机模拟器。除了由轨道飞行外舱板的高保真模型组成的固定

基础模拟器外，还有前窗、尾窗和顶窗的计算机辅助视觉系统，还有一个用于训练的中间外舱板低保真模型。35 号馆放置了制导和导航模拟器（GNS）。这个基于运动的模拟器提供了一个六轴运动系统，但只有计算机辅助的前窗视觉效果。支持航天员在任务期间使用这些模拟器来再现飞行问题，并探索应急解决方案，以帮助航天员在轨操作。

5）KSC 发射支持（称为 Cape Crusaders 或 C^2）。是一个航天员团队，他们支持在 39 号发射中心进行的航天飞机活动，例如检查状态、乘员舱的准备情况以及发射前对开关位置进行设置。指定的航天员支持人员在舱口关闭之前协助舱内的乘员进行最后的检查和绑带活动。

6）天气协调员。负责航天员办公室与任务管理团队、任务控制飞行主任和 Cape 发射主任的联系。

7）TAL（跨大西洋着陆）支持。两名或三名航天员将被派往主要在非洲北部西海岸或西班牙境内的各个发射中止地点，以便在中止情形下提供帮助。他们监视了上升过程，以及像指令舱通信员和 NASA 协调员启动 TAL 情况一样的降落过程。

8）应急行动中心。如果发生意外情况，位于加利福尼亚州的 KSC、JSC 和德莱顿飞行研究中心联合启动了一个行动中心，以实时协调任何所需的活动。航天员办公室通常由经验丰富的航天员或航天员管理成员代表，尽管并非总是如此。

9）STA 天气试飞员。航天飞机训练器天气试飞员（编号名称为 WX，源于莫尔斯电码）是来自 JSC 或爱德华空军基地（位于加利福尼亚州）的试飞过航天飞机训练器的高级航天员，在航天飞机发射或着陆之前即时报告天气情况。他们向任务管理小组提供信息，以便辅助决策是继续还是推迟。WX 试飞员在证明是否许可在主要或备用地点着陆时发挥了类似的作用。

10）EOM（任务结束）替换航天员。这是由发射地军队成员组成的，在航天员离开航天器后，提供一个“航天员梯队”来拆卸航天器。如果航天飞机降落在佛罗里达的航天飞机着陆中心，地面收尾航天员会将其转移到轨道器处理中心（OPF），或者如果降落在其他地方，则准备将其返回发射地。

11）EVA 支持。通常是由经验丰富的 EVA 航天员和支持潜水员组成的团队，可以在水下模拟 EVA 操作，以预演实时情况和突发事件。

12）事故代表。通常情况下，在任务中发生严重事故时，可以派遣一名高级航天员。

13）家庭辅助。一名航天员办公室成员被派往每位主要航天员的直系亲属，以便在准备任务、发射和在太空期间提供建议、指导和支持，并在重大事件发生时保护家庭隐私。

14）扩展家庭辅助。还有几名航天员也被派往每位主要航天员的家庭辅助组以提供支持。

7.6　任务控制

传统来讲，航天飞机的任务由位于得克萨斯州休斯敦的约翰逊航天中心的任务运营和控制室（MOCR）“控制”，但哈勃任务的管理和任务运行结构也需要与在戈达德航天飞行中心的小组保持密切的工作关系。

一旦双固态火箭推进器点燃，并且航天飞机在 39 号发射场通过了塔台，所有执行任务的责任主体就会从肯尼迪发射控制中心转移到 JSC，其参与约 5 小时前已经开始，并在着陆后继续全天候参与。

众所周知，在 1965 年 6 月双子座 4 号任务期间，通过无线电呼叫“休斯敦号”，JSC 的任务控制中心开始活跃起来。在接下来的 30 年中，飞行控制室（FCR）坐落于 30 号楼的第二层。1995 年，新的飞行控制室在扩建的有五层楼的 30 号楼（30－S）上线，致力于太空往返和空间站的运作。该地区还设有载荷作业控制中心（POCC），将成为航天飞机任务评估室（MER）的任务运行和综合室（MOIR），几个支持室，以及一些新的使用最先进技术的电子设备。在与旧的控制室交替进行 7 次航天飞机任务后，新的控制室于 1998 年全面投入使用。2011 年 4 月 14 日，被指定为国家历史文物的原 30 号楼改名为克里斯托夫·C·克拉夫特，Jr. 任务控制中心，并保留了原有呼号。NASA 退休的工程师兼主管克里斯托夫·克拉夫特曾帮助建立水星项目的飞行业务，并创建了现有的设施。

飞行控制室 1（FCR－1，发音为“Flicker”）由原来的任务运营控制室 1（MOCR－1，“Moeker”）改装而来，在 1996 年之前用于大多数无差别的航天飞机任务，包括部署哈勃（STS－31）及其首次在轨服务任务（STS－61）。在与 FCR－2 共同分担了 7 项非机密任务（STS－70 至 STS－76）的飞行操作后，FCR－1 处理了随后的所有太空往返任务，直至该项目完成。新的控制室被指定为红色、白色和蓝色。白色被用于 1996—2011 年的航天飞机任务，包括哈勃 SM－3A、SM－3B 和 SM－4；蓝色以前用于国际空间站的运作；红色一直用来训练飞行控制员。

哈勃任务中使用的控制室是：

1）部署/STS－31：飞行控制室 1（FCR－1）；

2）SM－1/STS－61：飞行控制室 1（FCR－1）；

3）SM－2/STS－82：任务控制中心的白色飞行控制室；

4）SM－3A/STS－103：任务控制中心的白色飞行控制室；

5）SM－3B/STS－109：任务控制中心的白色飞行控制室；

6）SM－4/STS－125：任务控制中心的白色飞行控制室。

飞行控制员队伍在控制中心和附近的分析和辅助设施间轮换。控制组的移交通常需要 1 小时左右的时间，以允许每名飞行控制员将前两次移交事件的相关过程向他或她的接班同事通报。轮班移交工作完成后 1 小时内，通常由正在当班的飞行主任进行新闻发布会。

表 7-1　哈勃相关航天飞行任务的飞行主任和指令舱通信员

每位指定的飞行主任都采用个人“飞行”名称，这是他们的职业生涯。
数字表示他们在控制台上的顺序

任务	位置	飞行主任	编号	飞行名称	通信员
STS-31	上升阶段	罗纳德·D. 迪特	27	Phoenix	史蒂夫·奥斯瓦德
	轨道 1/起始	威廉·D. 里夫斯	23	Alpha	斯托里·马斯格雷夫(Prime) 唐·麦克莫纳格尔(BUp)
	轨道 2	J. 米尔顿·赫夫林	25	Sirius	吉姆·沃斯(Prime) 肯鲍尔索克斯(BUp)
	规划/轨道 3	A. 李·布里斯科	20	Aquila	
	入轨	N. 韦恩·哈勒	28	Turquoise	
	任务管理局	B. 兰迪·斯通	18	Amber	N/A
STS-61	上升/入轨	理查德·D. 杰克逊	34	Burgundy	肯·科克雷尔 凯利·普雷科特/ 柯特·布朗(Wx)
	轨道 1 交会部署	罗伯特·E. 卡斯尔	29	Antares	苏珊·赫尔姆斯
	轨道 2/引导舱外活动	J. 米尔顿·赫夫林	25	Sirius	格雷格·哈保
	轨道 2 轨道操作及系统	杰弗里·W. 班特尔	32	Aurora	N/A
	计划/轨道 3	约翰·F. 穆拉托雷	35	Kitty Hawk	卡尔·米德
	任务管理局	B. 兰迪·斯通	18	Amber	N/A

续表

每位指定的飞行主任都采用个人“飞行”名称，这是他们的职业生涯。数字表示他们在控制台上的顺序

任务	位置	飞行主任	编号	飞行名称	通信员
STS－82	上升/入轨	N. 韦恩·哈勒	28	Turquoise	凯文·克雷格尔 多姆·戈列（Wx）
	轨道1/起始	杰弗里·W·班特尔	32	Aurora	马克·加尔诺
	轨道2	布赖恩·P. 奥斯丁	37	Perseus	凯瑟琳·海尔
	计划/轨道3	查尔斯·W. 肖	24	Altair	克里丝·哈德菲尔德
	任务管理局	A. 李·布里斯科	20	Aquila	N/A
STS－103	上升/入轨	N. 韦恩·哈勒	28	Turquoise	斯科特·奥尔曼特 里克·斯图科/乔·爱德华（Wx）
	轨道1/起始	琳达·J. （豪青格）哈姆	33	Corona	史蒂夫·罗宾逊
	轨道2	布赖恩·P. 奥斯丁	37	Perseus	艾伦·奥乔亚
	计划/轨道3	杰弗里·W. 汉利	41	Ares	克里丝·哈德菲尔德
	轨道4	N. 韦恩·哈勒	28	Turquoise	N/A
	任务管理局	杰弗里·W. 班特尔	32	Aurora	N/A

续表

每位指定的飞行主任都采用个人“飞行”名称，这是他们的职业生涯。 数字表示他们在控制台上的顺序					
任务	位置	飞行主任	编号	飞行名称	通信员
STS-109	上升/入轨	约翰·P. 香农	38	Midnight	马克·波兰斯基 查尔斯·堆鲍（Wx）
	轨道1/起始	布赖恩·P. 奥斯丁	37	Perseus	马里奥·伦科
	轨道2	安东尼·切卡奇	57	Intrepid	史蒂夫·麦克莱恩
	计划/轨道3	杰弗里·W. 汉利	41	Ares	丹·伯班克
	任务管理局	N. 韦恩·哈勒	28	Turquoise	N/A
STS-125	上升/入轨	诺曼·D. 奈特	51	Amethyst	格雷格·约翰逊 埃里克·博（Wx）
	轨道1/起始	安东尼·切卡奇	57	Intrepid	丹·伯班克（Lead）
	轨道2	理查德·E. 拉布罗德	46	Pegasus	阿兰·波因德克斯特
	计划/轨道3	保罗·F. 戴伊	36	Iron	贾尼丝·沃斯
	轨道4	布赖恩·C. 伦尼①	54	Onyx	N/A
	任务管理局	约翰·A. 麦卡洛	50	Eagle	N/A

注：①第二代飞行主任，格林·伦尼的儿子，4#黑色飞行（1963年入岗，1974年时以飞行主任身份退休）。

航天飞机飞行控制组分为发射（上升）、着陆（再入），以及轨道1、2或3，必要时有（见下文）轨道4。一些岗位由同一人员兼职负责发射与返回，并执行轨道1操作。其他人则由专家在发射和着陆活动中交替进行，或在必要时进行轨道运行。轨道1的工作人员通常负责部署（在STS-31上）和回收哈勃，轨道2将处理EVA，轨道3与航天员的睡眠时期相吻合，被称为“夜勤”“机动岗”，或被更亲切地称为“守夜人”。

自该项目开始以来，STS-31任务首次实现将望远镜的电气和环境系统分为两个控制台位置，称为EECOM和EGIL。然而，EECOM的职责仍然是负责轨道器的生命支持系统，机舱压力，主动热控制系统（如闪蒸器系统）以及供水和废水系统管理。

大约在1990—1993年，FCR-1的控制台岗位包括：

1）飞行主任（FD或“飞行官”），全面负责任务的执行。

2）指令舱通信员，传统来讲是一名航天员，负责与乘员进行所有的语音通信。这个称呼来源于控制中心航天员与水星“太空舱”（capsule）上的唯一航天员之间的“沟通”。最初的航天员不喜欢工程师这样命名，而宁愿选择“航天器”（spacecraft），因为当他们提及航天器时，会说你在“吃胶囊”，而不是“驾驶飞船”。然而，这个控制台的名字已经被列入行话中，并应用于对ISS的操作。

3）飞行活动办公室（FAO），除了负责程序和乘员时间安排表，这个控制台还提供飞行文件和清单方面的专业指导，准备好信息，并将所有电传打印机文件（在程序的早期）、文字和图形系统（最后）以电子邮件通信形式发送至轨道器。

4）程序专家（PROCEDURES），有时会负责飞行活动办公室的控制台，为FD提供在复杂行动期间所需的具体程序方面的知识。

5）综合通信员（INCO），负责所有轨道器数据、语音和视频通信系统，监测轨道器和地面之间的遥测链路，并监测轨道器上行命令和控制过程。

6）飞行动力学办公员（FDO 或“FIDO”），监测航天飞机在上升过程中的性能，根据需要评估中止模式，计算轨道机动及其所产生的轨迹，然后监测飞行器在再入过程中的飞行剖面图和能量水平。

7）指导程序办公员（GPO），负责航天飞机上的导航软件，并维持其“状态向量”。

8）弹道员（TRAJECTORY 或“TRAJ”），在动态飞行阶段，协助飞行动力学办公员，负责维护 MCC 的弹道处理器和对任务操作计算机的弹道输入。

9）环境工程师和消耗品主管（EECOM），负责所有生命支持系统、机舱压力、热控制、供应和废水管理以及氧气和氮气的消耗。

10）发电和照明办公员（EGIL 或“EAGLE”），负责管理燃料电池和配电系统，飞行器照明以及主警告系统。

11）载荷办公室（PAYLOADS），负责协调所有载荷活动，并充当与远程载荷操作设施的主要接口；对于哈勃来说，这主要是指戈达德和 STOCC。

12）数据处理系统工程师（DPS），负责所有机载大容量存储器和数据处理硬件，监控飞行软件（主份和备份），管理运行程序和多计算机配置情况。

13）推进工程师（PROP），负责所有飞行阶段的轨道机动系统（OMS）和反作用控制系统推进器，监测推进剂的使用情况和贮箱的状况，并计算推力器点火的最佳顺序。对于哈勃任务来说，这是一个关键环节，因为轨道器已经接近其能力极限。在交会和接近操作期间，需要重新推进望远镜，此时必须小心管理机载消耗品，以确保有足够的推进剂可供离轨操作。

14）助推器系统工程师（BOOSTER），这是来自较早太空时代的另一个“遗留物”，当时一个运载火箭被称为“助推器”。控制台负责监视上升阶段固体火箭助推器和轨道器主引擎的性能。

15）制导、导航和控制系统工程师（GNC 或“Guido”），负责轨道器上的所有内部导航系统硬件，如星跟踪器、雷达高度计和惯性测量单元。这个控制台还监控无线电导航和数字自动驾驶仪硬件系统。

16）地面控制员（GC），协调全球范围内的TDRS（包括地球静止轨道卫星）的地面和其他部分的运行。该控制员还负责在MCC中的计算机支持和显示工作。

17）维修、机械、机械臂和机务人员系统（MMACS），以前称为RMU（遥控机械臂单元），负责遥控机械臂系统，使其在哈勃服务任务中成为另一个重要角色。该控制台还监测轨道员的辅助动力装置和液压系统，并管理载荷舱和通风门的操作。

18）交会制导和程序员（RENDEZVOUS），在交会作业期间监视航天飞机的机载导航，并向飞行主任报告目标的发展情况，这是哈勃任务的另一个关键控制台。如果在STS-31期间需要对望远镜进行重新访问以解决其问题，则将重新激活该控制台以支持该决定。

19）舱外活动系统工程师，辅助规划任务期间的太空行走，与航天员一起训练，协助开发工具和技术，当航天员进行在轨EVA时监测其压力服。

20）航天医生（SURGEON），是航天员的克星，监测他们的健康状况并为所有与健康有关的事项提供程序和指导。多年来，一些航天员在遵守医疗要求、试验规程和飞行规则的同时，还反对对其个人身体状况的过度干预，不仅是在飞行前和飞行后的活动中，还有在飞行过程中。由于其主要任务的性质，使很多哈勃任务并没有过度承担额外的医疗目标。尽管如此，随着任务的进行，航天员的状态也得到了监测，特别是在操作RMS和航天员进行EVA的强体力劳动时的压力和专注程度。

21）公共事务办公室（PAO），是JSC公共事务办公室的成员，他们实时讲解任务活动，以补充和解释从发射到着陆后的所有飞行阶段的空地解说。

当飞行控制移动到新的房间时，控制台岗位发生了变化，反映

图7-20　STS-125任务控制休斯敦团队：上升和再入（上）和轨道1

图 7-21　STS-125 任务控制休斯敦团队：轨道 2（上）和轨道 3 规划

了技术上的改进以及控制团队在支持其余飞行任务中的作用。大约在1997—2009年，白色FCR控制台的岗位包括：

1）弹道导弹专员/飞行动力学专员（TRAJ/FDO）：与指导专员一起计划机动和受控轨道。

2）指导程序专员（GPR）：确保机载导航和制导计算机软件执行完成任务目标所需的任务。

3）地面管制专员（GC）：负责影响任务控制的硬件、软件和配套设施的定向维护和业务活动，并与戈达德航天飞行中心一起协调空间跟踪、数据网络和TDRS。

4）推进器专员（PROP）：在飞行的各个阶段监测和评估OMS和RCS推进器，并管理可用于演习的推进剂和其他消耗品。这是哈勃任务的关键控制台。

5）制导、导航和控制（GNC）：监测轨道器上的所有制导、导航和控制系统，向航天员通报制导系统故障，并通知飞行主任和飞行梯队即将发生的中止情况。

6）维护、机械和机务系统工程师（MMACS）：监控轨道器的结构和机械系统、机载乘员硬件的使用情况以及任何飞行设备的维护情况。

7）发电和集成照明系统工程师（EGIL）：监测用于燃料电池、发电和配电系统以及所有机载照明的低温反应物。

8）数据处理系统工程师（DPS）：监测轨道器数据处理系统的状态，包括5台通用计算机、飞行关键线路和发射数据线路、显示器以及机载大容量存储器和软件。

9）载荷专员（PAYLOADS）：协调飞行控制团队、载荷用户和所有载荷接口。

10）飞行活动专员（FAO）：计划并支持航天员活动、清单、程序和时间表，制定轨道器姿态的时间表以优化任务活动，并提供航天员活动计划（CAP）的日常更新。

11）紧急情况、环境和消耗性系统工程师［EECOM（DF）］：

监测轨道器上的电子设备和机舱冷却系统以及机舱压力控制系统。

12）仪表和通信系统工程师［INCO（DF）］：计划和监测飞行通信以及仪表系统的配置。

13）飞行主任（FLIGHT）：是任务控制方面的最终权威，负责所有关于安全和权宜任务的决定，包括载荷的性能。

14）指令舱通信员（CAPCOM）：是飞行控制器和飞行员之间的主要联络员。

15）有效载荷部署和检索系统工程师（PDRS）：主要监视遥控机械臂系统（RMS）的状态和操作。

16）公共事务办公室（PAO）：向媒体和公众发布实时讲解，补充空对地评论，并就从发射到着陆后各个阶段的飞行控制程序和行动进行讲解。

17）任务管理局（MOD）：提供飞行控制团队与上层任务管理人员和 NASA 管理员之间的联系。

18）舱外活动系统工程师（EVA）：在 EVA 期间监视航天员的压力服。

19）增压系统工程师（BOOSTER）：在发射前和上升过程中，监测和评估航天飞机的 3 台主发动机、双固态火箭推进器和 ET 的性能，然后监测进入状态下主推进系统中的氦气压力。EVA 控制台适用于这个活动，因为从来不存在调度冲突。

20）飞行医生（Surgeon）：监测航天员的活动，协调飞行控制团队的医疗行动，就私人医疗事宜提供航天员咨询服务，并向飞行主任通报航天员健康状况。

7.6.1 多用途支持室

50 多年来，飞行控制室一直是休斯敦的任务控制中心最引人注目的组成部分，但大楼内有许多辅助室，用于辅助控制台。飞行控制室被称为多用途支持室（MPSR）或“后备室”，在那里对来自航天飞机和有效载荷的数据进行分析。这些科室还为实时模拟提供位置，为值班飞行员提供有价值的建议和信息。

7.7 哈勃飞行主任与任务主任

每个飞行控制组（或班次）的负责人是飞行主任（在语音环路中简称为“飞行官”）。这个值得尊敬的小组高级成员被任命为每个任务的首席飞行主任，并在任务期间担任全面领导。除了监督和指导航天员执行任务之外，还要遵守任务规则，配合上级管理，飞行主任是支持他们团队的一个很好的平衡点。对于哈勃来说，由6位飞行主任牵头，与22位轮值飞行主任一同组成了飞行主任办公室(代码DF)。

查尔斯·肖在哈勃任务的不同时期曾担任飞行主任、首席飞行主任和任务主任。他对飞行主任的角色、飞行控制小组的管理以及为哈勃服务任务所发挥的独特作用（即任务主任的作用）提出了独到的见解。

7.7.1 “牵牛星”飞行任务主任——查尔斯·肖

查尔斯·肖于1980年被美国空军指派到NASA，最初担任航天飞机系统教练，然后是模拟主管。1983年，他被选为NASA和DOD航天飞机任务中的首位非NASA飞行主任。作为第24位飞行主任，他选择了代号“牵牛星”。肖于1969年加入空军，曾担任过民兵导弹计划的发射机组指挥官，后来担任训练主管，最后是发射指挥。1989年他以陆军中校身份退役，但直到2003年仍然担任飞行主任。他总共担任过31项飞行任务的飞行主任，其中有10次为主导人。

对于哈勃望远镜部署STS-31，肖担任第4团队的飞行主任。但是正如他解释的那样：“第4团队通常不会在任务中做任何改变，除非出现问题，而且控制台的飞行控制团队需要关闭在线帮助以解决一个技术问题，或者需要我们坐在控制台上，原来的团队才能解决问题。”

“对于 SM－2，我是计划组飞行主任。一般来说，对于 HST 在轨服务任务，许多故障情景已经确定是需要特殊工具的，这些工具是经过开发和实践的，并且已经制定了执行故障响应或解决方法的时间表。规划小组将重新计划的时间安排在一起，将恢复活动纳入其中，并确认进入恢复活动的假设对于第二天活动所面临的实际情况仍是有效的。”

图 7－22　航天飞机飞行主任/任务主任查尔斯·肖

（图片来源：查克·肖）

“对于SM－4，我是任务主任。任务主任是从SM－1开始为HST在轨服务定义的特别管理职位，直接对载人航天飞行副主任和NASA总部负责。这个角色被赋予3个责任。由于HST任务可能汲取航天飞机项目办公室、任务行动局、HST项目办公室、约翰逊航天中心、肯尼迪航天中心和戈达德航天飞行中心的大量资源，所以第一个责任是确保所有这些组织正在共同努力解决任何脱节问题。第二个责任是扮演航天飞机项目办公室的‘飞行主管’职位。这包括监督所有的货物工程作业以及将货物部件整合到航天飞机上的时间表。第三个责任是在任务实时进行期间，作为哈勃太空望远镜管理团队和航天飞机计划管理团队之间的协调人。”

当然，飞行控制人员像负责主要任务一样也负责其他任务，但正如肖解释的那样，这取决于他们在主要任务中的作用。“我在部署任务（STS－31）和SM－2中担任飞行主任，同时也为其他任务服务。随着任务的复杂性和你在任务中的角色不同，太空任务的准备程度也各不相同。首席飞行主任及其飞行控制团队和主要航天员承担了最大的任务设计和任务准备的重担。因此他们在准备期间很少有时间来做其他工作。其他轨道运行团队和规划团队将参与到训练和其职责所要求的不同方面的准备工作当中，但是直到综合训练模拟开始，他们才有时间同时在其他任务上工作。综合训练模拟大约在任务前的4～5个月开始，综合模拟训练时期，每个被分配任务的人都必须全力为这项任务做好准备。”

为了将经验从一个任务传递到另一个任务，几名航天员参加了不止一次的哈勃任务，通常情况下（不总是）航天员会连续执行任务。飞行控制组倾向于遵循这种模式。“大多数‘通用’航天飞机任务操作并不需要任何特殊的HST方面的经验，但是多个组织间的协调、团队合作、工作关系都包含在执行哈勃望远镜的特殊维护任务中，并受益于有尽可能多的具有HST经验的团队成员。”正如肖指出的那样，同时有多个航天飞机飞行计划清单，要求按照上面的说明进行操作，其中首席飞行主任的团队需要首先为一个特定的任务做准备，而其余的团队将为其他任务工作，直到综合模拟开始。所有这些都取决于任务的复杂性以及每个飞行控制人员的个人参与程度。

肖还讨论了不同的哈勃任务飞行控制团队的轮换和分配。“大多数情况下，轮班和轮换都会参照其他航天飞机的任务时间点。对于‘计划的’连续进行的工作天数有一个通用的指导准则，交接时间是根据名义上的时间安排制定的，以便让团队在训练期间专注于计划的任务。”

肖说，交会任务虽然从来都不是一个简单或直接的过程，但它最终还是得到很好的理解，尤其是在 Mir 和 ISS 的几次飞行之后。“EVA 时间表对于准备和操作一套流程来说也不是什么不寻常的事情。但是，在进行 EVA 所花费的大量时间里，哈勃对每个人都提出了极高的要求，特别是对航天员。EVA 对于航天员来说是一项体能要求很高的活动，每天排得满满的 EVA 事宜会把每个人都推到极限，这是一个非常成功的时间表，并且要求进行很多非常紧密的协调和准备工作。如果它足够灵活，可以解决任何可能实时发生的问题，并且仍然能够达到目的。”

7.7.2 任务指导和管理

如上文所述，任务主任是专门为哈勃设立的。肖提供了一份有关服务任务中飞行控制人员和任务管理团队所担任的职责以及他们所处的位置的补充说明。“航天飞机执行任务的实时操作有两个方面：‘操作’团队（即航天员和飞行控制团队）和‘管理’团队。操作团队由飞行指令长领导，负责任务的实时执行，因为你不可能驾驶飞机或者通过委员会实时指挥航天飞机运行。飞行指令长需要对所下达的指令负责，并有权做出符合任务安全所需的任何事情（在规则范围内）以及飞行规则中的任何事情，以保证任务成功。操作团队没有硬件的所有权，但他们在任务执行前一起提交了操作计划，然后提交给管理层审批，在任务中他们要对其操作负责。只要按计划执行任务，管理层就会看到执行团队的执行情况。”肖类比了商业航空公司的运营情况，航空公司飞行员对飞行的实时执行负全责。然而他们并不拥有飞机，也不会决定飞机的来源、运输方式，这属于航空公司的管理范围。

他说：“航天飞机是一样的。航天飞机项目办公室拥有航天飞机。HST 项目办公室拥有哈勃望远镜。航天飞机项目办公室与有效客户（在这种情况下是 HST 项目办公室）签订合同，执行维修任务，该合同称为载荷整合计划（PIP）。飞行主管负责把这个合同整理到一起。航天飞机项目办公室还与约翰逊航天中心的任务操作理事会或国防部签订合同，计划并执行在 PIP 中签订的任务。项目合同需要描述如何制定计划，并通过实时监督执行来实现在 PIP 合同中所规定事项的各项指标。上述合同内容需要在特定飞行任务数据档案中进行检索比对，最终确保合同获得审核，同时这些指标及参数须附带时间表以及检索核查清单，最终形成航天员任务附件以及总飞行规则文件中的特定内容附件。因此，航天飞机计划、HST 项目和任务理事会都需要共同批准这些文件。”

7.7.3　结构化团队与职责

管理团队也被称为任务管理团队（MMT），由航天飞机项目经理或其代表担任主席。任何航天飞机的载荷都是由载荷办公室负责（对 HST 来说，该部门是戈达德的 HST 项目办公室）。该载荷办公室是客户管理团队（CMT）的一部分，也称为客户支持团队（CST）。任务主管在任务管理团队中领导客户支持团队，并代表载荷团队。

毗邻休斯敦的主要飞行控制室的有些地方可以允许付费载荷客户将自己的运营和管理支持团队带过来，或者与承包商和分包商的远程载荷团队进行交流，或两者兼而有之。正如肖所说，HST 系列任务在 JSC 的任务控制部门总是有一支非常庞大的操作和管理队伍，而且在哈勃任务中表现出来的任何“次要负载”都经过精心挑选和

图 7-23　NASA 任务管理小组会议。当前情景发生在 STS-114 期间，表达的主题是相同的——在做出决定之前要进行审查、辩论和讨论

规划，以免干扰维修望远镜的主要任务。相对于望远镜之外的其他载荷，可以将小型实验安排在中层甲板进行，有无航天员参与均可，也可以是小的测试和开发性实验，这些能对新技术或程序开发带来启示。

载荷办公室成员和 EVA 办公室成员是航天飞机飞行控制团队和载荷操作团队之间的主要纽带。在服务期间，哈勃望远镜运营团队可以实时利用戈达德的巨大技术支持能力，协助解决运营团队成员需要帮助的技术问题。正如肖指出的那样，对于航天飞机问题，在被称为任务工程室（MER）的地方，任务控制系统也有类似的工程支持。

为了能让任务成功，管理团队将在任务规划前仔细考虑运营团队提出的额外操作和风险。“对于 HST 或 HST 服务运营部门，必须考虑超出载荷计划活动和风险的任何运行状况，载荷管理团队必须授权此类行为，并且在任务管理团队中引导和讨论该项授权。任务主管负责完成这一过程，并确保载荷团队不提出任务管理团队不同意的做法。同样，如果航天飞机发生故障，使 HST 或其维修作业处于危险之中，任务主管将代表航天飞机项目组为 HST 管理层解决问题。”如果出现对时间敏感的问题，需要在航天飞机与 HST 中的某一方或双方进行协调，团队主管有责任解决这种情况。“飞行任务的日常飞行管理层面上的监督由飞行任务管理团队完成，由航天飞机项目经理主管。任务管理团队代表所有参与该任务的利益方和责任方。在任务管理团队会议上，任务主任/飞行主管代表客户支持团队。”

据肖透露，任务管理团队的目的是“为操作团队保留一个具有明确定义和授权的操作‘空间’，并采取主动而不是被动的方式。”对于像哈勃在轨服务任务这种如此严密的行动来说，这是非常必要的。因为在望远镜部署之前，基本上没有“停机时间”。大多数航天飞机任务包括涉及紧急行动的高强度活动周期，但除此之外，他们计划在任何可能的情况下进行“节奏调整”，意为“像跑马拉松一样跑步，而不是短跑”。然而，哈勃任务“是从发射开始到任务末尾部署哈勃的一个冲刺过程”——这个过程平均持续 10 天左右。肖解释说：“要做到这一点需要非常多的计划、团队合作和实践。任务的大多数主要活动都是被事先计划好的，这意味着对于任务成功至关重要的项目会被优先安排在飞行的前几天，以便在发生任何要缩短任务的情况时，完成主要目标的机会比它们被安排在靠后的时段要高。”

7.7.4 飞行操控师训练

当被问及如何将飞行操控人员的训练整合成一个系统时，肖指出：“在提到任务前的模拟时，‘训练’（training）这个术语可能有点用词不当，因为将要被执行的任务准备和开发过程已经为他们提供了良好的训练。这就是说，GSFC 和 JSC 的训练团队共同提供了一个环境，旨在发现飞行规则、程序、时间、故障排除、识别、计划策略，最重要的是发现团队成员之间的任何沟通问题。这个环境

图 7－24　STS－125 飞行第 3 天，飞行总监托尼·切卡奇（左）和指令舱通信员丹·伯班克（右）在控制台上监控进度

尽可能被建立成一个‘真实’的环境。模拟器建模的复杂性和稳定性是最先进的，所涉及的所有地面系统都被提供了一个命令和遥测数据流，而这个数据流大部分都不能从飞行中看到。除此之外，除非在 NBL 中，航天员在模拟器中都要承受 1 g 的重力模拟。但是即使此刻，训练团队也会探索是否能够在具有时间压力的环境中解决棘手的问题，以及两个（或更多）失败或问题的协同作用是否会产生更大的影响（并且更加微妙），在这种情况下对时间要求严格的后续活动可以得到处理。有句老话说，曾经生活过的最刻薄的模拟监督者是慈母和幸运女神。无论有效载荷是什么，包括航天员的生命，有许多原因会导致飞行任务的风险很高，然而 HST SM－4 在这方面似乎比生命更重要，即使面对支持 ISS 和 SM－4 的有限资源，尽管 SM－4 任何时间内没有承载相同的重量，但由于 SM－4 时间计划的压力导致它会承载更大的任务风险。有幸的是，同样的合作精神确

保我们都能够‘让它实现’。”

7.7.5　奇妙的在轨服务

肖还解释了团队是如何走到一起来完成这个任务的，JSC 现场有不同的承包商和支持团队，还有他们自己所在地的远程链接，强大的基础设施和团队精神是哈勃望远镜团队的基石。GSFC 是 HST STOCC 的所在地，也是 GSFC 工程技术支持的所在地。在服务任务期间，它用系统验证和测试设施来验证新程序或更改的程序或故障。HST 团队中与航天员和飞行控制员关系最密切的部分在 JSC，他们是航天员辅助工具的开发者，也是航天员正在操作或在上面工作的望远镜系统程序的开发者。在 GSFC 的支持下，在航天飞机载荷舱中建造装载设备的工程师也在休斯敦工作。

“STOCC 在 GSFC 上使用的时间表实际上是在 STOCC 中要完成的活动的组合——要发送的命令及要接收和验证的遥测等。这些都与航天员的时间表和详细的程序，以及休斯敦任务控制中心管理轨道器的系统、通信、跟踪和未来演习计划等的时间表一致。这就是‘SMIT’（服务任务综合时间表）。系统各个部分之间的协调和明确的沟通对于保持时间轴，并在事情发生之后重新获得它是必不可少的。由于要顾及这个活动的方方面面，以及要对每个部分负责，组织结构图看起来有些复杂。联合一体化模拟的关键之一就是在实时操作中运用通信和指挥控制的渠道。载人航天飞行的创始人开发了在任务控制中使用的操作指挥和控制系统，载荷支持操作团队也是其中的一部分。SM-4 是第 5 次服务任务，支持所有这些服务任务的人和 HST 原有团队有很大一部分是重叠的，所以任务连续性得以保持。这是 HST 任务最具魔力的一部分。”

参考文献

[1] AIS interview with Preston Burch November 14，2013.

[2] AIS Interview with Al Vernacchio October 24，2013.

[3] AIS interview with Joyce King，December 2，2013.

[4] www. nasa. gov/mission _ pages/hubble/servicing/SM4/main _ Team. html dated November 12，2008. Last accessed September 14，2012.

[5] Space Telescope Operations Control Center (STOCC) Overview，thanks to Phil Newman，Kenneth Carpenter，J. D. Myers，NASA Goddard，November 16，2001 http：//asd. gsfc. nasa. gov/archive. sm3a/stocc - desc. html～smpart Last accessed：December 22，2014.

[6] AIS Interview with Lothar Gerlach February 15，2013.

[7] Meet the STS - 125 Launch Team，http：//www. nasa. gov/mission _ pages/shuttle/shut - tlemissions/STS125/launch/launch _ team _ prt. htm Last accessed 25 May 2009.

[8] AIS Interview with Robert L. Crippen January 25，2013.

[9] Information provided (over several years) by Jeff Carr，Eileen Hawley，James Hartsfield and Barbara Schwartz former Public Affairs Officers (PAO) at NASA JSC，and Chuck Shaw，former Shuttle Flight Director，JSC. acknowledgments also to Mike Scott，NASA.

[10] Actor Ed Harris immortalized the role when playing legendary Apollo flight director Gene Kranz in the 1995 movie Apollo 13.

[11] Various emails from Charles Shaw to D. Shayler，2013 - 2014.

第 8 章　第一次在轨服务任务

STS-61 是 NASA 曾经尝试的范围最大也是最困难的服务任务。在这 11 天的飞行中，有超过 7 天时间航天员将与哈勃太空望远镜交互；在奋进号的货舱中抓取并停泊 13 吨级的公共汽车大小的航天器；并执行 5 次总计 30 多小时的太空行走，超过任何以前修理和维护望远镜的任务，目的是让它可以继续其 15 年的任务使命。

——罗克韦尔国际公司，1993 年 12 月

包含这一声明的新闻稿是罗克韦尔国际公司在 1993 年 12 月 STS-61 任务前不久发布的，并且它没有任何夸张。在望远镜获得授权、资助、设计、建造、测试和发射之后，却发现使其被称为“世纪望远镜”的光学系统是有缺陷的，甚至在它开始对宇宙探索之前就已经发生了故障。这对 NASA 来说是非常尴尬的。

8.1　哈勃维修计划

NASA 一直努力为高度超预算和复杂的自由号空间站（现在被称为国际空间站）提供资金。如果说有一项任务是 NASA 想要做的，而且一定能够实现并能够很好地实现，那就是 STS-61。压力不仅仅在机构本身，而且在规划者、控制人员和航天员身上。事实上，整个哈勃和航天飞机团队需要在科学界、政治家和公众的眼中“表现好”。

8.1.1　哈勃的幽默

20 世纪 90 年代初期，在服务任务之前，哈勃是深夜谈话节目中最受欢迎的笑料；这对 NASA 和天文学界来说是一个尴尬的场面。

有这样一些被当作讽刺对象的照片，一台受损的望远镜与一些历史上最大的灾难和失败被放在一起展示。当时的压力在于修复望远镜，不仅仅是对国会和美国人民，更是对天文界和更广泛的世界证明人类在太空中的价值。在2009年的口述历史中，作为STS-61任务的EVA航天员，杰夫·霍夫曼回忆说，NASA的管理员丹·戈尔丁告诉航天员，该机构的未来实际上掌握在他们手中。由于空间站难以获得资金，越来越多的人关心组装哈勃所需的EVA的大致数量，所以人们的注意力都集中在STS-61和连续5次的EVA上。如果航天员不能证明他们的服务能力和修复哈勃的能力，那么这将会削弱对空间站的支持和信心，因为空间站需要更多更复杂的EVA。

在训练、组织飞行计划以及在一次飞行中有信心能完成这么多工作是有压力的。这是一次雄心勃勃的任务，一度认为把它分成两部分（就像第三次服务任务那样）可能是更好的选择。这或许可以减轻第一次任务的压力，但正如杰夫·霍夫曼所指出的，“你怎么知道你没有遗留一些将要失效的因素”，从而给下一个工作人员带来更多的问题。就像其他STS-61 EVA航天员的故事一样，斯托里·马斯格雷夫在其书中写道，“在准备的时候，我能找到的唯一的平静时刻就是在牙医椅子上的时候。”

8.1.2 学会应对新闻界

2013年，在戈达德航天飞行中心，HST项目经理普雷斯顿·伯奇解释了在第一次服务任务中克服球面像差问题时的情绪，特别是在面对媒体时，“小心不要说错话”。伯奇承认，因为这是首次服务任务，所以有很多风险，而且这个团队不得不面对成为深夜脱口秀的笑料。在喜剧电影《白头神探》中，莱斯利·尼尔森扮演的角色来到蓝色咖啡厅，这是一个充满失败者的场所，那里有一系列来自历史事件和灾难的照片，在兴登堡和泰坦尼克号沉没的照片中间是哈勃望远镜。“我们可以看，我们可以笑，我们认为这很热闹，但我们确信，我们会成功。”不断被聚光灯关注使得戈达德团队在任务执

图 8-1　第一次服务任务的标志详细地展示了为太阳能电池阵提供服务
（图片来源：德国空间实况，乔基姆·贝克尔）

行期间需要控制局面，为了在任务执行期间使团队能够专注于手头的工作，他们决定控制中心不得有任何新闻报道，尽管网络摄像头将运行。主要工作人员接受了几天的专业媒体培训，模拟采访被录像并对其提出了批评指正意见。工作人员学会了更清晰地表达自己，并提供更好的讲解。当他们的评论被断章取义地报道时，他们感到沮丧，所以他们学会了如何最大限度地减少这些言论。他们被“留在现场”回答尴尬的问题，并承受故意设计成使他们尴尬的“肮脏的问题”。此外，戈达德管理部门制定了“常见问题”清单，NASA 总部和其他领域中心及研究所索要了副本。这个计划是要确保所有参与者“口径一致”。该团队编写了关于服务任务主要内容的概况介绍。随着接连的任务执行，团队提高了对外公关的技能。当然，在 2009 年最后一次任务完成之前，前期服务任务的成功和整个团队的沟通技巧使媒体变得更加友好。

为实现空前苛刻的 STS-61 任务，需要选择合适的人员，并设计一个非常激进的培训计划。如果成功恢复了哈勃的视野，这将是人类在太空中作用的证明；如果没有，那么这可能是 NASA 的终结。

8.1.3　挑选航天员

对于服务任务，选择一名有经验的航天员是很重要的。这是第一次尝试这样的事情，而且要确保航天员已经做好充分的准备。选择经验丰富的航天员，意味着他们的空间飞行适应性是没有问题的，他们已经知道该怎么做以及如何使用设备。控制轨道器、准备和进行 EVA 以及使用 RMS 方面的经验都将有助于任务的准备和执行。

1990 年 1 月 25 日，在望远镜发射前 3 个月，NASA 设立了载荷指令长（PC）的角色，由其担任高级任务专家，负责在载荷团队活动的开发和规划方面进行长期的领导。载荷指令长负责全面规划、整合、协调在轨工作，以确保任务成功和飞行安全。在航天员之外指派一位载荷指令长，能够在航天员正式训练之前找出训练问题和操作方面的限制并予以解决。尽管载荷指令长的作用主要集中在具有很大科学目标的任务上，并且是基于发展空间站指令长概念而产生的，但载荷指令长的角色也可以应用于具有重大 EVA 的任务中，例如哈勃服务任务和前期空间站的太空行走计划。

随着 1990 年 4 月哈勃望远镜的发射以及随后出现的太阳能面板畸变和抖动问题，除了定期进行日常维护之外，第一次维修任务中已经增加了大量额外的任务。因此在航天员培训方面需要一个很长的周期。1992 年 3 月 16 日，资深航天员斯托里·马斯格雷夫被任命为载荷指令长和 STS－61 任务的 MS4/EV2（这是第一次服务任务）。马斯格雷夫于 1967 年 8 月被选为科学家航天员，他进行了广泛的培训并从事了 EVA 技术开发的支持工作。他曾担任 Skylab2 的候选科学试验员；1983 年参与了 STS－6 乘组飞行，并实施了首次基于航天飞机的 EVA；1985 年他参与了 STS－51F；还参与了 1989 年的 STS－33 和 1991 年的 STS－44。

图 8-2　航天飞机上的 STS-61 乘组。从左至右：斯托里·马斯格雷夫，迪克·科维（后），克劳德·尼科尔，杰夫·霍夫曼，肯·布罗索斯，凯瑟琳·索恩顿，汤姆·埃克斯

直到 1992 年 8 月 25 日，汤姆·埃克斯（MS5/EV4），杰夫·霍夫曼（MS3/EV1）和凯瑟琳·索恩顿（MS1/EV3）才在斯托里·马斯格雷夫之后被指定为其他 3 名 EVA 成员。专业天文学家杰夫·霍夫曼自 1978 年 1 月以来一直是航天员。他于 1985 年在 STS-51D 上完成了第一次 EVA 任务，在 1990 年 12 月进行了 ASTRO-1 天文任务，并从 STS-46 的第三次任务中返回，返回时仅仅比哈勃任务宣布早了 17 天。凯瑟琳·索恩顿于 1984 年 5 月成为一名天文学家，除了在 STS-33 上与斯托里·马斯格雷夫一起飞行外，还在 STS-49 中与汤姆·埃克斯一起进行了 EVA，以测试空间站的建造技术。埃克斯于 1987 年 6 月加入 NASA，1990 年 10 月参与了 STS-41，1992 年 5 月参与了 STS-49。在他的第二次任务中，除了与凯瑟琳·索恩顿一起执行 EVA 外，埃克斯还出去协助皮埃尔·苏厄

特和里克·希布手动回收国际通信卫星组织的卫星，从而成为第一个也是迄今为止仅有的一次三人EVA。

被称为关乎组织存亡的任务，可能会在航天员办公室造成一些问题。凯瑟琳·索恩顿估计每个人都会因为这件事恨他们，但杰夫·霍夫曼说这不是事实。埃克斯曾经开玩笑说，他在训练期间每天都在停车场检查他的汽车轮胎，当然这种情况会逐渐减少。

1992年12月，当“轨道器乘组”成员宣布时，“EVA航天员”正处于训练项目中，迪克·科维被任命为指令长。1978年，他和杰夫·霍夫曼一起被选为航天员候选人。他于1985年在STS-51I中担任飞行员，1988年9月在STS-26中执行返回飞行任务，1990年11月指挥STS-38。肯·布罗索斯于1987年6月与埃克斯一起加入NASA。他于1992年6月在STS-50中担任飞行员，这是迄今为止最长的任务。作为MS2/FE和主RMS操作员的瑞士ESA航天员克劳德·尼科尔是机组人员的1/4。尼科尔于1978年被ESA选为空间实验室1任务的候选载荷专家，然后根据两个航天机构达成的一项特殊协议，他在1980年和1981年接受了NASA的MS训练。他原计划在1986年参与飞行，但在挑战者号失事后，这次飞行任务被取消了。直到1992年，他才参与了STS-46，与杰夫·霍夫曼一起飞行。

这个任务的复杂性和重要性体现在自1982年STS-3以来第一次分配了正式的NASA航天员作为备选。1993年3月9日，格雷格·哈博被任命为SM-1的备选EVA航天员。他将接受充分的训练，如果任何一名EVA的主要成员被取消资格，他将会去顶替参加。在1987年被选为航天员候选人之前，哈博在约翰逊航天中心工作了将近10年。1991年，他在STS-39中飞行，其在航天员办公室的一些技术任务包括在JSC和马歇尔航天飞行中心的HST EVA的开发工作。

8.1.4 家人的理解

在其2009年的口述历史中，杰夫·霍夫曼透露说，他曾希望能够登上俄罗斯的和平号空间站，却被告知他太高了以至于无法满足航天飞机和航天服的要求。在1992年8月STS-46的体检中，他被问到接下来要做什么。虽然参与空间实验室的飞行具有吸引力，但霍夫曼回答道："当然，作为一名天文学家，我真的很喜欢哈勃望远镜的任务。"大部分航天员办公室的成员也都希望完成这项任务，但杰夫·霍夫曼成功了。他后来得知，哈勃望远镜任务遴选的先决条件是，曾经担任过指令长或飞行员的人，4个人至少要完成一次EVA，而且其中要有人做过大量的RMS工作。一起参与飞行的航天员也是一个因素：STS-33的斯托里·马斯格雷夫和凯瑟琳·索恩顿，STS-49的凯瑟琳·索恩顿和汤姆·埃克斯，STS-46的杰夫·霍夫曼和克劳德·尼科尔。另外，迪克·科维和杰夫·霍夫曼入选同一组，正如汤姆·埃克斯和布罗索斯入选同一组，所以他们一起参加了Ascan训练。

杰夫·霍夫曼已经完成了3次任务，正在考虑他未来的选择。他的妻子认为他们将要离开休斯敦，当被告知他将成为STS-61的航天员时，他希望他的妻子从他那里听到，而不是从收音机里听到。她开始不高兴，但还是接受了。很显然，在一次航天员聚会中，其他航天员被告知他们有多幸运，因为他们有机会参加服务任务，但霍夫曼的妻子得到了他们的同情，因为他们知道，她真的希望杰夫在NASA工作了15年后能够得到晋升。作为一名天文学家，杰夫·霍夫曼对这个挑战感到非常兴奋。

汤姆·埃克斯回忆说，他从STS-49归来几星期后被告知他将参与第一次服务任务。在STS-49飞行中，他参与了两次太空行走，包括世界上第一次为捕获一颗卫星进行的三人EVA，以及与凯瑟琳·索恩顿进行的空间站装配模拟。汤姆·埃克斯意识到要探索一些方法来解决哈勃镜子的问题，但他没料到会参与这项任务。在了解他的任务后不久，他陪同斯托里·马斯格雷夫在马歇尔的水池中进行了初步的EVA工作，这个环境足够大，可以处理几乎完整的哈勃模型。汤姆·埃克斯在那里了解到，杰夫·霍夫曼和凯瑟琳·索恩顿将加入第一次服务队伍。官方公告是在不久之后发出的。他认识到以前与凯瑟琳·索恩顿一起完成的一次 EVA 的团队工作经验可以协助他完成任务。

8.1.5 主要任务

首先，执行任务过程中具有最高优先级的是 3 项任务。第一，恢复哈勃望远镜应具备的科研能力；第二，恢复其系统的可靠性；第三，演示多年来大力宣传的在轨服务。这看起来很简单，但事实远非如此。在以下每项服务任务中可以清楚地看出第一次服务任务的复杂性：

1）航天器需要经历地球阴影下的黑暗面和太阳光照射面的明暗交替，每个轨道运行要经历两次，所产生的热应力使两个太阳能电池阵都产生了“抖动”。这削弱了望远镜精确指向目标的能力。电池阵将被返回地球并对其进行全面评估，同时设计可以消除抖动问题的新单元来取代原来的部分。

2）原来的广角/行星照相机（WFPC）将被一个能够补偿哈勃望远镜的球面像差的新相机取代。

3）航天员将安装 P16 保险丝插头，用于校正尺寸和接线不一致。这些保护了望远镜的电路。

4）在太空仅 3 年后，6 个速率传感器陀螺仪中的 3 个失效，第一个于 1990 年 12 月失效，第二个是 1991 年 6 月，第三个是 1992 年 11 月。航天员将安装两个新的单元（RSU 2 和 RSU 3，每个包含一对陀螺仪）来协助定向和跟踪望远镜。

5）更换一个电气控制单元（ECU－3）以提高可靠性，并支持另外两个“电子大脑”。

6）改进的磁感应系统（MSS－1）是为了取代旧单元，并更好地测量航天器相对于地球磁场的位置。

7）一个故障的太阳能电池驱动电子（SADE）将被替换。它能将定位命令传送给两个电池阵之一。

8）为了补偿主反射镜的球面像差，航天员将高速光度计拆下，并更换为太空望远镜光轴补偿矫正光学系统（COSTAR）。当然，该任务已经得到媒体的大量关注，因为这项任务是为了解决哈勃望远镜的问题。这个任务就好比把“眼镜”放在望远镜上——这个概念当然得到了媒体和公众的关注。

如果这还不够的话，还有一个额外的活动清单，要在飞行计划中、在时间允许的情况下尽可能去尝试。这些包括：

1）安装 DF－224 协处理器，不仅可以改善望远镜内存冗余，还可以提高内存容量和速度。

2）更换 P15 保险丝，以改善线路差异。

3）安装第二个电子控制单元（ECU－1）和第二个多光谱扫描器单元（MSS－2）。

4）如果仍有时间，则修复高分辨率光谱仪，其中一个检测器系统由于电源问题而无法正常工作。

为了进行这些服务活动，4 位经验丰富的 EVA 航天员被分成两组，一组由杰夫·霍夫曼（EV1）和斯托里·马斯格雷夫（EV2）组成，另一组由凯瑟琳·索恩顿（EV3）和汤姆·埃克斯（EV4）组成。航天员们要交替执行 EVA，以便让每一组在 EVA 之后休息一段时间。为了充分利用在服务期间的这种连续的 EVA，杰夫·霍夫曼和斯托里·马斯格雷夫接受了第一、第三和第五次 EVA 的训练，而凯瑟琳·索恩顿和汤姆·埃克斯则接受了第二、第四次活动训练。半开玩笑地说，杰夫·霍夫曼和斯托里·马斯格雷夫被称为“奇数队”，因为他们将承担奇数次的太空行走，而凯瑟琳·索恩顿和汤姆·埃克斯则是“偶数队”。

STS－61 是第一个使用 5 个低温贮箱的航天飞机任务，以便提供足够的消耗必需品，这些消耗品不仅可以支持计划中的 5 次 EVA，而且如果需要，还可以提供两个不定期的太空行走，并且仍然保留足够的裕度以用于应急 EVA（例如，在任务结束时关闭载荷舱舱门）。

“任务成功”的最低标准为安装至少3个可靠的陀螺仪，以及可操作的WFPC或COSTAR。“圆满成功”将需要完成全部7个主要载荷任务。如果任务只是部分成功，那么按要求将进行第二次任务，其时间将取决于哪些物品尚未安装，以及望远镜的运行状态。

8.1.6 哈勃的眼镜

在对哈勃问题的听证会上，有人担心整个项目可能会被取消，国会或NASA只是简单地勾销这笔损失。但是，从这些黑暗的日子中产生的愉悦感促使团队确保第一次服务任务将尽可能地取得圆满成功。现有仪器的更换已经列在计划之中，通过研究镜子的光学特性，很明显可以“纠正”缺陷。许多天文学家和工程师就如何实现这一目标提出了各种建议。退休的航天员布鲁斯·麦坎德利斯成为这些建议的顾问。

这些想法包括：以机械或热变形的方式使反射镜变形，或者通过涂覆的方式改变其形状，或者在主反射镜前安装全孔径气体校正光学器件，或者替换副镜。许多提议缺乏实用性，对望远镜和/或航天员来说是非常危险的。由于哈勃望远镜在太空中，所以无法对主镜进行重大维修，并且几年前地面服务也被停掉了，所以唯一可能的是找出在第一次服务任务中什么是可以实现的。这次任务大约在3年后实施。

8.1.7 源自牙医镜和淋浴头的灵感

幸运的是，有一个可能的解决方案。10年前，JPL的工作人员已经开始研究主要成像相机——广角/行星照相机的后继产品，Ball Aerospace的默克·博特马建议主镜中的误差可以通过插入计划用于广角/行星照相机-2的小反射镜来调节其他轴向仪器的光线以实现补偿。所面临的挑战是如何将这些反射镜精确地安装在主反射镜后面的“光束”中。小镜子不大于牙科医生用来观察病人口腔的镜子，而且镜子的形状必须能够“消除由于主镜故障引起的反射光的侵蚀

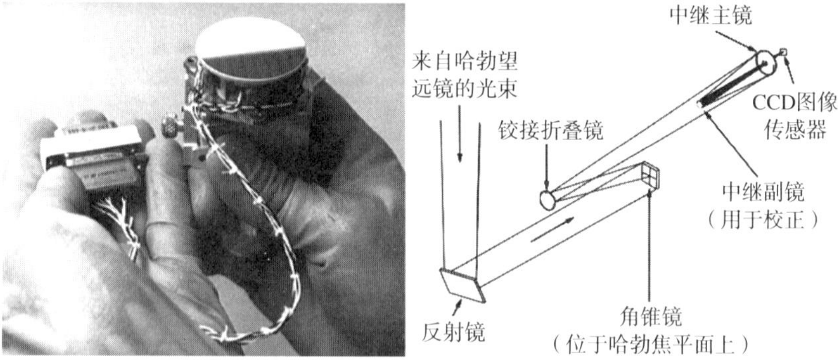

图 8-3　封装的用于哈勃望远镜的太空望远镜光轴补偿矫正光学小反射镜（左）和广角/行星照相机中的光路中使用的校正光学元件

干扰”。通常情况下，解决方法是偶然发现的。STScI 的电气工程师詹姆斯·克罗克在德国加尔兴的太空望远镜欧洲协调中心参加了战略小组会议。某个晚上他在旅馆洗澡，发现淋浴头安装在铰接的伸缩臂上，当他调整它们时，他意识到这种技术可能将主镜前面的小镜子延伸到望远镜中。

这个单元的载体已经可用。20 世纪 80 年代早期，太空望远镜轴向替换技术（STAR）被开发成为一种轴向科学仪器的空置替代品，以防万一有些东西没有准备好或不得不被拆除，则用它来填补空白。在这种情况下，这种机械性能和热性能良好的结构将被引入，以确保哈勃可以在缺失仪器的情况下运行。解决的办法是将反射镜和铰接臂结合起来，对主反射镜反射的光进行截取和校正，然后将其传送到其余 3 台轴向仪器。由于仪器共有 5 个入口孔，该装置将需要 10 面镜子。被命名为太空望远镜光轴补偿矫正光学系统（COSTAR），不仅仅是因为反射镜和伸缩臂，它还含有机械组件和电子设备，总共有 5 300 个零件并且可以从地面控制它们。由加利福尼亚的 Tinsley Optics 公司提供的小镜子需要手工制成“环形坯上的合成四阶非球面”，据说它是镜片商的噩梦。

高速光度计已经确定将被移除，它是望远镜中很少出问题的部件，但不幸的是它也是最不常用的仪器，取而代之的是 COSTAR。在设计和提案生效之后，1991 年 1 月 Ball Aerospace 接受委托建造 COSTAR。虽然其任务是将 10 面小镜子从主镜插入到另外 3 台同轴仪器的光路中，但摄影棚大小的包裹重达 487 磅（220.9 千克）。

8.1.8 航天员训练

汤姆·埃克斯回忆说，尽管他和凯瑟琳·索恩顿一起合作并联合完成了 EVA，但他们仍然需要经历训练的过程。“不能因为以前凯瑟琳·索恩顿和我一起工作过而减少任何训练，我们仍然为哈勃修复任务做了所有相同的训练，就好像我们从未合作过一样。训练很棒，对你来说训练永远是不够的，当你在被训练和准备出发时，你知道现在你所做的对你来说意味着什么。你知道在几个月的任务延误期间你会生锈的，而这几个月就会有一些任务要交给你。你仍然需要继续训练以保持良好的状态。所以我想说，凯瑟琳·索恩顿和我在 STS-49 中有着良好的合作关系。我不认为当我们继续执行 STS-61 任务时，凯瑟琳·索恩顿和我比没有一起工作和训练过的斯托里和杰夫更好。”但他们在一起工作起来很熟练，在 STS-49 任务中他们帮助里克·希布和皮埃尔·苏厄特穿脱他们的航天服。他们非常熟悉在轨执行 EVA 前后的流程，这与在地面演练完全不同。

当然，对 STS-61 太空行走的训练引起了媒体的关注，各个围观者也在关注他们的进展情况，这增加了他们的压力，并且突显了这次任务的重要性。正如汤姆·埃克斯所解释的那样，“我们已经有 20 多个不同的评审团队在我们训练时看着我们，因为这是我们第一次试图连续进行 5 次太空行走，用 4 套航天服和 4 名航天员。我们已经在 STS-49 中完成了 4 次太空行走，但是我们并没有连续完成，所以这是我们以前从未做过的事情。但是我们对这样做感到欣慰。”

“作为一名航天员，我们对外界如此多的关注确实感到惊讶。很显然，对于任何一次任务我们担心的是我们宣称我们已经想到了一切，但在这样的背景下事实并非如此。当你参加水池训练时，有很多人在注视着你，可能对你正在做的事情提出一些批评意见，但是你已经习惯了，你没有想过去担心它。我还记得我们所做的第一次模拟，当时的情景保留在我们的内心深处，我们曾经说过，因为这些人在注视着我们，所以我们必须小心。但是几分钟之后，你完全忘记了。你说出你的想法和需要做的事情，然后就这么做了。”

“我认为我们的指令长迪克·科维可能在幕后帮助EVA航天员在训练中排解压力方面做得非常好，我们对这是不知情的。我不认为外面的声音对我们真的有影响，但现在它可能会影响到那些试图训练我们的人，他们不得不与外部人打交道，所有人都必须用耳机，听所有这些外部的声音。但是我记得上一次的审查小组实际上有一些很好的建议。我们真的在努力节省时间，所以我们愿意听取任何能让我们更轻松、更有效地完成特定任务的建议。”

杰夫·霍夫曼在2009年的口述历史中说，记得约有13个不同的委员会参与其中，但前任飞行主任兰迪·布林克利担任代理经理使得这些委员会远离航天员，从而让他们专注于手头的工作。霍夫曼确实说过一些委员会是非常有用的话。举个例子，舱外有太多的工具，在EVA开始时就需要花费一些时间进行组装。EVA期间的时间是很有限且珍贵的，背包里的氧气也是如此，所以建议把这些工具重新安置在舱内以节省大约半个小时的时间。距离发射还有好几个月，但重量和平衡计算已经完成。霍夫曼说：“只是因为航天员要求这样做并不意味着你能这样干，但是这是哈勃，必须确保工具会在舱内。”

克劳德·尼科尔表达了欧洲对这一任务的兴趣。“这项任务对于欧洲来说很重要，因为我们全程参与了哈勃太空望远镜项目。欧洲的很多人心中都渴望这种望远镜，我们希望为他们服务。”作为主RMS操作员，克劳德·尼科尔对于任务中太空行走的成败至关重要，他花费了许多时间与EVA团队模拟每个任务。凯瑟琳·索恩顿曾经提到，他可以让机械臂去任何地方，“它几乎在载荷舱内环绕望远镜，克劳德把我们带到我们需要去的地方。甚至在我们告诉他之前，他就已经知道了。”

8.1.9　交叉训练

对于 STS－61 来说，训练的时间非常多，因此建立一个跨任务训练系统是非常重要的。为了防止某个人不能完成某项特殊任务，或者因为严重的航天服故障或航天员疾病不能完成任务，每个人之间互为备选。汤姆·埃克斯解释说：“我们对所有任务进行同样的训练，直到最后一个或两个月；从那时起，我们主要对我们的计划任务进行训练。在早期训练中，规划者不知道他们将以什么样的顺序去做事情，以及在哪一天要做什么事情；他们有一个大概的想法，但是举个例子来说，如果磁电计测试来得晚，就必须进行一些重新调整。因此，我们都必须训练有素，以便可以完成任何一项任务。事实上，如果队员中有一个人发生了事情，假如我在我的一次太空行走中生病了，那么杰夫或者史蒂夫将会顶替我的位置来完成任务。在太空行走的当天，你得专业点。例如在太阳能电池阵上凯瑟琳·索恩顿和我都有一些各自的任务，但是需要一起完成，为了这样的任务我们做了更多的训练。在我们的太空行走期间，凯瑟琳通常在机械臂的末端，而我是自由漂浮移动的，所以如果我生病了，那么针对这些特定任务接受过训练的杰夫或者史蒂夫就会替代我。如果是凯瑟琳·索恩顿病了，那么另一个人也将完成相应的工作。”

汤姆·埃克斯解释说，安排 EVA 任务不仅要有灵活性，而且要优先考虑灵活性的问题，因为一些情况需要缩短任务时间，并不是所有的任务或者 EVA 都可以完成，这是由各种管理和培训团队组织安排的。“因为你不知道当你去进行 5 次太空行走时，你可能因为某种原因，比如说航天服故障，只完成其中之一，或者会因为航天飞机的问题，让你提前返回。所以你应该计划应对最糟糕的情况：如果只能有一次太空行走，在这一次太空行走中最需要干的就是我们想要完成的事情。现在你会认为他们会在第一天做最重要的事情，但是也必须乐观一点，才能完成所有事情。所以你开始时计划要完成所有工作，但是如果事情变糟，总会有备选计划。例如，在凯瑟琳·索恩顿和我所进行的第二次EVA中，当我们出去将HSP更换为COSTAR时，这显然是高优先级的，因为这将纠正许多光学问题。如果我们知道我们不能进行这次太空行走，那么我们可能会做一些不同的事情，比如更换协处理器，我们就会直接这样做了。即使你正在进行太空行走，你也必须灵活，事情可能随时改变。”

在第一次服务任务中，每个人都通力合作，不管怎样，都决定使哈勃得到维修。这让马歇尔、JSC和戈达德之间的竞争成为过去。他们工作起来看起来像是一个人在工作。

8.1.10　手指冻伤

1993年6月4日，有报道说，斯托里·马斯格雷夫在JSC的一个高度室里进行SM-1的EVA模拟活动时，受到轻微的伤害。透过EVA手套，他的手指受到了轻微的冻伤。报告指出，他的迅速恢复意味着这次事件不会影响乘组任务。杰夫·霍夫曼在16年后的口述历史中对这一事件进行了补充。1985年，霍夫曼在STS-51D的EVA暂停期间经历了一段寒冷的时期，他担心在哈勃任务期间也会发生这样的事件。他知道会有很多错综复杂的工作，其中有一些工作是需要哈勃的维修门保持打开并尽可能处于阴影中才能进行的，以免紫外线光学元件受到污染或损坏。计划是将航天飞机腹部面向太阳，而将装载哈勃望远镜的载荷舱面向地球。哈勃将处于阴影中，同时地球辐射的热量可以让航天员保持温暖。然而，据估计，在夜间一些金属部件的温度会下降到零下150°F，霍夫曼很担心他的手指。

再一次体现哈勃实力的事件是，JSC组织了一次非常昂贵的高度室测试。1993年5月，人体热真空测试开始了。霍夫曼首先进入B室，用泵将氮气抽入墙壁内，使温度下降。他发现尝试从工具箱中取出工具很困难，而且用于锁定设备的定位销被冻牢了。“这会是一场灾难，”他解释说。“我们到了那儿，但我们却不能得到我们所需要的工具的一半。所以这引起了人们的关注。工程师开始去解决这个问题，拿出了所有的剩余油脂。我想他们把它清理了，以增加一些间隙。”所以现在斯托里·马斯格雷夫进入了高度室，并试图重复这些任务。工程师的工作确实有效，但马斯格雷夫抱怨说他的双手非常冷，考虑到他正在用非常冷的金属工作，这种现象也算合乎情理，于是他继续开始进一步的测试。当飞行医生检查了他的身体状态后，马斯格雷夫说他的双手一定是暖了起来，因为他感觉不到它们了。然而，这是一个被忽视的不良迹象。1998 年 NASA 出版的《从工程科学到大科学》一书引用了 1995 年 3 月对马斯格雷夫的采访内容。在那次采访中，马斯格雷夫称真空测试是“世界上最糟糕的地狱。那是航天员生涯中最艰难的一天。”在深度真空的黑室里，拖着 480 磅（217.72 千克）的压力服，他感觉自己仿佛是一匹“拉犁的马”。在零下 170°的环境里，几个小时之后，他的手指在操纵这些工具时感到麻木，尽管他是一名受过专业训练的医生，但他没认识到“从疼痛转为受伤”的迹象。他试图把手伸进压力服的袖子里，或者把手放在模拟阳光的灯具上，尽量使其温暖起来，但无济于事。当马斯格雷夫从高度室出来甩掉手套时，发现他的手指已经变得又紫又黑，有 8 根手指已严重冻伤。

“这很严重，”霍夫曼解释说，“因为他可能再也不能执行飞行任务了。所以他们把他送到了阿拉斯加，那里有世界上最好的冻伤专家。”在一段时间里，马斯格雷夫好像不得不被接替，由替补 EVA 航天员道格拉斯·哈博替代。但是医生设法挽救了他的手指，并且证明他已恢复到能执行太空任务的状态。这个经验促使了对整个 EVA 作业的审视。并促成了一种新方法来使航天员在舱外感到温暖。

这个测试引起了管理层的注意，并引起了改变热量分布的请求。问题在于，“调整方法”要求航天飞机在每个轨道进行两次姿态变动，由于哈勃操作轨道所处的高度，这将进一步占用已经很紧张的推进剂余量。为了克服这个问题，工程师们设计了一种新的 RCS 喷气推进剂技术，在改变航天飞机姿态时可以使用更少的推进剂。

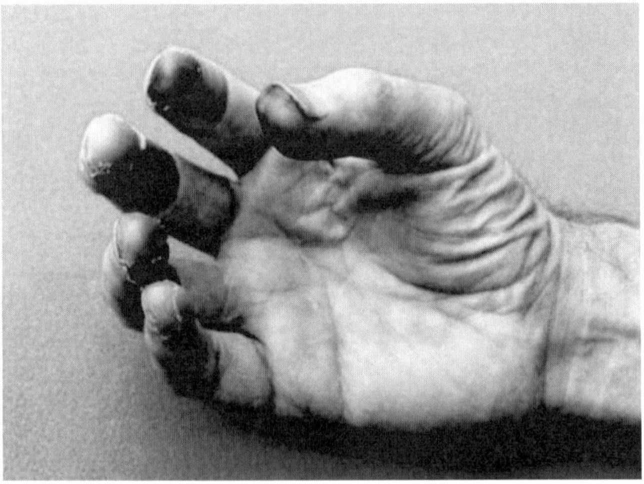

图 8-4　斯托里·马斯格雷夫严重冻伤的手指

8.1.11　图纸再次错误

航天员在戈达德航天飞行中心进行了一些训练，真正的飞行硬件在一个洁净室里。当将 WFPC-2 放置在由起重机悬挂的机械模拟器中以进行模拟时发现了一个问题。航天员戴上了他们的头盔和照明灯，并将房间密闭起来，以重现他们白天或黑夜在轨道上所看到的景象。他们希望不要在飞行中破坏任何东西，并希望确保能够很好地将仪器插入和取出。但是它被挂在了从其初始位置到高性能模拟器的一半距离处。“我们把它拉出来，结果发现外面的热屏蔽装置的安装方式致使有一个直角的部件妨碍了它的继续前进。所以没有办法让它进去，”霍夫曼解释说。

戈达德联系了将原来的 WFPC 安装在哈勃上的 JPL，那里的技术人员告诉他们，在 WFPC-1 发射前他们也遇到同样的问题，“因为图纸是错的”。JPL 已经在其第一台设备上修改了散热罩，以便在发射前将其插入哈勃望远镜中，但没有更改图纸。结果 WFPC-2 也遇到了同样的问题。幸运的是，在试图将它在轨放入望远镜之前，发现了这样一个可能是严重而昂贵的疏忽。

不久之后，用COSTAR进行的一次训练显示，它不能在最后的2英寸（50.8毫米）内滑动。正如霍夫曼所指出的那样，“当你的两台主要仪器都不能正常工作时，这会使你丧失信心。”在检查这个单元时，有一个从底部伸出的螺栓。由于COSTAR将占据最初分配给小型高速光度计的位置，因此不能保证其尺寸能够满足要求。检查图纸，螺栓看起来是平齐的，但COSTAR却不是。他们不知道是否要去除突起物，因为高速光度计是在哈勃上的，可能它的安装位置允许螺栓突起，但是COSTAR更大，不能允许这种情况。航天员将不得不等待，看哪个位置是必需的。当他们进入太空时，索恩顿和埃克斯都配备了应急工具，如斧头和虎钳，以防需要这些工具。当从望远镜中拔出高速光度计时，发现是平头螺栓。所以他们轻松地在COSTAR上安装了一个平头螺栓。正如之前几年在水池模拟中已经注意到的那样，不能保证图纸与飞行硬件相匹配。

8.1.12　虚拟现实训练

STS-61航天员训练中第一次使用了虚拟现实技术。在2009年的口述历史中，霍夫曼解释说，对于水池训练来说，所有潜水员和设备的所需费用非常高，所以“该选择哪种方式一目了然”。他还指出，不像早期的EVA那样，一切事情都需要在载荷舱内完成。由于哈勃尺寸较大，不可能把整个装备装进水池中，这就使得在望远镜顶部使用高保真RMS进行任务模拟非常困难。霍夫曼提到了他有一次去参观国家航空航天博物馆，在那里曾展出结构动态测试车。他们使用一台液压动臂装载机以起到磁力计的作用，但是那在几何上是不准确的。

虚拟现实设备可以描绘RMS及其将要工作的全部区域。它是新技术，而且发展很慢，但它起作用，霍夫曼认为它很有用。虽然当时并不是一个正式的培训工具，但是它能够迅速升级并在官僚体制外进行改变，这往往可以促进变革。

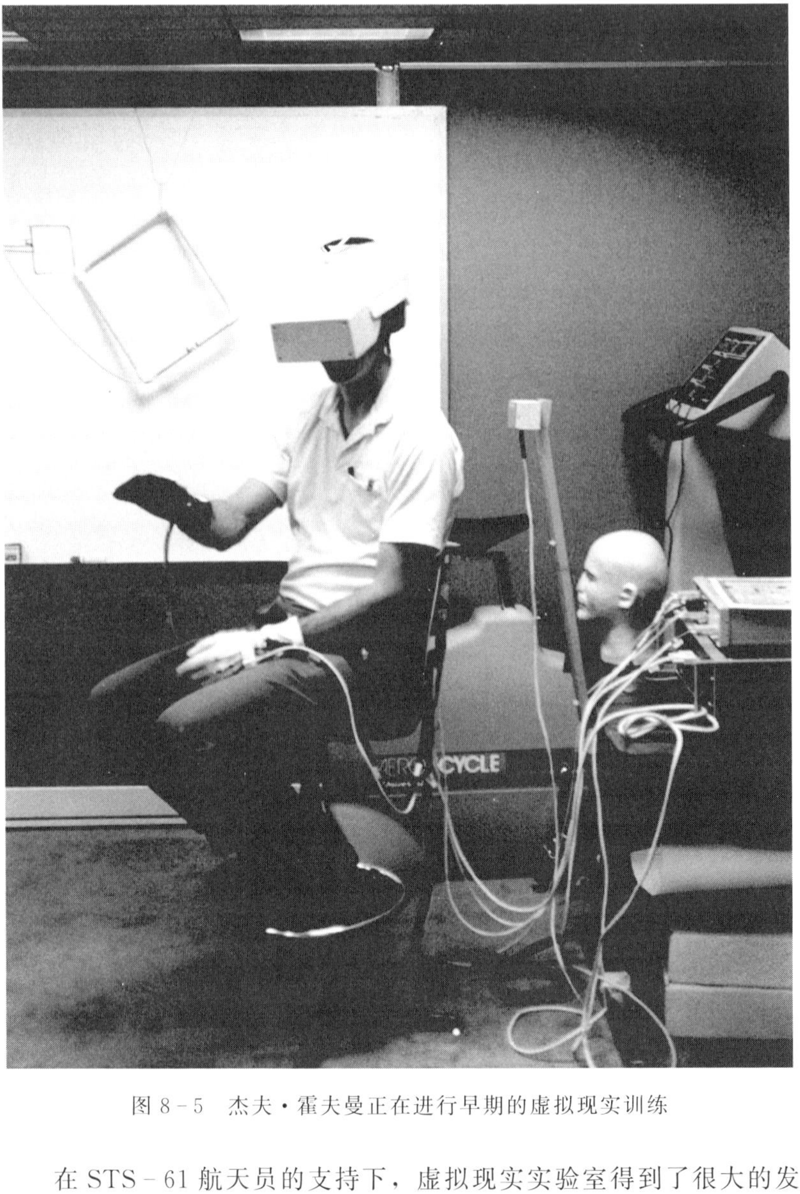

图 8-5　杰夫·霍夫曼正在进行早期的虚拟现实训练

在 STS-61 航天员的支持下，虚拟现实实验室得到了很大的发展，除了协助后来的哈勃服务任务之外，它还在国际空间站的训练中证明了自己。

8.2 任务规划

计划服务任务的工作始于1988年8月，在为STS-61做准备的未来几年中，人员培训计划和EVA备受关注。在STS-31部署哈勃之前的EVA模拟文件以及SM-1任务的准备工作中，这项工作的范围是公开的。EVA验证数据包括：

1）乘员辅助检查HST（91种工具）；

2）由9名航天员安装和拆除ORU；

3）在水池中模拟EVA（738小时）；

4）继续太空行走训练（94小时）；

5）载人热真空室测试（20小时）；

6）硬件备件的兼容性检测（32/44）；

7）用于STS-61的EVA程序文件；

8）作为STS-61联合一体化模拟的一部分计划进行6次长期任务模拟：

a）交会/EVA♯1（39小时）；

b）EVA♯2/太阳能电池阵（36小时）；

c）部署哈勃望远镜（10小时）；

d）EVA♯3（12小时）；

e）设备的插入/第二天的飞行（39小时）；

f）EVA♯4/ EVA♯5/部署HST（59小时）。

最初的SM-1只是对计划更换设备中的一部分进行更换，但是随着COSTAR的开发以及太阳电池阵问题的出现，增加了更多的任务。尽管哈勃望远镜可以利用球面像差和抖动的太阳电池阵来进行一些有用的科学研究，但它对第一次服务任务造成的压力日益增加。到1990年年底，在每圈轨道上两次出入地球阴影时哈勃望远镜的抖动问题得到理解，但设计用来阻止振动的改进软件只能在半个轨道上运行，在望远镜通过下一个明暗界面之前没有时间调整。这个软件在飞行器上占用了太多的内存。因此，将太阳电池阵替换为不会抖动的形式被加入到服务任务中。其他的问题也中断了科学项目的进行，特别是控制望远镜精确指向的精细导星敏感器，已经开始出现异常。因此，这些单元被添加到任务列表中。1991 年 5 月，在太空中仅待了一年的主计算机上的记忆单元失效了，使哈勃望远镜处于深度安全模式。到下个月，轨道器仅剩一台备份陀螺仪在工作；有两台陀螺仪已经失效了，而实际需要 3 台陀螺仪来决定高度和方位。据说出现了 3 种情况，这是哈勃望远镜在那年夏天的情况，因为到了 7 月，戈达德高分辨率摄谱仪遇到了电源不足的问题，结果其容量减半。到年底，显然 SM - 1 将会是一个比原先设想的更加雄心勃勃和带有挑战性的任务。

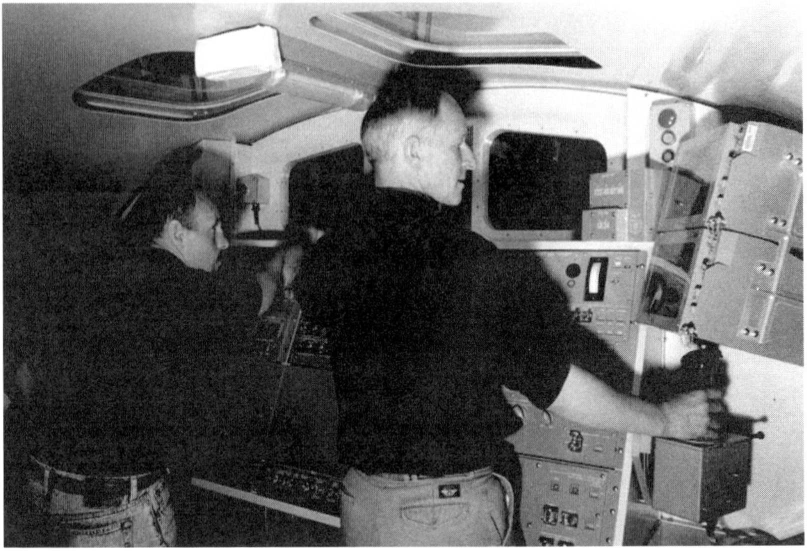

图 8 - 6　肯·布罗索斯和克劳德·尼科尔正在参加后甲板模拟器的 RMS 训练

NASA 强调，STS - 61 不是一项救援任务，而是一项有计划的在轨服务任务。虽然没有参照原定的计划，但这是一系列服务任务的目的之一，即：应对不可预见的事故和突发状况。经计算，服务成本约为 5 亿美元。

望远镜的建造花费估计为 15 亿美元，因此服务任务大约是最初花费的 1/3。当支持任务的成本和分析数据的成本被加进来时，如果把哈勃比作一辆自动汽车，那么它已经该报废了。

到 1992 年 9 月，微弱目标照相机也暴露出了电源供给功能减半的问题。又有一个陀螺仪失效，然后只剩下 3 个。如果再有一台陀螺仪失效，那么哈勃望远镜将不得不停止其科学研究，并采取安全模式，直到服务任务（完成）。然后，好像没有足够的服务任务来处理，第二台计算机上的内存单元也失效了。

由于 EVA 计划负担过重，因此很难安排失效项目的相对优先级。开始只计划了 3 次 EVA，这一保守的方法在 1993 年 4 月被修改为 5 次。该前所未有的太空行走数量引起了进一步的争论。

8.2.1 概述

在开展第一次服务任务的过程中，有许多审查委员会成立，目的是研究卫星救援和修理空间站与哈勃望远镜。STS－49 任务出人意料地需要 3 次 EVA 来抓捕国际通信卫星，成功地完成了一项史无前例的 3 名航天员的工作。新闻标题赞扬了这一戏剧性事件和航天员的能力，但在幕后，NASA 下令对训练方法进行审查。该机构的新管理员丹·戈尔丁公开赞扬了他的团队，称“这是一次大胆的卫星救援”，然后私下对他们进行了针对性评论。他创建了一个独立的评审小组来确定在 EVA 期间需要即兴发挥来取得成功的原因。

其中一名小组成员是前航天员汤姆·斯塔福德，在 2002 年和迈克·卡斯托共同出版的书中，他描述了参与 STS－49 和哈勃望远镜服务任务中的情景。“我们发现的情况一团糟。国际电信公司的检索系统没有经过适当的模拟，文档也与硬件不匹配。然而，最大的问题是缺乏对该任务的单一授权”。他建议重新回归阿波罗管理模式，为即将到来的哈勃任务专门任命一位任务主任。充当这一角色的人是前海军陆战队飞行员兰迪·布林克利，当时在圣路易斯的麦克唐奈·道格拉斯公司工作。戈尔丁要求斯塔福德专门为 SM-1 成立一个名为 HST 服务任务审查小组的独立的监督委员会，这其中包括前航天员乔·恩格尔和乔·罗滕伯格博士，后者当时是戈达德哈勃太空望远镜项目经理。斯塔福德说："尽管 JSC 和马歇尔的官僚们与布林克利经常针锋相对，但他在哈勃太空望远镜上工作出色，并在休斯敦的新 ISS 项目上取得了进展。"

1992 年 6 月，JSC 航天飞机项目办公室的 HST 审查小组由理查德·菲茨领导。接下来的一个月，NASA 总部创建了由迈克尔·格林福德领导的 HST SM-1 项目审查小组。此外，前航天员约瑟夫·艾伦对太空科学总部办公室的任务进行了回顾，前首席航天员约翰·扬被要求审查 STS-61 的任务计划。

在 1993 年 11 月 17 日的飞行准备评估报告中，由 12 个评审小组提出的 195 项建议中，只有 27 项保持开放状态，因此是时候把所有的计划、训练和评估付诸实践了。

8.2.2 进展中的里程碑节点

为 STS-61 任务准备硬件的工作是在计划于 1993 年 12 月发射前的几个月开始的。计划航天飞机任务可能需要数年时间，发射前的最后准备阶段将在几个月前完成。媒体的报道中，在准备这样一项任务时所付出努力的强度和深度都被掩盖了。它需要在合适的时间将各种各样的过程、项目和事件整合，使飞行器能够从发射场上起飞。第一次服务任务的硬件"旅程"是典型的航天飞机往返飞行。

1993 年 7 月 1 日，奋进号在 KSC 的 SLF 33 号跑道上着陆，完成了为期 10 天的 STS-57 任务。在几个小时内，它被拖进了轨道器处理设施（OPF）1 号舱内，进行任务后的维修。初步检查表明它处于良好状态。到 7 月 13 日，Spacehab 增强模块和收回的 EURECA 卫星都已被移除。飞行后的处理活动包括去除曾支持 STS-57货物清单的载荷舱配置，维修轨道器乘员舱，移除 3 台主要的引擎，在飞行后清空推进剂贮箱，以及检查热防护系统。为5个月（约20周）后的STS-61发射进行常规准备，预计将会很紧张。

7月24日，NASA总部的航天飞行安全与任务保障部主任、航天飞机处理审查小组主席理查德·U·佩里发表了一份报告，该小组是在KSC主任罗伯特·克里平的要求下成立的。在NASA，类似的团队定期进行研究，以确保相关的工作以安全、高效、低成本的方式进行。在报告中，这个评审小组说："航天飞机的处理是有史以来最好的，并且不断被评估以获得改进。"这的确是一个好消息，特别是对于准备哈勃望远镜服务任务的团队来说，但就在同一天，一个事件表明通过处理航天飞机来满足一项紧迫的任务总是容易出现延迟、失误和事故。继7月17日首次发射失败后，第二次尝试在一个星期后，将该任务的开始时间推迟到了8月。这将对当年包括STS-61的剩余任务产生连锁影响。在类似的对KSC的质量控制问题的评估中，理查德·U·佩里也发表了这一观点，但这一次由NASA局长达尼尔·戈尔丁下令，他说："员工们担心指出错误会导致失业。因此，由于害怕，员工们倾向于不报告问题，关闭电路或无视事件的发生。没有证据表明报告问题导致了任何严重的惩罚，但这种担心是由最近该中心的裁员和媒体关于航天飞机事故的报道引起的，这将不利于员工的信心和士气。"这些类型的事故对很了解哈勃望远镜状况的NASA来说并不是很好，这增加了SM-1发射准备的压力。

到8月初，第5组低温罐被安装在奋进号上以增加任务消耗潜力，尽管在任务清单上还有其他设备的延迟，但工作仍在继续。与此同时，任务所需的载荷硬件单元开始到达发射场。8月6日，在戈达德检查之后，太空支持设备（SSE）被装载在之前用于伽马射线天文台和长时间曝光设备的集装箱中，并被运送到通常交付外部贮箱的驳船上。在飞行过程中，SSE将在载荷舱内部安置一些替换组件。SSE包括ORU载体（是一种专用的空间实验室平台，用于维护和修复）、太阳电池阵载体（承运两个太阳能电池阵的替代品并将回收的电池阵带回地球）和飞行支持结构（当哈勃在载荷舱内服务时，用于容纳哈勃并对其标定）（挑战者号用了相同的硬件并在1984年实施了Solar Max的STS-41C任务）。到达KSC后，从驳船上卸下这些硬件，并将其带到工业区域的载荷危险服务设施（PHSF），在装载奋进号之前进行进一步的准备工作。

不到一周后，在8月12日，发射STS-51的第3次延迟进一步影响了当年剩余时间的工作安排，特别是STS-61（的延迟）。由于STS-51无法发射，哈勃望远镜服务任务被无限期延迟。尽管如此，奋进号及其载荷的工作持续进行着。8月19日，WFPC-2抵达了位于KSC南部卡纳维拉尔角的空军基地的机库AE。在接下来的两周内，由17辆卡车组成的车队将飞行硬件从戈达德运送到KSC。这些硬件包括COSTAR、两个替换的太阳能电池阵、高分辨率的光谱仪冗余组件、速率陀螺传感器、电子控制单元，以及两个磁力计。几个月来，一直在戈达德的洁净室里对其进行集成和测试。

8月30日，任务主任兰迪·布林克利表示，该团队正努力不让STS-61在圣诞节和新年发射，但如果它被推迟到12月10日之后，那么这一任务很有可能会被推迟到新的一年。最近发生的一系列事件，尤其是涉及STS-51的事件，使这个推迟成为可能。9月12日，STS-51的成功发射对哈勃团队是一个巨大的宽慰。另一方面，哥伦比亚号的技术问题也引起人们对1993年STS-61的怀疑。

在1号航天器装配大楼，2号移动发射平台上双固体火箭助推器（SRB）（BI-063）装配工作正式开始，RMS（编号303）（能够抓取望远镜并支持计划的EVA）的测试工作在轨道处理设施中继续进行。在载荷危险服务设施中，对载荷的改进工作持续进行，包括9月10日抵达的双太阳电池阵。在9月的第二个星期里，在太阳能电池阵之后，COSTAR和WFPC-2被安装在各自的防护载体上。9月24日，收尾活动已经完成，并且准备使用载荷贮箱将硬件带到垂直处理设施（VPF）上，这个载荷容器在经历一系列测试之后被装载到飞行支持结构上，然后是太阳电池阵载体，最后装载WFPC-2

和 COSTAR 的 ORU 模块。在所有载荷就位的情况下，在 10 月 28 日将其移动到发射台之前，将这些容器从水平方向旋转到垂直方向进行最后的检查。但是在 10 月 3 日，在基于凹光学面板评估结果的决策做出之后，WFPC-2 被运回到 PHSF 进行额外的测试，以重新检验其焦点。在这些测试中存在一些风险，但是进行这些测试并不会对准备发射的仪器产生影响。与此同时，在 OPF 中，到 10 月 4 日，3 个 SSME 都已安装在奋进号上，发动机 2019 号装在上面的（1 号）位置，发动机 2033 号装在（2 号）位置，发动机 2017 号安装在（3 号）位置。

在 10 月 2-3 日的周末，航天员去 KSC 进行了航天员设备接口测试（CEIT）和其他检查。在接下来的几天里，进展速度加快了。在 VPF 中，使用货物综合测试设备（CITE）对载荷的测试开始于 10 月 8 日。除了这次测试不需要的 WFPC-2 和 COSTAR 以外，这是在准备和测试飞行硬件方面的一个重要里程碑。该程序以电气接口验证测试（IVT）为开端，它将验证 HST 系统与奋进号系统的就绪性和兼容性，尤其是连接飞行外舱板与飞行支持结构的命令路径和相关电路。尽管他们的控制是有限的，但航天员可以发出指令，通过控制电源来激活各种门锁和加热器电路，以及当它在支持结构上时，监控来自望远镜的遥测数据。第二天，对 IVT 进行了 8 个小时的点对点测试。在该测试中，位于 KSC 的梅里特岛发射区（MILA）跟踪站通过卫星连接到戈达德的通信交换和分配设施，然后将信号传送到休斯敦的 JSC。随着测试的完成，太阳能电池阵驱动电子设备（SADE）到达 VPF，并被安装在东部测试单元进行测试。

到 10 月初，在 VAB 中存放的固体火箭助推器（SRB）已经完成装配，同时外部燃料箱（ET-60）的对接也已完成。因此，10 月 7 日是一个重要的里程碑，它将为准时发射的飞行硬件做好准备。尽管存在 STS-58 将被取消的问题，但哈勃服务任务中硬件上的工作仍然很顺利。事实上，NASA 管理团队一直在讨论将 STS-61 的发射从 12 月 2 日推迟到 12 月 30 日的可能性。这一建议的决定性因素是计划于 11 月 28 日发射的一颗空军卫星，但普遍的感觉是，他们应该在圣诞节假期前尝试把奋进号放入 OPF。根据 KSC 的航天飞机发射中心的指挥 STS-31 哈勃部署任务的经理洛伦·施赖弗的说法，决定在一个星期内就会做出。11 月 28 日发射的 DSCS-III 型通信卫星是由阿特拉斯 II 发射的，最终分析结果决定将 12 月 1 日作为发射 STS-61 的最佳日期。

奋进号于 10 月 21 日被拖到 VAB，随后的一天被垂直吊起来，以便与它的 ET 配对。经过一周的综合测试后，轨道器被断电，准备将其转移到 LC 39A。10 月 28 日进行了这项工作。随着保护的旋转服务结构被包裹在设备周围，发射前的检查和其他准备工作继续进行。11 月 2 日，在将 IMAX 货运舱摄像机（ICBC）安装到载荷舱后，进一步的载荷安装工作由于载荷更换房间内的污染而停滞，最近经过佛罗里达州中部的多风天气吹来的那些细沙颗粒已经渗透进了房间，尽管早前进行了清理，但检查发现房间的其他地方还是有少量的沙子。对此，成立了 4 个专项小组来调查这个问题，并采取各种措施来清理这个地区，以防止类似的事件再次发生。

随着这项工作的进行，管理者们继续评估他们从 LC 39A 或 39B 启动 STS-61 的选择，而不影响计划的 12 月 1 日发射日期。与此同时，奋进号上的工作还在进行终端倒计时演示测试。航天员已于 11 月 4 日抵达以进行该测试的最后部分，该测试将于次日结束。在对污染进行调查后，11 月 5 日，HST 载荷从发射台被移走，并带回 PHSF 进行一次预计将持续 10 天的清洁度检查。同一天，做出了将 STS-61 从 LC 39A 转移到 LC 39B 的决定。这意味着，除了感恩节前后的几天外，发射过程中所有的内置应急时间都已经被使用了，但是 NASA 有信心通过平行处理来证明满足发射日期的 B 发射台方案。常规的设备处理将在 A 发射台继续进行，包括加注自燃推进剂，直到 B 发射台准备就绪。11 月 10 日，发射小组的压力更大了，当时对奋进号的 3 个主要引擎高压燃料涡轮泵进行了检查，在加州达

图 8-7　在一次 STS-61 集成模拟过程中，经验丰富的太空行走员杰瑞·罗斯位于指令舱通信员控制台上，这是他在飞行过程中所服务的位置。与同事苏珊·赫尔姆斯航天员一起，他正在监测在 MSFC 的中性 EVA 模拟

因公司制造工厂的一个测试泵中发现了轻微变色和微小裂纹。官员们想要验证奋进号上的泵是否存在不完美的问题，因为该问题可能会影响最终的倒计时和发射。检查表明，泵是适合飞行的。11 月 15 日，该组合体被转移到 LC 39B，在持续了 5 个小时的操作后，哈勃太空望远镜载荷在当天晚些时候被送到了发射台上。

11 月 17 日，飞行准备评估列出了所有的挑战，这些挑战影响了将航天飞机移至第二个发射台并进行发射的决定。在评估了组合体的状态并对载荷进行清洁之后决定于 12 月 1 日发射。与此同时，在发射台最后的发射前测试和检查已经完成，准备在奋进号上装载载荷。

就在两天后的 11 月 19 日，一个小型传感器的问题对发射造成

图8-8 在STS-6进行联合集成仿真期间，苏珊·雷恩沃特在休斯敦的任务控制中心进行了一项EVA模拟，航天员们在美国阿拉巴马州的马歇尔航天飞行中心，正在中性浮力箱中排练EVA任务

了严重影响。这是4个小型传感器中的一个，用于测量驱动轨道飞行器右侧机翼升降舵的执行器中的液压压力。尽管这是一个安全问题，即使所有4个传感器都失灵了，航天员还是能够从其他设备上确定升降舵是否正常工作。要更换传感器，需要将组合体返回到航天飞机装配大楼（VAB），当然，最早也要将任务推迟到1月份。在休斯敦，飞行控制人员评估了不飞行与以失效传感器飞行的选择和后果。他们决定只保留3个传感器维持冗余，并将这一情况汇报给任务管理部门，后者决定放弃发射规则，用3个冗余的传感器代替4个传感器继续进行。出现在这段时间里的另一个很麻烦的问题是，在轨道器上安装的两个无线电中噪声过大。在发射前的最后几天，这样的问题很常见，说明了大量的小物品、电路和工艺需要经过测试、检查和飞行试验，所有这些促成了将所有部件都放到最终测试和发射中进行检验。

航天员于11月27日抵达发射地，就在感恩节前夕，发射地许多活动被取消。任务指令长迪克·科维说：“我们期待着进行一场表演。我们经过了艰苦的训练，并且相信从今天开始的两周后我们将会回来……在一次非常成功的任务之后回来。”第二天，一枚空军火箭成功发射了这颗军用卫星，尽管该卫星的发射时间推迟了31分钟，但宇宙神火箭的发射需要长时间的延迟，这就使得STS-61被推迟了至少24小时。航天飞机测试主任迈克·莱因巴克说：“航天飞机的状态很好。奋进号的表现一直优异，我们希望第一次尝试就可以发射成功，为美国和全世界完成这一令人激动的任务。进度允许奋进号直到12月6日发射并完成一个完整的任务，但如果任何最后一分钟延迟都将导致大约48小时的周转延迟，即最迟是在12月9日发射，那么该任务将不得不被推迟到第二年，以适应季节性假日。STS-61任务的倒计时开始于11月28日，随着时间推移，工作人员、旁观者和那些接近任务的人准备见证这次发射，他们希望并祈祷，将哈勃太空望远镜恢复到完美服役状态。

即将到来的任务是如此的真切，墨尔本附近的一所技术学院的一位天文学家教授被刊登到《佛罗里达今日报》，因为他的学生和几位同事的工作都将取决于任务能否成功。这就是对奋进号和7名航天员的预期、兴趣和期望。

8.2.3 1993年12月1日/试图发射

有一件事是无法控制的，那就是天气，12月1日的横向风比允许值还要高，还有在航天飞机着陆设施（SLF）20英里（约32千米）范围内的零星阵雨，这意味着那天的倒计时不得不被取消。第二天，他们决定再试一次，当时情况预计会好一些，于是航天员返回其住处，等待24小时的延迟。任务指令长迪克·科维注意到该任务是公众关注的焦点，并且意识到，由于望远镜的运行高度，目前的推进剂只能够保证奋进号与它进行一次对接，即“我们必须一次做好这件事”。

8.2.4 12月2日/发射

奋进号严格按照预定时间发射升空，仅仅8分钟后就进入了初始轨道308海里×214海里（354.4英里×246.3英里，570.4千米×396.3千米）。通常情况下，MS1支持上升和再入，主要是在紧急情况下作为备份来阅读检查列表。按照已经做出的决定，科维、布罗索斯和尼科尔将处理上升和再入，让MS1索恩顿与其3位同事一起专注于她的EVA训练。在进入轨道后不久，没有出现异常报警，所有的系统都运行良好，航天员被告知继续进行轨道操作。当迪克·科维准备首次启动轨道机动系统（OMS）“追赶”他观察到的哈勃时，他说：“这是一次美丽的日出。”

第一天是在轨对失重状态的适应，但是经验丰富的航天员没有遇到困难，他们能够完成许多任务，这些任务包括将航天飞机转化为轨道飞行状态。

在地面上，前航天员洛伦·施赖弗说：“这一任务比大多数任务的要求都要高，我很有信心，我们会把这件事做好的。”现在已经有7名航天员在为哈勃太空望远镜的服务任务做准备了。

8.3 哈勃第一次回归

在成功发射后，奋进号现在正准备望远镜的第一次“回归”。经过多年的规划、模拟和准备，20世纪70年代提出的、20世纪80年代倡导的卫星服务技术将在哈勃望远镜上面临最严峻的挑战。

8.3.1 12月2—3日/逐步接近哈勃

在第一个完整轨道上，4名EVA航天员在中层甲板上检查了压力服和EVA设备，以确保他们的生命支持系统和通信设备正常工作。在驾驶舱上，ESA航天员克劳德·尼科尔检查了RMS，他要用它来抓取哈勃望远镜并将其放入载荷舱，支持5次计划内的EVA，然后在服务期结束时重新部署望远镜。他还打开了大量的 TV 照相机，以验证该系统是否准备好支持即将到来的操作。为这次任务安装的 RMS 配备了新一代彩色 CCTV 照相机，在这次任务中，进行了几次计划中的测量修正，以充分利用这台新相机提供的高质量图像。这些照片的效果很好，有时用的是彩色的手肘照相机，而不是手腕上的黑白照相机。为了准备大型 EVA 计划，航天员开始降低舱内的气压，从 14.7 psi 降到 10.2 psi，以减少他们在 EVA 之前必须预先呼吸氧气的时间。

当奋进号以 60 海里（69.04 英里，111.12 千米）每绕地球公转周的速度逐渐接近哈勃望远镜时，望远镜正在结束用 WFPC 和 HSP 进行的科学观测。

8.3.2 细微光点逐渐变亮

杰夫·霍夫曼指出："这是一个令人兴奋的过程，当交会时，你首先把这个远处的物体看作一个小点，然后逐渐变亮。"在他们接近时，他用双目望远镜检查哈勃望远镜，并宣布其中一个太阳电池阵是弯曲的。望远镜筒上的热涂层反射太亮了，他不得不戴上墨镜。很明显，克劳德·尼科尔在使用 RMS 抓取望远镜时也要做同样的事情。

8.3.3 12 月 3—4 日/捕获与第 1 次 EVA

航天飞机在太空的第 3 天开启了这次任务中最重要也是最繁忙的时刻之一。在为交会准备的过程中，位于戈达德的哈勃望远镜控制员将双高增益天线与望远镜的侧面轻轻折叠起来，但是有一些遥测信号显示，一个天线上的两个弹簧锁和一个其他地方的弹簧锁都没有显示出预期的"准备好"的信号。由于这两种情况似乎都处于稳定状态，所以决定不关闭它们的弹簧锁。弹簧锁的失效预计不会影响望远镜的交会、对接或维修。然而，为了全面评估情况，戈达德在航天员捕捉到望远镜后，要求提供额外的信息。

图 8－9　哈勃望远镜被安置在航天飞机的有效载荷舱中，这是它的第一次回归

当奋进号航天飞机在望远镜后方 40 英里（64.36 千米）处于较低轨道时，它将启动其 RCS，以达到每秒 4.6 英尺（1.40 米）的速度变化，这将增大其轨道的远地点。之后是 NC－3 机动，OMS 为了获得约 16 海里（18.41 英里；29.63 千米）每绕地球公转周的追赶速度，将速度调整为每秒 12.4 英尺（3.78 米）。两个公转周期后，奋进号和哈勃的距离为 8 海里（9.20 英里，14.81 千米）。第 3 次点火被命名为 NPC，只有每秒 1.8 英尺（0.54 米）的速度，然后将两个轨道的平面对齐，以便它们沿着相同的地面轨迹。终端启动（TI）

点火是通过点燃多轴 RCS 来实现的。这使得奋进号对哈勃进行拦截，并允许迪克·科维手动完成最后阶段的交会。自不到 44 个月之前的 STS－31 部署以来，这台望远镜已经行驶了 5.3 亿英里（8.53 亿多千米）的距离，围绕世界 19 695 圈。

随着迪克·科维将奋进号接近到哈勃的 30 英尺（9.14 米）范围内，在 12 月 4 日 EST 凌晨 2 点 48 分，克劳德·尼科尔利用 RMS 轻轻抓住观测站。因为这个组合在太平洋上空飞行，离澳大利亚东海岸不远，所以采用东部时区。由于 RMS 末端执行器的圈套包围了抓钩夹具，迪克·科维宣布，“奋进号与哈勃望远镜已经紧紧握手”。38 分钟后，克劳德·尼科尔将望远镜成功停靠在载荷舱内。

在交会和捕获顺序执行期间，埃克斯拍摄了一些照片，让自己忙碌起来。“我们是这样做的，通常每个人都被指派去做某件事，所以如果你不做某事，你就拿起相机拍几张照片。我们在轨道器的后部有一个叫做‘甜饼干’的东西，它是一部 IMAX 相机，我是其操作员，我当然要在接近哈勃时拍摄一些 IMAX 照片。”

望远镜被安装在有效载荷舱内，视觉调查和观测结果显示，其中一个太阳能帆板的外双轴出现扭结和扭曲，但经过检查后，管理人员决定按照原计划，在第一次 EVA 结束时卷起并收拢太阳能帆板。同时，航天员已经开始了第 1 次太空行走的最后准备工作。

奋进号上的每一个“飞行日”对于约翰逊和戈达德控制中心的飞行控制人员来说是在第一天傍晚到第二天凌晨的时间，所以航天员在 CST 下午 5 点 57 分被唤醒。艰巨任务摆在他们的面前，唤醒音乐是 Aaron Copeland 的《平凡人鼓号曲》。第 1 次 EVA 的准备工作进展顺利，使得斯托里·马斯格雷夫和杰夫·霍夫曼能够提前一小时完成他们原计划 6 小时的太空舱外活动。

当奋进号的航天员和休斯敦的飞行控制人员为 EVA 做好准备时，戈达德的控制人员正努力为哈勃的在轨服务工作做准备，关闭速率传感器单元 2 和 3，同时关闭相关的加热器。

由于计划中有 5 次连续的并且极其费力的 EVA，所以很容易忽视一个事实，即这等同于地球上的一个完整工作周。因此，马斯格雷夫和霍夫曼离开气闸舱的第一要务是在低增益天线和暴露的压电轴承连接器上安装保护罩，为哈勃后续工作做好准备。

望远镜上最初的 EVA 持续了 7 小时 54 分钟，航天员之前积累的经验得到了良好展示，他们精细地执行了任务。他们的座右铭是“做有用的工作”，因为他们不能浪费时间。他们成功地更换了速率传感器单元和电子控制单元，并更换了望远镜电路中的 8 个保险塞，使 6 个陀螺仪恢复了功能。在训练中，马斯格雷夫和霍夫曼设计了一个在望远镜内的陀螺仪下方定位马斯格雷夫的新程序；这个程序工作得很好，并为 EVA 节约了大约 1 个小时。

当航天员执行任务时，戈达德的控制人员管理着望远镜的系统。例如，当航天员准备更换保险塞时，由这些保险丝连接的哈勃元件被关闭，一旦保险塞被替换完成，这些元件被再次通电。在航天员更换了两个速率传感器单元之后，戈达德对新单元进行了“活力测试”。两个半小时后，随着 EVA 的结束和航天员进入睡眠状态，对 3 个望远镜陀螺仪进行了功能测试，并对新的保险塞进行了类似的测试。

并非所有的事情都按照计划进行。两名航天员在新的陀螺仪到位后，很难将弹射锁固定在陀螺仪舱门上，舱门上 4 个螺栓中有 2 个未能复位。他们在训练中毫不费力地打开和关上了 100 多次的门，但事实上门已经变形了，在地面控制人员的有力支持下，他们共同努力才关上了门。需要“在夜里”关闭门，以防止光线泄漏和望远镜内部的温度改变，这一点至关重要。

航天员尝试用手去推，甚至把头盔顶到舱门上，努力把它们关闭，但它们没有关上。然后，在与工程师讨论他们的选择之后，决定使用棘轮工具来紧固门把手上类似于织带的载荷保持装置。霍夫曼回忆道，与地面进行了“一场非常激烈的讨论”，地面团队担心拉紧带子时的张力太大。飞行主任米尔顿·赫夫林做了一个表态，告诉地面团队，航天员因为其技能才被选中，他们训练有素，最后他们应该得到信任。

马斯格雷夫使用载荷保持装置将自己固定在门的底部，从而将身体力量施加到舱门上。与此同时，霍夫曼操纵着 RMS 在舱门顶部工作，终于关闭并接合了 4 个螺栓。后来望远镜的工程团队提出，开启门让航天员在里面工作的时间可能足以让温度发生变化而使舱门延展或收缩。由于舱门发生了扭曲，航天员在试图关闭它们时，无法正确对齐。埃克斯回忆说："这是我们没有计划的事情，我们没有预料到所有的问题，因为没有人知道问题发生前会出现什么问题。斯托里站在那里，杰夫的眼睛注视着地面团队并与其交谈，他们很快想出了一个试图把舱门关上的计划，结果奏效了。事实上，这是所有 5 次太空行走中唯一需要花费一点时间的重大问题。"在 STS-61 之后，JSC 安装了一个专用模拟器，用于测试舱门变形后的关闭技术。

根据霍夫曼的说法，解决这个延迟花了 1 个小时左右，但是多亏前面 EVA 中更换陀螺仪程序所争取的时间，结果一切都很好。霍夫曼说，如果他们没有尝试新的程序，那么他们就没有时间去完成第 1 次 EVA 计划的所有任务。所以他们仍然能够为由凯瑟琳·索恩顿和汤姆·埃克斯进行的第 2 次 EVA 提前开始更换太阳能电池阵。埃克斯解释说："如果有时间，我们总是试图做些事情并争取提前完成。例如，在第一次太空行走时，杰夫和斯托里出舱，杰夫在远程机械臂的末端为当天搭起了 MFR，斯托里则多处协调，通过释放锁紧螺栓实现太阳能电池阵的部署，从而可以在第二天协助凯瑟琳和我的工作。地面团队也一直很擅长向前推进，所以在太空行走中没有多余的时间能躺下来看看下面掠过的地球。"虽然这些都是小任务，但节省的时间对于下一个航天员来说，在紧凑的 EVA 时间表上可能证明是至关重要的。一对太空行走人员尽可能多地做他们能做的，去帮助和支持另一个轮班的同事。这是一个团队的努力，包括其余的航天员和地面控制人员。

图 8 - 10　第一次 EVA 期间，杰夫·霍夫曼站在载荷舱上更换哈勃望远镜上的保险塞

埃克斯解释了在任务中他作为舱内航天员的角色。“在斯托里和杰夫进行 EVA 期间，我是主要的舱内航天员。凯瑟琳·索恩顿和我为他们的 EVA 做了大部分航天服和工具的准备工作。当他们在外面时，我们在舱内；当凯瑟琳和我在外面时，他们在舱内，斯托里拿着话筒。我记得几乎没有什么空余时间，一旦我们开始那些 EVA，就像发条一样工作。准备就绪，到那时我们是一支运行良好的队伍，每个人都知道要做什么，它们就完成了。EVA 的工作方式是，你没有一个指令清单，比如说‘好的，我要用这个螺栓，把扳手上的扭矩设定为这个量，将需要逆时针旋转 5 圈来放松它’。这是清单里的所有内容，所以舱内的航天员基本上是给指示，以确保外面的人员有序地做事，不要错过任何东西。他们确保一切都做得很好。所以如果你愿意，可以说‘太空行走指导员’是航天飞机内的舱内人员。”这位编排者实时对 EVA 的任务与消耗品的清单和使用情况进行对比，时刻关注着安全。“我们的清单实际上显示了预期的时间，因此你知道你是否超前或落后于计划的时间线。所以如果 EVA 航天员落后或超前——就像你要做的大部分工作一样，有时你会稍微落后一点，有时你会稍微提前一些——如果我们落后很远，当然比我们更早看到这些的地面团队，可能会开始修改我们当天要完成的任务。但是那从来没有发生过，大多数时候我们都有点提前，并且做了一些额外的工作。我记得凯瑟琳和我在我们的第 2 次太空行走中，我们换掉协处理器之后已经准备好进来了，我们又从其中一个载体上取了一些隔热材料，这些隔热材料要在第 5 次 EVA 中放到磁力计上。”

作为一名舱内航天员，从驾驶舱观看外面发生的事情，埃克斯解释说，使用 CCTV 和 RMS 照相机协助观看并不总是可能的。“通常这是全程可见的，你总要看着窗外，因为你从来不知道什么时候你会没有照相机。例如，后舱壁相机看得到的东西远比向窗外看到的少得多。虽然机械臂末端配有一个带相机的末端执行器，但是我们一直在机械臂末端的 MFR 上进行太空行走，所以除非我们需要对某个地方近距离观看，否则我们不会用它来观看。我根本不记得通过看摄像头来检查 EVA 航天员，我们只是向窗外看。”

当马斯格雷夫和霍夫曼的 EVA 结束后回到气闸舱时，他们完成了 NASA 历史上第二长的太空行走，仅次于 STS－49，当时有 3 名航天员，其中一人是他们的同事埃克斯，曾取回了国际通信卫星组织的卫星。霍夫曼解释说，任务指令长科维“像一位非常严格的‘母亲’，督促我们按时上床睡觉”。和许多航天员一样，霍夫曼也喜欢尽可能多地望着窗外，因为他不愿意在地上睡 8 个小时，所以他会花几个小时望着窗外。但科维决定飞行乘组人员要充分休息，并把窗帘拉上，把灯熄灭。他知道他不能迫使航天员睡觉，但他想确保他们不做任何其他事情。一旦他们开始 EVA，大家就都睡在中层甲板上。

8.3.4　12 月 5 日/第 2 次 EVA

霍夫曼说，他觉得第二天他可以再次出舱，因为他不是为了工作而战斗，而是为了让其他 EVA 人员担任主角。

在第 2 次 EVA 之前，STOCC 控制人员已经计划用 73 分钟将这两个欧洲制造的太阳能帆板取回。ESA 项目主管德里克·伊斯顿确信帆板将会被收回，尽管在望远镜捕获过程中产生了畸形。然而，当右侧帆板由于其双臂架构中的扭结而未能完全收回时，他们决定将其拆下并抛弃。结果，EVA 提前 90 分钟开始了。与此同时，戈达德的控制人员关闭了太阳能帆板的电子控制箱，并为更换操作做好了准备。在新帆板安装好后，航天员又回到奋进号内部，控制人员将恢复供电，并对新安装的帆板进行 23 分钟的运行测试。

当索恩顿进入载荷舱时，她发现其航天服不能再接收奋进号的信息传输了。埃克斯仍然可以跟她交流，所以唯一可以实现她和舱内同事沟通的方式就是通过埃克斯传递信息。尽管存在这个问题，但 EVA 仍然继续进行。大约 3 小时 15 分钟后，在没有采取任何措施的情况下，无线电链路突然恢复了。在 EVA 的最后，她又失去了

图 8-11　哈勃第一次 EVA 期间的斯托里·马斯格雷夫

通信。回到气闸舱内，她转到了内部的硬线路，但仍然无法接收轨道器通信。这个问题在她的下一次 EVA 期间将会重新出现，那时埃克斯将再次扮演她的中转角色。

在 2013 年的一次采访中，汤姆·埃克斯在回顾了他的飞行笔记之后，确认索恩顿存在一个间歇性的通信问题，但是略有不同。“她听不到地面对在轨航天飞机的呼叫，但是她能听到我和航天飞机舱内的人的声音。EVA 的沟通方式是，外面的人在进行太空行走时，不和地面通信——我不会说从不，但是标准的做法是 EVA 航天员从不直接与地面通信，EVA 航天员首先与舱内航天员交流，然后由舱内航天员与地面沟通。当然，地面可以听到所有 EVA 航天员和舱内航天员的交流，但当他们交谈时，凯瑟琳听不到地面团队的声音，她能听到我的声音。我记得她能听到舱内人的声音，而且每个人都能听到她的声音。凯瑟琳的情况丝毫没有影响到太空行走。”在大多数情况下，舱内航天员作为 EVA 指令舱通信员，在 EVA 梯队和地面团队之间传递消息，这样可以使 EVA 航天员专注于其工作——除非他们真的需要直接与地面进行通信以澄清或者解释一个情况。埃克斯再次表示，“一般来说，EVA 航天员都会和舱内航天员交流，但是如果你遇到问题了，你看到了什么东西，想要解释一下，就像斯托里和杰夫在操作陀螺仪后无法关上门时，斯托里就直接与地面交流，因为他注意到了问题是什么。他把情况消息传递给我，然后我再把它传递到地面没有任何意义。”

这次任务的第 2 次 EVA 计划持续 6 个小时，其中包括约 30 分钟抛弃扭结的太阳能帆板，但实际上用了 6 小时 36 分钟。披头士乐队的歌曲《有朋友们的一点帮助》，似乎适合这样一个具有挑战性的 EVA，依赖航天员给哈勃更换新的太阳能帆板，然后地面控制人员保障他们的工作。这个操作必须通过 EVA 航天员和舱内航天员协同努力才能完成。索恩顿将自己定位在一个锁定在机械臂末端的足部限位器上，并将一个转移手柄连接到右侧太阳能帆板上，然后将其固定在那个单元上，而埃克斯将其与望远镜本体断开连接并切断电气连接。在帆板松动时，索恩顿将它从望远镜和载荷舱中拔出来，然后释放，克劳德·尼科尔从奋进号内部操作RMS，然后把索恩顿转移回舱内，而科维和布罗索斯轻轻地将奋进号移离漂浮的帆板，以确保不会发生碰撞。

部分EVA培训是为了解决如果帆板没有被卷起来的情况，但是这不是什么特殊的培训。埃克斯回忆说："我们知道，我们必须把旧的太阳能帆板卷起来，把它们带回家，"在培训中，他们讨论了如果事情没有按计划进行时的选择。"我们演练'假如'的情景。如果太阳能帆板没有卷起来，你打算做什么。很明显，我们不能把它放回载荷舱，所以我们会丢弃它。实际上我们并没有为此做训练，但是一旦帆板离开望远镜，它是否卷起来也没有什么区别。如果没有被卷起来，RMS会把你带到载荷舱的后面，你可以释放它。我认为我们从来没有真正模拟过这个，因为那实际上很简单。"

汤姆·埃克斯回忆说，在对EVA进行严格规划之后，当他们手头只有一点时间时就很难调整。"当凯瑟琳丢弃不能重新装载的太阳能帆板时，我想我们等了5分多钟阳光才出现，因为他们不希望她在黑暗中丢弃它们。记住你的想法是要完成工作，所以在太空行走时，你完全专注于工作而不浪费时间。因为有太多的事情要做，你永远不知道什么时候什么地方会出问题，并且会占用你的时间，时间显然是有限的。即使你确实有2～3分钟的时间去四下观望，也很难怀着真正放松的心态去这样做。"

随着帆板越来越远，航天飞机的机动引擎发出的脉冲在太阳能帆板上产生"颤动"，正如索恩顿所说的那样，它会像"鸟"一样振翼。被丢弃的＋V2帆板在大气阻力将其脱离轨道燃烧之前预计将存活一年。其国际名称为1990-037C，目录编号为22920，实际上在1998年10月28日重新再入大气层之前，它在轨道上飞行了近5年。其轨道的持续性归因于高阻特性的帆板和密集附着机构的低阻特性的差别。这会导致总的面积质量比较低，这将减缓太阳活动相对较低时期的衰减。

图 8－12　在 RMS 的末端，凯瑟琳·索恩顿即将抛弃旧的第一代太阳能帆板中的一个

图 8-13　废弃的太阳能帆板

接下来的任务是在哈勃望远镜上安装一个新的帆板。索恩顿站在由尼科尔操纵的机械臂上，将转移手柄连接到载体上的新折叠帆板，然后将其转移到望远镜的侧面，在那里有两名航天员安装新的单元。接下来，这两名航天员手动折叠第二个帆板并把它安放到载体上，埃克斯捆绑它，以便把它安全带回地球。工程师本来希望在三年半的空间飞行之后，将这两个帆板都返回地球以进行飞行后评估，但在可用的时间内打包第一个电池阵就已经不可能了。在以前的 EVA 上合作的经验使得索恩顿和埃克斯轻松地安装了第二个新帆板。此后不久，戈达德证实，这两个新帆板的电气功能都正常，但是直到第 5 次也就是最后一次 EVA 之后才被展开。

航天飞机在每90分钟一次的轨道飞行中，大约有一半的时间处于黑暗中，没有阳光直射，所以必须提供照明，以便EVA航天员继续工作。埃克斯回忆说："我们没有泛光灯，我们有小头盔灯。如果你在黑暗中进行太空行走，那么就会把头盔灯打开，有趣的是电池刚好够用。你知道要打开它们，因为如果你靠近工作，没有它们你就看不清楚。随着太阳升起和落下，你知道，每90分钟就有一次升起和落下，可能你会忘了在日光下把灯关掉；提醒我们把它们关掉是舱内某个人的工作。我们没有任何泛光灯，但是我们在内部确实有一盏很大的聚光灯，有点像一台手持泛光灯，我们只是把它从后窗口照射出来，有时候如果有人在附近工作，比如当凯瑟琳和我正在更换协处理器时，里面的人们用这个来照亮我们工作的区域。

完成了当天的主要任务，索恩顿和埃克斯结束了他们的太空行走，并由指令舱通信员格雷格·哈保宣布，埃克斯现在在航天飞机历史上获得了累积时间最长的EVA纪录，他22小时50分钟的纪录超过了航天员杰瑞·罗斯的纪录1分钟。埃克斯回应道，他的纪录很快就会被打破。索恩顿在气闸舱再次加压过程中报告说耳朵有问题，此时两位航天员仍然穿着航天服，因此，气闸舱再次减压，然后以更慢的速度重新加压，直到达到所需的10.2 psi，这次索恩顿报告说没有不良反应。

埃克斯指出，在培训或飞行硬件与望远镜相匹配的准确性上几乎没有什么意外，有些事情曾经困扰过早期的EVA和一些水池模拟。"我唯一记得的就是我拆除旧的太阳能帆板时所用到的便携式足部限位器，它位于望远镜的侧面。这个位置并不像在训练模拟中那样，或者也许是确实像这样，我说不出来。在准备去除太阳能帆板上的小锁线时，我无法进入我在训练中习惯的位置。可能是因为航天服比较僵硬。这个航天服与我们在中性水池里使用的航天服具有相同的压力，但是由于后者的使用次数更多，所以它们更加灵活。我们在太空中使用的航天服使用得并不多，而且可能更硬。但不管怎样，我必须摆脱脚部的束缚，基本上只是绕着我的腿，以便将自已固定在位并移除小锁线。事实上，凯瑟琳必须上前把我举到位。足部限位器约束似乎不同。感觉不完全一样。在我看来，约束使得我到太阳能帆板的偏移量比在训练中的远一些。我不确定。这可能是航天服的压力原因导致的。总体而言，培训硬件仿真度很高，就像我们在那里一样。”

哈勃太空望远镜飞行项目总监乔·罗滕伯格在EVA后的新闻发布会上回顾了手动丢弃其中一块帆板的计划外行动，他说：“我相信第一个目标已经实现了。”然后他补充说：“我们可以处理在轨服务，我们可以应对突发事件。”

对于航天员来说，完成较短的第二次EVA是一件好事，让他们赶上并享受了一次轻松的晚餐，然后安稳入睡。

霍夫曼记得任务中的一些轻松时刻。了解到在这么长时间的太空行走后，他们会喝光标准航天服袋里所有的水，而EVA航天员需要更大的袋子。在为EVA做准备时，没有找到这些袋子，所以霍夫曼向地面请求帮助。一个小时后，电话打来了，“杰夫，好消息是我们找到了饮水袋，坏消息是它们在休斯敦”。

这些袋子从未被运送过来。所以航天员不得不使用较小的袋子。然后是块状糖的事情。头盔里面是一个小的块状糖，在一个固定套管里，可以用牙齿拉出并吃掉，在套管里留下足够的量以满足咬下一口。霍夫曼总是把块状糖敲回套管里，而不是把它的一部分留出来，因此他从来没有吃过它。对于索恩顿来说，就不同了。在第二次EVA结束时，当霍夫曼帮助索恩顿脱下手套时，她的手指变红了。他以为这是血，但事实证明，这来自红色的块状糖。航天服上的循环气流已经把一些碎屑从航天服里吹到了手套里，在那里被手指弄成浆糊了，把它们染成鲜红的颜色，当看到这个结果时，霍夫曼第一次被震惊到了。

8.3.5 12月6日/第3次EVA

这次任务的第3次EVA的重点是用升级版本的广角/行星照相

机取代其第一代产品。第一代 WFPC 的聚焦出现了问题，但是这个新的照相机有 4 面精密研磨的反射镜，通过聚焦望远镜主反射镜的漫反射光来消除图像的模糊。分配给霍夫曼和马斯格雷夫完成这个任务的时间是 4 个小时。另一个主要任务是安装两个新的磁力计，预计需要大约一个小时。磁力计测量地球磁场与动量轮在控制望远镜指向时使用的 3 个方向相同。

在执行任务之前不久，霍夫曼的一位天文学家朋友问道，NASA 是否认为他们可以在哈勃望远镜上进行双重替换，霍夫曼说他希望如此。他的朋友说，如果这个任务只有一个被替换，天文界就会“非常高兴”了，所以即使它不起作用，杰夫·霍夫曼也不应该“感觉挫败”。

在启动 EVA 之前，戈达德控制人员关闭旧的 WFPC，然后重新配置他们的设备以支持新设备的安装。EVA 提前一个小时就开始了。霍夫曼把足部限位器安装在机械臂的末端，尼科尔又一次操作机械臂，而马斯格雷夫站在一个便携式足部限位器上，足部限位器被固定在哈勃望远镜附近的 WFPC 上。

霍夫曼称马斯格雷夫是一个完美主义者，他已经做了大量的工作来确定足部限位器的位置，以便舒适地处理 WFPC。正如马斯格雷夫所说的那样，“你是一个芭蕾舞演员，一切尽在掌握中。一举一动，包括每一根手指、每一根脚趾，每个动作都尽在掌握中。也许你需要帮助，那是绝对没问题的，我们会帮助你看着你看不到的背部，但是你绝对不能蹭到东西，剐蹭会造成污染，那将是一场灾难。”

在望远镜的中间工作，首要任务是从望远镜上取下旧的 WFPC。霍夫曼抓住把手把这个单元拉出来，在它出来时马斯格雷夫将其稳定下来。当单元沿着导轨滑过一段短暂距离时，霍夫曼暂停并让尼科尔把他重新定位在机械臂上，把他放在一个更好的位置上，然后完全从凹槽里抽出单元。然而，在使单元完全滑出之前，他再把它推回去来演练安装它的替换件。确认状态良好后，霍夫曼把旧设备拔出，并在尼科尔操纵的机械臂的末端机动，将其搬到载荷舱里的临时停放位置。同时，马斯格雷夫检查了望远镜空腔，然后准备安装新的相机。

新的 620 磅（281.23 千克）的装置上装有一个转移手柄，以便将其从存放地点取出。当他这样做时，航天员霍夫曼对此新科学仪器的印象非常深刻。“哦，看看那个婴儿，这是一个美丽的新的 WFPC，我们会看到一些很好的照片，”他补充说，“我希望有很多科学家渴望使用这个美丽的东西。”将新相机插入哈勃望远镜之前，马斯格雷夫取下相机上的保护镜盖。不到 40 分钟后，再次使用导轨，两名航天员轻轻地将新相机滑入望远镜中。以创纪录的时间完成安装，比原计划 4 小时的时间要短得多。

在插入 WFPC－2 的 35 分钟内，戈达德宣布已通过电气活性测试。之后，在哈勃望远镜被释放拍摄图片之后，在 30 分钟内将测试图像的科学数据下传到地面上进行处理，随后进行了功能测试，并确认新相机比其上一代要好得多。

16 年后，霍夫曼因为过度拧紧 WFPC－2 中的螺栓而有些感到沮丧，因为在 SM－4 期间很难拆下该单元来更换 WFPC－3。“我按照他们告诉我们的扭矩进行锁紧，”他说，“在 STS－125 上，德鲁·福伊斯特尔使用了不同的工具以相同的扭矩来释放螺栓，但并未奏效。他最后是冒着弄坏螺栓的风险进行的操作。”显然，扭矩的校准范围很广。霍夫曼是达到了扭矩的上限，而福伊斯特尔则是在扭矩的下限。

在 EVA 成功安装这两种重要仪器之后，霍夫曼兴奋不已，但是马斯格雷夫担心足部限位器的位置并不是他计划的位置，他无法到达他想去的位置。尽管完成得很好，但令完美主义者马斯格雷夫感到沮丧的是他的计划并没有按照应有的方式进行。

正是在此次 EVA 期间，航天员用 JSC 提供的电动工具时遇到了困难，导致他们转而使用戈达德提供的工具。正如 NASA 的任务报告中所说：“JSC 提供的两种 HST 电动工具之一失效了（飞行问题 STS－61－F－07）。有迹象表明，工具的开关出现了问题并导致了故障。另一个电动工具也有一个速度设置失效，但它仍然可用。”问题跟踪列表人员说：“在精细导星敏感器关闭期间，HST 电动工具突然停止工作。更换电池然后反复拨动开关仍无法解决问题。”

随着主要目标的提前完成，RMS 的末端将两位 EVA 航天员移动到磁力计工作区。由于靠近望远镜的顶部，哈勃不得不将其支撑结构向前倾斜，以使 50 英尺（15.24 米）的手臂能够到达该部分。磁力计的更换分两个阶段完成。在戈达德准备好一台磁力计之后，航天员们拆下了这个单元并安装了其替换件，然后戈达德对这个新单元进行了功能测试。只有当这个单元被证实是令人满意的时候，第二台磁力计才会也这样处理。正是在这次 EVA 的部分时间里，在等待确认第一台磁力计正确安装并正常工作时，航天员们报告说部件的隔热外壳已经脱落。这一发现促使索恩顿和埃克斯将下一次 EVA 部分工作设定为在两台磁力计的周围安装新隔热材料。

第 3 次 EVA 耗时 6 小时 47 分钟，顺利完成了所有任务，展现了选拔和训练的这 4 名经验丰富的航天员来担负这一重要使命的智慧和远见。自从 1983 年 4 月，马斯格雷夫和唐·彼德森一起执行航天飞机计划的第一次 EVA 以来，已经有 10 年多的时间了，但是在他 25 年的航天员生涯中，他在 EVA 系统、程序和硬件方面的工作，都证明了他可以胜任这项任务。距离霍夫曼于 1985 年 4 月在 STS-51D 上完成了他的第一次 EVA 项目也已经 8 年多了，为哈勃望远镜在轨服务的 EVA 团队准备的培训计划显然取得了回报。

8.3.6　12 月 7 日/第 4 次 EVA

EVA 最重要的任务是安装被大量报导并被冗长命名的太空望远镜光轴补偿矫正系统（COSTAR）。索恩顿和埃克斯还要更换计算机处理器，如果有时间，还要收集一些含有镀铝的聚酰亚胺和达可纶的网状多层隔热层，最后一次的 EVA 将其作为两台旧磁力计的临时保护。

由于这些任务被比喻成为哈勃进行“脑部和眼部手术”，所以如

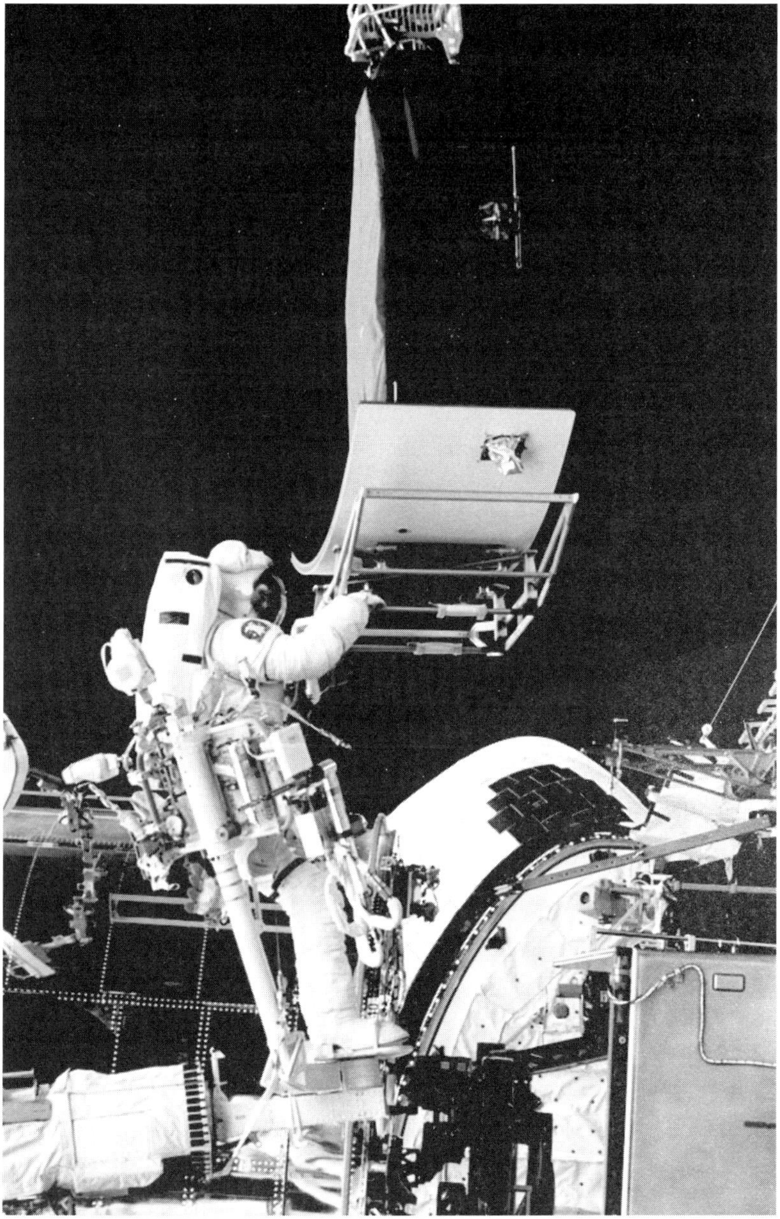

图 8-14　杰夫·霍夫曼更换广角/行星照相机组件

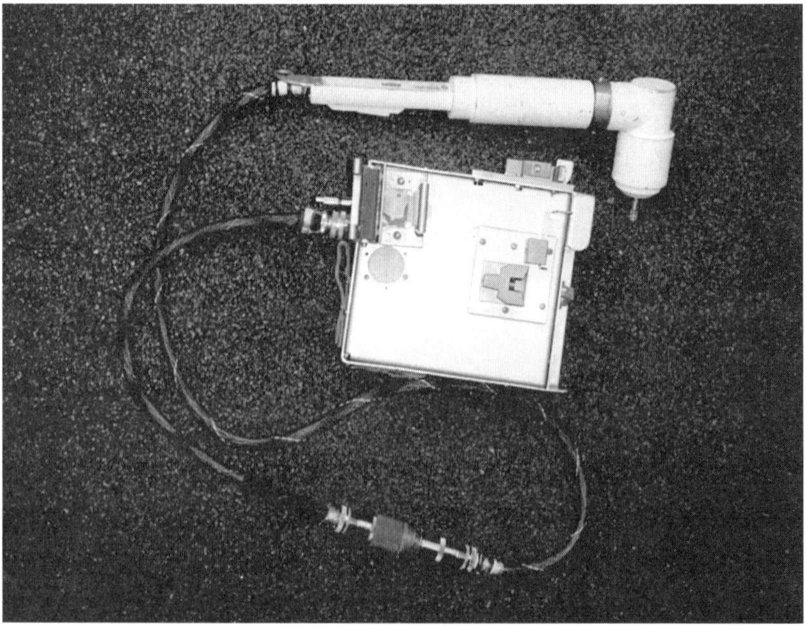

图 8-15　STS-61 使用的棘轮工具的特写镜头

果有一点提前的话，也许是不可避免的，那天的唤醒音乐应该是约翰尼·纳什的《我现在彻底明白了》。当两名 EVA 航天员前往载荷舱时，他们精神振奋。

安装 COSTAR 意味着牺牲高速光度计。在此之前，戈达德控制人员关闭了电源。踩在机械臂末端的足部限位器上，索恩顿用一个电动棘轮工具打开大门，让埃克斯可以向里面移动以便断开高速光度计。然后，他协助她滑出了一个 7 英尺×3 英尺（2.13 米×0.91 米）的电话亭般大小的单元。索恩顿牢牢地抓住两个转移把手，尼科尔吊起她离开望远镜，并到达载荷舱的一个临时装载夹具上。接下来，尼科尔将 COSTAR 上方的索恩顿定位在其载荷托架上，使其能够抓住其转移把手。然后索恩顿和新的单元返回到安装区，埃克斯帮助引导它进入望远镜。埃克斯的下一个任务是拧紧紧固件以确保 COSTAR 的安全并重新连接电缆。在飞行前的计划中，这项演习预计将需要耗费航天员 3 小时 10 分钟，但实际上他们只用了 35 分钟就完成了。这就证明，EVA 的先前经验对于迅速而平稳地完成工作是有益的。尤其是如果两名 EVA 航天员一起工作过，就像索恩顿和埃克斯在两年前的 STS－49 中那样。哈勃望远镜的在轨服务任务已经成为常规任务，只要航天员一完成工作，戈达德就进行一次活性测试，以验证装有新单元的系统、通信、电子和遥测。

图 8－16　在 STS－61 的第 4 次太空行走期间，在安装于望远镜中之前将 COSTAR 从载荷舱里的存储装置上移除

所提取的高速光度计被存储在装载了 COSTAR 的载荷舱内同一容器中以便顺利返回到地球，这给航天员带来了一些困难。正如埃克斯所解释的那样，“当凯瑟琳·索恩顿要求我把高速光度计放回装载系统时，我正在驱动 B 锁，而她正在把仪器拿到准确位置。现在当它与装载系统连接时，由于视线遮挡我无法观察，所以我会稍微挪动一下，然后上来看看它的状态，它看起来确实不错。”当埃克斯

开动电动工具拧紧螺栓时，他知道在拧之前需要旋转多少圈。“事实证明，我在旋转螺栓的同时大声数着，如果你在关注 EVA，你会听到我们转动电动工具时我们正在数的圈数。螺栓没拧对，因为螺栓在被拔出之前变得很紧。当我去看时，发现它果然没有正确地进入孔中，所以我不得不把螺栓退出来重新安装。所以，在我看来，这是一件非常新鲜的事情，可以告诉下一个航天员：当你把这个仪器放在装载系统上时，你必须小心，尤其是当你拧紧螺栓时，不要让它在装载系统上浮动。”

随着任务的最重要目标之一的实现，索恩顿和埃克斯随后将面对安装新型协处理器的挑战，该处理器旨在更快地处理数据并扩展内存容量。显然，旧计算机必须断开连接。对航天员、控制员和科学家来说，这是一个紧急的时刻，大家都知道大型观测站正在努力恢复其全部的能力，此刻却需要关闭其中央核心。这一操作等同于对患者进行大手术时做了一切预防措施，但是却不能保证顺利。安装过程顺利进行，当戈达德宣布新的单元成功通电后，大家松了一口气。当然，还需要进行更多的测试才能确认望远镜的健康状况。

在 EVA 后的新闻发布会上，哈勃太空望远镜项目经理肯·莱德贝特重申：“本质上说，我们正在做的是脑外科手术。”高级项目科学家戴夫·莱克龙博士指出：“我们还对望远镜进行了眼科手术。”莱德贝特补充说：“在一天左右的时间里，希望病人可以自行行走。”事实上，将在望远镜初始检验完成前的 6～8 周收到首批使用 COSTAR 的图像。在完成全面检查之后，直到服务任务后的 3 个月才能全面恢复科学项目。

在这次 EVA 期间发生了另一件小事。埃克斯超过了吉恩·塞尔南在 1966 年 6 月的双子星 9 号和 1972 年 12 月的阿波罗 17 号任务中的 24 小时 14 分钟的 EVA 纪录；后者的时间是在月面 EVA 时累积的。在 STS－61 进行第二次 EVA 时，汤姆·埃克斯的职业生涯中 EVA 时长累计达到 29 小时 40 分钟。

图 8－17　EVA 期间凯瑟琳·索恩顿的近景照

8.3.7　12 月 8 日/第 5 次 EVA

这项任务中几乎每天都有纪录被打破。第一次在单次航天飞机飞行中进行 5 次 EVA，第 5 次 EVA 是完成剩下的任务，这已经是一次了不起且非常成功的哈勃服务。霍夫曼和马斯格雷夫将更换太阳能帆板驱动电子设备（SADE），使望远镜的太阳能帆板朝向太阳。

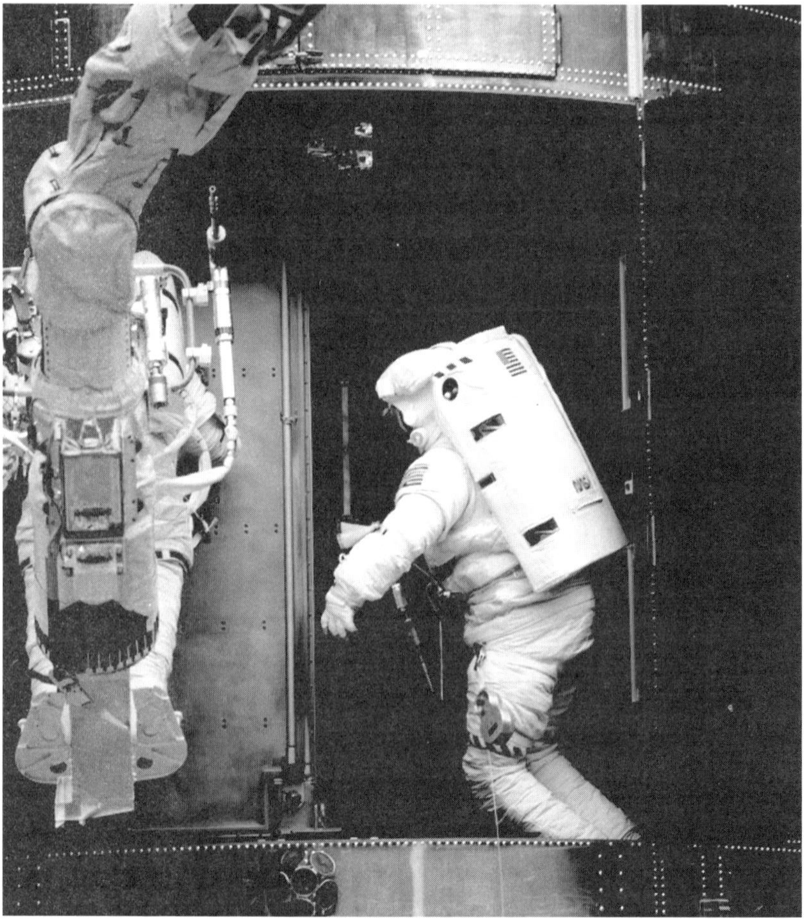

图8-18　在安装COSTAR期间，汤姆·埃克斯在望远镜内部紧张地工作。索恩顿出现在RMS的末端

他们还要在两台较老的磁力计周围安装多层隔热材料作为简易的热防护，直到以后安装更好的包裹物或更换磁力计。在两个新的太阳能电池帆板被展开后，EVA计划在安装了戈达德高分辨率光谱冗余套件后宣告完成。

尽管在新的协处理器上完成了功能测试，也没有报告出现任何问题，但在夜间，计算机（DF－224）的下行遥测数据丢失。这个问题可追溯到航天飞机上由 Ku 波段天线的指向不精确，导致遥测和通信的间歇性中断，航天飞机通过跟踪和数据中继卫星网络在望远镜和戈达德的 STOCC 之间进行中断。假如需要更换单元，应急行动就会被添加到 EVA 中。霍夫曼和马斯格雷夫在为磁力计做热防护和安装 GHRS 的间隙注视着计算机。然而，这份额外的工作并不是必需的。

8.3.8 高难度的螺钉操作

霍夫曼解释了使用工具对哈勃进行在轨操作时遇到的困难。“第一个问题就是螺钉拧入，有一个小螺丝刀（但是）转得很快，所以很难把它放在螺钉上并保持在那里。我们所拥有的唯一能够缓慢控制的工具就是棘轮工具。这就像用木槌拍打一样。这对于我们所需要做的工作来说太大了。”他解释说，一旦螺钉被移除，所连接设备就在金属线上浮动。当他拆下连接器时，放在连接器中的螺钉开始飘起。马斯格雷夫收集它们并放在他的垃圾袋里。问题是，袋子里的东西在浮动，有些会在每次打开袋子时脱离。对于这个操作，霍夫曼是自由浮动的，一只手悬挂在机械臂上，而马斯格雷夫则站在 RMS 的 MFR 上。当一个特殊的螺栓飘到载荷舱时，它可能导致后来的任务出现问题，可能妨碍舱门关闭或陷入一些其他机构问题。当尼科尔开始操纵机械臂追逐螺钉时，肯·布罗索斯命令计算机解除机械臂运动速率的限制，将其设置为卸载模式以使其能够快速移动，以便霍夫曼捕捉“顽皮”的螺钉。任务完成后，垃圾袋被重新设计，以防止物品飘浮出去。

SADE 装置更换后，安装了戈达德高分辨率光谱仪冗余组件，然后 RMS 将两名航天员移动到望远镜的顶部，在那里他们将聚酯薄膜覆盖在老式的磁力计上，这不仅保护仪器避免因紫外线造成的退化，而且在下一次服务任务之前可以将任何可能与之分离的污染物或碎片包含在内，以便妥善处理。

霍夫曼回忆起在高于载荷舱的望远镜顶端的经历。“这是一个壮观的景象，对我来说更加有趣，因为那天我是自由的。当然，我们都用不锈钢系绳固定在手臂上，但偶尔我也会放手。”虽然无法摆脱，但是他打破了自己和航天飞机之间的物理纽带，系绳松动了，没有拉他。他回忆说：“这是一个了不起的心理转变。我成了一个自由飞行的卫星，而不是固定在航天飞机上。我抓住了——‘现在我是航天飞机的一部分’；我再次放开——‘现在我是卫星’。这真是令人振奋，特别是在晚上。”有一次，这位天文学家兼航天员背对着航天飞机，“因为只有我在太空中浮动。与周围所有的星星对比，我觉得我是孤独的。这是一段令人感动的经历，我永远不会忘记它。”

在 EVA 结束时，帆板单元上的主要展开机构卡住后，马斯格雷夫轻轻地推动每个帆板触发它展开。每个帆板需要大约 5 分钟的时间才能完全展开，“前排座位”上的航天员随时准备协助。一个帆板发生了轻微的扭曲，但这是预料之中的，被认为是制造公差和飞行残余应力的结果。据预测，这个帆板只要经过几圈轨道的日照，就能达到设计的配置。

随着 EVA 的结束，GHRS 工具包已经得到良好的健康检查的消息传递给了航天员。几个小时后，SADE 也状态良好。霍夫曼观察到，这将使他的一些天文学家朋友非常高兴。马斯格雷夫赞扬了为要求高的 EVA 计划而让机组人员做准备的大型培训团队，他说：“你们在我们的心中，你们在我们的脑海中。我们所做的和我们将要做的事情是你们教给我们的直接反馈。”

在 7 小时 21 分钟的 EVA 结束后的大约一个小时，STOCC 的控制人员报告说，双高增益天线已经成功部署，准备于第二天分离哈勃望远镜。

通过 STS－61 的 5 次 EVA，这 4 名航天员在载荷舱累积停留 35 小时 28 分钟，创造了航天飞机的新纪录。这一周的工作是繁忙但令人满意的。“实际上，它几乎都是按计划进行的，”埃克斯回忆说，“每天结束时，我们都惊喜地发现，好多事情都像我们计划的那样，没有什么意外。”除了完成所有的任务之外，他们还把防护装置放在两台磁力计上，这是计划之外的事情。虽然在安装后需要测试才能确定望远镜的问题是否已经得到解决，这仍需要一段时间，但当航天员们知道他们已经完成了他们被要求做的所有事情之后，他们互相拥抱和庆祝。

为了准备分离哈勃，奋进号配备了一个小型的 RCS 来推动其提升轨道。在 4 天前的捕获中，轨道为 319 海里×313 海里（367.1 英里×360.2 英里，590.7 千米×579.67 千米）。在机动之前，它是 320 海里×313 海里（368.25 英里×360.2 英里，592.64 千米×579.67 千米）。轨道由 320 海里“提升”到 321 海里×320 海里（369.40 英里×368.25 英里，594.49 千米×592.64 千米），仅略低于其部署位置的高度。

8.3.9　12 月 9 日/释放哈勃

当航天员睡觉时，戈达德的工作人员检查了与数据接口单元（DIU）不匹配的相关数据，该 DIU 负责监测望远镜分系统的遥测。因此，第二次轨道助推机动被取消，以便有更多的时间来调查问题。同时，新的太阳能帆板为望远镜的电池充电。哈勃的释放被延迟了三个半小时，以充分调查遥测问题。被怀疑的 DIU 是负责监测工程遥测和指挥的 4 个单元之一。它正在经历数据中断和报告矛盾读数的过程。这不是一个新的问题，也不涉及 STS－61 航天员所维修或更换的任何部分。4 个 DIU 中的每一个都具有 A 和 B 的双面冗余。尽管与其指挥能力没有关系，STOCC 的控制人员还是隔离了仅在 DIU－2 单元的 A 面出现的错误。因此，决定只在备份模式下使用 A 面，而其能力只有很小的下降。这显然是一个在随后的服务任务中需要重新审视的问题，但是超出了目前任务的能力范围，所以可以授权这次释放。

部署哈勃不是一个简单或快速的行为，它需要休斯敦和戈达德的控制人员和在轨乘组的协同努力。一旦获得批准，STOCC 的控制人员就将新的导航表装入望远镜的机载电脑中，临时关闭太阳能电池帆板并停止给反作用轮组件和磁力臂供电。大约 10 分钟后，尼科尔使用 RMS 末端执行器抓住望远镜的侧面固定抓钩。大约 40 分钟后，他切断绳索连接，并将哈勃停泊机构锁解锁。

此时，尼科尔控制机械臂把哈勃轻轻地提到高出载荷舱的释放位置。30 分钟后，哈勃望远镜依然还在 RMS 上，STOCC 的控制人员命令打开望远镜前盖，这一操作又花了 33 分钟。即使在那次活动完成之后，还要保留半个小时的检查时间。

美国标准时间 12 月 10 日（星期五）上午 4 点 27 分，在 RMS 末端执行器的捕捉被放松了，哈勃的系泊绳索慢慢滑落。它已经在载荷舱停留了 6 天 1 小时 1 分钟。

与最初的部署任务不同的是，STS－61 航天员并没有执行任何飞行操作来拍摄望远镜。奋进号几乎只执行了两次微操作，约以每秒钟 1 英尺（0.30 米）的速度撤出。同时哈勃的太阳能电池帆板已经对日定向，望远镜通过 TDRSS 直接建立了中继通信。

在哈勃独立运行的情况下，奋进号航天员接到华盛顿白宫椭圆办公室的 15 分钟电话。克林顿总统和戈尔副总统都表示祝贺，总统告诉飞行乘组，他们的任务是“我们历史上最壮观的太空任务之一。我们为你们感到骄傲……我要感谢你们每个人以及你们每个人所做的一切。你们让它看起来很简单”。他补充说，第一次哈勃在轨服务任务“给整个太空计划和美国在太空中的持续事业提供了巨大的推动力。”

对于在轨服务团队来说，非常辛苦的一周圆满结束，他们可以在第二天早上睡觉，然后有一个轻松的休息日来为着陆做准备。由于飞行时间有限，他们不得不努力工作。正如汤姆·埃克斯所回忆的那样：“我想这是累人的。我不记得曾经感到厌倦——我不认为我们任何人有过这种感觉。我们一直在进行编排演练，每天都要和团队成员做好准备，但是我们没有空闲时间。你早上起来，到了晚上才完成工作，你不会空闲——因为你必须把氢氧化锂贮箱取出来，电池需要充电，我们必须改变一切，重新处理这些工具。每一天，我们都必须在每次 EVA 的小型工作站上配置不同的工具，以满足各种可能到来的任务。所以我记得只睡了两三个晚上，我甚至没有时间阅读我的电子邮件或给家里回复电子邮件。”哈勃释放后，埃克斯没有觉得很疲惫，而是感到宽慰。他说：“这是一件大事，直到它结束前我们没有真正放松过。但是我不曾感到厌倦。当你在太空时，总是有工作要做，你只是没有太多的时间去看窗外，而且你习惯了以前的任务。在地球上，如果我必须连续工作 6 个小时而不休息，我会发狂的。”

埃克斯还表示，在一个如此重要的任务中，经验丰富的队员与新队员之间没有太大的区别。“我认为，就我个人的观点来看，即使是没有经验的航天员也可能会做得同样好。你不能完全依赖培训团队，甚至是项目办公室提供的编排，所以我认为我们办公室里的任何人都可以胜任这项工作。”

8.3.10 12 月 9—11 日/准备返回（暴风雨后的平静）

在接下来的几天里，奋进号的机舱压力逐渐恢复到 14.7 psi，并准备返回地球。航天员记录了 IMAX 影像，装载了 RMS，检查并放好了他们的 EVA 服装和设备，还进行了补水和废水倾倒，并参加了新闻发布会。他们还抽出时间进行每个任务中最受欢迎的一个活动，就是围绕地球转动时望向窗外。

据报道，12 月 11 日，科维观察到他所见过的“最亮的晨星”。这当然是哈勃，它的银色表面反射阳光，在奋进号后面 1 海里（1.15 英里，1.85 千米）和 76 海里（87.46 英里，140.75 千米）的轨道上运行，每转间隔距离增加约 4 海里（4.60 英里，7.40 千米）。废弃的太阳能电池帆板在前方 2 200 英里（3 539.8 千米）处，每公转一圈约远离 45 英里（72.4 千米）。航天员很高兴听到哈勃正在继续工作。

在最高的轨道高度，航天飞机大约 95 分钟内绕行地球一圈，而不是传统的 90 分钟；这个小小的差别意味着他们每天要看到 15 次日出和日落，而不是 16 次。由于他们距离南大西洋异常辐射增强的地区更近，因此在任务期间为他们装备了特殊的辐射监视器。霍夫曼说，一到两个拉德的剂量不会造成健康危害，但他们的任务相当于在空间站上工作了 6 个月。

在他们为着陆做自我准备和轨道器准备时，他们被告知，根据 KSC 天气发展趋势，决定比原计划提前一圈进行降轨机动。

8.3.11　12 月 12 日/返回地面

12 月 12 日晚，在轨 161 圈后，奋进号在航天飞机着陆设施（SLF）的 33 号跑道上完成了一次成功的夜间降落。飞行持续时间停留在 10 天 19 小时 59 分 26 秒。在航天员出舱之后，轨道器在 13 日凌晨被拖到轨道器处理设施（OPF）。飞行后的初步检查确定防热系统遭受了 120 次碎片撞击，其中 13 次维持在 1 英寸（2.54 厘米）以上；这两个数字均低于平均水平。

8.4　接力棒传递

每次任务后不久进行的一项重要活动是航天员向训练组和其他航天员做总结报告。第二次服务任务已经在计划中，但还没有安排航天员，所以 STS-61 乘组无法与下一批哈勃航天员直接交流。正如埃克斯回忆说：“一旦 STS-82 航天员人选确定完毕，我们就会和他们交谈，当我们做汇报时，我们会把还没有告诉世界的所有情况都传达给他们。所以我们会和他们见面，然后探讨他们将要做的事情，这与我们的任务相类似，比如打开和关闭舱门。我记得他们要换掉一台轴向仪器——就像凯瑟琳和我将 HSP 换成 COSTAR 一样。我特别和他们交流了我们所说的 B 锁，以及如何安装才能没有任何问题。”

从服务操作的角度来看，STS-61 是一项非常成功的任务，并且有力证明了确保望远镜在轨可用的几乎 25 年前所做出的决策是明智的，包括利用航天飞机作为服务的基础，并培训出地面上的专业队伍以及航天飞行中执行服务任务的团队。这也表明，航天员既可以执行计划任务，也可以执行计划外任务。通过一名航天员可以实时解决问题，这是保持大型轨道观测站运作能力的一个额外优势。

8.4.1 工作间隙

这次任务中最轻松的时刻之一是航天员在美国最受欢迎的喜剧电视节目之一《家装》中客串了一次，喜剧演员蒂姆·艾伦主持了《工具时间》节目。节目开始于飞行前的航天员宿舍，航天员熬夜调整睡眠周期，以准备执行飞行任务，他们像往常一样观看艾伦的《工具时间》，并且笑话一些有名的俏皮话，像“更有活力，嗯”。2009 年，霍夫曼回忆说，在飞行期间，其中一人提到他们的电动工具中的电池正在耗尽，他指出：“哦，我需要一个电池。”布罗索斯迅速回应：“是的，更多的电能。”其他人则接过话茬“嗯嗯……”听到这次交流后，艾伦的节目中的一位观众注意到，航天员正在哈勃上用电动工具工作，应该邀请他们到好莱坞作为《家装》节目的嘉宾。NASA 的公共事务部认为这是一个好主意，因为这个节目是当时电视上最受欢迎的节目之一，对哈勃的成功来说，这是一个巨大的宣传。由于演出多次重播，现在麻省理工学院的霍夫曼教授每年都会因在热门喜剧中的演出被新生认出来，这可不是因为他是哈勃太空人，而是因为他是第一个参加演出的航天员！

8.4.2 任务成功

当所有的注意力集中在 STS－61 任务的成功以及为组装空间站获得重要经验上时，航天员们并没有意识到，如果任务取得成功，他们的飞行将会有多重要。“我不认为在航天员内部有人对取得成功感到非常惊讶，因为我们真的有很棒的培训师和一个伟大的计划，

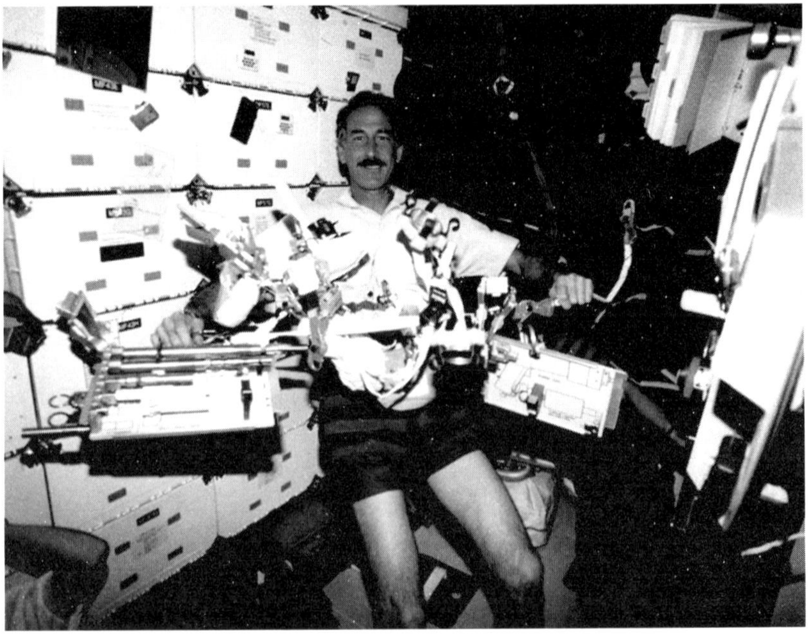

图8-19　杰夫·霍夫曼展示了挑选的适用于STS-61的EVA工具。他们的工作使得他们在电视节目《家装》中获得客串

当我们开始做这件事时，我们心中没有任何疑虑，除非有什么完全没有预料到的事情发生，否则我们一定会成功，”埃克斯说。“你担心的总是未知的事情。我们花了好几个小时在‘假如’上，试图为一切事情做个计划，但仍有你想不到的地方，因此你无法为所有的事情制定计划。就像史蒂夫和杰夫在第一次EVA时所遇到的问题一样。那是我们没有想到或担心过的事情。幸运的是，这是唯一的一次。所以我不认为我们掌控了‘全局’。但是这可能是好事，因为我们并没有真正感受到我们的老板和主管们所感受到的压力。我们非常确信我们可以做到这一点。”

“一旦你做了适当的训练和规划，整个航天员办公室就会表达‘可以做’的态度。如果我们要建造一个空间站，将需要多次EVA。这也是凯瑟琳·索恩顿和我在任务STS-49中实施EVA的原因之一，以便获得更多的 EVA 经验。根据我们在哈勃工作的结果，他们知道如何通过 4 名航天员和多套航天服默契地完成多次 EVA，所以准备组装空间站不足为奇。我们的任务经验在那里绝对是有价值的。”

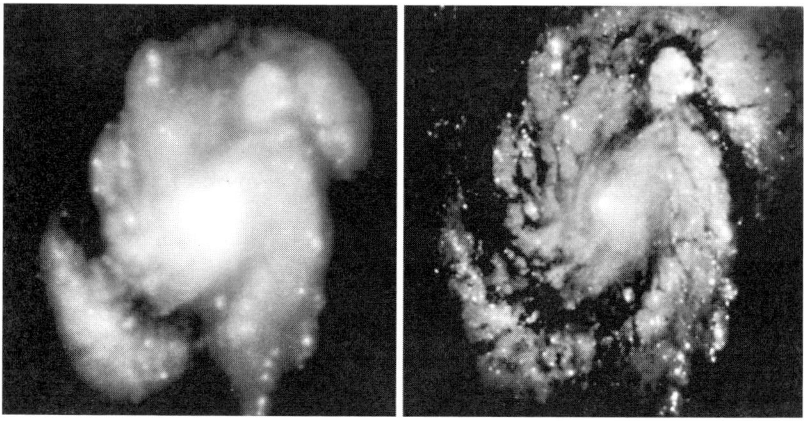

图 8－20　COSTAR 的影响

左图是在 COSTAR 安装之前的图像，右图是修正后的相同图像

8.4.3　回归日常

令航天员们惊讶的是公众对飞行的反应。自从阿波罗 11 号登月以来，似乎有更多的人关注它。霍夫曼说：“这次任务实际上很顺利，大家的热情和激动的气氛真是美妙。人们的热情说明了它的重要性。在这一点上，人们都在说我们应该像他们为阿波罗号成功后所做的一样，在华尔街举行一个盛大仪式。但我们从来没有这样做过，这可能有点过头了。”

作为每一个返回的航天员，在完成所有的汇报后，他们回归到“正常生活”。在其 2009 年的口述历史中，霍夫曼提到他朋友的抱怨，希望他可以重新安排 EVA 时间，这样他们就不必熬夜到凌晨 3 点才能看到他们。他的妻子说，修理了哈勃舱门后，他应该关注自己家的厨房门，因为它总是关不好。显然，他的哈勃任务已经结束了，是时候把他的双脚稳稳地踩在地上了。

图 8 - 21　一个脱胎换骨的哈勃被安全地送回轨道，继续围绕地球进行空间科学观测，直到下一次服务任务

STS - 61 的成功表明，剩余的服务任务可以满怀信心地进行准备，而组装空间站所需的所谓的“EVA 墙”似乎就不那么可怕了。这也是 NASA 成功完成任务的一大动力。有人说 NASA 要重回“阿波罗的光辉时代”。当然，需要经过数周的测试，望远镜才能完全运行。虽然飘扬的旗帜确实提高了 NASA 的信心，但很多双手仍紧紧

交叉着（祈祷）。

1994年1月1日凌晨，新年庆祝活动结束后，霍夫曼一家收到了太空望远镜科学研究所的一位天文学家朋友的消息——第一张新照片已经收到，如果霍夫曼还有香槟，他应该开一瓶庆祝。

同时，是时候为下一个服务任务做准备了。

参考文献

[1] AIS interview with Preston Burch, November 14, 2013.

[2] NASA News: JSC 92 - 016.

[3] NASA News: JSC 92 - 047.

[4] Crew Picked for HST Visit, NASA JSC Space News Roundup December 11, 1992, Volume 31 #47 p4.

[5] NASA News: JSC 93 - 017.

[6] Jeffrey A. Hoffman JSC Oral History, November 3, 2009.

[7] AIS interview with T. Akers November 11, 2013.

[8] STS - 61 Space Shuttle Mission Press Kit, December 1993.

[9] Hubble Space Telescope First Servicing Mission (SM - 01) Training and Operations Media Workshop August 30 - September 1, 1993.

[10] From Engineering Science to Big Science, Pamela E. Mach, Editor, NASA SP - 4219, 1998, Chapter 16, the Hubble Space Telescope Servicing Mission. By Joseph N. Tatarewicz.

[11] Adventure in Space, The Flight to Fix Hubble, by Elaine Scott and Margaret Miller, Hyperion Paperbacks, 1995, p20.

[12] NASA News: JSC 93 - 038.

[13] NASA SP - 4219.

[14] From Engineering Science to Big Science, p378.

[15] We Have Capture, Tom Stafford and the Space Race, Tom Stafford with Michael Cassutt, Smithsonian Institute Press, 2002 pp233 - 234 & p239; see also From Engineering Science to Big Science, pp378 - 390.

[16] KSC Shuttle Status Reports Mission STS - 61 (various dates, 1993).

[17] Chronology of KSC and KSC Related Events for 1993, by Ken Nail, NASA Technical Memorandum 109196, March 1994, p143 and p145.

[18] Atlas flies, Shuttle ready, Jim Banke, Florida Today p1A, Nov 29, 1993.

[19] STS - 61 Status Reports, Nos. 1 through 21, NASA Mission Control Center, JSC.

[20] STS - 61 Space Shuttle Mission Report, February 1994, NSTS - 08288, Remote Manipulator Systems, p24.

[21] STS - 61 Space Shuttle Mission Report, February 1994, NSTS - 08288, Mission Summary, p3.

[22] Email to D. Shayler from Jonathan McDowell, January 29, 2015.

[23] AIS interview with Story Musgrave August 22, 2013.

[24] STS - 61 Space Shuttle Mission Report, February 1994, NSTS - 08288, p7 and p41, Payload Servicing Tools and Crew Aids.

结束语

从哈勃发射到 STS－61 任务中航天飞机顺利着陆可以说是 NASA 的过山车之旅——从最初的挫折到最终的成功。把一台大型光学望远镜放到太空，我们花了甚至几十年的时间才说服科学家、政治家和预算规划管理层，然后交由航天飞机完成任务，而航天飞机本身的发展也存在很多问题。随着项目的进展，任务成本不断上升，原定发射日期不断后延。幸运的是很多人仍坚守信念，因为望远镜一旦被成功部署在地球大气层上空，哈勃将会不断呈现惊人的空间观测成果，这一伟大创举值得期待。

无论是幕后的政治家还是任务管理层，以及哈勃观测任务科学家、工程师和设计师，都在为哈勃系统硬件及科学任务规划不断努力。为了支持哈勃的太空观测计划，需要建设一套庞大的地面基础设施，包括其发射保证、在轨飞行控制，以及后期维修任务、硬件开发等。所有设计项目都必须通过严格测试，并确保能在航天飞机上安全发射。所有航天员必须接受系统培训，不仅仅是为了事情进展顺利，而且也是为了顺利应对计划外任务，所以就安排了许多应急计划和备份计划，这些都需要认真准备、测试和训练。这些措施不仅是可行的、安全的，同时各项措施的必要性也经过了充分的论证。

1986 年挑战者号失事是人类太空飞行的重大挫折之一。随着航天飞机恢复飞行，直到 1990 年春天 NASA 才决定哈勃太空望远镜的最终发射时间，这比最早的发射计划推迟了数年，但终究会实现将望远镜部署至太空。在 STS－31 部署过程中，哈勃望远镜经历了数次令人紧张的时刻，但最终顺利飞向太空，开始履行“把科学观测工作做好”的使命。当航天员团队顺利返回地面，他们深知已经把望远镜成功部署在轨道上，这个40多年前就提出的概念终于实现了。

随后迎来了令人印象深刻的坏消息，在经过所有努力后，哈勃无奈地接受主镜存在缺陷的残酷事实。球面像差严重影响了预期的图像质量，哈勃从一个新技术的典范瞬间转变成为国民嘲讽的对象。事后故障调查显示，昂贵镜体上的缺陷，早在多年前的地面加工过程中就已经产生。从将望远镜送入太空的巨大喜悦，到发现问题后的失望与痛苦，实际则是尴尬，这种低级错误竟然在发射前没有被检测发现。整个哈勃计划当时很可能就此结束。

随后，针对哈勃主镜问题修复，无论是在修复技术还是在在轨服务任务实施等方面都进行了巨大的投入，最终迎来第一次在轨服务任务，并且服务内容不仅包括修复主镜问题，还包括对太阳能电池阵及其他部分设备进行升级。至此，大概在20多年前提出的在轨服务任务概念，因为哈勃而在轨成功实现，且较为全面地得以验证。尽管哈勃主镜镜面像差问题得以安全修复，但此后关于系统更新后的测试与校准过程仍然是一个漫长的等待。通过测试与校准，最终才能确定望远镜功能是否能够恢复。大概经过5个星期，最终得到望远镜成功完成修复的好消息，望远镜在轨空间观测任务得以顺利展开。事实上，NASA也松了一口气，因为它的名声被拯救了。

以下是1994年1月13日NASA关于哈勃成功完成修复后的官方公告：

今天在马里兰州格林贝尔特市的NASA戈达德航天飞行中心举行的新闻发布会上，NASA局长达尼尔·S·戈尔丁宣布，上个月为哈勃太空望远镜执行在轨服务的航天飞机飞行任务圆满完成了望远镜光学部件修复工作。新闻发布会上还同时公开了哈勃历经5周的工程测试、光学校准和设备测试后的第一幅新图像。哈勃成功的消息是在NASA戈达德航天飞行中心格林贝尔特的新闻发布会上传来的，戈尔丁也参加了，发布会组织方包括约翰·H·吉本斯博士、科学和技术总统助理，参议员芭芭拉·A·米库尔斯基（Md）、位于费吉尼亚州拔款小组委员会、住房和城市发展部等相关独立机构。

戈尔丁说："这是关于哈勃两部分精彩故事的第二段。上个月在全世界注视下，我们的航天员进行了史无前例且难以置信的太空行走，正是得益于这些，现在我们终于能看到哈勃团队工作的真正成果。每一位工作人员都致力于这项工作，他们从来没有动摇过对哈勃这一全人类财富的坚定信心。"

在新闻发布会上，米库尔斯基公布了两张最新的哈勃观测图片，他说："我很高兴哈勃望远镜能够比以往任何时候都更好，这才是个大新闻。现在我们可以全方位研究一下我们宇宙的起源。对于哈勃团队中的航天员、天文学家、科学家和工程师以及每一位成员来说，这是多么了不起的胜利啊！他们正在一起将美国的科学技术带进21世纪，为科学和经济进步带来令人振奋的新机遇。"

目前公布的照片来自哈勃上的两台关键照相机，分别是广角/行星照相机II和欧洲空间局研制的暗天体照相机，这两部照相机都是直接受益于这次哈勃在轨主镜缺陷的修复任务。

在发布会期间，哈勃任务程序科学家埃德·韦勒兴奋不已，他表示："这是我们最无法预料的事情。"

两个月后，即1994年3月，哈勃太空望远镜在轨维修团队获得了1993年的科利尔奖。于1911年设立的科利尔奖被视为美国航空界最高荣誉，每年由美国国家航空协会颁发，以表彰"在美国航空或航天领域取得的最大成就，以提高航空或航天飞行器的性能、效率或安全性，要求其价值已在前一年的实际使用中得到充分验证"。1994年5月6日，科利尔奖的颁奖词中说道："哈勃太空望远镜的成功在轨修复，让公众对美国太空计划的卓越领导力、无畏精神和自信心有了更坚定的信念。"

获得该奖项的哈勃在轨维修团队成员包括，戈达德航天飞行中心飞行项目前副主任约瑟夫·罗滕伯格、约翰逊航天中心STS-61任务主任兰迪·布林克利、STS-61任务首席飞行主任詹姆斯·M

·赫夫林、NASA总部航天飞机操作项目主任布鲁斯特·H·肖，以及STS-61全体航天员团队，他们是指令长理查德·O·科维，驾驶员肯尼迪·D·鲍尔索克斯，任务专家汤姆·埃克斯、杰夫·A·霍夫曼、F·斯托里·马斯格雷夫、克劳德·尼科尔（欧洲空间局航天员）和凯瑟琳·C·索恩顿。

这11个人只是哈勃1 200多人团队中的一小部分，但这些人直接参与了这次任务，并在颁奖典礼上得到了表彰。虽然NASA并不认为这是一项“救援”任务，而仅仅定义为在轨服务任务，但事实上正是这次飞行任务挽救了望远镜，而且正如人们所能体会到的那样——它拯救了整个航天系统。STS-61任务及其取得的成功，后来常与23年前阿波罗13号飞船安全返回地球相提并论，因为任何时候这些成就都无疑是NASA历史上的亮点。

这是一场来之不易的战斗，准备好硬件，确保一切按预期工作，并及时为任务做好准备。NASA空间服务能力专项经理弗兰克·切波利纳后来回忆说：“与哈勃维修任务相关的每个插座和螺栓的准备和检查都足以引起重大关注。”测试、测试和再测试的研制理念最终得到回报，不仅为规划中即将开始的NASA后续在轨服务任务，而且也为NASA正在发展的国际空间站项目提供了巨大的信心。

早在1946年，天文学家莱曼·斯皮策就曾提出，在大气层的限制层之上部署环绕地球运行的大型光学望远镜将“揭示人类尚未想象的太空新现象，并可能深刻改变我们对空间和时间的基本认识”。44年后，随着哈勃太空望远镜的成功在轨部署，这些都成为了现实。针对一开始的问题，哈勃首次在轨维修任务即取得巨大成功，将望远镜的光学系统恢复到了其预定功能水平，这些一定是远远超出了莱曼的想象。

1994年，哈勃望远镜终于兑现它的诺言。哈勃当初的设计是确保它至少在10年内或者更长时间里能正常工作。虽然最初并没有多少人知晓哈勃，但正是这个计划一度受到阻碍甚至被嘲笑的太空望远镜，最终成为 NASA 的一颗闪亮的明星，它的光辉照耀着整个美国。实际上，哈勃的影响远不止于此，后续 15 年内陆续成功实施的在轨服务任务最终将哈勃升级成全世界的财富。但这是关于哈勃的另一个故事，将在《功能升级 & 拓展视野：哈勃太空望远镜在轨服务》一书中详细记录。

参 考 文 献

[1] NASA News 94-71, May 5, 1994.

后　记

哈勃是首个设计时就考虑了可接受在轨服务功能的航天器。我从 1975 年开始就在承担与哈勃相关的工作，而且持续了 18 年。我的工作主要与系统设计相关，我没有参加哈勃在轨部署任务，但参加了哈勃在轨维修的 STS－61 飞行任务。有一些其他卫星在设计时也曾考虑了一小部分的可接受服务特性，比如太阳峰年卫星，但哈勃确实是首个通过航天员舱外太空行走来实施在轨服务的航天器。大概是在 1980 年，我们开始在中性浮力模拟器中使用哈勃模型来模拟太空行走，尽管这并非演练太空行走，但这些关于太空行走的研究和技术开发工作，为我们后来制定在轨服务具体方案提供了极大帮助。

1975 年，我的主要精力在于充分论证望远镜系统可能出现的所有问题，然后假定通过一次在轨服务任务，设计出相应的维修方案，包括具体操作程序以及各类工具。当时有人建议将望远镜返回地面，或者使用自动化系统进行维修，但我接到的任务并非自动化式在轨维修，而是通过航天员舱外活动来完成。在返回地球进行维修的方案取消之后，我们不仅仅是为实施在轨服务任务而设计相应的训练，实际情况是我们设计了整个任务。

20 世纪 70 年代，设计师没有画图工具和计算机设备，我只能依靠自己的想象力进行设计。最终我为哈勃设计了大约 300 个工具，其中一些在 2009 年最后一次在轨服务任务中仍然在使用，此时距离首次开发已经过去 30 多年了。

令人失望的是，在对哈勃进行这么多年的研究之后，故障发生在它刚刚进入轨道后不久。当然，毫无疑问 NASA 会大力强调这是主镜的球面像差问题，而实际上这个问题本来就不应该存在。在准备 STS－61 飞行任务（哈勃首次在轨服务任务）过程中，媒体和 NASA 内部人士都说，这次任务很可能决定了美国航天系统的未来。正是因为哈勃所发生的问题，整个航天系统的声誉、航天飞机系统的能力以及空间站建设必要性及其任务持久性等方面都受到强烈质疑。哈勃曾被寄予厚望于弥合宇宙学、神学和哲学之间的鸿沟，它与世界上任何其他事物都不同，因此所有这些重担全部施加在 STS－61 航天员团队的肩上。

我们曾承诺通过太空行走来完成这些维修工作，因为这些成果将直接应用于未来空间站在轨组装及其相关的在轨服务任务。在 STS－61 中，我们 100%地修复了哈勃望远镜，也许甚至更好一点，因为我们修复了整个系统，而不仅仅是那块错误的主镜。我们纠正了哈勃所有的缺陷。我甚至认为 STS－61 航天员团队是 NASA 开启空间飞行以来最伟大的航天员团队。为了顺利实施哈勃任务，我们安排了可能是自登月以来体量最大的地面模拟训练，可以说我们展示了 NASA 真正擅长的工作，即难以置信的优秀团队工作，并由一个巨大的地面系统在时刻提供支持。此外，通过 STS－61 我们还证明了，对哈勃这样的复杂飞行器进行在轨维修可以通过航天员太空行走来完成，而且我们能够做得很好。

这次任务的巨大成功在于，通过 5 次太空行走成功完成了所有既定的在轨服务任务，电视台连续报道了自阿波罗时代以来从未有过的连续太空行走。很显然，哈勃任务牵动着每个人的心。任务结束后不久，我在圣诞节购物时甚至被人阻拦住，并被致以对 NASA 团队成功的崇高敬意。

我本来很想继续执行哈勃的另一项维修任务，但由于某种原因未能如愿。1997—2009 年，我们开创的基础性工作持续产生巨大影响，甚至一直影响到将哈勃部署至轨道并完成首次维修的 25 年后的今天。因为哈勃一直在正常飞行，并且为我们持续提供关于宇宙科学的壮观图像，而这距离我们首次正式提出哈勃任务已经超过 40 年。

我经常说，参与像哈勃这样的航天器的研制工作是非常特别的。这项工作当然是有价值的，而对哈勃的热情也都体现在这些工作中，同样，对哈勃的热情也会传递给我们的子孙，确保他们能够享用哈勃望远镜的巨大观测成果。从提出在轨维修望远镜到 STS－31 对哈勃的成功部署，再到通过 STS－61 完全修复哈勃望远镜，我们经历了一个十分漫长的过程。然而，这仅仅是哈勃在轨服务这一传奇的开端。

斯托里·马斯格雷夫博士（STS－61 飞行任务指令长）

（图片来源：斯托里·马斯格雷夫）

NASA 航天员：1967—1997

航天飞机飞行任务专家航天员：STS－61/SM－1、STS－6、STS－51F、STS－33、STS－44、STS－80

缩略语

A7LB	阿波罗航天服（国际 Latex 公司，7＃，B 规格）
AAP	阿波罗应用计划
AAS	美国天文学会
AB	后舱壁
ACS	先进巡天相机
ACS	姿态控制系统
AD	光圈门/望远镜前盖
AES	阿波罗拓展系统
AIAA	美国航空航天学会
AMB	天文学项目委员会
AOA	发射紧急中止
APC	自适应有效载荷装载系统
APU	辅助动力单元
ART	应急响应团队
AS	后舱门
Ascan	候选航天员
ASDT	后舱门模拟装置
ASE	空降支持装备
ATDA	增强目标对接适配器
ATL	先进技术实验室
ATM	阿波罗望远镜安装系统
ATOX	原子氧
AXAF	先进 X 射线探测仪

BAPS	停泊定位系统
BI	助推器集成
BRT	绳系限制系统
BSP	BAPS 支持装置
BUp	备份
℃	摄氏度
CAD	计算机辅助设计
C&DH	控制与数据处理
CAIB	哥伦比亚号航天飞机事故调查委员会
CAPCOM	舱体通信系统
CB	NASA 航天员办公室
CCC	充电电流控制器
CCD	电荷耦合器件
CCTV	闭路监视系统
CDR	指令长
CDR	关键设计评审
CEIT	乘员设备接口测试
CGRO	康普顿伽马射线天文台
CITE	货运集成测试设备
cm	厘米
CMG	控制力矩陀螺
COPE	ORU 应急保护罩
COS	宇宙起源摄谱仪
COSTAR	矫正光学太空望远镜轴向更换单元
CSM	指挥与服务模块
CSS	粗定姿态阳敏感器
CXO	钱德勒 X 射线天文台
DI	直接接插

DIU	数据接口单元
DIY	按个人意愿设计
DMS	数据管理系统
DOD	国防部
DSO	详细拓展任务
DTO	详细测试目标
EAFB	爱德华兹空军基地
ECU	电子控制单元
ELV	消耗型运载火箭
EMI	电磁频率
EMU	舱外移动单元
EOM	任务末期
EOPTP	EVA 操作程序/培训计划
EPDSU	增强型供配电及切换单元
EPS	电源分系统
ERO	早期测试阶段的观测结果
ESA	欧空局
ESF	外部模拟器设施
E/STR	工程/科学磁带式存储设备系统
ESTEC	欧洲空间技术中心
ET	外部贮箱
EUVE	极端紫外线探测仪
EURECA	欧洲可回收运载器
EV	EVA 航天员 1～4 号
EVA	舱外活动（或出舱活动）
F	华氏温度
FCR	飞行控制办公室
FD	飞行日

FDF	飞行数据文件
FGS	精细导星敏感器
FHST	固定头星敏感器
FOC	微弱天体照相机
FOD	飞行运行管理局
FOS	暗天体摄谱仪
FOSR	柔性光学太阳能反射器
FOV	视场
FPS	焦平面结构
FRED	足部约束装置
FRR	飞行准备就绪评审
FRR	足部限位器
FS	前端壳体
FSS	飞行支持结构
FS&S	飞行系统与服务
g	重力加速度
GAO	政府问责局
GHRSR	戈达德高分辨率光谱仪组件
GPC	通用计算机
GRGT	关岛远程地面站
GSFC	戈达德航天飞行中心
HEAO	高能天文台
HFMS	高保真机械模拟器
HGA	高增益天线
HIU	耳机接口单元
HOST	哈勃太空望远镜轨道系统测试
HQ	总部
HRS	高分辨率光谱仪

HSP	高速光度计
HSPM	硬件太阳点模式
HST	哈勃太空望远镜
Hz	赫兹
IGY	国际地球物理年
IMAX	图像最大值
INCO	综合通信办公室
IR	红外
IS&AG	成像科学与分析团队
ISS	国际空间站
IV	舱内
IVA	舱内活动
IVT	接口验证测试
JIS	联合集成仿真
JPL	喷气推进实验室（加州）
JSC	约翰逊航天中心
JWST	詹姆斯·韦伯太空望远镜
kg	千克
KLSS	销配合龙骨支撑结构
km	千米
KSC	肯尼迪航天中心
LATS	LDEF 组装运输系统
lbs	磅
LCC	发射控制中心
LCMS	低成本模块化航天器
LDEF	长期暴露设施
LEO	低地球轨道
LGA	低增益天线

LH_2	液态氢
LOPE	大型 ORU 防护结构
LOS	视线
LOT	大型轨道望远镜
LOX	液氧
LRR	发射准备就绪评审
LSS	生命支持系统
LST	大型太空望远镜
LTA	下肢装配任务
M&R	维护与升级
MADWEB	流星体与空间碎片网站
MCC	任务控制中心
MCIU	操作控制接口单元
MDD	连接分离元件
MDF	延伸操作单元
MECO	主机关闭
MET	任务完成时间
MFR	足部组合限制器
MFR	机器人足部限制器
MHz	兆赫兹
MILA	梅里特岛发射区
MISSE	国际空间站材料试验
MLI	隔热多层
mm	毫米
MMOD	微流星体与轨道碎片
MMS	多任务模块化航天器
MMT	任务管理团队
MMU	载人机动单元

MOCR	任务操控办公室
MOL	载人轨道实验室
MOM	飞行任务执行经理
MOR	任务执行管理办公室
MORL	载人轨道研究实验室
MOT	载人轨道望远镜
MOT	任务运行团队
MoU	谅解备忘录
MPS	主推进系统
MR	主环
MRA	主环组件
MS	任务专家
MSC	载人航天器中心（休斯敦）
MSE	任务安全评估
MSFC	马歇尔航天飞行中心（亨茨维尔）
MSS	磁力传感系统
MTL	多级扭矩限制
MULE	多用途轻质装备
MWS	模拟工作站
NACA	国家航空咨询委员会
NAS	国家科学院
NASA	美国国家航空航天局
NASC	国家航空航天委员会
NASCOM	NASA 通信网络
NBL	中性浮力实验室（休斯敦索尼-卡特中心）
NBS	中性浮力模拟系统（马歇尔航天飞行中心）
NiCd	镍镉
NICMOS	近红外摄像机和多物体光谱仪

NiH_2	镍氢
NOBL	隔热屏
NRL	国家研究实验室
NRL	海军研究实验室
NSF	国家自然基金
O&C	操作 & 注销
OA	轨道机动
OAO	轨道天文台
OAS	轨道机动段
OBSS	轨道器可展传感器系统
OFT	轨道飞行试验
OGO	轨道地球物理天文台
OMDP	轨道维持终止段
OMS	轨道机动系统
OMV	轨道转移飞行器
OPF	轨道处理系统
ORI	在轨可更换设备
ORU	在轨可更换单元
ORUC	ORU 装载器
OSMQ	安全和任务质量办公室
OSO	轨道太阳观测台
OSS	空间科学办公室
OSSA	空间科学与应用办公室
OTA	光学望远镜组件
OV	轨道飞行器
PAO	公共事务办公室
PC	有效载荷指令长
PCR	有效载荷更换操作间

PCS	指向控制系统
PCU	电源控制单元
PCUT	电源控制单元模拟装置
PDA	光子探测器组件
PDR	初步设计评审
PDRS	有效载荷部署及回收系统
PFIP	飞行后调查计划
PFR	便携式足部限制器
PFRGF	便携式飞行抓捕与分离装置
PGT	手枪式抓捕工具
PHA	有效载荷损害评估
PHSF	有效载荷处置及服务装置
PI	首席调研员
PIP	有效载荷集成计划
PLSS	便携式生命支持系统
Plt	飞行员
PM	主镜
PMA	主镜组件
POHS	定位保持子模式
POCC	有效载荷操控中心
PRCB	计划要求控制委员会
Prox Ops	近距离操作
PRT	电动棘轮工具
PSA	临时存放组件
PSEA	指向系统电子单元
PSRP	有效载荷安全评审小组
psi	磅/平方英寸
RAE	射电天文探测器

RCC	增强碳碳复合材料
RCS	反作用控制系统
RDA	旋转驱动器
RGA	速率陀螺仪组件
RFP	提案申请
RPM	每分钟转速
RMGA	可回收式陀螺仪组件
RMS	遥控操作系统
RPM	交会机动
RPSF	旋转增强处理设施
RSRM	重新设计的固体火箭发动机
RSS	旋转服务结构
RSU	速率感应单元
RTF	返回至飞行器
RTG	放射性同位素热电发生器
RWA	反作用轮组件
SA	太阳能电池阵
SAC	科学咨询委员会
SADE	太阳能电池阵驱动电子元件
SAFER	简易 EVA 救援
SAIL	航天飞机电子设备集成实验室
SAO	史密森天体物理观测台
SAS	空间适应综合症
SAS	小型天文观测卫星
SCA	航天飞机运输飞机（波音 747）
SCGT	地面模拟服务测试
SCM	软捕获机构
SDTV	结构动力学测试系统

SEP	科学试验计划包
SFU	航天飞行单元
SI	科学仪器
SIC&DH	科学仪器控制和数据处理器
SIHM	软件自维持模式
SIP	科学仪器模块
SIRTF	航天飞机/空间红外望远镜系统
SLF	航天飞机着陆系统（肯尼迪航天中心）
SLIC	超轻可互换装载系统
SM	次镜
SM	服务任务
SMA	次镜组件
SMGT	系统管理地面测试
SMIT	服务任务集成时间表
SMS	航天飞机任务模拟器
SOPE	小 ORU 防护结构
SPSM	太阳定点安全模式
SRB	固体火箭助推器
SRL	空间雷达实验室
SSAT	S 波段单向发射机
SSB	空间科学委员会
SSE	空间支持设备
SSHR	航天飞机危险评估报告
SSM	支持系统模块
SSME	航天飞机主发动机
SSPM	软件太阳定点模式
SSRF	壳体可更换防护多层
SSS	星导航仪伺服机构

SST	斯皮策太空望远镜
ST	太空望远镜
STA	航天飞机模拟训练飞机
STAR	太空望远镜轴向更换单元
STDN	空间（飞行）跟踪和数据网络
STIS	太空望远镜成像光谱仪
STOCC	太空望远镜操控中心
STS	空间运输系统
STScI	太空望远镜科学研究所
Systems SIG	系统专项兴趣小组
TAL	横跨大西洋任务终止
TCDT	终端倒计时演示测试
TCS	热控分系统
TDRSS	跟踪和数据中继卫星系统
TPAD	耳轴式销连接装置
TRR	测试准备就绪评审
TSB	临时存放支架
TV	电视
UARS	高空大气研究卫星
UHF	超高频率
US	美国
USA	美国
USA	美军
USAF	美国空军
USN	美国海军
UV	紫外线
V	伏
V1，V2，V3	哈勃太空望远镜坐标轴

VAB	飞行器总装大楼
VDAS	视频数字分析系统（实验室）
VEST	飞行器电源系统测试
VESS	飞行器电源支撑结构
VHF	甚高频率
VPF	垂直处置系统
VR	虚拟现实
VRL	虚拟现实实验室
VTIK	电压/温度改进组件
W	瓦
WBKL	宽体龙骨销连接
WETF	无重力环境训练系统
WFPC	广角行星相机
WSC	白沙地面站
WX	天气
ZGSP	无陀螺对日定向